CNC
프로그래밍과 가공

하종국 저

일진사

머리말

날로 치열해져가는 생산 현장에서 국제경쟁력을 갖추기 위해서는 생산 제품의 정밀성과 생산 원가의 절감에 따르는 생산성 향상만이 문제점을 해결해 주는 유일한 방법이라 하겠다.

이와 같은 맥락에서 가공 분야에서도 종래의 범용 공작기계에서 CNC 공작기계로 급속히 바뀌어 가고 있는 실정이다. 이에 즈음하여 본 저자는 우리나라 CNC의 초창기인 1980년대부터 CNC를 강의한 경험을 토대로 이제까지 저술한 CNC 관련 교재의 미비점을 보완하여 산업 현장에서 CNC를 담당하고 있는 현장 실무자나 CNC 분야에 관심 있는 공학도를 위하여 본 교재를 출간하게 되었다.

본 교재는 다음과 같은 특징으로 구성하였다.

첫째, CNC 선반, 머시닝 센터는 물론 CNC 방전가공 및 와이어 컷 방전가공까지 기본 원리에서부터 산업 현장에 적용할 수 있는 응용 프로그램까지 초보자도 쉽게 이해할 수 있도록 예제를 들어 상세하게 설명하였다.

둘째, 산업 현장에서는 물론 교육 기관에서도 많이 사용하는 FANUC-0 Series를 중심으로 설명하였으며, 각 장의 끝에는 응용 프로그램을 삽입하여 현장 실무 능력을 높일 수 있도록 하였다.

셋째, 부록에는 선반 및 밀링용 공구는 물론, 절삭에 따른 기술 자료를 수록함으로써 실제 산업 현장에서 CNC 프로그래밍 시 재질에 따른 절삭 데이터를 참고하여 도움이 될 수 있도록 하였다.

이 책을 통하여 습득한 내용이 CNC 공작기계의 프로그래밍 및 가공에 큰 도움이 된다면 그보다 더 큰 보람이 없으리라고 생각되며, 내용 중 미흡한 점은 계속 보완해 나갈 것을 약속드리면서 이 책이 나오기까지 도와주신 모든 분과 도서출판 **일진사** 직원 여러분께 깊은 감사를 드린다.

저자 씀

차 례

part 01 CNC 공작기계의 개요

1. CNC의 개요

2. CNC 시스템의 구성

3. 절삭제어방식

4. 자동화와 CNC 공작기계

5. CNC 프로그래밍

part 02 CNC 선반

part 03 머시닝 센터

part 05 와이어 컷 방전가공

부록

제 1 장 CNC 공작기계의 개요

1. CNC의 개요
2. CNC 시스템의 구성
3. 절삭제어방식
4. 자동화와 CNC 공작기계
5. CNC 프로그래밍

1. CNC의 개요

1-1 CNC의 정의

NC란 Numerical Control의 약자로 수치(numerical)로 제어(control)한다는 의미로 KS B0125에 규정되어 있으며, 범용공작기계에 수치제어를 적용한 기계를 NC 공작기계라고 한다. 또한 미니컴퓨터의 출현으로 이를 조립해 넣은 NC가 출현했는데, 컴퓨터를 내장한 NC이므로 computerize NC 또는 computer NC라 부르며, 이것을 일반적으로 CNC라 부르는데 최근 생산되는 NC는 모두 CNC이다.

범용공작기계는 사람이 손으로 핸들을 조작하여 기계를 운동시키며 가공하였으나, CNC 공작기계는 사람의 손 대신 펄스(pulse) 신호에 의하여 서보모터(servo motor)를 제어하여 서보모터에 결합되어 있는 이송기구인 볼 스크루(ball screw)를 회전시킴으로써 요구하는 위치와 속도로 테이블이나 주축 헤드를 이동시켜 공작물과 공구의 상대 위치를 제어하면서 가공이 이루어진다. 또한 2축, 3축을 동시에 제어할 수 있어 복잡한 형상도 정밀하게 단시간 내에 가공할 수 있다.

다음 그림은 [CNC 공작기계의 정보 흐름]을 나타낸 것이다.

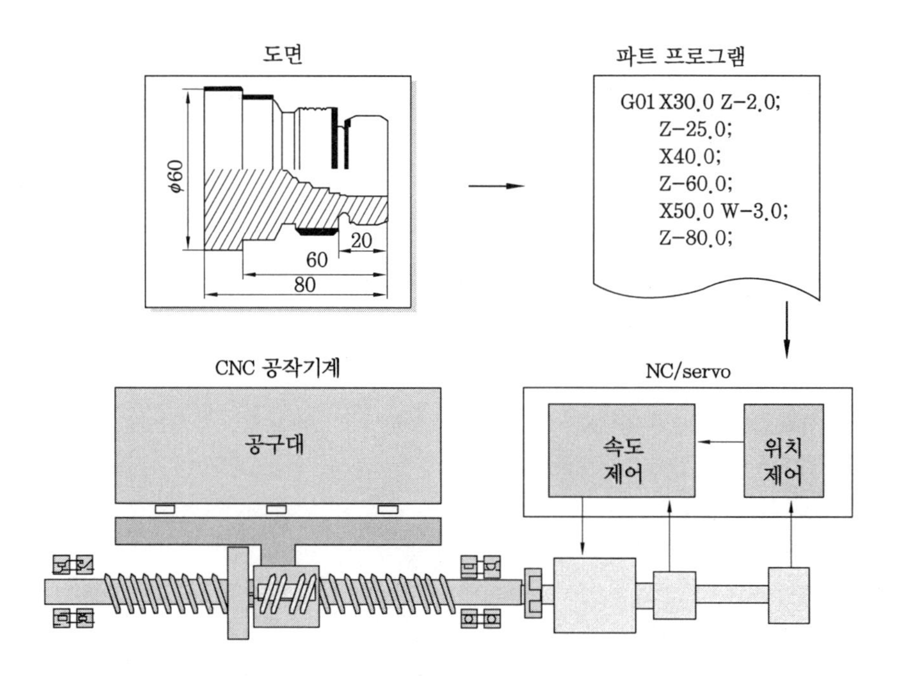

각 기종에 대한 생산비용과 생산개수의 관계

예전에는 범용선반이나 밀링작업에서 작업자가 도면을 해독하여 절삭조건과 공구경로 등을 머리 속에서 생각한 후 수동 또는 자동 조작으로 공작물과 공구를 상대운동시켜 부품을 가공하였다.

CNC 공작기계에서는 앞의 그림에서 알 수 있듯이 작업자가 도면을 해독하여 제품의 치수와 가공조건 등을 정해진 약속에 따라 프로그래밍을 하여 정보처리회로에 입력만 시켜 주면 그 다음은 자동적으로 CNC 공작기계가 가공을 완료하게 된다.

1-2 CNC 공작기계의 역사

초기의 공작기계는 18세기말 영국의 산업혁명의 결과로 영국에서부터 발달하기 시작했으며, 제2차 세계대전 전후의 공작기계 발전의 방향은 인력을 적게 들이고도 정밀도가 높은 가공을 하는 것이 주요 관심사였다. 이때, 파슨스(John. C. Parsons)는 자신이 고안한 NC 개념의 공작기계에 대한 개발을 제안하였으며, 그 결과 1948년 미 공군은 파슨스 회사와 NC의 가능성 조사 연구에 관한 계약을 체결하게 되었고, 1949년에는 MIT 공과대학의 연구팀이 참여하여 약 3년간의 연구 끝에 1952년에 NC 밀링머신의 개발을 시작으로 NC 드릴링 머신, NC 선반 등이 개발되었다.

특히, 1960년에 Kearney and Tracjer사에서 머시닝 센터가 개발되었는데, 여러 공구를 한 기계에서 사용할 수 있도록 했으며 공구의 교환을 자동적으로 바꿀 수 있는 특징을 갖춘 이 공작기계는 단시일 내에 전 세계에 파급되었다.

이와 같이 만들어진 CNC 공작기계는 NC장치의 발달, 즉 전자분야의 핵심인 마이크로프로세스(microprocess)의 발달과 더불어 급속한 발전을 거듭하게 되었다.

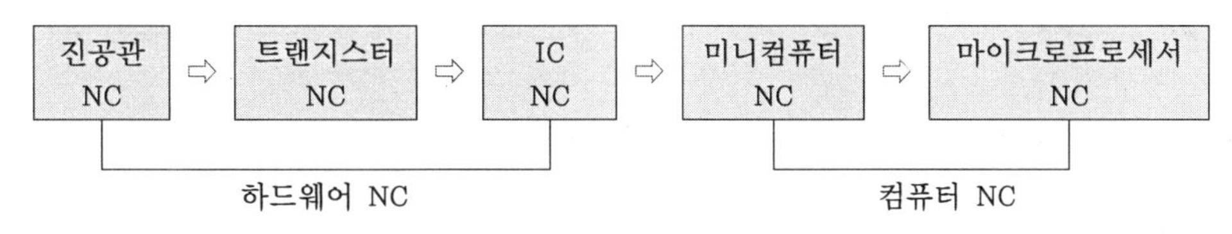

NC장치의 발달과정

NC의 발달과정을 5단계로 분류하면 다음과 같다.

- 제1단계 : 공작기계 1대를 NC 1대로 단순제어하는 단계(NC)
- 제2단계 : 공작기계 1대를 NC 1대로 제어하는 복합기능 수행단계(CNC)
- 제3단계 : 여러 대의 CNC 공작기계를 컴퓨터 1대로 제어하는 단계(DNC)
- 제4단계 : CNC 공작기계와 로봇, 자동반송장치 및 자동창고 등 모든 생산시스템을 중앙 컴퓨터에서 제어하는 단계(FMS)
- 제5단계 : FMS 기술 및 경영 관리시스템까지 통합하여 제어하는 단계(CIMS)

1-3 CNC 공작기계의 특징 및 응용

(1) CNC 공작기계의 특징

범용공작기계는 작업자가 제품의 도면을 보면서 작업 공정, 절삭조건 및 공구 등을 선정하여 작업을 행하나 CNC 공작기계는 작업자가 제품의 도면을 보고 공정 순서, 위치 등을 정하고, 제반 절삭 조건 및 공구를 선정하여 프로그래밍 한 후 작업을 행한다. 특히 근래에는 소비자의 다양한 욕구와 급속히 발전하는 기술의 변화로 제품의 라이프 사이클(life cycle)이 짧아지고, 제품의 고급화로 인하여 부품은 더욱 고정밀도를 요구하며 복잡한 형상들로 이루어진 다품종 소량 생산 방식이 요구되고 있다. 또한 급속한 경제성장과 더불어 노동인구 및 기술자의 부족에 따른 인건비의 상승으로 생산체계의 자동화가 급속히 이루어지고 있는데 이에 필요한 기계가 CNC 공작기계이다.

CNC 공작기계가 범용공작기계에 비해 상대적으로 유리한 특징은 다음과 같다.

① 부품의 소량 내지는 중량 생산에 유리하며 치수 변경이 용이하다.
② 정밀도가 향상되고 제품의 균일화로 품질 관리가 용이하다.
③ 형상이 복잡하거나 다공정 부품 가공에 유리하다.
④ 특수 공구 제작이 불필요해 공구관리비를 절감할 수 있다.
⑤ 한 사람이 여러 대의 기계를 관리할 수 있어 제조원가 및 인건비를 절약할 수 있다.
⑥ 작업자의 피로를 줄일 수 있으며, 쾌적한 작업환경 유지로 생산성을 향상할 수 있다.

(2) CNC 공작기계의 응용

오늘날 CNC 공작기계는 기계가공을 비롯한 모든 산업분야에 널리 쓰이는데, 초창기에는 복잡한 형상의 제품을 높은 정밀도로 가공하기 위해 개발되었고, 최근에는 생산성 향상을 목적으로 CNC 공작기계를 사용하는 경우가 많아졌다.

특히 기계가공의 경우 선반, 밀링, 머시닝 센터, 와이어 컷 방전 가공기, 드릴링, 보링, 그라인딩 등의 작업에 이용되고 있으며, CNC 공작기계에 적합한 작업이 있는 반면에 적합하지 않은 작업도 있다. CNC 공작기계로 수행하기에 알맞은 작업의 경우는 다음과 같다.

① 부품이 다품종 소량·중량 생산이고 기계 가동률이 높아야 할 때
② 부품 형상이 복잡하고 부품에 많은 작업이 수행될 때
③ 제품의 설계가 비슷하게 변경되는 가공물일 때
④ 가공물의 오차가 적어야 하고 부품이 비싸서 가공물의 오차가 허용되지 않는 가공물일 때
⑤ 부품의 완전 검사가 필요한 가공물일 때

1-4 CNC 공작기계의 경제성

(1) 경제적인 영역

CNC 공작기계는 일반적으로 다품종 소량, 중량 생산 및 항공기 부품과 같이 형상이 복잡한 부품 가공에 유리하다. 제품의 생산개수와 부품 형상의 복잡성에 따른 경제성에 대하여 살펴보면 다음과 같다.

① 각 기종에 대한 생산비용과 생산개수의 관계

다음 그림은 [각 기종에 대한 생산비용과 생산개수의 관계]를 나타내고 있다.

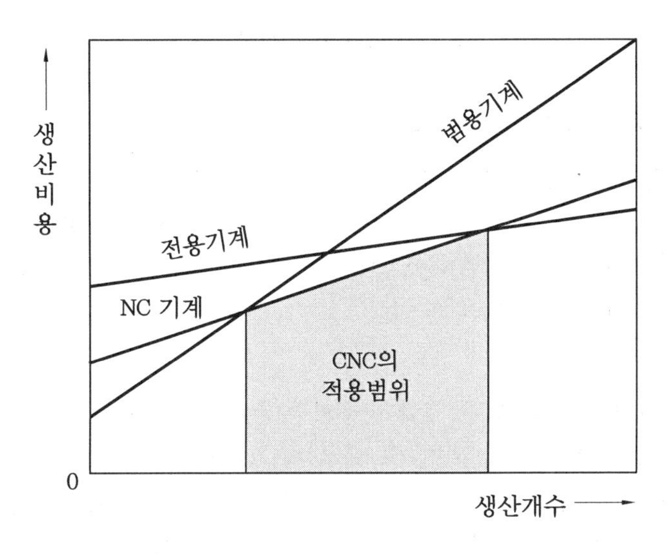

각 기종에 대한 생산비용과 생산개수의 관계

여기에서 범용공작기계는 초기비용은 적게 들지만 생산수량이 증가함에 따라 생산비용이 급격히 증가하고 있으며, 전용공작기계는 초기비용은 많이 들지만 생산수량이 증가하여도 생산비용의 증가는 완만하므로 대량 생산에 적당함을 알 수 있다. 또한, CNC 공작기계의 경우 1로트(lot)당 생산개수가 20~100개 정도인 소량 및 중량 생산에 적당함을 알 수 있으며, 최근 CNC 공작기계의 대중화에 따른 가격 인하 및 임금 상승은 CNC 공작기계 사용의 중요한 변수가 될 수 있다.

② 부품 형상과 공작기계

다음 그림 [부품의 형상과 공작기계]는 부품 형상의 복잡성에 대한 생산개수에 따른 기종별 가공영역을 보여 주고 있으며, CNC 공작기계가 복잡한 형상을 가지고 있는 부품 가공에 우수함을 잘 나타내고 있다.

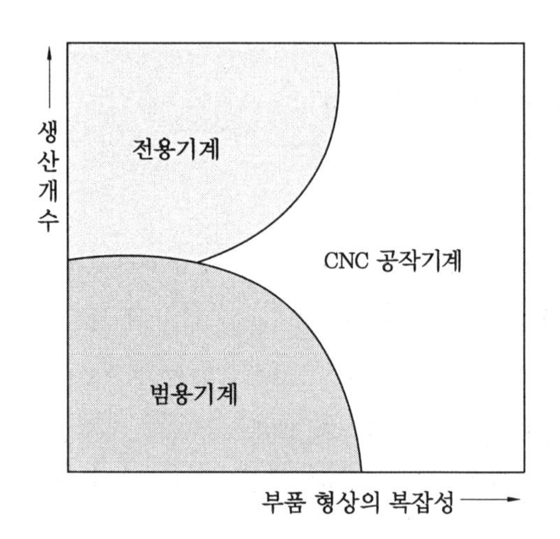

부품의 형상과 공작기계

(2) CNC 공작기계의 경제성 평가방법

경제성을 측정한다는 것은 중요한 일이며, 좀 더 효과적인 작업이나 보다 생산성을 높이기 위해서는 고가의 CNC 공작기계의 경제성은 반드시 고려해야 할 요소이다. CNC 공작기계의 경제성 평가방법에는 페이백(payback) 방법과 MAPI(manufacturing and products institute method) 방법의 두 가지가 있다.

① 페이백 방법

CNC 공작기계 도입에 따른 연간 절약 비용의 예측 값을 투자액에 비교하여 투자액을 보상하는 데 필요한 연수를 구하는 방법으로 매우 간단하게 기계의 내용 연수를 구할 수 있는 이점이 있으며, 또 쉽게 못 쓰게 되는 장치 등의 평가에 적합하나 내용 연수가 긴 기계의 평가 방법으로써는 정확성이 떨어진다.

예를 들어 NC 공작기계의 도입 비용 투자액에 비교하여 투자액을 보상하는 데 필요한 절약비용이 1500만원이라고 할 경우 페이백의 기간의 산출은 6000만원÷1500만원=4년이 된다. 만약 소득세가 절약 비용의 50%에 해당한다고 하면 실직적인 절약 비용은 750만원이 되므로 이 경우는 페이백 기간이 8년이 된다.

② MAPI 방법

구입을 계획하고 있는 CNC 공작기계에 의한 최초 연도의 부품 생산 비용을 현재 가지고 있는 CNC 공작기계에 의한 비용과 비교하여 평가하는 방법으로 가장 많이 사용하고 있는 방법이다.

1-5 CNC 공작기계의 발전 방향

최근 시장 경쟁력 확보 관점에서 가격 대비 성능의 극대화를 위한 CNC 공작기계의 기반 기술 확충이 다음과 같이 활발히 추진되고 있다.

① **고속·지능화** : 가공시간 단축으로 생산성 향상 및 고품질화
② **다기능·복잡화** : 생산공정 합리화와 단일장비 기능의 다양화
③ **개방화** : open NC의 적용으로 수요자의 다양화 요구에 부응
④ **네트워크화** : 부품 조달, A/S 등 네트워크(network) 대응형 공작기계 개발
⑤ **환경친화적** : 유독성 화학성분인 절삭유 감축으로 환경오염 방지

이에 따라 고속주축계, 고송이송계 및 고속 · 고정밀도 디지털 제어 분야의 발전에 힘입은 고속가공기, 다축가공기 및 복합가공기 등의 개발이 주류를 이루고 있다.

(1) 고속가공기

고속가공이란 절삭속도를 증가시켜 단위시간당 소재가 절삭되는 비율인 소재 제거율(MRR ; Meterial Removal Rate)을 향상시킴으로써 생산비용과 생산시간을 단축시키는 가공기술로 20000~30000 rpm 이상으로 고속회전시켜 기존의 머시닝 센터에 비해 황삭, 중삭 및 정삭 등의 전 공정에 초고속 · 초정밀 가공을 하는 것을 의미한다.

고속가공기의 특징은 다음과 같다.

① 시간당 절삭량 극대화
② 미소 절삭력 실현
③ 고속가공에 의한 가공표면의 고품질화
④ 주축의 동적 안정성 증대
⑤ 이송축의 고속화 유도로 고속가공기의 성능 극대화
⑥ 얇은 공작물의 가공오차 극소화
⑦ 기계수명 연장 및 지속적인 정밀도 유지
⑧ 가공 열에 민감한 공작물의 가공 안정성 증대
⑨ 저발열로 인한 난삭재 가공의 용이성 증대

고속가공기

위와 같은 특징으로 전체의 공정 기간 단축의 효과로 원가 절감, 생산성 향상 및 간접비용 절감의 효과를 극대화할 수 있다. 이와 같은 고속가공을 행하기 위해서는 고속에서 장시간 견딜 수 있는 신소재 공구와 이 공구를 제대로 작동할 수 있는 고속가공용 소프트웨어, 이러한 툴들을 이용해 가공품을 최적화된 환경에서 가공할 수 있는 지능형 공작기계의 개발이 필수적이다. 다음 그림은 [고속가공을 위한 기술적 과제]를 나타내었다.

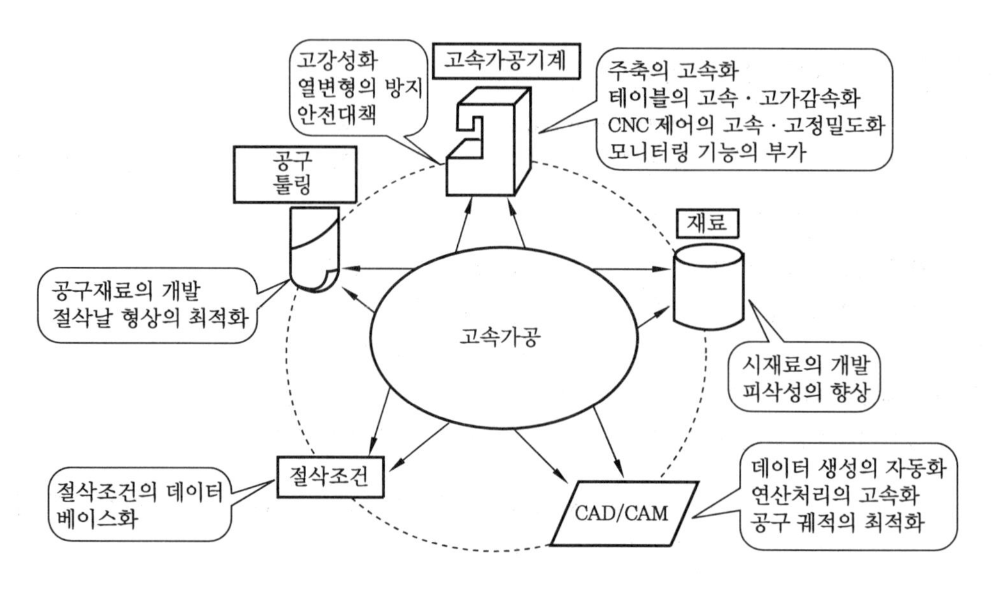

고속가공을 위한 기술적 과제

다음 그림은 [고속가공기 가공 예]를 나타낸 것이다.

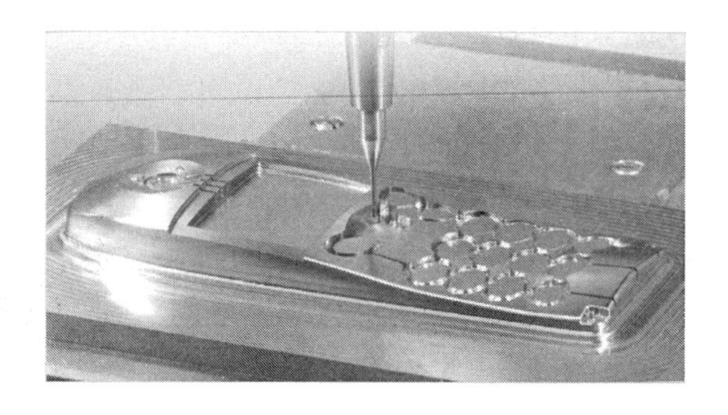

고속가공기 가공 예

(2) 다축가공기

다축가공기의 가장 대표적인 5축 가공은 다음 그림(왼쪽)과 같이 기존의 안정적인 동시 3축(X, Y, Z축) 제어에 의한 절삭가공방식과 회전축과 선회축으로 부가된 2축 제어의 위치결정을 조합한 5축 제어 가공방식으로, 3축 기계에서는 가공이 어려운 형상을 정밀하게 가공할 수 있을 뿐 아니라 공작물의 장착 횟수를 줄일 수 있으며 가공면의 품질을 높일 수 있기 때문에 생산성을 높일 수 있는 가공기술이다. 앞으로 5축 가공은 공구 경로의 생성, 효율적인 공구 자세, 충돌 및 간섭 방지 등 전통적인 5축 가공에서 탈피하여 5축 가공의 효율과 가공면의 품질을 높이는 방향으로 발전하게 될 것이다. 다음 그림(오른쪽)은 [5축 가공 예]를 나타낸 것이다.

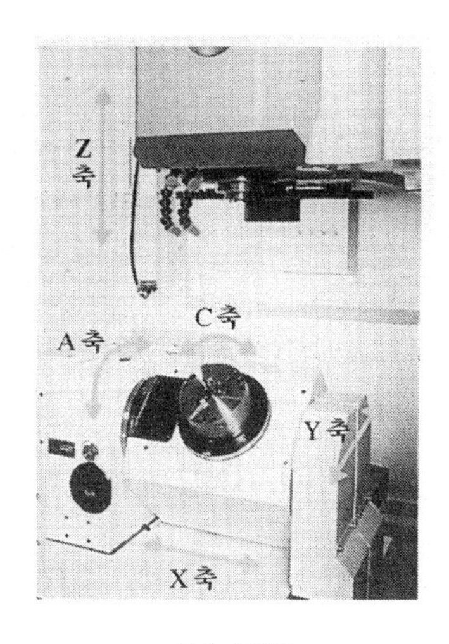

5축 가공

5축 가공 예

또한 복합가공기란 필요한 공구를 자동적으로 선택하고 교체하여 부품 전체를 가공하는 방식으로 복잡한 형상의 가공물을 단일 기계 셋업에 의해 선삭, 밀링, 경사각의 밀링 및 윤곽 밀링 가공을 마칠 수 있으며, 큰 지름 및 작은 지름의 가공도 가능하다. 다음 그림은 [복합가공기]를 나타낸 것이다.

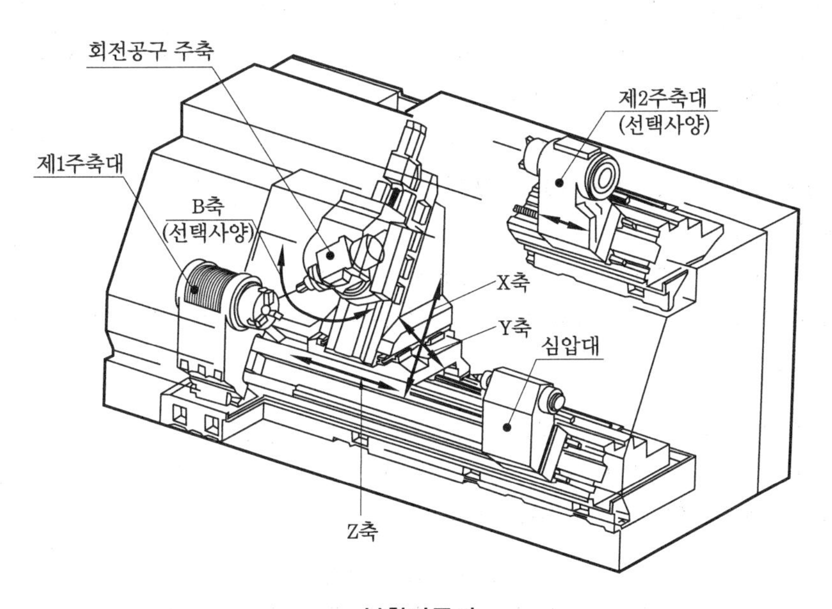

복합가공기

그림과 같이 CNC 선반에 밀링 축을 부가시켜 한 번의 처킹으로 선반, 밀링 두 공정을 연속 가공하는 것은 물론 분리된 공정을 양쪽 주축에서 동시 가공하는 복합가공을 할 수 있는 가공기로 생산성이 크게 향상되고 기계가 차지하는 면적이 좁아 공간 활용의 효율성을 높일 수 있다.

CNC 공작기계와 복합가공기의 차이점

작업 요소	CNC 공작기계	복합가공기	장점
경사면 가공	단계적인 소량 절삭	공구의 경사에 의하여 단 한번으로 완성 가공	• 가공시간 단축 • 표면 품질 향상 • 수작업 시간 단축
고정 방법	여러 종류의 고정구 필요함.	고정구의 사용빈도가 줄어든다.	• 시간 및 비용 절약 • 정밀도 향상
볼 엔드밀 가공	수직으로 회전하여 접촉되므로 공구 중심부는 절삭속도가 0에 가까운 사점으로 인하여 절삭 불량 및 표면 거칠기 저하됨.	공구를 기울여 접촉시킴으로써 요구하는 절삭속도를 얻을 수 있다.	• 공구 중심부의 긁힘 현상 없음. • 가공 능률 향상
사용 공구	많은 공구가 필요함.	적은 종류의 공구로 가능	• 공구비용의 감소

(3) 개방형 NC와 PC-NC

성능이 향상된 PC를 이용하여 생산시스템을 종합적으로 제어함으로써 생산성을 높이기 위한 노력이 있어 왔으나 제품의 다품종 소량화 및 단명화를 포함한 급격한 환경변화에 부응할 수 있는 생산시스템을 구성하다 보니 생산시스템은 점점 규모가 커지고 복잡하게 되었다.

이러한 생산시스템의 구축·보수를 용이하게 하는 방법론이 강조되었고, 이에 따라 보다 유연함을 가지게 하는 개방(open)화가 주목되었다.

NC도 생산시스템의 구성장비로서 대규모의 생산시스템 안에서 서로 다른 제작사와의 인터페이스(interface) 등을 지원하고 새로운 시스템을 빠르게 구축하기 위하여 개방화의 경향을 띠게 되었다.

PC-NC는 Personal Computer based Numerical Control의 약자로 PC의 급속한 발전에 힘입어 PC를 이용하여 NC를 제어하는 것으로 PC-NC 또는 PC based NC라 한다.

① 개방형 NC

개방형 NC란 각각의 기능들을 모듈화하고 그 모듈 간의 인터페이스를 표준화하여 유연성을 줌으로써 하드웨어와 소프트웨어 모두 서로 다른 제작사의 제품도 이용할 수 있도록 구현된 NC를 말하며, 특징은 다음 표와 같다.

개방형 NC의 특징

공정	효 과
설계	기계 메이커의 복수 선정이 가능하고, 설계의 효율성 및 규격의 통일화를 이룰 수 있다.
제조	같은 인터페이스 사양이라면 조립 시에 공수를 줄일 수 있고 오차가 줄어든다.
구매	기계 메이커의 복수 선정이 가능하므로 가격 저하 효과가 있다.
보수	규격화되면 깊이 있는 지식을 신속히 상호 교환할 수 있고, 보전부품의 재고량이 줄어든다.

② PC-NC

PC-NC는 개인용 컴퓨터를 이용하여 CNC 선반, 머시닝 센터 등 CNC 공작기계를 일괄 제어하는 것을 말하는데, CNC 공작기계를 제어하는 CNC 장치에 PC가 지닌 무한의 확장성과 개방성 및 사용자 위주의 편리성을 접목한 차세대 CNC 장치이다.

기존 CNC 장치가 특수 컴퓨터에 수치만 지정해 CNC 공작기계를 한정적인 프로그램 안에서 작동시키는 데 반하여 PC-NC는 개인용 컴퓨터의 모든 소프트웨어를 기계 동작에 활용할 수 있으며 특징은 다음과 같다.

- 조작이 용이하다.
- 넓은 범용성을 가질 수 있다.
- CNC의 사용범위를 확장할 수 있다.
- 네트워크(network)에 대한 대응성을 높일 수 있다.

2. CNC 시스템의 구성

2-1 CNC 시스템의 구성

CNC 시스템은 하드웨어(hardware)와 소프트웨어(software)로 구성되어 있다. 하드웨어는 CNC 공작기계 본체와 서보(servo) 기구, 검출기구, 제어용 컴퓨터 및 인터페이스(interface) 회로 등이 해당된다.

이에 대하여 소프트웨어는 CNC 공작기계를 운전하여 제품을 생산하기 위해 필요로 하는 CNC 데이터(data) 작성에 관한 모든 사항을 말한다.

(1) 서보 기구와 서보모터

서보 기구란 설정 대상의 위치나 자세 등에 관한 기계적인 변위를 미리 설정한 목표값에 이르도록 자동적으로 제어하는 장치이다. 마이크로컴퓨터(microcomputer)에서 번역 연산된 정보는 다시 인터페이스 회로를 거쳐서 펄스화되고, 이 펄스화된 정보는 서보 기구에 전달되어 서보모터를 작동시킨다.

서보모터는 펄스의 지령으로 각각에 대응하는 회전운동을 하며 저속에서도 큰 토크(torque)와 가속성, 응답성이 우수해야 한다.

(2) 볼 스크루(ball screw)

볼 스크루는 서보모터에 연결되어 있어 서보모터의 회전운동을 받아 NC 공작기계의 테이블을 직선운동시키는 일종의 나사이다.

NC 공작기계에서는 높은 정밀도가 요구되는데 보통 스크루(screw)와 너트(nut)는 면과 면의 접촉으로 이루어지기 때문에 마찰이 커지고 회전 시 큰 힘이 필요하다. 따라서 부하에 따른 마찰열에 의해 열팽창이 커지므로 정밀도가 떨어진다.

이러한 단점을 해소하기 위하여 개발된 볼 스크루는 마찰이 적고, 너트를 조정함으로써 백래시(backlash)를 거의 0에 가깝도록 할 수 있다.

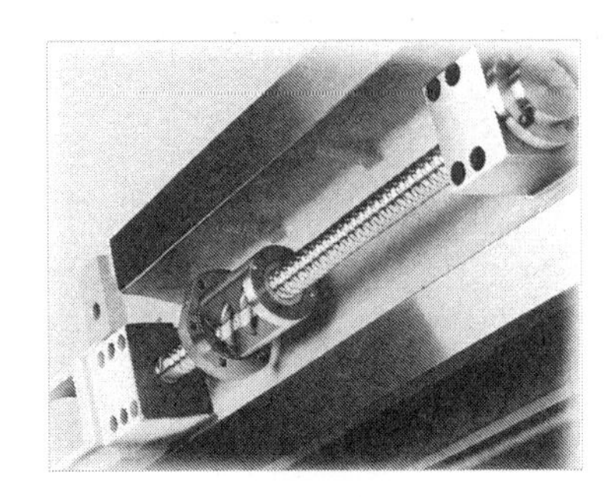

볼 스크루

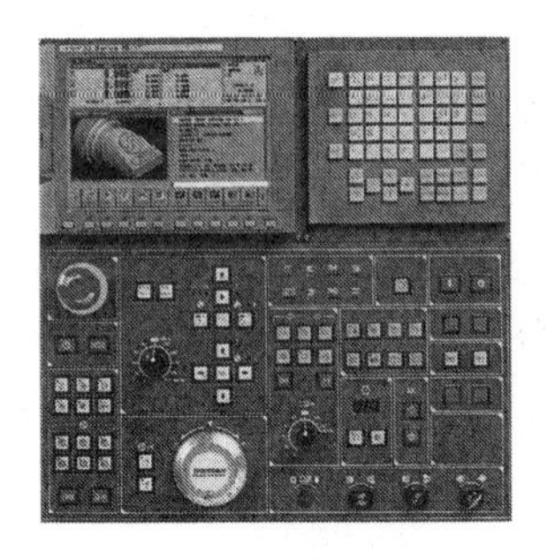

컨트롤러

(3) 컨트롤러(controller)

절삭가공에 필요한 가공정보, 즉 프로그램을 받아 저장, 편집, 삭제 등을 하고, 또 이것을 펄스(pulse) 데이터로 변환하여 서보장치를 제어하고 구동시키는 역할을 한다.

(4) 리졸버(resolver)

리졸버는 CNC 공작기계의 움직임을 전기적인 신호로 표시하는 일종의 회전 피드백(feedback) 장치이다.

2-2 서보 기구

서보 기구란 구동모터의 회전에 따른 속도와 위치를 피드백시켜 입력된 양과 출력된 양이 같아지도록 제어할 수 있는 구동기구를 말한다. 인간에 비유했을 때 손과 발에 해당하는 서보 기구는 머리에 해당되는 정보처리회로의 명령에 따라 공작기계의 테이블 등을 움직이는 역할을 담당하며, 정보처리회로에서 지령한 대로 정확히 동작한다. 또한, NC 서보 기구에 필요한 기능은 기계의 속도와 위치를 동시에 제어하는 것이다. 다음 그림은 [NC 서보 기구]를 나타낸 것이다.

NC 서보 기구

또한 서보 기구의 형식은 피드백 장치의 유·무와 검출위치에 따라 개방회로방식(open loop system), **반폐쇄회로방식**(semi-closed loop system), **폐쇄회로방식**(closed loop system), **복합회로 서보방식**(hybrid servo system)으로 분류할 수 있다.

(1) 개방회로방식

개방회로방식은 그림과 같이 피드백 장치 없이 스테핑 모터를 사용한 방식으로 실용화되었으나, 피드백 장치가 없기 때문에 가공 정밀도에 문제가 있어 현재는 거의 사용되지 않는다.

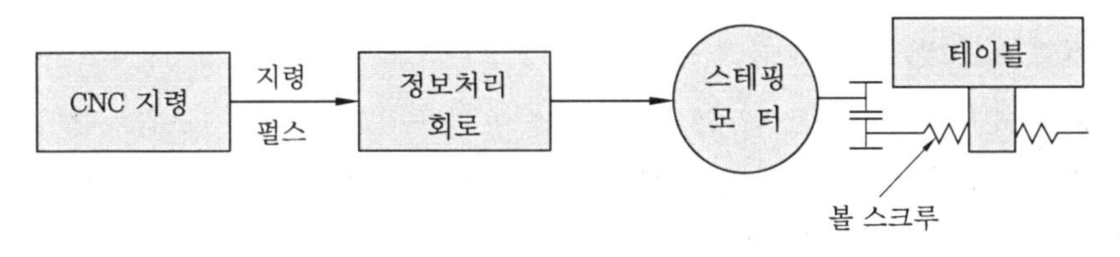

개방회로방식

(2) 반폐쇄회로방식

반폐쇄회로방식은 그림과 같이 서보모터에 내장된 디지털형 검출기인 로터리 인코더에서 위치정보를 피드백하고, 태코 제너레이터 또는 펄스 제너레이터에서 전류를 피드백하여 속도를 제어하는 방식으로, 볼 스크루의 피치 오차나 백래시(backlash)에 의한 오차는 보정할 수 없지만, 최근에는 높은 정밀도의 볼 스크루가 개발되었기 때문에 정밀도를 충분히 해결할 수 있으므로 현재 CNC 공작기계에 가장 많이 사용되는 방식이다.

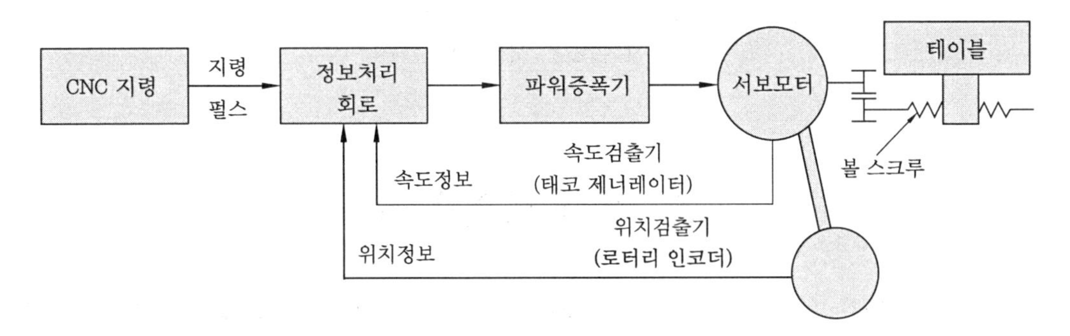

반폐쇄회로방식

(3) 폐쇄회로방식

폐쇄회로방식은 앞의 그림과 같이 기계의 테이블에 위치검출 스케일(광학 스케일, 인덕토신 스케일, 레이저 측정기 등)을 부착하여 위치정보를 피드백시키는 방식이다. 이 방식은 볼 스크루의 피치 오차나 백래시에 의한 오차도 보정할 수 있어 정밀도를 향상시킬 수 있으나, 테이블에 놓이는 가공물의 위치와 중량에 따라 백래시의 크기가 달라질 뿐만 아니라 볼 스크루의 누적 피치 오차는 온도 변화에 상당히 민감하므로 고정밀도를 필요로 하는 대형기계에 주로 사용된다.

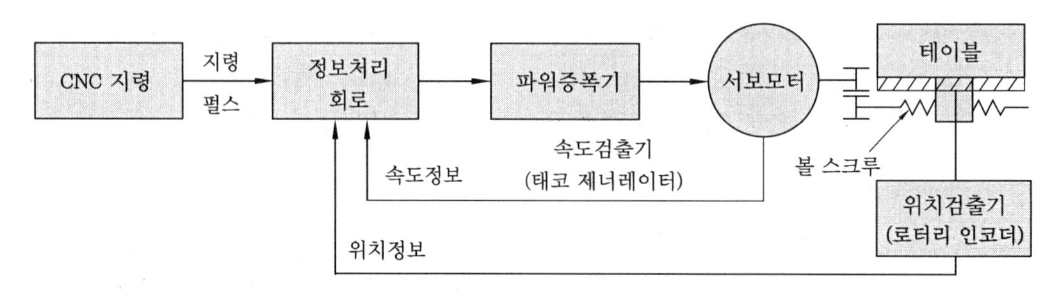

폐쇄회로방식

(4) 복합회로 서보방식

복합회로 서보방식은 하이브리드(hybrid) 서보방식이라고도 하며, 그림과 같이 반폐쇄회로방식과 폐쇄회로방식을 결합하여 고정밀도로 제어하는 방식이다. 가격이 고가이므로 고정밀도를 요구하는 기계에 사용한다.

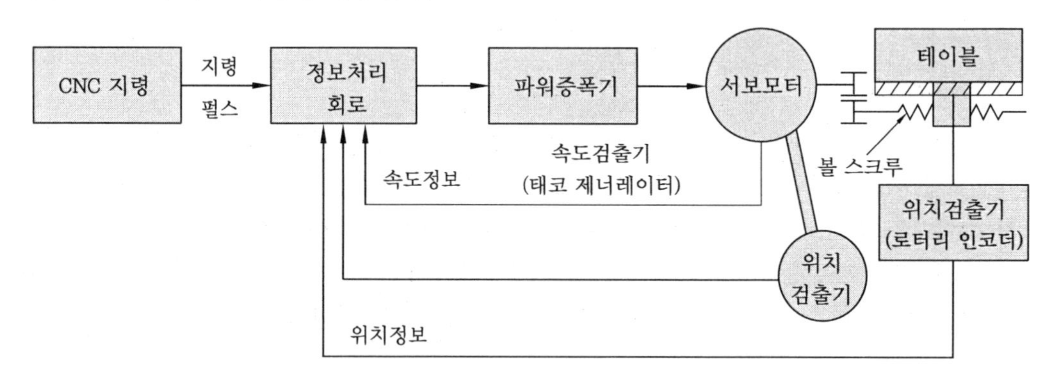

복합회로 서보방식

3. 절삭제어방식

CNC 공작기계가 가공을 하려면 공구와 가공물이 서로 움직여야 하는데, 절삭제어방식에 따라 위치결정제어, 직선절삭제어, 윤곽절삭제어의 세 가지 방식으로 구분할 수 있다.

3-1 위치결정제어방식

위치결정제어방식은 가장 간단한 제어방식으로 가공물의 위치만을 찾아 제어하므로 정보처리가 매우 간단하다. 이동 중에는 가공을 하지 않기 때문에 PTP(Point To Point) 제어라고도 하며 드릴링 머신, 스폿(spot) 용접기, 펀치 프레스 등에 사용된다. 다음 그림은 [위치결정제어방식]의 예를 나타낸 것이다.

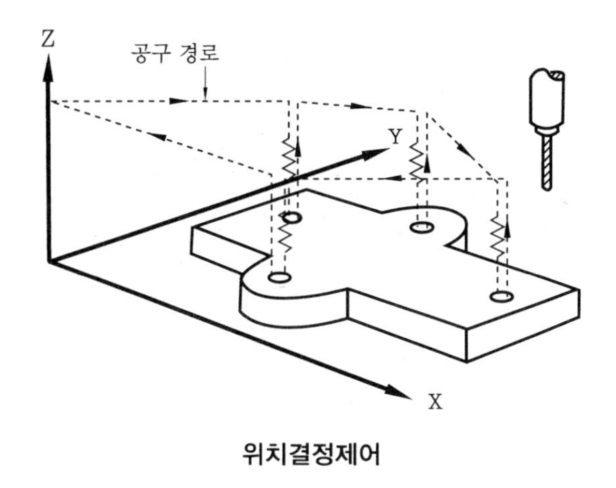

위치결정제어

3-2 직선절삭제어방식

직선절삭제어방식은 절삭공구가 현재의 위치에서 지정한 다른 위치로 직선 이동하면서 동시에 절삭하도록 제어하는 기능이다. 주로 선반, 밀링, 보링 머신 등에 사용된다. 다음 그림은 [직선절삭제어방식]의 예를 나타낸 것이다.

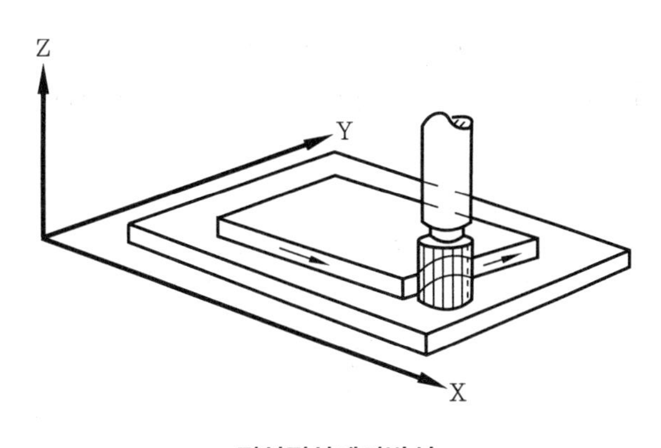

직선절삭제어방식

3-3 윤곽절삭제어방식

곡선 등의 복잡한 형상을 연속적으로 윤곽제어할 수 있는 시스템으로 점과 점의 위치 결정과 직선절삭작업을 할 수 있으며 3축의 움직임도 동시에 제어할 수 있다. 다음 그림은 [윤곽절삭제어방식]을 표시하고 있는데, 일반적으로 밀링작업이 윤곽절삭제어방식의 가장 대표적인 경우이며, 최근의 CNC 공작기계에는 대부분 이 방식을 적용한다.

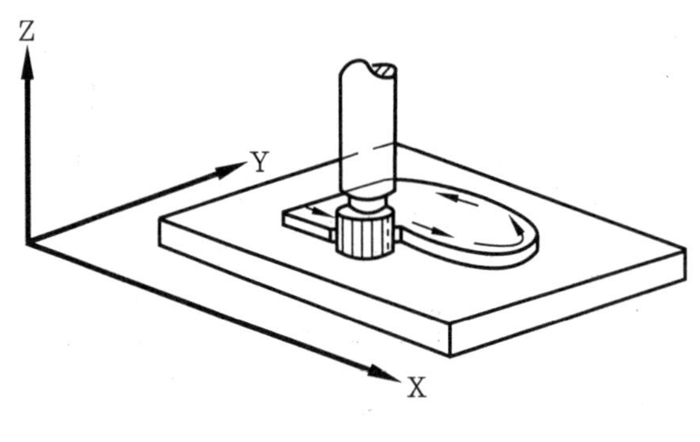

윤곽절삭제어방식

3-4 CNC의 펄스 분배방식

윤곽절삭제어를 할 때 펄스를 분배하는 방식에는 MIT 방식, DDA 방식, 대수연산방식의 3가지가 있으며 이 중에서 DDA 방식을 많이 사용한다.

(1) MIT 방식

시작점에서 출발하여 목표점에 도달하고자 할 때 두 점을 연결한 직선이나 원의 방정식을 풀면서 X축, Y축에 적당한 시간 간격으로 펄스를 발생시켜 직선이나 원에 근사하게 이동할 수 있도록 하는 방법으로, 2차원 또는 $2\frac{1}{2}$차원의 보간은 가능하지만 3차원의 보간은 불가능한 방식이다.

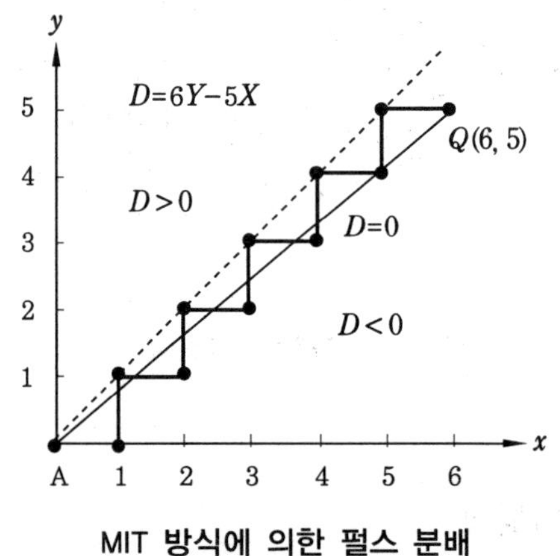

MIT 방식에 의한 펄스 분배

(2) DDA 방식

DDA란 계수형 미분해석기(Digital Differential Analyzer)의 약어로 DDA회로를 CNC에 이용한 것이다. 이 방식은 직선보간의 경우에 우수한 성능을 가지고 있어 현재 주류를 이루고 있다.

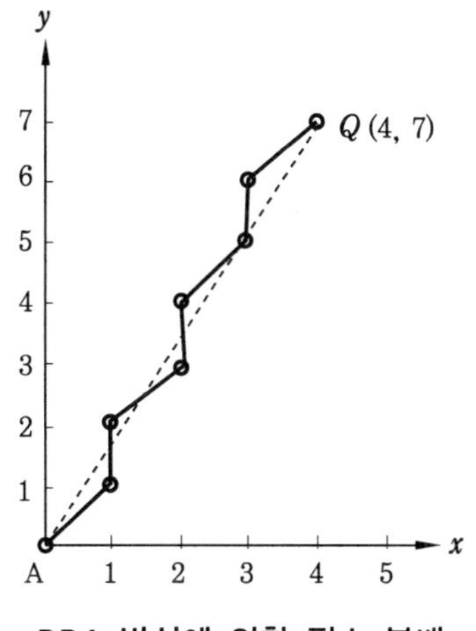

DDA 방식에 의한 펄스 분배

(3) 대수연산방식

직선이나 곡선의 대수방정식이 그 선상에 없는 좌표값에 대해서는 정(+) 또는 부(−)가 되는 성질을 이용한 연산방식으로 원호보간의 경우에는 유리하나 직선보간의 경우에는 DDA 방식이 유리하다.

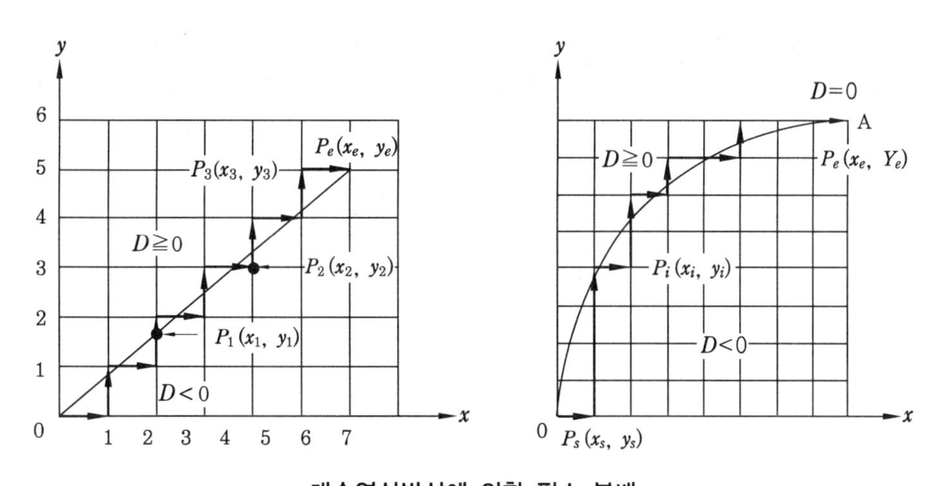

대수연산방식에 의한 펄스 분배

4. 자동화와 CNC 공작기계

산업현장에서 생산형태는 다품종 소량 내지는 중량 생산으로 급속히 이동하고 있다. 또한 제품의 고정밀화 및 부족한 기술인력으로 인한 인건비의 상승에 대처하기 위하여 유연성 있는 생산설비로 자동화시키려는 경향이 두드러지고 있다. 자동 가공시스템에서 고능률적으로 가공하기 위해서는 CNC 공작기계를 중심으로 한 자동화가 필수 요건이다.

4-1 DNC

DNC란 직접수치제어(Direct Numerical Control)의 약어로 CNC 기계가 외부의 컴퓨터에 의해 제어되는 시스템을 말한다. 외부의 컴퓨터에서 작성한 NC 프로그램을 CNC 기계에 내장되어 있는 메모리를 이용하지 않고 외부의 컴퓨터와 기계에 통신기기를 연결하여 프로그램을 송·수신하면서 동시에 NC 프로그램을 실행하여 가공하는 방식이다.

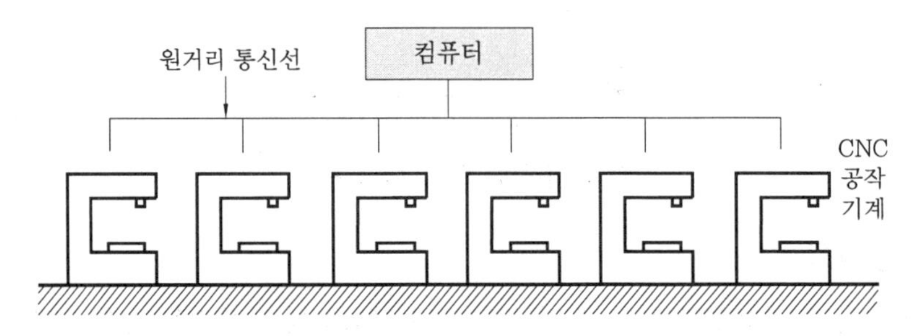

DNC 시스템의 기본적인 구조

또한, 분배수치제어(Distributed Numerical Control)의 약어로서 DNC는 그림과 같이 컴퓨터와 CNC 기계들을 근거리 통신망(LAN : Local Area Network)으로 연결하여 1대의 컴퓨터에서 여러 대의 CNC 공작기계에 데이터를 분배하여 전송함으로써 동시에 여러 대의 CNC 공작기계를 운전할 수 있는 방식을 의미하기도 하는데, 보통 다음의 4가지 기본 요소로 구성된다.

① 컴퓨터
② NC 프로그램을 저장하는 기억장치
③ 통신선
④ CNC 공작기계

4-2 FMC

FMC(Flexible Manufacturing Cell : 유연성 있는 가공 셀)는 FMS의 특징을 살리면서 저비용으로 중소기업에서도 도입이 가능하도록 소규모화함으로써 인건비 절감은 물론 기계 가동률을 향상시켜 생산성 향상에 기여할 수 있는 시스템이다.

즉 FMC는 CNC 공작기계의 무인 운전 시 필요한 양의 공작물을 격납시키고 공급하는 자동 공작물 공급장치(APC ; Automatic Pallet Changer)와 로봇(robot) 및 치공구 등을 이용한 공작물 자동이동장치, 많은 종류의 가공물을 가공하는 데 필요한 공구를 공급하는 자동공구 교환장치(ATC ; Automatic Tool Changer)를 갖추어 장시간 무인에 가까운 자동운전을 하며 공작물을 가공할 수 있는 기계라고 할 수 있다.

다음 그림은 [FMC의 가공 예]를 보여주고 있는데, 그림과 같이 FMC는 머시닝 센터를 복합화시켜 발전한 형태이며, CNC 선반 작업과 함께 엔드밀에 의한 홈가공을 할 수 있도록 만든 터닝센터는 선반에서 발전한 FMC의 형태라고 할 수 있다.

FMC의 가공 예

4-3 FMS

FMS(Flexible Manufacturing System : 유연성 있는 생산시스템)는 CNC 공작기계와 로봇, APC, ATC, 무인운반차(AGV : Automated Guided Vehicle) 등의 자동이송장치 및 자동창고 등을 중앙 컴퓨터로 제어하면서 공작물의 공급에서부터 가공, 조립, 출고까지를 관리하는 시스템으로 제품과 시장 수요의 변화에 빠르게 대응할 수 있는 유연성을 갖추고 있어 다품종 소량 생산에 적합한 생산시스템이다. 그림은 실제 생산현장의 [5면 가공기 FMS 라인]을 보여주고 있다.

5면 가공기 FMS 라인

또한 미래의 FMS는 여러 대의 CNC 공작기계나 검사기계, 용접기, 방전가공기(EDM : Electric Discharge Machine)와 같은 독립형 시스템을 제어하는 로봇으로 구성된 생산 셀의 조합으로 이루어질 것이다. 물론 생산 셀과 생산 셀의 연결은 각종 이송시스템으로 이루어지며, 중앙 컴퓨터에는 공구, 공작물, 또는 생산조건이 데이터베이스화되어 있어 최적의 절삭조건을 선택할 수 있는 기능도 제공될 수 있다. 이와 같은 FMS의 장점은 다음과 같다.

① 생산성 향상
② 생산 준비기간 단축
③ 재고품 감소
④ 임금 절약
⑤ 제품 품질 향상
⑥ 생산기술자의 적극적인 참여
⑦ 작업 안전도 향상

다음 그림은 [FMS로 이루어진 자동화 공정]을 보여주고 있다.

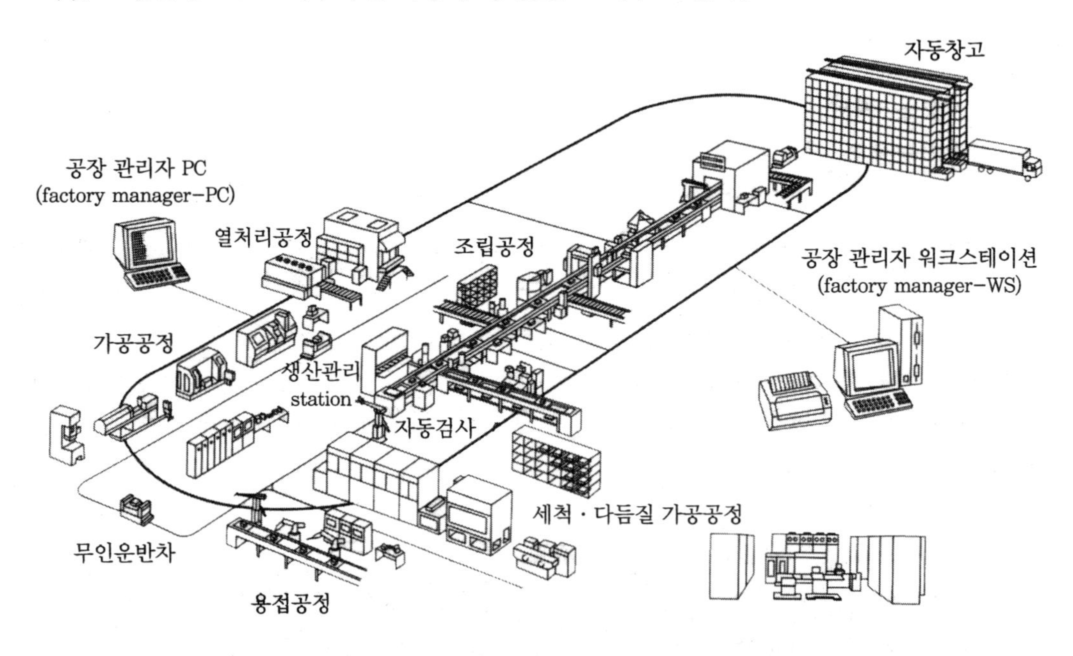

FMS로 이루어진 자동화 공정

4-4 CIMS

CIMS(Computer Integrated Manufacturing System : 컴퓨터에 의한 통합 가공시스템)는 공장 자동화의 단위 중에서 가장 광범위하여, 공장 내에 분산되어 있는 여러 단위공장의 FMS와 기술 및 경영관리 시스템까지 모두 통합하여 종합적으로 관리하는 새로운 생산시스템이다.

그러므로 효율적인 CIMS는 전체 생산조직이 공유하는 단일 데이터베이스를 공유하는데, 궁극적인 목적은 설계, 제조 및 생산관리 등 모든 부문을 컴퓨터로 통합하여 생산능력과 관리 효율을 극대화하려는 데 있다.

CIMS의 이점은 다음과 같다.

① 더욱 짧은 제품 수명 주기와 시장의 수요에 즉시 대응할 수 있다.
② 더 좋은 공정 제어를 통하여 품질의 균일성을 향상시킨다.
③ 재료, 기계, 인원을 효율적으로 활용할 수 있고 재고를 줄임으로써 생산성을 향상시킨다.
④ 생산과 경영관리를 잘 할 수 있으므로 제품 비용을 낮출 수 있다.

5. CNC 프로그래밍

5-1 CNC 프로그래밍

범용공작기계는 사람이 기계 조작을 하기 때문에 기계만 있으면 충분히 그 기능을 발휘할 수 있으나 CNC 공작기계는 자동적으로 조작되기 때문에 도면의 형상치수, 가공기호 등의 정보를 CNC 장치가 이해할 수 있는 표현 형식으로 바꾸는 작업이 필요하다.

이와 같이 CNC 공작기계가 알아 들을 수 있도록 프로그램을 작성하는 작업을 프로그래밍(programming)이라 하고, 작성하는 사람을 프로그래머(programmer)라고 한다. 다음 그림은 [범용공작기계와 CNC 공작기계의 차이점]을 나타낸 것이다.

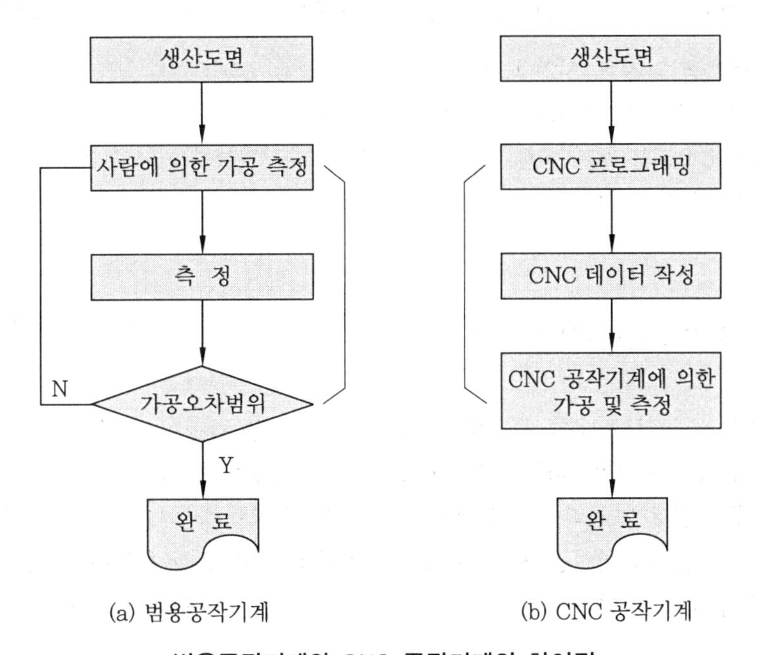

(a) 범용공작기계 (b) CNC 공작기계

범용공작기계와 CNC 공작기계의 차이점

5-2 CNC 프로그래밍 방법

CNC 프로그래밍 방법에는 수동(manual) 프로그래밍과 자동 프로그래밍이 있다.

(1) 수동 프로그래밍

수동 프로그래밍이란 간단한 부품의 경우 도면을 보고 프로그래머가 직접 손으로 작성하는 것을 말하며, 프로그램을 작성하기 위하여 다음과 같은 가공계획을 수립해야 한다.

① **부품도면** : 설계된 도면을 CNC 가공하기 위하여 현장에서 얻어온 설계도를 말한다.

② **가공계획** : 부품도면이 주어지면 CNC 가공을 하기 위하여 다음과 같은 가공계획을 세운다.

㈎ CNC로 가공하는 범위와 CNC 공작기계 선정

㈏ 가공물을 기계에 고정시키는 방법 및 필요한 치공구의 선정

㈐ 가공순서 결정

㈑ 가공할 공구 선정

㈒ 절삭조건 결정 : 주축 회전수, 이송속도, 절삭깊이 등

(2) 자동 프로그래밍

수동 프로그래밍의 단점을 보완하기 위해 공구 위치, 부품도면의 좌표 등을 컴퓨터를 이용하여 프로그래밍하는 방법으로 CAM(Computer Aided Manufacturing) 소프트웨어의 발달로 인하여 점차 증가하고 있으며, 자동 프로그래밍에는 다음과 같은 이점이 있다.

① NC 프로그램 작성에 시간과 노력이 줄어든다.

② 신뢰성이 높은 NC 프로그램을 작성할 수 있다.

③ 인간의 능력으로는 불가능한 복잡한 계산을 요하는 형상에 대한 프로그래밍도 가능하다.

④ 프로그램 검증이 용이하고 프로그램상의 오류를 줄일 수 있다.

5-3 프로그래밍 기초

프로그래머가 가공물에 대한 공구의 위치와 이동방향을 결정할 수 있도록 CNC 공작기계의 좌표축과 운동의 기호에 대하여 KS B 0126으로 설정되어 있다.

이들 규격에는 공구가 공작물에 접근하는 것인지 또는 공작물이 공구에 접근하는 것인지를 모르더라도 프로그래밍하는 사람은 공작물에 대하여 공구가 운동하는 것으로 프로그래밍할 수 있도록 되어 있다.

(1) CNC 선반의 좌표계

CNC 선반의 경우 회전하는 가공물체에 대해 공구를 움직이는 데 필요한 두 개의 축이 있는데, X축은 공구의 이동축이고 Z축은 가공물의 회전축으로 다음 그림 [선반의 좌표계]에 표시되어 있다.

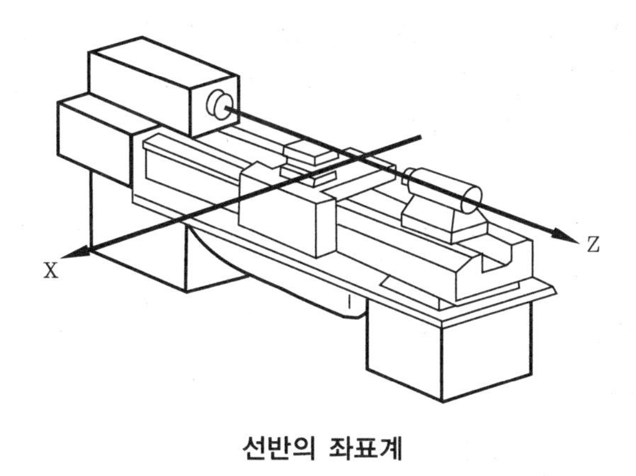

선반의 좌표계

(2) 머시닝 센터의 좌표계

머시닝 센터에서는 주축은 수직방향으로 고정되어 있고 머신 테이블은 주축에 대하여 상·하로 움직여서 위치가 조절되는데, 그림 [머시닝 센터 좌표계]와 같이 X, Y 두 축이 테이블상에 정의되고 이 면에 수직인 Z축이 주축의 수직 이동 좌표계가 된다.

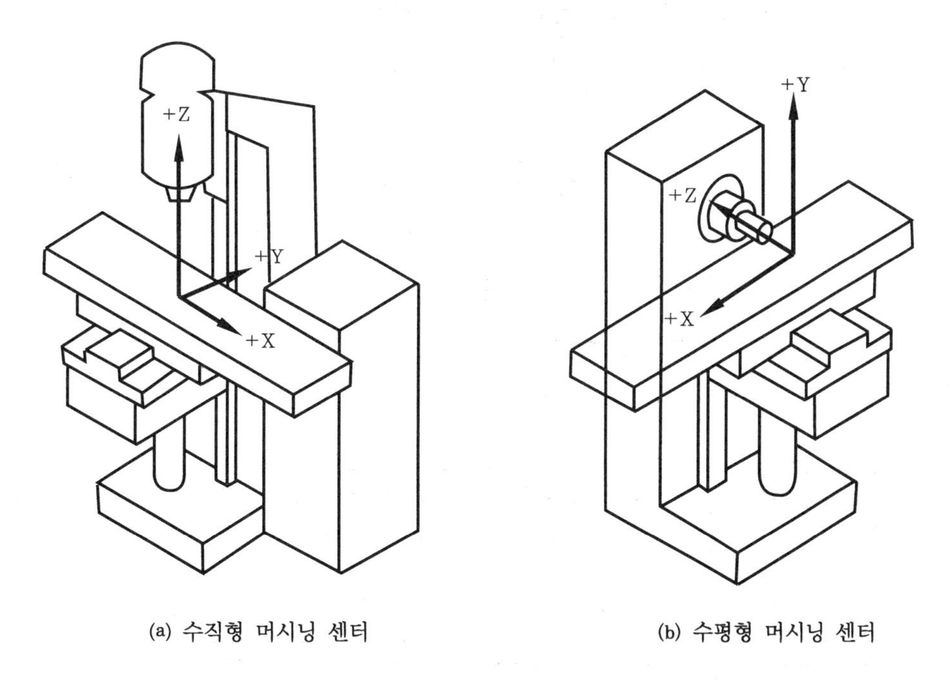

(a) 수직형 머시닝 센터 (b) 수평형 머시닝 센터

머시닝 센터 좌표계

(3) 절대좌표와 증분좌표

좌표계의 목적은 가공품에 대한 공구의 위치를 선정하는 것으로, CNC 프로그램을 작성할 때 좌표값을 취하는 방식에는 절대(absolute)좌표방식, 증분(incremental)좌표방식 또는 상대(relative)좌표방식의 두 가지가 있다. 절대좌표방식은 운동의 목표를 나타낼 때 공구의 위치와는 관계 없이 프로그램의 원점을 기준으로 하여 현재의 위치에 대한 좌표값을 절대량으로 나타내는 방식이고, 증분좌표방식은 공구의 바로 현 위치를 기준으로 하여 다음 목표 위치까지의 이동량을 증분량으로 표현하는 방식이다.

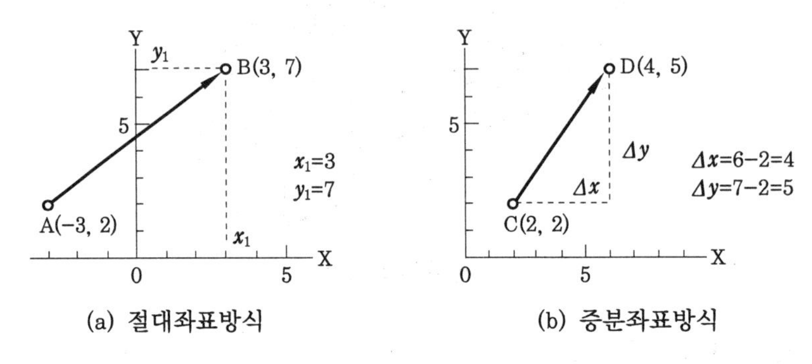

(a) 절대좌표방식 (b) 증분좌표방식

절대좌표방식과 증분좌표방식

[예제] 다음 도면을 절대좌표와 증분좌표로 지령하시오.

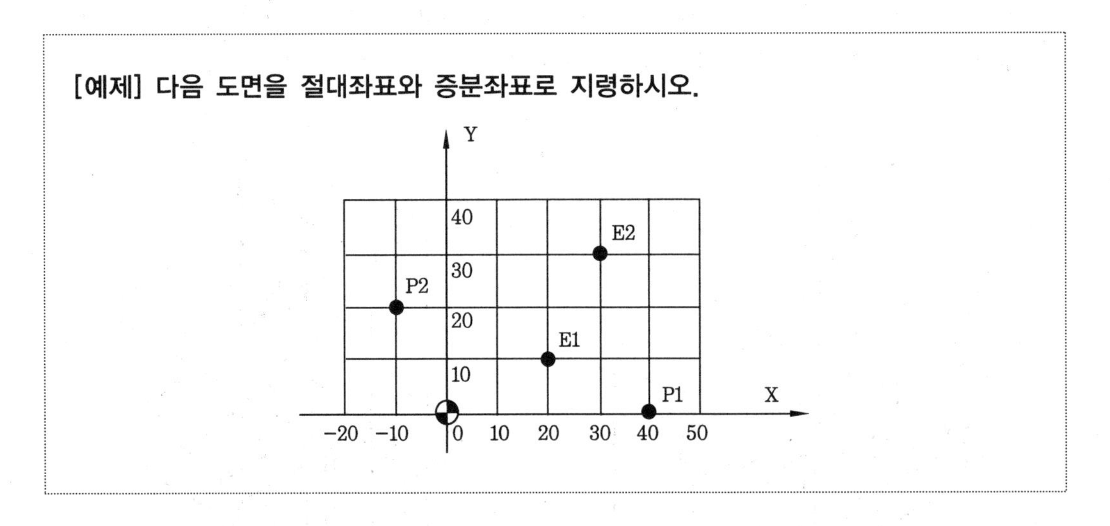

해설

위치	절대좌표 지령	증분좌표 지령
P1→E1	X20.0 Y10.0	X−20.0 Y10.0
P2→E1	X20.0 Y10.0	X30.0 Y−10.0
P1→E2	X30.0 Y30.0	X−10.0 Y30.0
P2→E2	X30.0 Y30.0	X40.0 Y10.0

5-4 프로그램의 구성

(1) 어드레스

어드레스(address)는 영문 대문자(A～Z) 중 1개로 표시되며, 각각의 어드레스 기능은 다음 표와 같다.

각종 어드레스의 기능

기 능	어드레스(주소)			의 미
프로그램 번호	O			프로그램 번호
전개번호	N			전개번호(작업순서)
준비기능	G			이동 형태(직선, 원호 등)
좌표어	X	Y	Z	각 축의 이동 위치 지정(절대방식)
	U	V	W	각 축의 이동 거리와 방향 지정(증분방식)
	A	B	C	부가축의 이동 명령
	I	J	K	원호 중심의 각 축 성분, 모따기 량 등
	R			원호 반지름, 코너R
이송기능	F, E			이송속도, 나사리드
보조기능	M			기계측에서 ON/OFF 제어기능
주축기능	S			주축 속도, 주축 회전수
공구기능	T			공구 번호 및 공구 보정번호
드웰	X, U, P			드웰(dwell)
프로그램 번호 지정	P			보조 프로그램 호출번호
전개번호 지정	P, Q			복합 반복 사이클에서의 시작과 종료 번호
반복 횟수	L			보조 프로그램 반복횟수
매개 변수	D, I, K			주기에서의 파라미터(절입량, 횟수 등)

(2) 워드

블록을 구성하는 가장 작은 단위가 워드(word)이며, 워드는 어드레스와 데이터의 조합으로 구성된다. 또한, 워드는 제각기 다른 어드레스의 기능에 따라 그 역할이 결정된다.

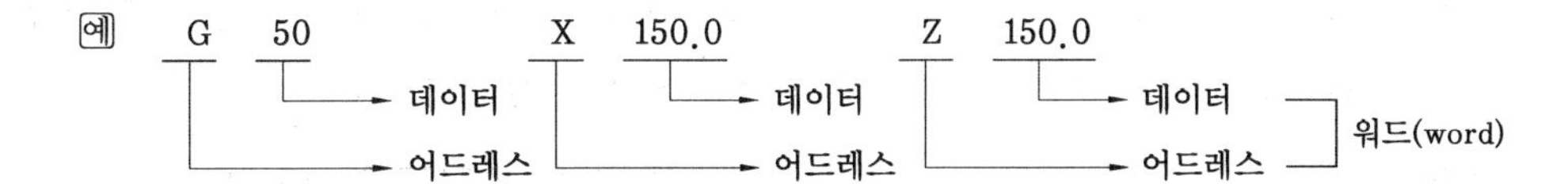

또한 좌표치를 나타내는 어드레스에 사용되는 데이터는 최소 지령단위에 따라 0.001mm까지 표시할 수 있다.

예 X 150.015 Z 200.005 → 소수점 이하 세 자리 수

소수점 입력이 가능한 데이터에서는 소수점이 있는 것과 없는 것이 완전히 다르므로 특히 프로그래밍 시 주의하여야 한다. 소수점 이하의 0은 생략할 수 있다.

예 X 150.=150mm, Z 200.05=200.05mm
S 1500.0 → 소수점 입력 에러로 알람(alarm) 발생

(3) 블록

몇 개의 워드가 모여 구성된 한 개의 지령단위를 블록(block)이라고 하며, 블록과 블록은 EOB(End of Block)로 구별되고 " ; " 으로 간단하게 표시된다. 또한 한 블록에서 사용되는 최대 문자수에는 제한이 없다.

다음 그림은 [블록의 구성]을 나타낸 것이다.

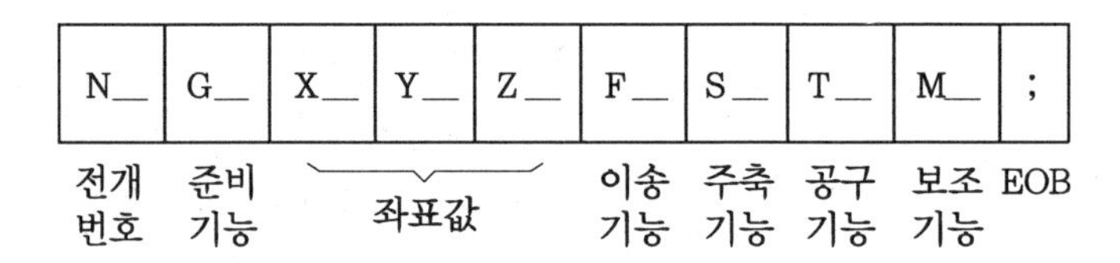

블록의 구성

(4) 프로그램

CNC의 프로그램은 다음 그림에서 보는 것처럼 여러 개의 블록이 모여서 하나의 프로그램을 구성하며, 일반적으로 주 프로그램(main program)과 보조 프로그램(sub program)으로 나눌 수 있다.

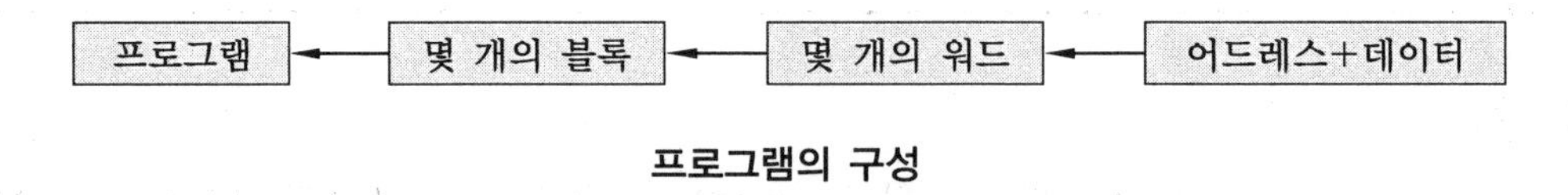

프로그램의 구성

보통 CNC 공작기계는 주 프로그램에 의해 실행하지만 주 프로그램에서 보조 프로그램의 호출 명령(M98)이 있으면 그 후에는 보조 프로그램에 의해 실행되며, 보조 프로그램 종료(M99)를 지시하면 다시 주 프로그램으로 복귀되어 작업을 진행한다.

다음 그림은 [주 프로그램과 보조 프로그램 간의 실행관계]를 나타낸 것이다.

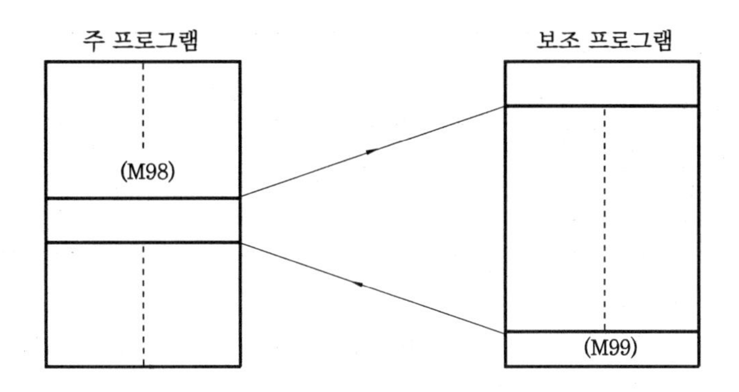

주 프로그램과 보조 프로그램 간의 실행관계

① 프로그램 번호

CNC 기계의 제어장치는 여러 개의 프로그램을 CNC 메모리(memory)에 저장할 수 있는데 프로그램과 프로그램을 구별하기 위하여 서로 다른 프로그램 번호를 붙이고, 프로그램 번호는 어드레스인 영문자 "O" 다음에 4자리 숫자, 즉 0001～9999까지 임의로 정할 수 있다.

예 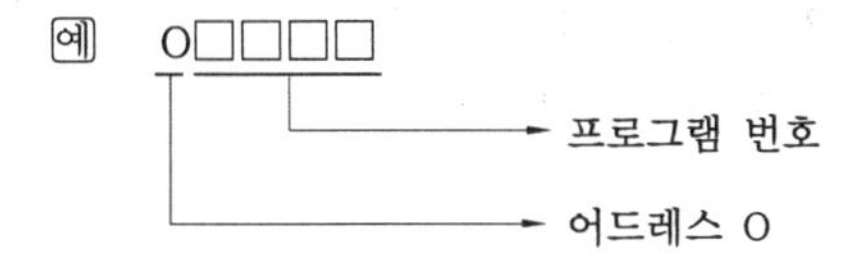

② 전개번호

블록의 번호를 지정하는 것으로 어드레스 "N"으로 표시하며, N 다음에 4자리 이내의 숫자로 표시한다. 그러나 일반적으로 N01, N02 ……의 순으로는 하지 않는다. 그 이유는 프로그램을 작성하다가 다른 한 블록을 삽입해야 할 경우 N01, N02로 하면 삽입을 할 수 없기 때문에 N10, N20 ……이나 N0010, N0020 ……의 순으로 하는 것이 좋다. 그러나 전개번호(sequence number)는 CNC 장치에 영향을 주지 않기 때문에 지정하지 않아도 상관없지만 CNC 선반의 복합 반복 사이클 중 G70～G73 기능을 사용할 경우 전개번호로 특정 블록을 탐색하고자 할 때에는 반드시 사용하여야 한다.

예
```
N10 G50 X150.0  Z200.0 S1300 T0100 ;
N20 G96 S130  M03 ;
N30 G00 X62.0  Z0.0 T0101 M08 ;
N40 G01 X-0.1 F0.15 ;
N50 G00 X58.0 Z2.0 ;
```

③ 준비기능 (G : preparation function)

어드레스 G 다음에 두 자리 숫자를 붙여 지령하고(G00～G99), 제어장치의 기능을 동작하기 위한 준비를 하기 때문에 준비기능이라고 한다. 준비기능을 G코드라고도 하며 다음의 두 가지로 구분한다.

구 분	의 미	구 별
• 1회 유효 G코드 (one shot G-code)	지령된 블록에 한해서 유효한 기능	"00" 그룹
• 연속 유효 G코드 (modal G-code)	동일 그룹의 다른 G코드가 나올 때까지 유효한 기능	"00" 이외의 그룹

예

```
G01   Z-20.0   F0.2 ;
      X50.0 ;    …… 앞 블록에서 지령한 G01은 연속 유효 G코드이므로 그 기능이 계속 유효
G00   Z5.0 ;     …… G01과 동일 그룹이지만 다른 G코드이므로 G00 기능으로 바뀜
      X45.0 ;    …… 연속 유효 G코드이므로 그 기능이 계속 유효
G01   Z-20.0 ;   …… G00과 동일 그룹이지만 다른 G코드이므로 G01 기능으로 바뀜
G04   P1500 ;    …… G04는 1회 유효 G코드이므로 이 블록에서만 유효
```

④ 보조기능 (M : miscellaneous function)

로마자 M 다음에 두 자리 숫자를 붙여 지령한다(M00～M99). 보조기능은 NC 공작기계가 여러 가지 동작을 행할 수 있도록 하기 위하여 서보모터를 비롯한 여러 가지 구동모터를 제어하는 ON/OFF의 기능을 수행하며, M기능이라고도 한다.

제 2 장 CNC 선반

1. CNC 선반의 개요
2. CNC 선반 프로그래밍
3. 응용 프로그램

1. CNC 선반의 개요

1-1 CNC 선반의 구성

CNC 선반의 구성은 공작기계를 제작하는 회사에 따라 CNC 장치의 배열상태, 공구대 및 주축대의 구조가 각각 다르지만 일반적으로 구동모터, 주축대, 유압척, 공구대, 심압대, 서보기구, 조작반 등으로 구성되어 있다. 다음 그림은 일반적으로 사용되는 [CNC 선반]을 나타낸 것이다.

CNC 선반

(1) 척

CNC 선반에 사용되는 척(chuck)은 대부분 연동 척으로 유압으로 작동되며 공작물의 착탈이 쉬워 생산능률을 향상시킨다. 척 조(chuck jaw)는 가공하여 사용할 수 있도록 소프트 조(soft jaw)로 되어 있어 가공 정밀도를 높일 수 있고 지름의 차가 큰 공작물도 용이하게 척에 물릴 수 있다. 그러나 척의 유압이 너무 낮으면 절삭력을 이기지 못해 공작물이 튕겨 나갈 위험이 있고, 너무 높으면 파이프와 같이 얇은 두께의 공작물을 가공할 수 없으므로 적당한 압력으로 조절해야 한다. 다음 그림은 [유압 척]을 나타낸 것이다.

유압 척

(2) 공구대

공구대(tool post)는 공작물을 절삭하기 위하여 공구를 장착하고 이동시키는 부분으로 터릿(turret) 공구대와 갱 타입(gang type) 공구대를 많이 사용하고 있다.

① **터릿 공구대 :** 대부분의 CNC 선반에서 많이 사용하고 있다. 정밀도가 높고 강성이 큰 커플링(coupling)에 의해 분할되며, 공구 교환은 근접 회전 방식을 채택하여 공구 교환 시간을 단축할 수 있도록 되어 있다. 또한 선택된 공구에 자동으로 절삭유를 공급할 수 있도록 되어 있어 품질 및 생산성을 향상시킨다.

② **갱 타입 공구대 :** 동일한 소형 부품을 대량 생산하는 가공에 적합하다. 터릿 장치가 없고 공구가 나열식으로 고정되며 공구 선택시간이 짧아 생산시간을 단축할 수 있으나 공구와 공작물의 간섭에 주의하여야 한다. 또한, 사용 공구 수가 4~6개 정도이므로 복잡하고 다양한 제품을 가공하는 데는 부적당하다.

터릿 공구대

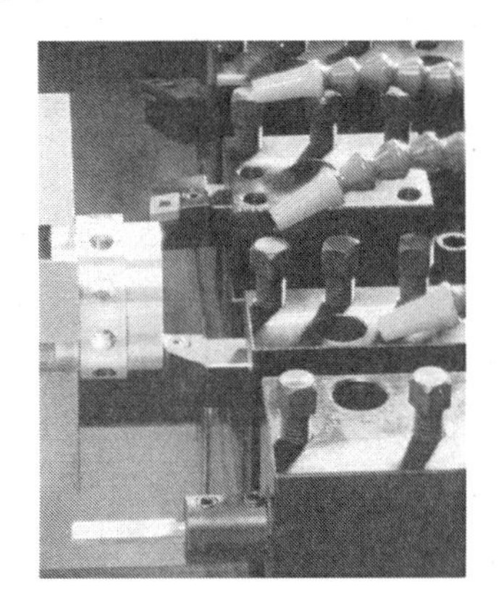

갱 타입 공구대

1-2 CNC 선반의 공구

(1) CNC 선반의 공구

절삭공구가 갖추어야 할 조건은 내마멸성과 인성이다. CNC 선반의 가동률은 프로그램, 공구 준비, 공구 설치시간에 영향을 많이 받는다. 또한 CNC 선반의 절삭능률을 높이려면 적절한 공구를 선택하는 것이 매우 중요한데, 가공할 재료의 종류와 절삭조건, 절삭방향, 공작물 형상 및 치수 등을 고려하여 알맞은 공구를 선택해야 한다.

공구 선택 시에는 공구를 규격화하여 공구 관리를 용이하게 하고, 공구 준비 작업시간의 절약, 공구의 마모나 파손으로 교환할 때에 소요시간을 줄이기 위하여 그림과 같은 스로 어웨이

TA 공구

(Throw Away ; TA) 공구를 사용하는 것이 효과적이다.

공구를 선정할 때에는 공작물의 형상과 가공부위에 적합하며 제품의 요구 정밀도를 얻을 수 있는 홀더의 형상과 크기 및 공구의 재종을 선정하여야 하는데, 다음과 같은 점을 고려하여 선정한다.

① 절삭력에 충분히 견딜 수 있는 홀더의 크기와 형상을 선정한다.
② 제품의 요구 정밀도를 얻을 수 있는 인서트 팁의 형상과 규격을 선정한다.
③ 가공물의 재료에 적합한 인서트 팁의 재종을 결정한다.
④ 가공물에 적합한 칩 브레이커의 형상을 선정한다.

(2) 절삭공구 재료

최적의 공구 재종을 선택하기 위해서는 피삭재의 종류, 형상, 절삭조건 등을 먼저 고려하여야 하며, 인서트(insert)의 형상 및 가공할 CNC 공작기계의 상태 등도 고려되어야 한다. 최근 많이 사용되고 있는 공구재료로는 다음과 같은 것이 있다.

① 초경합금

주성분인 WC(탄화텅스텐)에 Ti(티타늄), Ta(탄탈) 등의 분말을 Co 또는 Ni분말과 혼합하여 1400~1450℃에서 압축 성형하여 소결(sintering)시킨 합금이다. 초경합금은 경도가 높고 고온에서도 경도 저하 폭이 크지 않으며, 압축강도가 강에 비하여 월등히 높은 것이 특징이다. 절삭용도의 재종에는 강 절삭용인 P계열, 주철 절삭용인 K계열, 강 및 내열강, 특수주철 절삭용인 M계열 외에 초미립자 초경 재종인 UF계열이 있다. 다음 표는 [초경합금의 용도 및 특성]을 나타내었다.

초경합금의 용도 및 특성

용도 분류	피삭재	합금 성분	합금 특성
P	절삭할 때 비교적 긴 칩(chip)이 생기는 강 재료	WC+TiC+TaC+Co	WC 이외에 TiC, TaC 등이 첨가되어 고열로 인한 마모에 강함
M	비교적 긴 칩이 생기며, 공구에 치핑(chipping) 및 크레이터(crater)를 유발하는 재료	WC+TiC+TaC+Co	P종보다 TiC, TaC 등이 비교적 적고, 기계적·열적 마모에 대해 적당한 강도를 지님
K	칩이 가루이거나 짧은 재료, 절삭저항이 적은 재료	WC+Co	WC 이외의 탄화물은 매우 미량이며, 열적 마모보다 기계적 마모에 강함

② 피복(coating) 초경합금

초경합금을 모재로 하고 그 위에 모재보다 강도가 높은 TiC(탄화티탄), TiN(질화티탄), Al_2O_3(알루미나) 등을 피복시킨 공구로 인성이 강하고 고온에서 내마모성이 우수하여 공구수명이 현저히 증가한다. 다음 표는 [코팅 재료의 종류와 특징]을 나타내고 있다.

코팅 재료의 종류와 특징

코팅 재료	색	특 징
TiC (탄화티탄)	회은색	• 여유면의 내마모성이 우수 • 경사면의 내마모성은 약함
TiN (질화티탄)	금색	• 내용착성이 우수, 구성인선 발생 방지 • 다듬면의 거칠기 정도가 우수함
Al_2O_3	흑회색	• 경사면과 경계면의 내마모성이 우수 • 여유면의 내마모성은 약함

③ 서멧 (cermet)

세라믹(ceramics)과 금속(metals)의 합성어인 서멧은 소결복합체의 총칭으로 TiC를 주성분으로 한 합금을 말한다. 그러나 최근의 TiN이 다량 함유된 TiN계 서멧은 경질층이 미세하고 인성 및 내열성 등이 우수한 특성을 가진다. 서멧을 초경합금 공구나 피복 초경합금 공구와 비교하면 다음과 같은 특징이 있다.

- 피삭재와 친화성이 적어 가공면이 양호하다.
- 내산화성이 뛰어나서 공구 수명이 길다.
- 절삭유제 사용 시 수명이 급속하게 짧아지므로 습식 절삭에는 불리하다.
- 고온에서 경도가 높기 때문에 고속 절삭이 가능하다.

④ 세라믹 (ceramics)

Al_2O_3를 주성분으로 한 세라믹은 고온경도가 커서 내용착성과 내마모성이 크고, 초경합금 공구에 비해 2~5배의 고속절삭이 가능하며, 비금속재료이기 때문에 금속 피삭재와 친화력이 적어 고품질의 가공면을 얻을 수 있다. 그러나 단점으로는 충격저항이 낮아 단속절삭에서 공구수명이 짧고, 강도가 낮아 중절삭을 할 수 없다.

⑤ CBN (cubic boron nitride)

입방정 질화붕소로 불리는 신소재로 결정구조가 다이아몬드와 유사하며 다이아몬드 다음으로 단단한 물질이다. 이 소재로 공구를 제작하여 사용하면 HRC 54 이상으로 열처리된 금형강도 쉽게 가공할 수 있다.

CBN은 경화 열처리된 강의 절삭가공, 높은 치수 정밀도 및 면조도가 필요한 가공, 연삭가공을 생략하고 절삭가공으로 마무리할 경우 등에 적합하다.

(3) 공구 홀더의 규격 선정

절삭과정에서 절삭공구에 절삭력이 걸리면 처짐이 발생하므로 절삭력에 충분히 견딜 수 있는 홀더(holder)의 크기와 형상을 선정하여야 한다, 공구 홀더를 선정할 때에는 부록의 공구 홀더 규격을 참고하여 가공에 적합한 것을 선정한다.

(4) 인서트 규격 선정

인서트(insert) 규격 선정 시에도 부록의 인서트 규격을 참고하여 가공에 적합한 인서트를 선정하여야 하며, 일반적인 선정방법은 다음과 같다.

① **형상**: 가능한 한 강도가 크고 경제적인 큰 코너각의 인서트를 선정하는 것이 좋다. 다음 그림은 [인서트 코너각의 크기에 따른 강도]에 대하여 나타낸 것이다.

② **인서트 크기**: 가공이 가능한 최소의 크기를 선정하며, 최대 절삭깊이는 인선길이의 절반 정도가 좋다.

③ **인선 반지름**: 인선 반지름이 커지면 강도 및 공구 수명이 증가하고 표면조도도 좋아지므로 가능한 한 인선 반지름이 큰 것을 선정한다. 그러나 지름이 작고 긴 환봉을 절삭할 경우에는 인선 반지름이 증가하면 절삭저항이 증가하여 떨림이 일어나기 쉬우므로 주의하여야 한다.

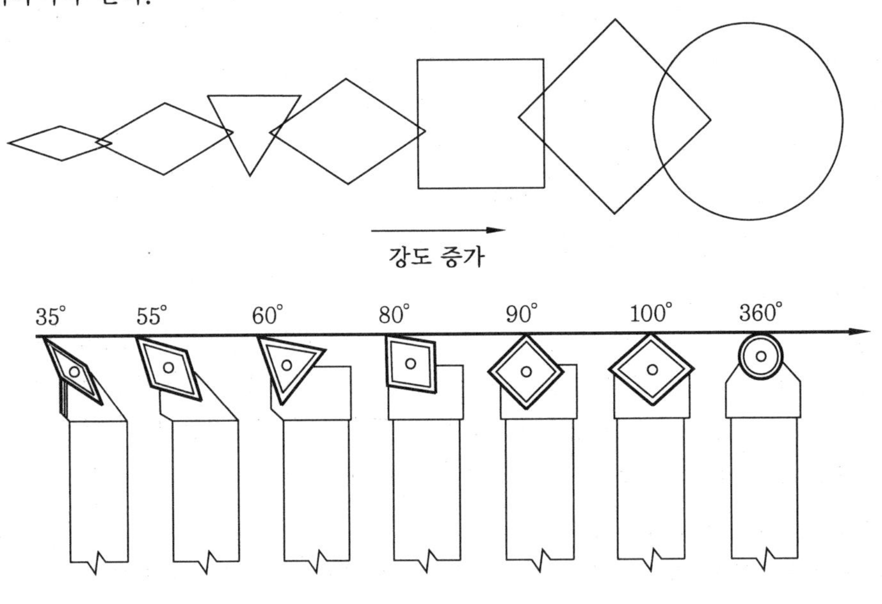

인서트 코너각의 크기에 따른 강도

1-3 CNC 선반의 절삭조건

(1) 절삭조건

가공물의 재질과 작업의 종류에 따른 일반적인 절삭조건에는 절삭공구의 재질에 적합한 공구의 형상, 절삭속도, 이송속도, 절삭깊이 및 절삭유의 종류 등이 있으며, 이와 같은 절삭조건을 최적으로 선정하여야 능률을 높일 수 있다.

경제적인 절삭조건은 다음 그림에서 보는 바와 같이 절삭조건이 증가하면 생산성은 증가하지만 공구의 수명은 감소되므로 적정한 절삭조건을 선정해야 한다. 경제적 절삭조건의 3 요소는 다음과 같다.

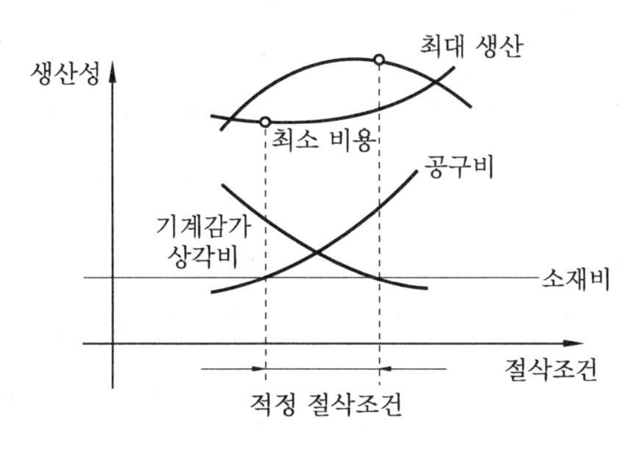

경제적 절삭조건

① **절삭속도 :** 가공물과 절삭공구 사이에 발생하는 상대속도를 말하며, 공구가 1분 동안 가공물을 절삭하면서 지나간 거리를 m/min의 단위로 표시한다. 절삭속도는 절삭능률, 가공물의 표면거칠기, 공구의 수명에 직접적인 영향을 주는 절삭조건의 중요한 변수이다. 따라서 가공물의 재질, 공구의 재질, 작업의 유형에 적합한 절삭속도를 선정하여 프로그램하여야 한다.

CNC 선반의 경우 절삭속도의 관계식은 다음과 같다.

$$V = \frac{\pi D N}{1000} \text{[m/min]}$$

$$N = \frac{1000\,V}{\pi D} \text{[rpm]}$$

여기서, V : 절삭속도 (m/min)
D : 공작물의 지름(mm)
N : 공작물의 회전수(rpm)

② **이송속도 :** 공구와 가공물 사이의 가로방향의 상대운동 크기를 말하며, CNC 선반의 경우에는 가공물이 1회전할 때 공구의 가로방향 이송, 즉 회전당 이송(mm/rev)을 사용한다.

③ **절삭깊이 :** 공구의 절입량을 말하며 칩 폭을 결정하는 요소이다.

다음은 [공구와 피복 초경합금 공구의 절삭조건표의 예]를 나타낸 것이다. 그러나 공구의 형상 및 각도, 공구 제작 제조사에 따라 조건이 달라질 수 있으며, 적절한 절삭조건의 선정은 가공 표면의 거칠기와 치수 정밀도에 큰 영향을 미치므로 실제 가공 경험에 의한 노하우(know-how)를 축적하는 것이 중요하다.

공구와 피복 초경합금 공구의 절삭조건표의 예

재 질	구 분	절삭속도 V[m/min]		절삭깊이 (mm)	이송속도 (mm/rev)	공구재질
		초경합금	코팅된 초경합금			
탄소강 (인장강도 60kgf/mm^2)	황삭	130~150	180~220	3~5	0.3~0.4	P10~20
	중삭	150~180	200~250	2~3	0.3~0.4	P10~20
	정삭	170~220	250~280	0.2~0.5	0.08~0.2	P01~10
	나사	100~120	120~125	-	-	P10~20
	홈가공	90~110	90~110	-	0.05~0.12	P10~20
	센터드릴	100~1600rpm	100~1600rpm	-	0.08~0.15	HSS
	드릴	25	25	-	0.2	HSS
합금강 (인장강도 140kgf/mm^2)	황삭	100~140	150~180	3~4	0.3~0.4	P10~20
	정삭	140~180	200~250	0.2~0.5	0.08~0.2	P01~10
	홈가공	70~100	70~100	-	0.05~0.1	P10~20
주철	황삭	120~150	200~250	3~5	0.3~0.5	P10~20
	정삭	140~180	250~280	0.2~0.5	0.08~0.2	P01~10
	나사	90~110	90~110	-	-	P10~20
	홈가공	80~110	100~125	-	0.06~0.15	P10~20
	센터드릴	1400~2000rpm	1400~2000rpm	-	0.08~0.15	HSS
	드릴	25	25	-	0.2	HSS
알루미늄	황삭	400~1000	400~1000	2~4	0.2~0.4	K10
	정삭	700~1600	700~1600	0.2~0.4	0.08~0.2	K10
	홈가공	350~1000	350~1000	-	0.05~0.15	K10
청동, 황동	황삭	150~300	150~180	3~5	0.2~0.4	K10
	정삭	200~500	200~250	0.2~0.5	0.08~0.2	K10
	홈가공	150~200	70~100	-	0.05~0.15	K10
스테인리스강	황삭	90~130	150~180	2~3	0.2~0.25	P10~20
	정삭	140~180	200~250	0.2~0.5	0.06~0.2	P01~10
	홈가공	60~90	70~100	-	0.05~0.15	P10~20

(2) 절삭유

공작물의 가공면과 공구 사이에는 절삭 및 전단작용에 의해서 온도가 상승하여 나쁜 영향을 주게 된다. 이와 같은 나쁜 영향을 방지하기 위하여 절삭유를 사용하는데 일반적으로 액체가 많이 쓰인다. 절삭유는 공구의 절삭온도를 저하시켜 공구의 경도를 유지하게 된다.

① 절삭유의 작용

- 냉각작용 : 절삭공구와 공작물의 온도 상승을 방지한다.
- 세척작용 : 공구 날의 윗면과 칩 사이의 마찰을 감소시킨다.
- 윤활작용 : 가공 시 발생되는 공작물과 공구 사이에 잔류하는 칩을 제거하여 절삭작업 시 작업자의 가공 시야를 좋게 한다.

② 절삭유의 구비조건

- 칩 분리가 용이하고 회수하기 쉬워야 한다.
- 냉각성 및 윤활성이 좋아야 한다.
- 방청성 및 방식성이 있어야 한다.
- 위생상 해롭지 않아야 하고, 장시간 사용 시 변질되지 않아야 한다.

③ 절삭유 사용 시 장점

- 절삭저항이 감소하고 공구의 수명을 연장시킨다.
- 공구 끝에 나타나는 구성인선(built-up edge)의 발생을 억제하여 가공 표면의 거칠기를 좋게 한다.
- 절삭영역의 열팽창 방지로 공작물의 변형을 감소시켜 치수 정밀도를 높여 준다.
- 칩의 흐름이 좋아지기 때문에 절삭작용을 쉽게 한다.
- 마찰이 감소하므로 칩의 전단각이 증가하여 칩의 두께를 감소시킨다.

2. CNC 선반 프로그래밍

2-1 절대좌표와 증분좌표

CNC 선반 프로그래밍에는 절대(absolute)좌표와 증분(incremental)좌표 또는 상대(relative)좌표 방식이 있는데, 절대좌표는 이동하고자 하는 점을 전부 프로그램 원점으로부터 설정된 좌표계의 좌표값으로 표시한 것이며 어드레스 X, Z로 표시하고, 증분방식은 앞 블록의 종점이 다음 블록의 시작점이 되어서 이동하고자 하는 종점까지의 거리를 U, W로 지령한 것이다.

그리고 절대좌표와 증분좌표를 한 블록 내에서 혼합하여 사용할 수 있는데, 이를 혼합방식이라 하며 CNC 선반 프로그램에서만 가능하다.

다음 도면을 CNC 선반에서 프로그래밍하면,

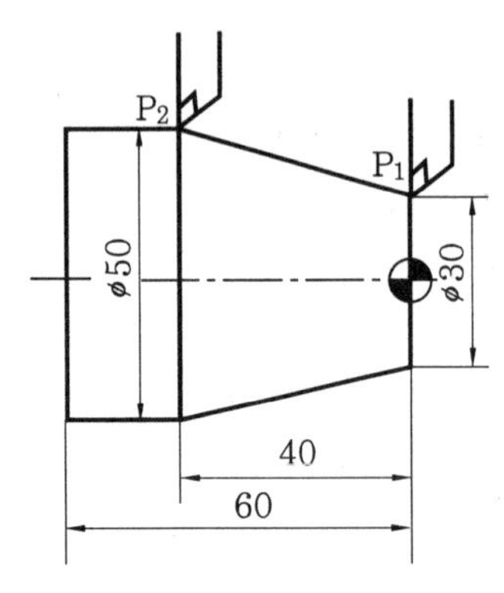

P1 : 지령 시작점(30, 0)
P2 : 지령 끝점(50, −40)

좌표값 지령방법

① 절대방식 지령 X50.0 Z−40.0 ;
② 증분방식 지령 U20.0 W−40.0 ;
③ 혼합방식 지령 X50.0 W−40.0 ;
U20.0 Z−40.0 ; 이다.

앞으로 프로그램 작성 시 X값은 일반적으로 절대좌표 지령이 쉬우나 Z값은 도면이 복잡한 경우 또는 R가공이나 모따기에 있어서는 증분좌표 지령이 쉬운 것을 알 수 있다.

참고로 머시닝 센터(밀링계) 프로그램은 절대(G 90), 증분(G 91)을 G코드로 선택하는 방식으로 CNC 선반 프로그램과는 차이가 있다.

2-2 프로그램 원점과 좌표계 설정

(1) 프로그램 원점

프로그램을 할 때 좌표계와 프로그램 원점(X0.0, Z0.0)은 사전에 결정되어야 하며, 다음 그림과 같이 Z축선상의 X축과 만나는 임의의 한 점을 프로그램 원점으로 설정하는 경우가 대부분이다. 그러나 일반적으로 프로그램 원점은 왼쪽 끝단이나 오른쪽 끝단에 설정하는데, 오른쪽 끝단에 프로그램 원점을 설정하는 것이 실제로 프로그램 작성이 쉬우며, 원점 표시 기호(⯐)를 표시한다.

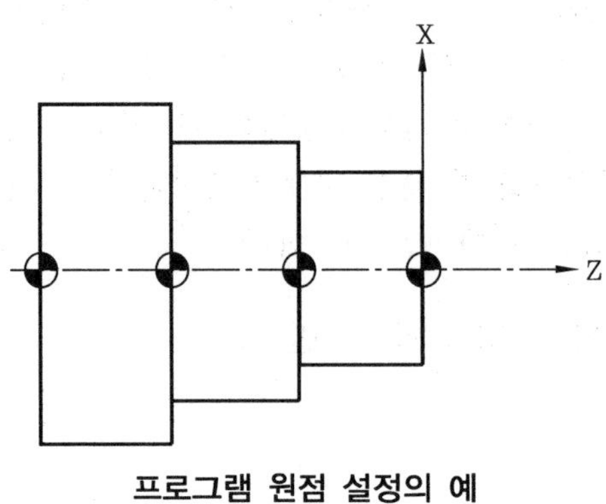

프로그램 원점 설정의 예

(2) 좌표계 설정(G50)

G50　X__　Z__ ;

프로그램을 할 때 도면 또는 제품의 기준점을 정해 주는 좌표계를 우선 결정한다. 프로그램 실행과 함께 공구가 출발하는 지점과 프로그램 원점과의 관계를 NC 장치에 입력해야 되는데, 이를 좌표계 설정이라 하며 G50으로 지령한다. 좌표계가 설정되면 출발점의 공구 위치와 공작물 좌표계가 설정되기 때문에 가공을 시작할 때 공구는 좌표계가 설정된 지점에 있어야 하며, 또한 공구 교환도 대부분 이 지점에서 이루어지기 때문에 이 지점을 시작점(start point)이라고도 한다. 다음 그림은 [좌표계 설정방법]을 나타낸 것이다.

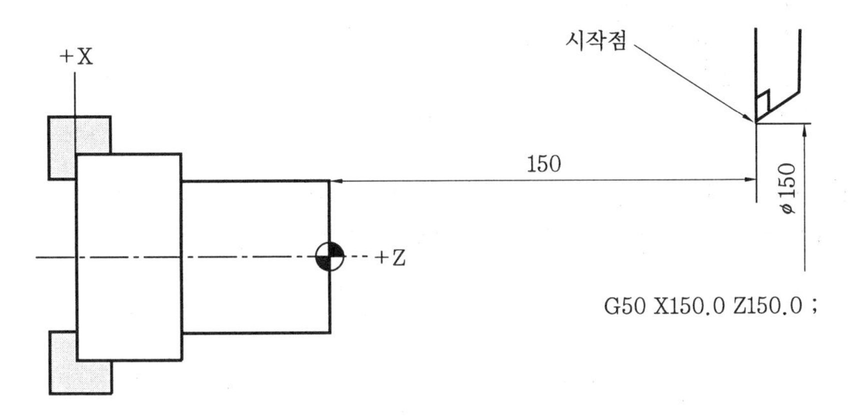

좌표계 설정방법

G50 X150.0 Z150.0 ; 의 의미는 시작점은 프로그램 원점에서 X방향 150mm, Z방향 150mm에 위치한다는 것이다.

(3) 원점복귀

CNC 선반이나 머시닝 센터는 전원을 ON한 후 또는 비상정지(emergency stop) 버튼을 눌렀을 때에는 기계원점복귀를 하여야 하는데, 원점복귀방법에는 수동원점복귀와 프로그램에서 지령하는 자동원점복귀 방법이 있다.

① 수동원점복귀

CNC 선반에서 모드(mode)를 원점복귀를 하고자 하는 곳에 위치시키고 조그(jog) 버튼을 이용하여 X, Z축을 수동으로 복귀시킬 수 있으며 전원 투입 후 제일 먼저 실시하여야 하다. 비상정지 버튼을 사용했을 때도 반드시 원점복귀를 하여야 한다. 또한 수동원점복귀는 G코드를 사용하지 않고 수동으로 하므로 프로그램에서는 수동으로 할 수 없다.

② 자동원점복귀 (G28)

G28　X(U)__　Z(W)__ ;

G28 U0.0 W0.0 ; 을 지령하면 그림과 같이 현재의 공구 위치에서 기계원점에 복귀하는데, 이는 일반적으로 가장 많이 사용하는 방법이다.

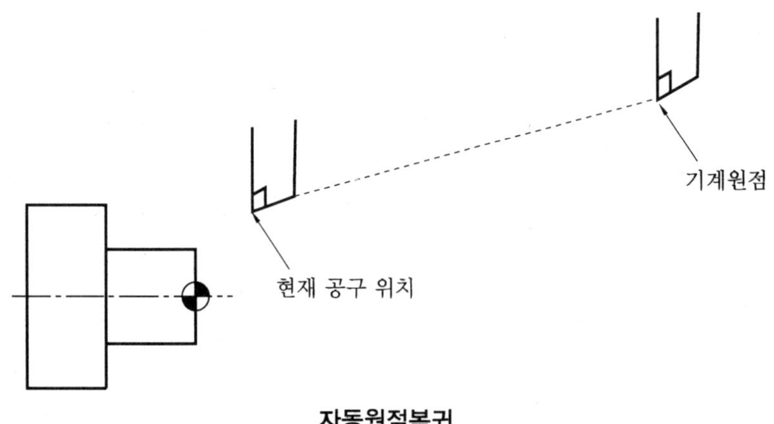

자동원점복귀

그러나 다음 그림과 같이 공구가 원점복귀 도중 공작물과 충돌의 우려가 있을 때에는 현재 공구 위치에서 중간경유점을 지나서 원점복귀하도록 한다.

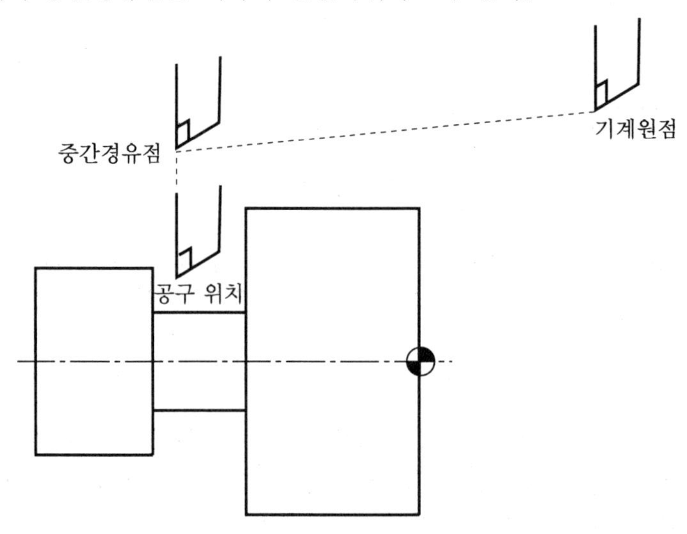

③ 제2원점복귀 (G30)

G30(P_2, P_3, P_4) X(U)__ Z(W)__ ;

이 기능은 프로그램 수행에 앞서 원점복귀한 다음에 유효하며, 제1원점(기계원점)으로부터 거리를 파라미터(parameter) 번호에 입력해서 원하는 제2원점을 정하며 P_2, P_3, P_4는 제 2, 3, 4원점을 선택하고 생략되면 제2원점이 선택된다.

또한 제2원점은 비상 시에 공작물 원점을 되찾을 때 필요하기 때문에 프로그램 시 맨 앞에 G30 U0.0 W0.0 ; 으로 지령하는 것이 일반적이다.

④ 원점복귀 확인(G27)

```
G27    X(U)__  Z(W)__ ;
```

기계원점에 복귀하도록 지령한 후 정확하게 원점에 복귀했는지를 확인하는 기능으로 지령한 위치가 기계원점이면 원점복귀 표시를 하나, 원점 위치에 있지 않으면 알람(alarm)이 발생한다.

⑤ 원점에서 자동복귀(G29)

```
G29    X(U)__  Z(W)__ ;
```

원점복귀 후 G28, G30과 함께 지령한 중간 경유점을 지나 G29에서 지령한 좌표값으로 위치결정하는 기능으로 공구 교환 후 필요한 위치로 이동시킬 때 사용하면 편리하다.

2-3 주축기능

CNC 선반에서 절삭속도가 공작물의 가공에 미치는 영향은 매우 크다. 절삭속도란 공구와 공작물 사이의 상대속도이므로 일정한 절삭속도는 주축의 회전수를 조절함으로써 가능하다.

$$N = \frac{1000\,V}{\pi D}\,[\mathrm{rpm}]$$

여기서, N : 주축 회전수(rpm), V : 절삭속도(m/min), D : 지름(mm)

또는

$$V = \frac{\pi D N}{1000}\,[\mathrm{m/min}]$$

[예제] ϕ 50mm SM45C 재질의 가공물을 초경합금 바이트를 이용하여 작업할 때 절삭속도가 130m/min라면 주축의 회전수는 얼마인가?

해설 $N = \dfrac{1000\,V}{\pi D} = \dfrac{1000 \times 130}{3.14 \times 50} = 828\,\mathrm{rpm}$

(1) 주축속도 일정제어(G96)

단면이나 테이퍼(taper) 절삭에서 효과적인 절삭가공을 위해 X축의 위치에 따라서 주축속도(회전수)를 변화시켜 절삭속도를 일정하게 유지하여 공구 수명을 길게 하고 절삭시간을 단축시킬 수 있는 기능으로 단이 많은 계단축가공 및 단면가공에 주로 사용된다.

예 G96 S130 ; …… 절삭속도(V)가 130m/min가 되도록 공작물의 지름에 따라 주축의 회전수가 변한다.

(2) 주축속도 일정제어 취소 (G97)

주축속도 일정제어 취소기능은 공작물의 지름에 관계없이 일정한 회전수로 가공할 수 있는 기능으로 드릴작업, 나사작업, 공작물 지름의 변화가 심하지 않은 공작물을 가공할 때 사용한다.

예 G97 S500 ; …… 주축은 500rpm으로 회전한다.

(3) 주축 최고 회전수 설정 (G50)

G50에서 S로 지정한 수치는 주축 최고 회전수를 나타내며, 좌표계 설정에서 최고 회전수를 지정하게 되면 전체 프로그램을 통하여 주축의 회전수는 최고 회전수를 넘지 않게 된다. 또한, G96에서 최고 회전수보다 높은 회전수를 요구하더라도 주축에서는 최고 회전수로 대체하게 된다.

예 G50 S1300 ; …… 주축의 최고 회전수는 1300rpm이다.

[예제] 다음 프로그램에서 ϕ60일 때, ϕ40일 때, 그리고 ϕ20일 때 주축의 회전수를 구하시오.

```
G50  S1300 ;
G96  S130 ;
```

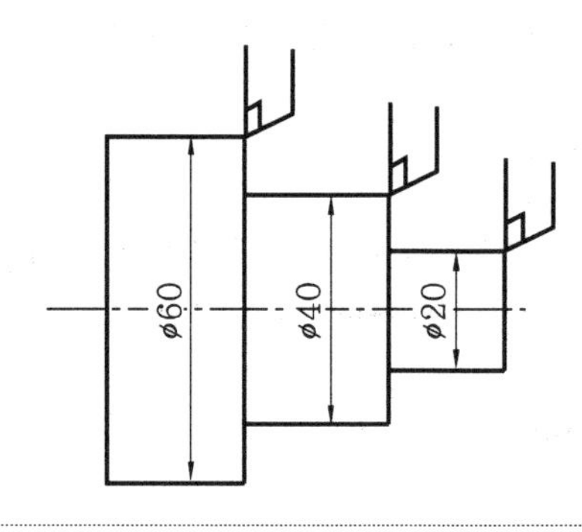

해설 ① ϕ 60일 때 $N=\dfrac{1000V}{\pi D}=\dfrac{1000\times130}{3.14\times60}=690\text{rpm}$

② ϕ 40일 때 $N=\dfrac{1000\times130}{3.14\times40}=1035\text{rpm}$

③ ϕ 20일 때 $N=\dfrac{1000\times130}{3.14\times20}=2070\text{rpm}$

따라서, ϕ 20일 때에는 최고 회전수가 G50에서 지령한 1300rpm으로 바뀐다.

[예제] 다음 프로그램에서 주축기능(S)을 설명하시오.

해설 G50 S1300 ; …… 주축 최고 회전수를 1300rpm으로 설정
G97 S450 ; …… 주축 회전수를 450rpm으로 직접 지정
G96 S130 ; …… 절삭속도를 130m/min으로 지정

2-4 공구기능

공구기능(tool function)은 공구 선택과 공구 보정을 하는 기능으로 어드레스 T로 나타내며 T기능이라고도 한다. 공구기능은 T에 연속되는 4자리 숫자로 지령하는데, 그 의미는 다음과 같다.

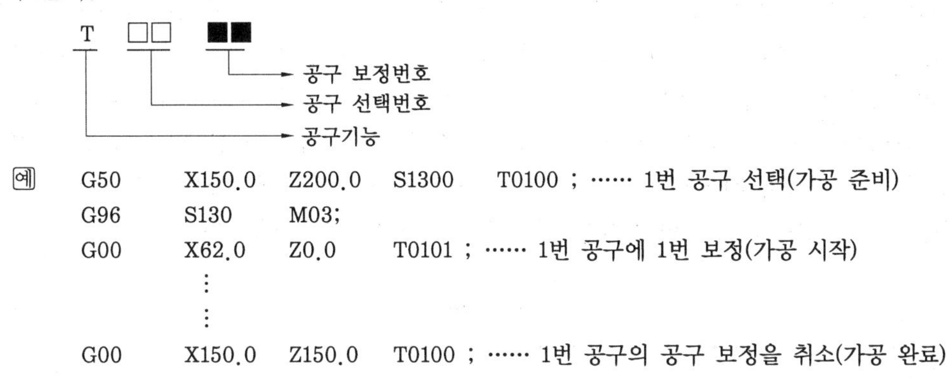

예
```
G50  X150.0  Z200.0  S1300  T0100 ; …… 1번 공구 선택(가공 준비)
G96  S130    M03;
G00  X62.0   Z0.0    T0101 ; …… 1번 공구에 1번 보정(가공 시작)
     ⋮
     ⋮
G00  X150.0  Z150.0  T0100 ; …… 1번 공구의 공구 보정을 취소(가공 완료)
```

공구 선택번호와 공구 보정번호는 같지 않아도 되지만 같은 번호를 사용하면 가공 중 발생하는 보정 실수를 줄일 수 있으므로 일반적으로 공구번호와 보정번호를 같이 한다.

2-5 이송기능

공작물에 대하여 공구를 이송시켜 주는 기능을 말하며, G98 코드의 분당 이송(mm/min)과 G99 코드의 회전당 이송(mm/rev)으로 지령할 수 있는데, CNC 선반에서는 G99 코드를 사용한 회전당 이송으로 프로그램한다.

구 분 \ 코 드	G98	G99
의 미	분당 이송	회전당 이송
이송 단위	mm/min	mm/rev

그러나 G98 지령이 없는 한 항상 CNC 선반에서는 G99의 상태로 되어 있으므로 G99 지령은 별도로 할 필요가 없다. 다음 그림은 [절삭이송]을 나타낸 것이다.

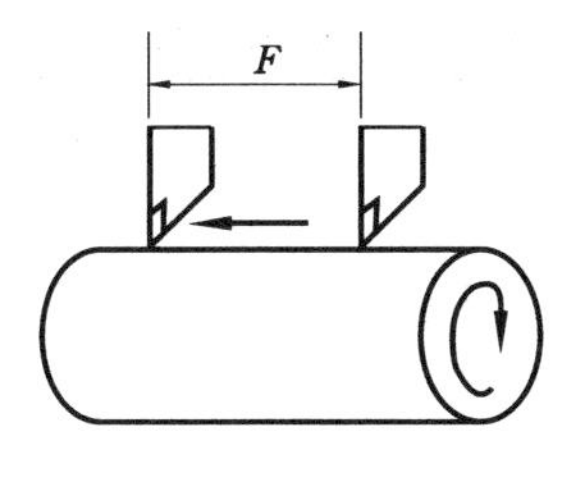

(a) 분당 이송(mm/min)

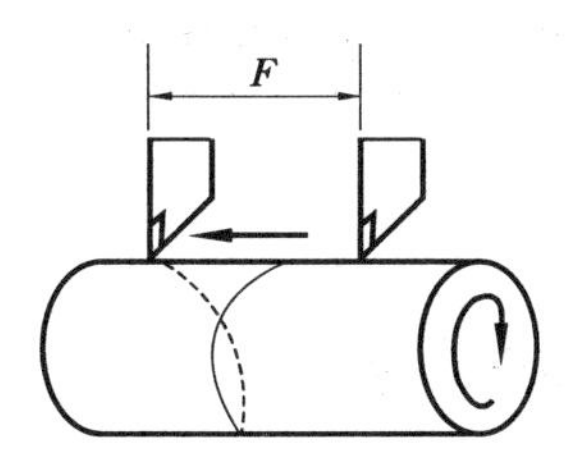

(b) 회전당 이송(mm/rev)

절삭이송

2-6 보조기능

보조기능은 어드레스 M(miscellaneous)에 연속되는 두 자리 숫자에 의해 기계측의 ON/OFF에 관계되는 기능이다.

선택적 프로그램 정지(M01)는 프로그램 수행 중 M01에서 정지하는 것은 M00과 동일하지만 M01은 기계 조작반의 M01 기능을 유효(ON)로 할 것인지 무효(OFF)로 할 것인지는 스위치에 의해서 결정할 수 있다. 즉, 조작반의 선택적 프로그램 정지 스위치를 ON해야만 M00과 동일한 기능을 가진다. 선택적 프로그램 정지기능은 공구를 점검하고자 할 때 또는 절삭량이 많아서 칩을 제거해야 할 때, 공작물을 측정하고자 할 때 사용하지만, 보통 공정과 공정 사이에 넣어서 제품의 상태를 점검하기 위하여 많이 사용한다.

보조기능

M-코드	기 능
M00	프로그램 정지(실행 중 프로그램을 정지시킨다)
M01	선택 프로그램 정지(optional stop) (조작판의 M01 스위치가 ON인 경우 정지)
M02	프로그램 끝
M03	주축 정회전
M04	주축 역회전
M05	주축 정지
M08	절삭유 ON
M09	절삭유 OFF
M30	프로그램 끝 & Rewind
M98	보조 프로그램 호출 M98 P□□□□ L△△△△ 보조 프로그램 번호 반복횟수(생략하면 1회)
M99	보조 프로그램 종료(보조 프로그램에서 주 프로그램으로 돌아간다)

2-7 준비기능

CNC 선반에 사용되는 준비기능은 다음 표와 같다.

CNC 선반의 준비기능

G-코드	그 룹	기 능	구 분
★G00	01	위치결정(급속 이송)	B
G01		직선보간(절삭 이송)	B
G02		원호보간(CW : 시계방향 원호가공)	B
G03		원호보간(CCW : 반시계방향 원호가공)	B
G04	00	dwell(휴지)	B
G10		data 설정	O
G20	06	inch 입력	O
★G21		metric 입력	O
G27	00	원점복귀 확인(check)	B
G28		자동원점복귀	B
G29		원점으로부터 복귀	B
G30		제2원점 복귀	B
G31		생략(skip) 기능	B
G32	01	나사 절삭	B
G34		가변 리드 나사 절삭	O
★G40	07	공구 인선 반지름 보정 취소	B
G41		공구 인선 반지름 보정 좌측	B
G42		공구 인선 반지름 보정 우측	B
G50	00	공작물 좌표계 설정, 주축 최고 회전수 설정	B
G65		macro 호출	O
G66	12	macro modal 호출	O
G67		macro modal 호출 취소	O
G68	04	대향 공구대 좌표 ON	O
G69		대향 공구대 좌표 OFF	O
G70	00	정삭가공 사이클	O
G71		내외경 황삭가공 사이클	O
G72		단면 황삭가공 사이클	O
G73		형상가공 사이클	O
G74		단면 홈가공 사이클(peck drilling)	O
G75		내외경 홈가공 사이클	O
G76		나사 절삭 사이클	O

G-코드	그 룹	기 능	구 분
G90	01	내외경 절삭 사이클	B
G92		나사 절삭 사이클	B
G94		단면 절삭 사이클	B
G96	02	주축속도 일정 제어	B
★G97		주축속도 일정 제어 취소	B
G98	03	분당 이송 지정(mm/min)	B
★G99		회전당 이송 지정(mm/rev)	B

㈜ ① ★ 표시기호는 전원투입 시 ★ 표시기호의 준비기능 상태로 된다.
② 준비기능 알람표에 없는 준비기능을 지령하면 alarm이 발생한다.(P/S 10)
③ 같은 그룹의 G-code를 2개 이상 지령하면 뒤에 지령된 G-code가 유효하다.
④ 다른 그룹의 G-code는 같은 블록 내에 2개 이상 지령할 수 있다.

2-8 위치결정(G00)

G00 X(U)__ Z(W)__ ;

위치결정은 현재의 위치에서 지령한 좌표점의 위치로 이동하는 지령으로 가공 시작점이나 공구를 이동시킬 때, 가공을 끝내고 지령한 위치로 이동할 때 등에 사용하는데, 파라미터(parameter)에서 지정된 급속이송속도로 공구가 빠르게 움직이므로 공구와 공작물 또는 기계에 충돌하지 않도록 조작판의 급속 오버라이드(rapid override)를 25~50%에 두고 작업하므로 충돌을 사전에 예방할 수 있다.

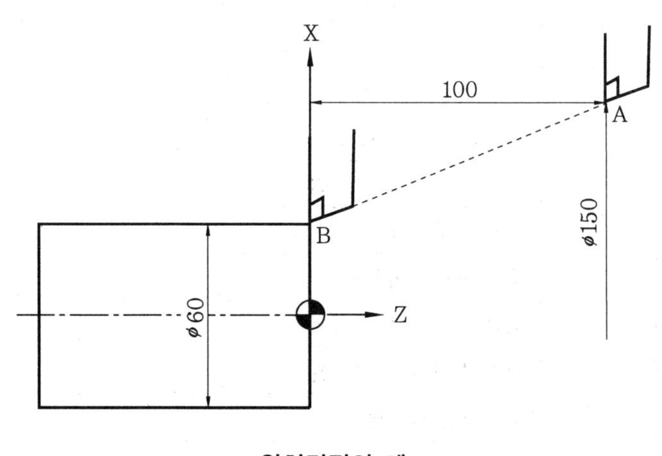

위치결정의 예

위 그림 [위치결정의 예]에서 공구 A에서 공구 B로 이동할 때 지령방법은 다음과 같다.

① **절대좌표 지령**

G00　X60.0　Z0.0 ;

② **증분좌표 지령**

G00　U90.0　W－100.0 ;

③ **혼합좌표 지령**

G00　X60.0　W－100.0 ;　또는

G00　U90.0　Z0.0 ; 이 있는데 일반적으로 절대좌표지령으로 프로그램한다.

공구의 이동에서 공구가 현재의 위치에서 지령된 위치로 빠르게 이동하는 경로로는 직선 보간형과 비직선 보간형이 있으나 일반적으로 비직선 보간형으로 이동한다.

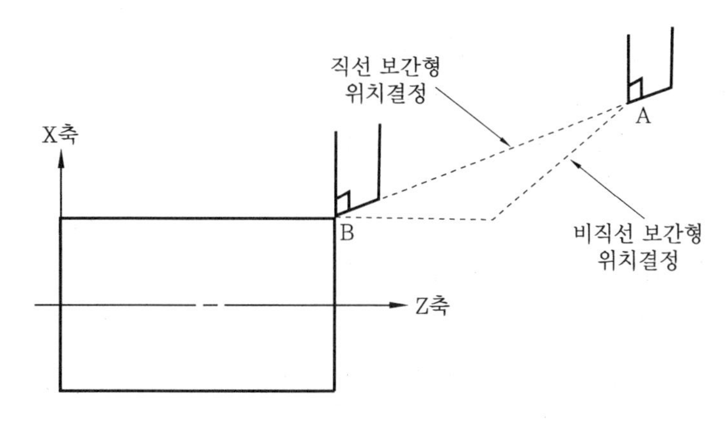

공구의 이동경로

공구는 블록의 이동 종점 위치를 미리 확인하고 감속하여 정확한 위치에 도달한 후 다음 블록으로 이동한다. 이때 먼저 다음 블록으로 이동하려는 기능 때문에 위치의 편차가 생기는데, 이 편차의 폭 내에 있는지를 확인하고 다음 블록으로 진행하는 기능을 인포지션 체크(inposition check)라 한다.

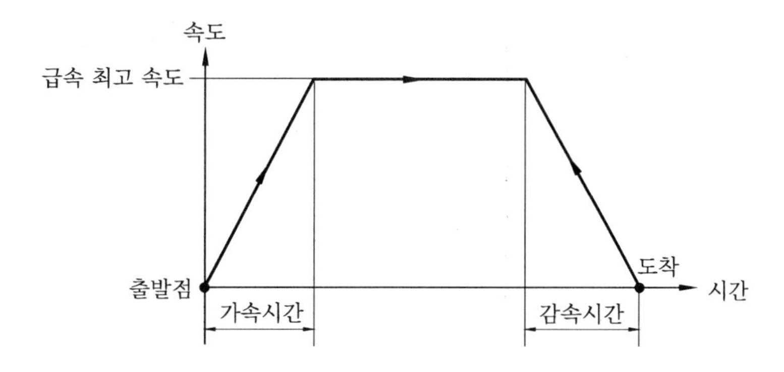

자동 가감속 시간

또한, 어떤 물체를 순간적으로 이동하거나 정지시킬 때 위의 그림 [자동 가감속 시간]과 같이 자동적으로 가감속이 되어 부드러운 이동과 정지가 되는데, 이동속도가 변화할 때도 자동적으로 가감속이 되게 하며, 이동할 때는 가속하고 정지할 때는 감속하게 하는 기능을 자동 가감속이라 한다.

2-9 보간기능

(1) 직선보간(G01)

```
G01  X(U)__  Z(W)__  F__ ;
```

직선보간은 실제 가공을 하는 이송지령으로, F로 지정된 이송속도로 현재의 위치에서 지령한 위치로 직선이동시키는 기능이다. 또한, F로 지정된 이송속도는 새로운 지령을 할 때까지 유효하므로 일일이 지정할 필요는 없다.

오른쪽 그림에서 A점에서 B점으로 이동할 때 지령방법은 다음과 같다.

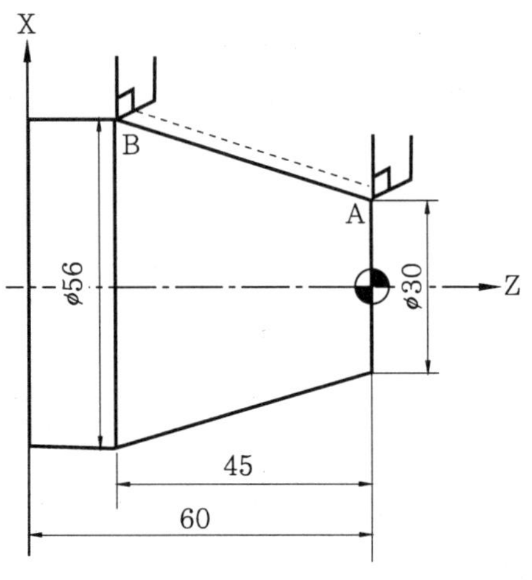

직선보간의 예

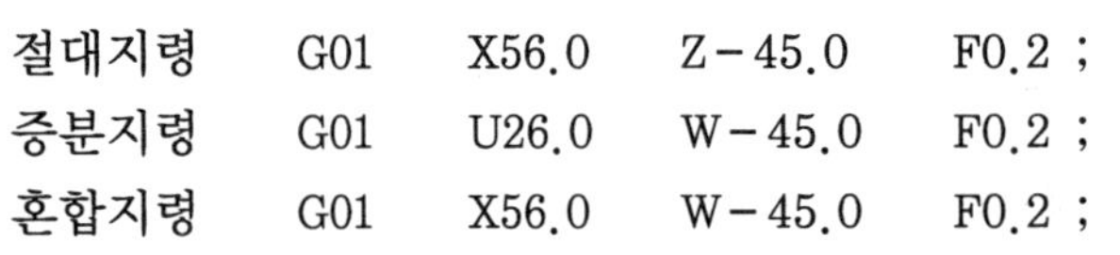

절대지령	G01	X56.0	Z-45.0	F0.2 ;	
증분지령	G01	U26.0	W-45.0	F0.2 ;	
혼합지령	G01	X56.0	W-45.0	F0.2 ;	또는
	G01	U26.0	Z-45.0	F0.2 ;	

[예제] 다음 도면을 가공할 때 동작 프로그램을 하시오.

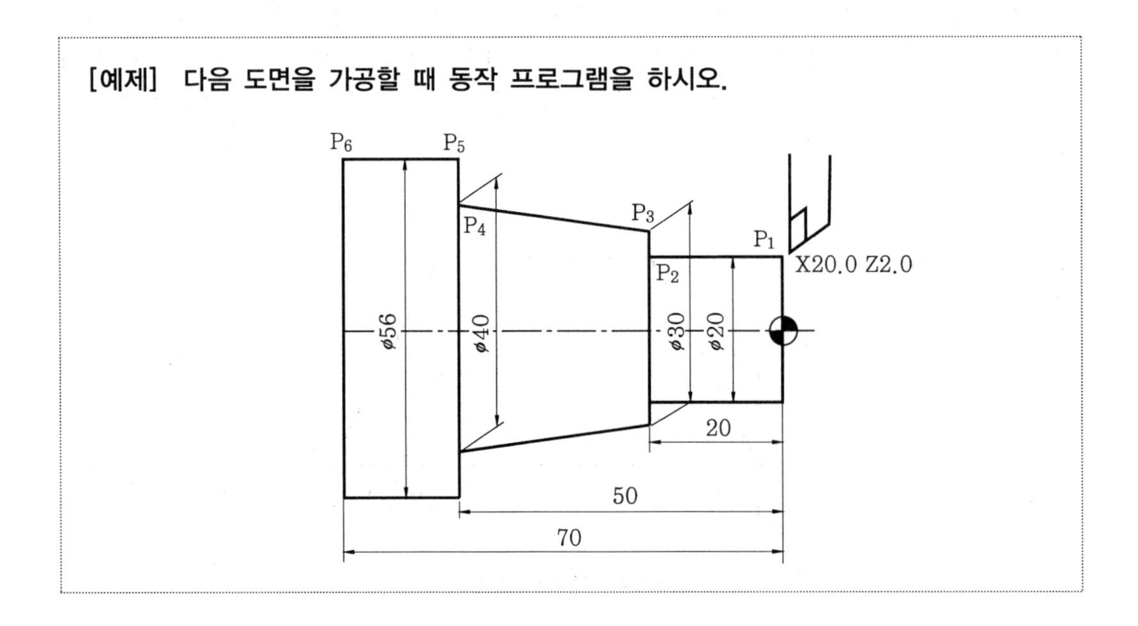

해설

	X20.0	Z2.0 ;	……	P_1점 (가공 시작점)
G01	(X20.0)	Z−20.0 F0.2 ;	……	P_1에서 P_2로 X20.0 Z−20.0까지 이송속도 F0.2로 가공. 현재 이동할 축만 지령하므로 X20.0은 생략
(G01)	X30.0	(Z−20.0) (F0.2) ;	……	P_2에서 P_3로 이송하는데 G01은 연속 유효(modal) G코드이므로 생략하였고, 이송속도도 계속 F0.2이므로 생략
(G01)	X40.0	Z−50.0 (F0.2) ;	……	P_3에서 P_4로 이송하는데 테이퍼 가공이므로 X, Z축을 한 블록에 동시 지령
(G01)	X56.0	(Z−50.0) (F0.2) ;	……	P_4에서 P_5로 이송하는데 X축만 이송하므로 Z축은 생략
(G01)	(X56.0)	Z−70.0 (F0.2) ;	……	P_5에서 P_6으로 이송하는데 Z축만 이송하므로 X축은 생략

* 일반적으로 프로그래밍을 할 때 연속 유효(modal) G코드나 동일한 좌표는 생략한다.

[예제] 다음 도면을 직선보간을 이용하여 프로그램하시오.

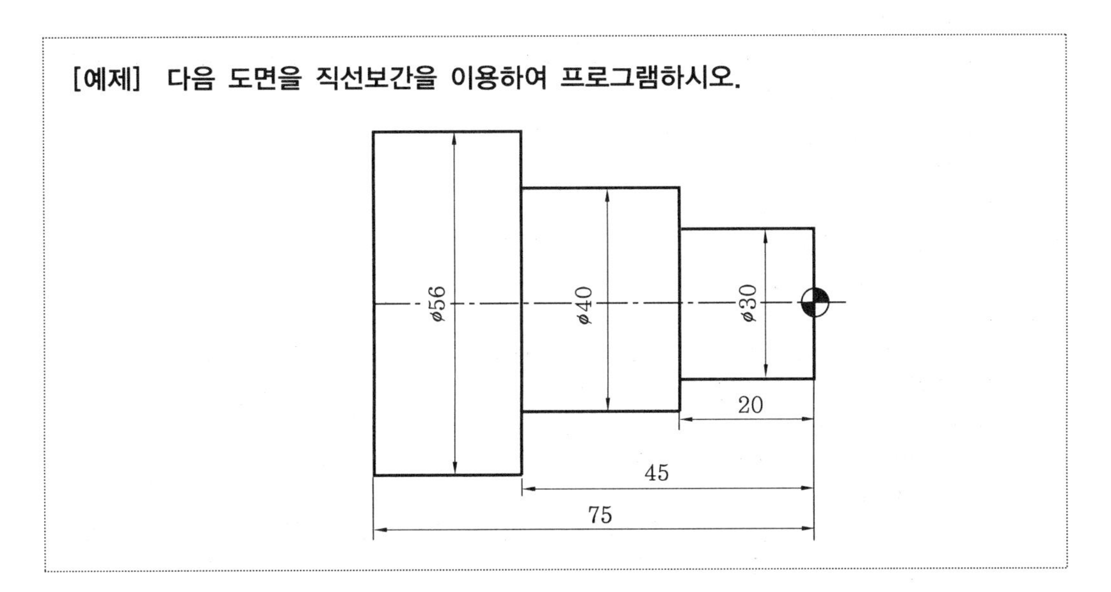

해설

절삭조건					
공 정	공구번호	주축 회전수 (rpm)	절삭속도 (m/min)	이송속도 (mm/rev)	1회 절입량
황삭가공	T01	1300	130	0.2	3~4mm
정삭가공	T03	1500	150	0.1	

O1101 ;

- O1101 : 프로그램 번호

N10 G28 U0.0 W0.0 ;

- N10 : 전개번호

  전개번호는 0001에서 9999까지 사용하는데 일반적으로 사용하지 않으나, 복합반복 사이클 G70~G73의 경우에는 꼭 적어야 한다.

- G28 : 자동원점복귀

- U0.0 W0.0 : 증분(incremental)좌표, 또는 상대(relative)좌표
- G28 U0.0 W0.0 : → 현재 위치에서 X축과 Z축이 원점복귀

N20 G50 X150.0 Z150.0 S1300 T0100 ;

- G50의 역할 : 좌표계 설정, 주축 최고 회전수 설정

  G50 X150.0 Z150.0 (①) S1300 (②) ;

  ① 좌표계 설정 ② 주축 최고 회전수 설정
- T0100 : 1번 공구 선택

N30 G96 S130 M03 ;

- G96: 주축속도 일정제어
- G96 S130 : 절삭속도가 130mm/min
- M03: 주축 정회전

N40 G00 X65.0 Z-0.1 T0101 M08;

- G00 : 위치결정(급속이송)
- X65.0 : 공작물의 지름이 60이므로 공구와 공작물의 충돌을 방지하기 위하여 공작물 지름보다 크게 한다.
- Z-0.1 : 기준면을 깨끗하게 가공하기 위하여 Z0.0보다 Z-0.1
- M08 : 절삭유 ON(Coolant ON)

N50 G01 X-2.0 F0.2 ;

- G0.1 : 직선보간
- X-2.0 : 노즈 반경을 고려하여 X-2.0

N60 G00 X56.2 Z2.0 :

- X56.2에 위치한 이유는 1회 절입량을 3~4mm로 하는데 제일 큰 계단축의 지름이 56이므로 정삭여유 0.2mm를 남겨둔 위치로 공구 이동

N70 G01 Z-74.9 ;

- Z방향 정삭여유 0.1mm 두고 가공

N80 G00 U1.0 Z2.0 ;

- CNC 선반에서는 한 블록 내에 절대좌표와 증분좌표를 함께 사용할 수 있으며, 절대좌표 X 대신에 증분좌표 U를 사용

N90 X52.0 ;

- 1회 3~4mm 가공하려고 했지만 여기에서는 4.2mm 가공

N100 G01 Z-44.9 ;

- 두 번째 계단축 Z방향 정삭여유 0.1mm 두고 가공

N110 G00 U1.0 Z2.0 ;

N120 X48.0 ;

- 4mm 가공

N130 G01 Z-44.9 ;

N140 G00 U1.0 X2.0 ;

N150 X44,0 ;

N160 G01 Z-44.9 ;

N170 G00 U1.0 Z2.0 ;

N180 X40.2 ;

- 1회 3~4mm 절입하려고 했지만 여기에서는 정삭여유 0.2mm를 남겨두고 3.8mm를 가공,

이렇게 해야만 지름이 40인 두 번째 계단축을 4회에 가공할 수 있다.

N190 G01 Z-44.9 ;
N200 G00 U1.0 Z2.0 ;
N210 X37.0 ;
N220 G01 Z-19.9 ;
- 세 번째 계단축 Z방향 정삭여유 0.1mm 두고 가공
N230 G00 U1.0 Z2.0 ;
N240 X34.0 ;
N250 G01 Z-19.9 ;
N260 G00 U1.0 Z2.0 ;
N270 X30.2 ;
N280 G00 X150.0 Z150.0 T0100 M09 ;
- T0100 : 1번 공구 취소
- M09 : 절삭유 OFF(Coolant OFF)
N290 G50 S1500 T0300 ;
- T0300 : 3번 공구 선택
N300 G96 S150 M03 ;
N310 G00 X32.0 Z0.0 T0303 M08 ;
- 황삭가공을 했으므로 X30.2보다 큰 X32.0
N320 G01 X-2.0 F0.1 ;
- 정삭가공이므로 이송속도 0.1
N330 G00 X30.0 Z2.0 ;
N340 G01 Z-20.0 ;
N350 X40.0 ;
- G01은 연속유효 G코드
N360 Z-45.0 ;
N370 X56.0 ;
N380 Z-75.0 ;
N390 G00 X150.0 Z150.0 T0300 M09 ;
N400 M05 ;
- M05 : 주축정지
N410 M02 ;
- M02: 프로그램 끝

(2) 원호보간(G02, G03)

G02 / G03	X(U)__ Z(W)__	R__ F__ ; / I__ K__ F__ ;

원호를 가공할 때 사용하는 기능이며, 지령된 시작점에서 끝점까지 반지름 R 크기로 시계방향(CW : clock wise)이면 G02, 반시계방향(CCW : counter clock wise)이면 G03으로 원호가공한다.

그림은 [원호보간의 방향]을 보여주고 있다.

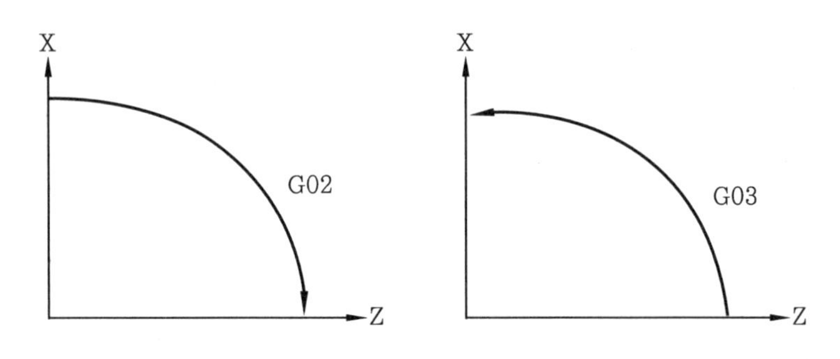

원호보간의 방향

CNC 선반 프로그램에서 원호보간에 필요한 좌표어를 다음 표에 나타내었다.

원호보간 좌표어 일람표

항	지령 내용		지 령	의 미
1	회전방향		G02	시계방향(CW : clock wise)
			G03	반시계방향(CCW : counter clock wise)
2	끝점의 위치	절대지령	X, Z	좌표계에서 끝점의 위치
		증분지령	U, W	시작점에서 끝점까지의 거리
3	원호의 반지름		R	원호의 반지름(반지름값 지정)
	시작점에서 중심까지의 거리		I, K	시작점에서 중심까지의 거리(반지름값 지정)
4	이송속도		F	원호에 따라 움직이는 속도

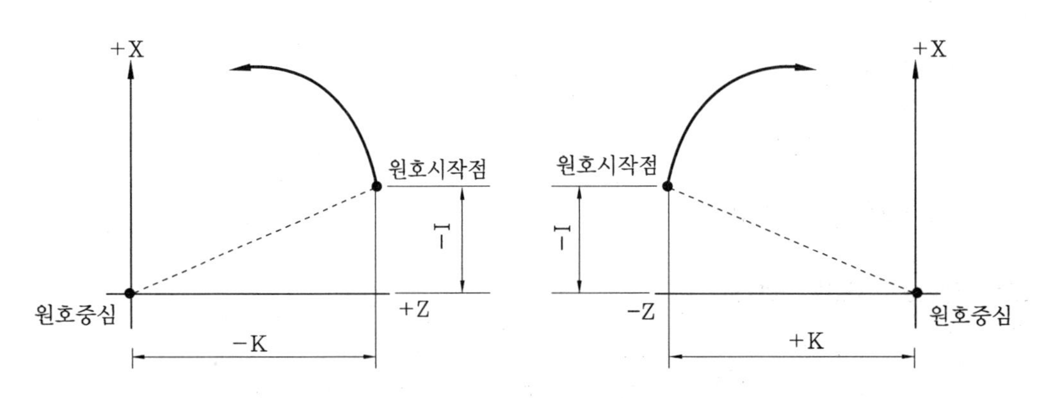

원호보간에서 I, K 부호를 결정하는 방법

I, K의 부호는 시작점에서 원호의 중심이 + 방향 또는 − 방향인가에 따라 결정되며 시작점에서 원호중심까지의 거리가 값이 된다.

원호보간에서 R지령과 I, K지령의 차이는 다음과 같다. R지령은 시작점에서 종점까지를 반지름 R로 연결시켜 주면 가공이 되고 I, K지령은 시작점과 종점의 좌표 및 원호의 중심점을 서로 연결하여 원호가 성립되는지를 판별하여 가공하며, 원호가 성립되지 않은 경우에는 알람(alarm)이 발생하여 불량을 방지할 수 있다. 다시 말하면, R지령을 할 경우에는 시작점과 종점의 좌표가 정확하지 않으면 시각적으로 확인하기 어려운 R형상의 불량이 발생한다.

그림 [원호보간의 예]에서 A점에서 B점으로 이동할 때 지령방법은 R지령 시,

G02 X50.0 Z-10.0 R10.0 F0.2 ;

I, K지령 시,

G02 X50.0 Z-10.0 I10.0 F0.2 ; 이다.

이때 I10.0이 되는 이유는 X축 방향이므로 I이고, 중심의 위치가 +방향이므로 I10.0이 된다.

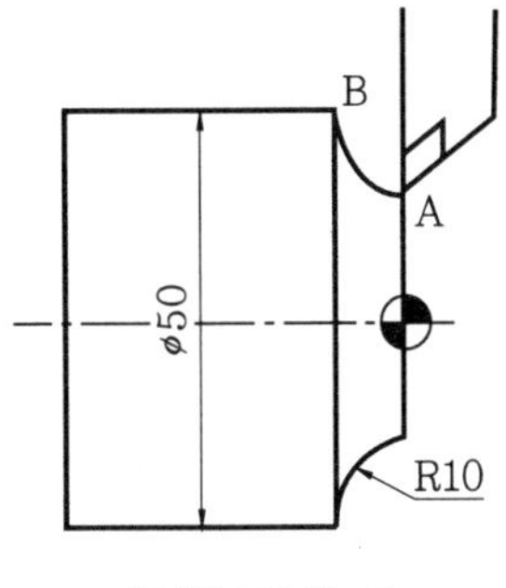

원호보간의 예

[예제] 다음 도면에서 P_1에서 P_2, P_3, P_4로 가공하는 절대, 증분, I, K지령으로 원호보간 프로그램을 하시오.

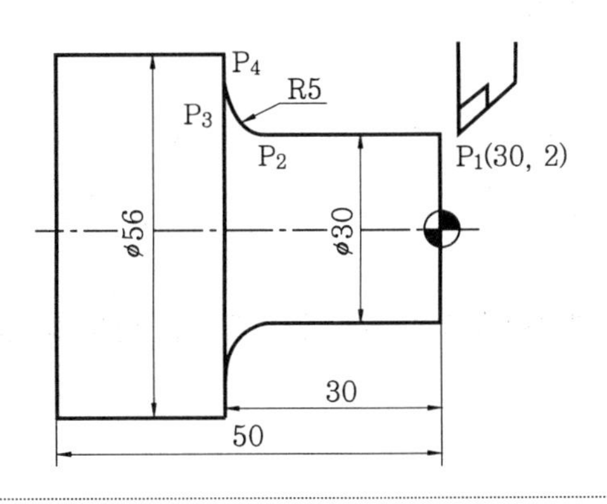

해설 ① R지령(절대지령)

G01 Z-25.0 F0.2 ; ……………… P_1에서 P_2로 이송하는데 (30-5)이므로 25
G02 X40.0 Z-30.0 R5.0 ; …… P_2에서 P_3로 이송하는데 시계방향이므로 G02
G01 X56.0 ; ……………………… P_3에서 P_4로 이송

② R지령(증분지령)

G01 W-27.0 F0.2 ; ……………… 증분지령이므로 P_1의 위치가 Z2.0이므로 W-27.0
G02 U10.0 W-5.0 R5.0 ; ……… P_3의 좌표값이 X40.0이므로 U10.0이고 R5.0이므로 W-5.0
G01 U16.0 ; ……………………… 56-40(R5)이므로 U16.0인데 X값은 증분지령으로 프로그램하면 혼돈이 되므로 절대지령이 쉽다.

③ I, K지령

G01 Z-25.0 F0.2 ;
G02 X40.0 Z-30.0 I5.0 ; …… X축 방향이므로 I이고 중심의 위치가 +방향이므로 I5.0
G01 X56.0 ;

[예제] 다음 도면을 P_1에서 P_4까지 동작 프로그램을 절대방식과 증분방식을 혼용하여 프로그램하시오.

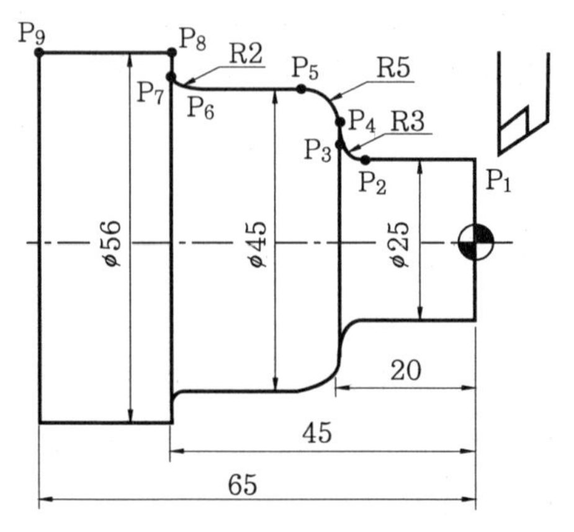

해설

```
N10  G01  Z-17.0   F0.2 ;        (P1 → P2)
N20  G02  X31.0    Z-20.0  R3.0 ; (P2 → P3)
N30  G01  X35.0;                 (P3 → P4)
N40  G03  X45.0    W-5.0   R5.0 ; (P4 → P5) … Z-25.0보다 증분지령 W-5.0
                                              이 프로그램 작성이 쉽다.
N50  G01  Z-43.0 ;               (P5 → P6)
N60  G02  X49.0    W-2.0   R2.0 ; (P6 → P7)
N70  G01  X56.0 ;                (P7 → P8)
N80       Z-65.0 ;               (P8 → P9)
```

[예제] 실제로 프로그램을 하기 위한 준비단계로 다음 도면의 공구 경로를 프로그램하시오.

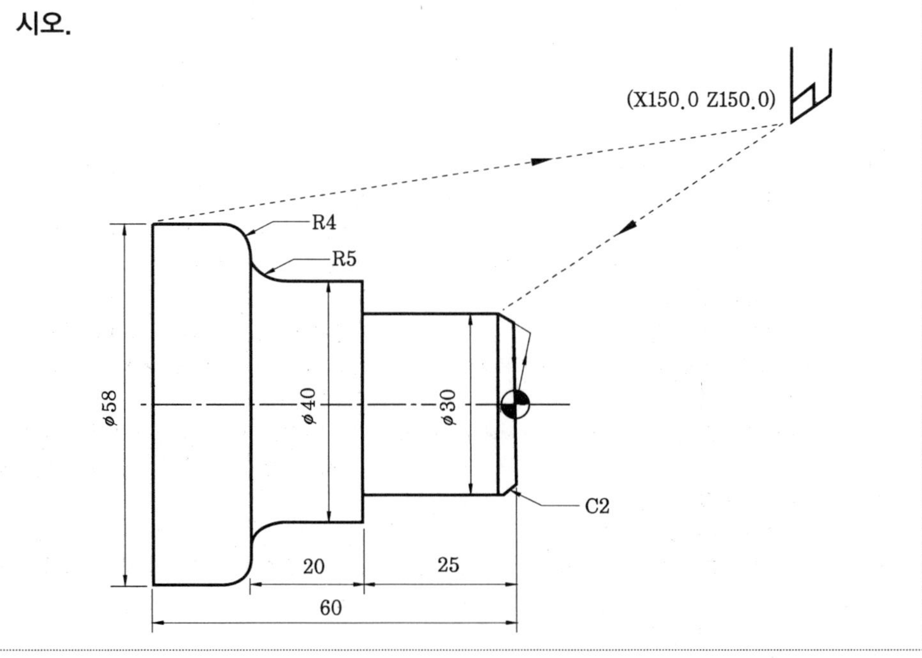

해설 O0001

프로그램 번호

G28 U0.0 W0.0 ;

G28 : 자동 원점 복귀

G50 X150.0 Z150.0 S1300 T0100 ;

G50 : 좌표계 설정

S1300 : 최고 회전수 지정 1300rpm

T0100 : 공구번호 1번 선택

G96 S130 M03 ;

G96 : 주축속도 일정제어

S130 : 절삭속도(V) 130m/min

M03 : 주축 정회전

G00 X32.0 Z0.0 T0101 M08 ;

G00 : 위치결정(급속이송)

X32.0 : 공작물의 지름이 ϕ30이므로 공구와 공작물의 충돌을 방지하기 위해 공작물 지름보다 크게 한다.

T0101 : 1번 공구에 1번 보정

M08 : 절삭유 ON하는 보조기능으로 일반적으로 절삭하기 전 블록에 넣는 것이 좋다.

G01 X-1.0 F0.1 ;

G01 : 직선보간

F : 이송속도를 나타내며 황삭가공보다 정삭가공에서 피드(feed)값을 적게 준다.

G00 X22.0 Z2.0 ;

X22.0 Z2.0 : 블록을 적게 하기 위하여 Z2.0 ;, X22.0 ;의 두 블록을 한 블록으로 프로그램한 것이며, X22.0, Z2.0이 되는 이유는 다음에 모따기 C2를 가공하기 위함이다. 즉 X22.0이 되는 이유는 30−(4+4)=22이다.

G01 X30.0 Z−2.0

Z−25.0 ;

X40.0 ;

Z−40.0 ;

G01 : 모달(modal)로서 동일 그룹의 다른 G코드가 나타날 때까지 유효하므로 위의 Z−25.0, X40.0, Z−40.0블록에서 G01을 사용하지 않는다.

G02 X50.0 W−5.0 R5.0 ;

G02 : 시계방향(CW)

G03 X58.0 W−4.0 R4.0 ;

G03 : 반시계방향(CCW)

G01 Z−60.0 ;

G00 X150.0 Z150.0 T0100 M09 ;

T0100 : 1번 공구의 공구 보정을 취소

M09 : 절삭유 OFF

M05 ;

M05 : 주축 정지

M02 ;

M02 : 프로그램 끝

[예제] 다음 도면을 재질 SM45C, 소재 ϕ 60×85L로 가공하려고 한다. 직선보간과 원호보간을 이용하여 프로그램하시오.

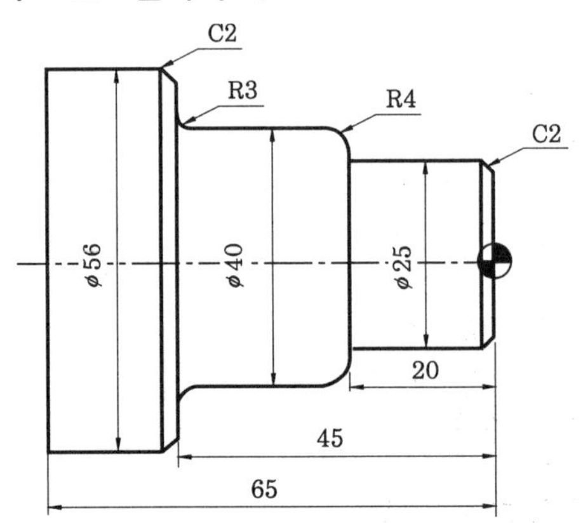

절삭조건

공정명	공구번호	절삭속도(m/min)	이송(mm/rev)	1회 절입량
외경 황삭	T0100	130	0.2	4mm
외경 정삭	T0300	170	0.1	

해설

```
O1101
G28  U0.0     W0.0 ;
G50  X150.0   Z200.0  S1400  T0100 ;
G96  S130     M03 ;
G00  X62.0    Z0.1    T0101  M08 ;
G01  X-2.0    F0.2 ; ........... 노즈 반지름이 0.8이므로 X-1.6 이상으로 가공
G00  X56.2    Z2.0 ;
G01  Z-64.9 ;
G00  U1.0     Z2.0 ;
     X52.0 ; ................... 1회 절입량을 4mm로 하기로 했지만 여기에서는 4.2mm 절입
G01  Z-44.9 ; .................. Z방향 정삭여유 0.1mm
G00  U1.0     Z2.0 ;
     X48.0 ;
G01  Z-44.9 ;
G00  U1.0     Z2.0 ;
     X44.0 ;
G01  Z-44.0 ; .................. Z-44.9를 하게 되면 R3 가공 시 불량이 나므로 Z-44.0
G00  U1.0     Z2.0 ;
     X42.0 ; ................... 1회 절입을 R3 가공을 위해 2mm 가공
G01  Z-42.8 ; .................. R3 가공을 정삭에서 하기 위해 Z-42.8
G00  U1.0     Z2.0 ;
     X40.2 ; ................... X방향 정삭여유 0.2mm이므로 X40.2
G01  Z-42.0 ;
```

```
G00  U1.0    Z2.0 ;
     X36.0 ;
G01  Z-21.0 ; ··························· R4 가공 시 정삭여유를 고려하여 Z-21.0
G00  U1.0    Z2.0 ;
     X32.0 ;
G01  Z-19.9 ;
G00  U1.0    Z2.0 ;
     X28.0 ;
G01  Z-19.9 ;
G00  U1.0    Z2.0 ;
     X25.2 ;
G01  Z-19.9 ;
G00  X150.0  Z150.0  T0100  M09 ;··· 공구 교환점 복귀, 공구 보정 취소
G50  S1800   T0300 ;
G96  S170    M03 ;
G00  X27.0   Z0.0    T0303  M08 ;
G01  X-2.0   F0.1 ;
G00  X17.0   Z2.0 ;
G01  X25.0   Z-2.0 ;
             Z-20.0 ;
     X32.0 ;
G03  X40.0   W-4.0   R4.0 ; ··········· 증분좌표 W-4.0 사용 또는 절대좌표 Z
                                         -24.0
G01  Z-42.0;
G02  X46.0   Z-45.0  R3.0 ;
G01  X52.0 ;
     X56.0   W-2.0 ;
     Z-65.0 ;
G00  X150.0  Z150.0  T0300  M09 ;
M05 ;
M02 ;
```

[예제] 현재 바이트의 위치를 X0.0, Z0.0으로 했을 때 동작 프로그램을 하시오.

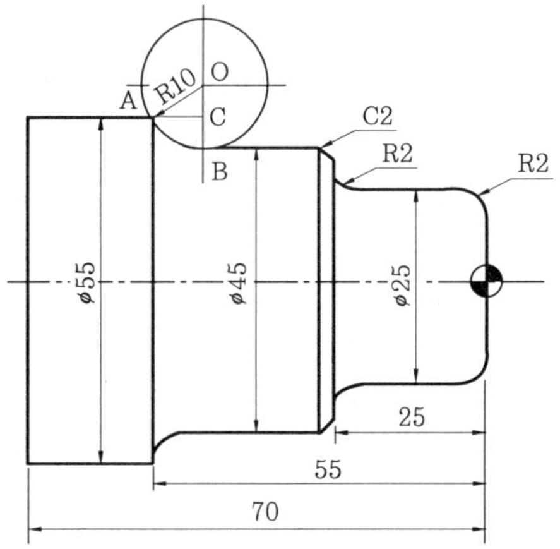

해설
```
G01  X21.0     F0.2 ;
G03  X25.0     Z-2.0     R2.0 ;
G01  Z-23.0 ;
G02  X29.0     W-2.0     R2.0 ;
G01  X41.0 ;
     X45.0     W-2.0 ;
     Z-46.34 ;
G02  X55.0     Z-55.0    R10.0 ;
G01  Z-70.0 ;
```

위의 예제 도면에서 B점의 좌표값을 구하는 방법은 다음과 같다.

$$\overline{CB} = (\phi 55 - \phi 45) \div 2 = 5$$

$$\therefore\ \overline{OC} = 5$$

$$\overline{AC} = \sqrt{(\overline{OA})^2 - (\overline{OC})^2} = \sqrt{(10)^2 - (5)^2}$$

$$= \sqrt{100 - 25} = \sqrt{75}$$

$$\fallingdotseq 8.66$$

∴ B점의 Z좌표값은 55－8.66＝46.34

(3) 자동면취(C) 및 코너 R가공

직각으로 이루어진 두 블록 사이에 면취(chamfering)나 코너 R을 가공할 때 I, K와 R을 사용하여 프로그램을 간단히 할 수 있는데 이때 I, K값은 반지름 지령을 한다.

다음 그림은 [자동면취 사용법]과 [코너 R 사용방법]을 나타낸 것이다.

자동면취 사용법(45° 면취에 한함)

항 목	공구이동		지 령
X축에서 Z축 방향으로	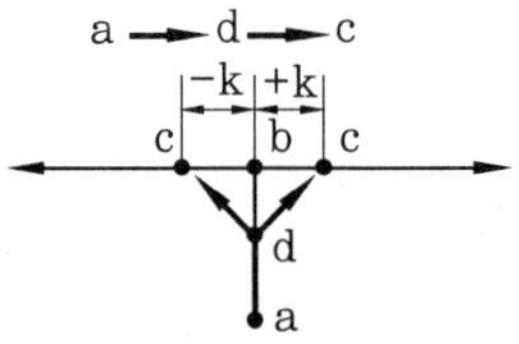	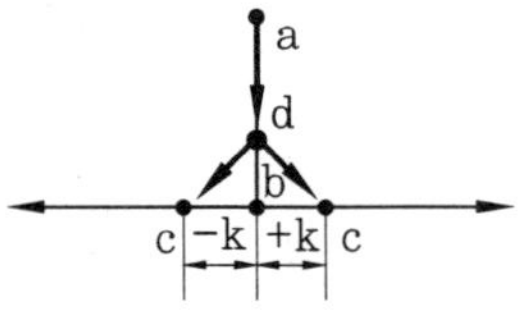	G01 XbK±k ;
Z축에서 X축 방향으로	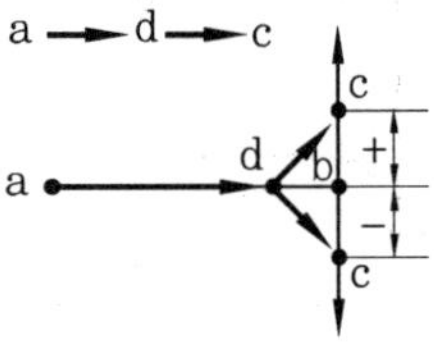	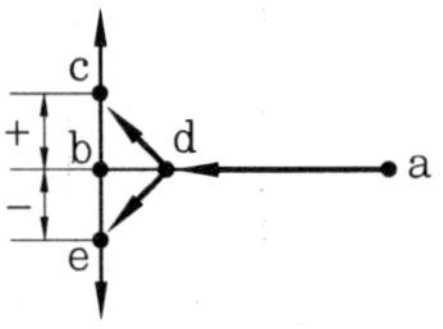	G01 ZbI±i ;

코너 R 사용방법

항 목	공구이동		지 령
X축에서 Z축 방향으로			G01 Zb̲R±r̲ ;
Z축에서 X축 방향으로			G01 Xb̲R±r̲ ;

[예제] **다음 도면에서 P_1에서 P_5까지 동작 프로그램을 원호보간 프로그램과 자동면취 및 코너 R 기능을 사용하여 프로그램하시오.**

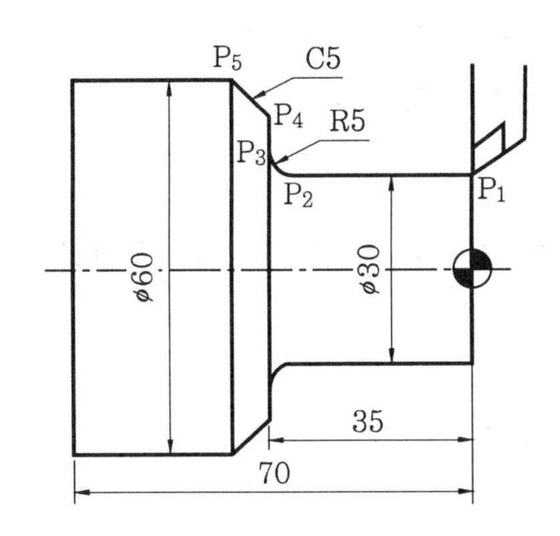

해설 ① 직선 및 원호보간 지령

$P_1 \rightarrow P_2$ G01 Z−30.0 F0.2 ;
$P_2 \rightarrow P_3$ G02 X40.0 Z−35.0 R5.0 ;
$P_3 \rightarrow P_4$ G01 X50.0 ;
$P_4 \rightarrow P_5$ X60.0 Z−40.0 ;

② 자동면취 및 코너 R 지령

$P_1 \rightarrow P_3$ G01 Z−35.0 R5.0 F0.2 ;
$P_3 \rightarrow P_5$ X60.0 C−5.0 ;

2-10 드웰(G04)

G04 X(U, P)__ ;

프로그램에 지정된 시간 동안 공구의 이송을 잠시 중지시키는 지령을 드웰(dwell : 일시정지, 휴지) 기능이라 한다. 이 기능은 홈가공이나 드릴작업에서 바닥 표면을 깨끗하게 하거나 긴 칩(chip)을 제거하여 공구를 보호하고자 할 때 등에 사용한다.

입력 단위는 X나 U는 소수점(예 : X1.5, U2.0)을 사용하고, P는 소수점(예 : P1500)을 사용할 수 없다.

예를 들어 1.5초 동안 정지시키려면

G04 X1.5 ;

G04 U1.5 ;

G04 P1500 ; 중에서 하나를 사용하면 된다.

또한, 드웰시간과 회전수와의 관계는 다음과 같다.

$$\text{드웰시간(초)} = \frac{60}{N} \times \text{재료의 회전수}$$

여기서, N : 주축 회전수 (rpm)

[예제] 주축 회전수가 100rpm일 때 재료가 2회전하는 시간은 몇 초인지 구하시오.

해설 $\frac{60}{100} \times 2 = 1.2$초

그러므로 G04 P1200 ; G04 X1.2 ; 또는 G04 U1.2 ; 로 지령한다.

[예제] ϕ 30mm의 홈을 가공한 후 2회전 드웰 시 정지시간은 얼마인지 구하시오. (단, 절삭속도는 100m/min)

해설 드웰시간을 구하기 위해서 먼저 주축 회전수(N)를 구하면

$$N = \frac{1000\,V}{\pi D} = \frac{1000 \times 100}{3.14 \times 30} \fallingdotseq 1062\,\text{rpm}$$

$$\text{드웰시간(초)} = \frac{60}{N} \times \text{재료의 회전수}$$

$$= \frac{60}{1062} \times 2 \fallingdotseq 0.11\text{초}$$

그러므로 G04 X0.11 ; G04 U0.11 ; 또는 G04 P110 ; 으로 지령한다.

[예제] 다음 도면에서 홈가공을 하는 프로그램을 하시오. (단, 홈 바이트 폭은 5mm이다.)

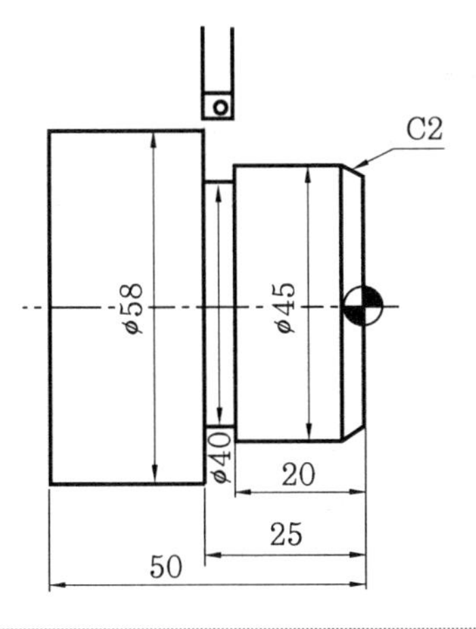

해설

G00	X60.0	Z−25.0 ;	홈가공 시작점으로 공구 이동
G01	X40.0	F0.1 ;	홈가공
G04	X1.5 ;		
	U1.5 ;		1.5초간 드웰(공구는 이동하지 않고 주축은 계속 회전하므로 홈 밑면을 깨끗하게 한다)
	P1500 ;		
G00	X60.0 ;		X축 후퇴

2-11 나사가공(G32)

G32　X(U)__　Z(W)__　F__ ;

X(U), Z(W) : 나사가공 끝지점 좌표
F : 나사의 리드(lead)

나사 리드의 관계식은 다음과 같다.

$$L = N \times P$$

여기서, L : 나사의 리드(lead)
N : 나사의 줄수
P : 나사의 피치(pitch)

[예제] 나사의 피치가 2mm인 2줄 나사를 가공할 때 리드는 얼마인가?

해설 $L = N \times P = 2 \times 2 = 4$

나사가공은 공구가 그림 [나사가공]과 같이 A → B → C → D의 경로를 반복 절삭함으로써 이루어지고, 나사가공 시에는 주축속도 검출기(position coder)의 1회전 신호를 검출하여 나사절삭이 시작되므로 공구가 반복하여도 나사절삭은 동일한 점에서 시작된다.

또한, 나사가공은 공작물 지름의 변화가 적으므로 주축 회전수 일정제어(G97)로 지령해야 하고, 나사가공 시 이송속도 오버라이드(override)는 100%에 고정하여야 한다. 자동정지(feed hold) 기능이 무효화되며, 싱글 블록(single block) 스위치를 ON하면 나사절삭이 없는 첫 블록 실행 후 정지된다.

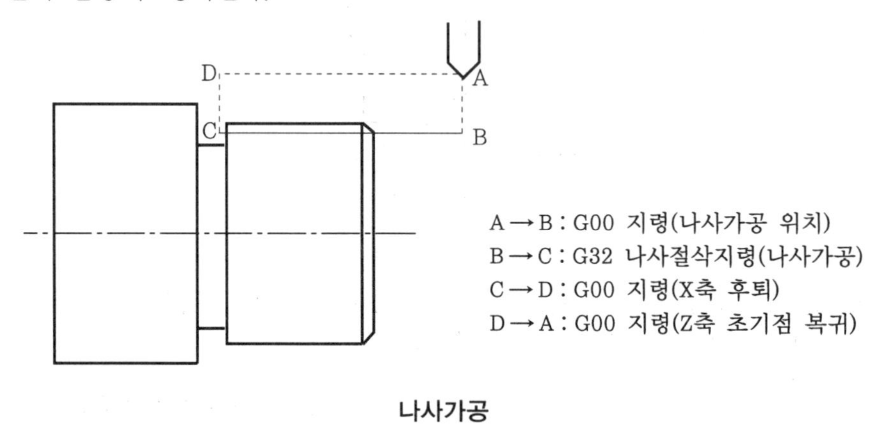

나사가공

[예제] 다음 도면에서 나사가공을 하는 프로그램을 하시오.

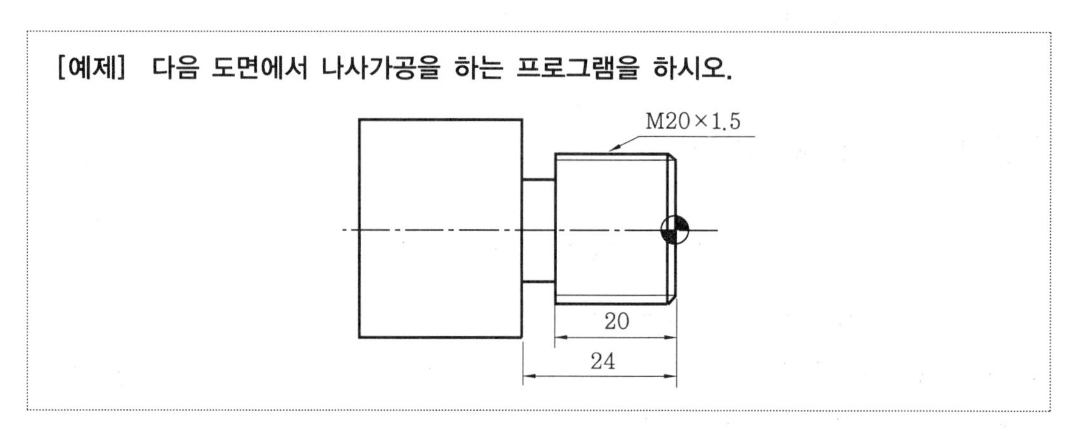

해설

```
G97  S450    M03 ;
G00  X22.0   Z2.0   T0707   M08 ; ············ 나사가공 시작점
     X19.3 ;                      ············ 나사 시작점 절입
G32  Z-22.0  F1.5 ;               ············ 최초 나사가공
G00  X22.0 ;                      ············ X축 후퇴
     Z2.0 ;                       ············ Z축 초기점 복귀
     X18.9 ;                      ············ 나사 시작점 절입
G32  Z-22.0 ;                     ············ F는 모달 지령이므로 생략
G00  X22.0 ;
     Z2.0 ;
     X18.62 ;
G32  Z-22.0 ;
```

```
G00   X22.0 ;
      Z2.0
G03   X18.42 ;
G00   X22.0 ;
      Z2.0 ;
G03   X18.32 ;
G00   X22.0 ;
      Z2.0 ;
G03   X18.22 ;
G00   X22.0 ;
      Z2.0 ;
      X150.0   Z150.0   T0700   M09 ;
```

앞의 예제에서 보는 바와 같이 G32로 나사가공 시에는 각 절입 회수 시 매번 지령을 해 주어야 되므로 프로그램이 피치(pitch)에 따라 차이는 나지만 프로그램이 상당히 길어진다. 그러므로 G32는 거의 사용하지 않고 G92, G76을 주로 많이 사용한다. 그림은 [나사의 명칭]을 나타내었다.

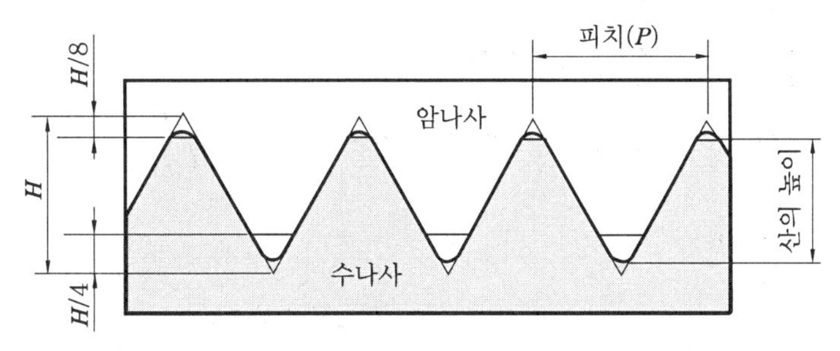

나사의 명칭

나사가공 시 가공 데이터

구분 \ 피치	1.0	1.25	1.5	1.75	2.0	2.5	3.0	3.5	4.0
산의 높이	0.60	0.75	0.89	1.05	1.19	1.49	1.79	2.08	2.38
1회	0.25	0.35	0.35	0.35	0.35	0.40	0.40	0.40	0.40
2회	0.20	0.19	0.20	0.25	0.25	0.30	0.35	0.35	0.35
3회	0.10	0.10	0.14	0.15	0.19	0.22	0.27	0.30	0.30
4회	0.05	0.05	0.10	0.10	0.12	0.20	0.20	0.25	0.25
5회		0.05	0.05	0.10	0.1	0.15	0.20	0.20	0.25
6회			0.05	0.05	0.08	0.10	0.13	0.14	0.20
7회				0.05	0.05	0.05	0.10	0.10	0.15
8회					0.05	0.05	0.05	0.10	0.14
9회						0.02	0.05	0.10	0.10
10회							0.02	0.05	0.10
11회							0.02	0.05	0.05
12회								0.02	0.05
13회								0.02	0.02
14회									0.02

[예제] 다음 도면을 프로그램하시오. (소재 ϕ 60×100L)

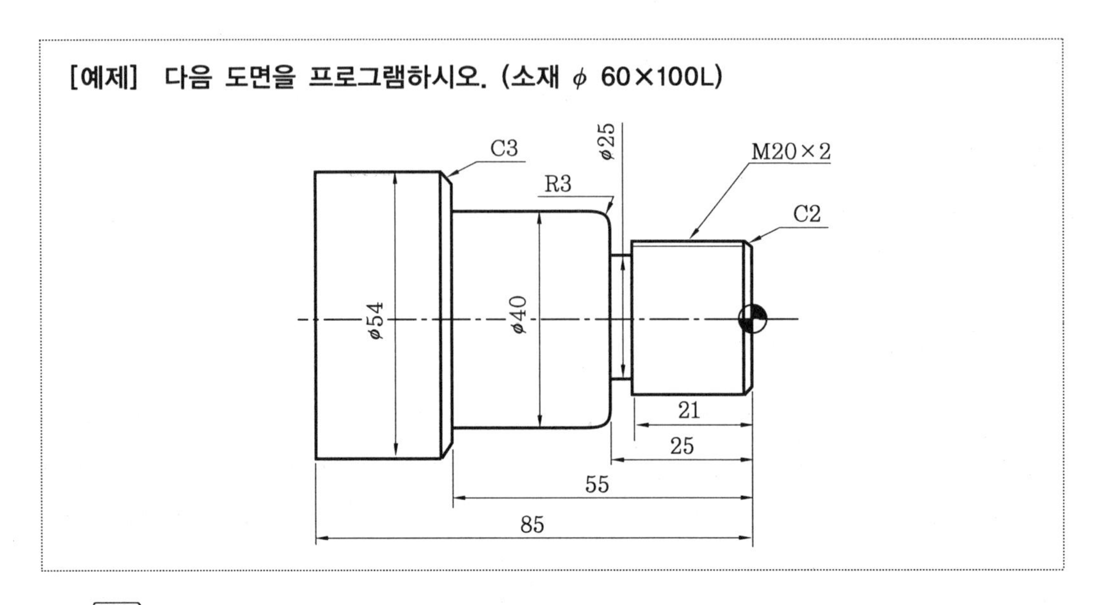

해설

```
G28   U0.0     W0.0 ;
G50   X150.0   Z150.0   S1500   T0100 ;
G96   S140     M03 ;
G00   X62.0    Z0.1     T0101   M08 ; ………… 단면가공 초기점 이동. 정삭여유 0.1
G01   X-2.0    F0.2 ;
G00   X57.0    Z2.0 ;         ………… X57.0인 이유는 φ54를 두 번에 가공하기 위해 1회 절입량 3mm
G01   Z-84.9 ;
G00   U1.0     Z2.0 ;
      X54.2 ;
G01   Z-84.9 ;
G00   U1.0     Z2.0 ;
      X50.0 ;
G01   Z-54.9 ;
G00   U1.0     Z2.0 ;
      X46.0 ;
G01   Z-54.9 ;
G00   U1.0     Z2.0 ;
      X43.0 ;
G01   Z-54.9 ;
G00   U1.0     Z2.0
      X40.2 ;
G01   Z-54.9 ;
G00   U1.0     Z2.0 ;
      X36.0 ;
G01   Z-24.9 ;
G00   U1.0     Z2.0 ;
      X32.0 ;
```

```
G01  Z-24.9 ;
G00  U1.0     Z2.0 ;
     X28.0 ;
G01  Z-24.9 ;
G00  U1.0     Z2.0 ;
     X24.0 ;
G01  Z-24.9 ;
G00  U1.0     Z2.0 ;
     X20.2 ;
G01  Z-24.9 ;
G00  X150.0   Z200.0   T0100   M09 ;
G50                    S1800   T0300 ;
G96  S170     M03 ;
G00  X22.0    Z0.0     T0303   M08 ;
G01  X-2.0    F0.1 ;
G00  X12.0    Z2.0 ;
G01  X20.0    Z-2.0 ;
     Z-25.0 ;
     X34.0 ;
G03  X40.0    W-3.0    R3.0 ;
G01  Z-55.0 ;
     X48.0 ;
     X54.0    W-3.0 ;
     Z-85.0 ;
G00  X150.0   Z200.0   T0300   M09 ;
G50                    T0500 ;
G97  S500     M03 ;
G00  X42.0    Z-25.0   T0505   M08 ;
G01  X25.0    F0.07 ;
G04  P1500 ; ………………… 1.5초간 드웰(dwell)로 X1.5, U1.5를 사용해도 됨.
G00  X42.0 ;
G00  X150.0   Z200.0   T0500   M09 ;
G50                    T0700 ;
G97  S450     M03 ;
G00  X22.0    Z2.0     T0707   M08 ;
     X19.3 ;
G32  Z-22.0   F2.0 ;
G00  X22.0 ;
     Z2.0 ;
     X18.8 ;
G32  Z-22.0 ;
G00  X22.0 ;
     Z2.0 ;
     X18.42 ;
G32  Z-22.0 ;
G00  X22.0 ;
     Z2.0 ;
     X18.18 ;
G32  Z-22.0 ;
```

```
G00   X22.0 ;
      Z2.0 ;
      X17.98 ;
G32   Z-22.0
G00   X22.0 ;
      Z2.0 ;
      X17.82 ;
G32   Z-22.0 ;
G00   X22.0 ;
      Z2.0 ;
      X17.72 ;
G32   Z-22.0 ;
G00   X22.0 ;
      Z2.0 ;
      X17.62 ;
G32   Z-22.0
G00   X22.0 ;
      X150.0     Z200.0    T0700    M09 ;
M05 ;
M02 ;
```

2-12 공구 보정

(1) 공구 보정의 의미

프로그램 작성 시에는 가공용 공구의 길이와 형상은 고려하지 않고 실제 가공 시 각각의 공구 길이와 공구 선단의 인선 R의 크기에 따라 차이가 있으므로 이 차이의 양을 오프셋(offset) 화면에 그 차이점을 등록하여 프로그램 내에서 호출로 그 차이점을 자동으로 보정한다.

일반적으로 다음 그림과 같이 기준공구와 사용공구(다음공구)와의 차이값으로 보정한다.

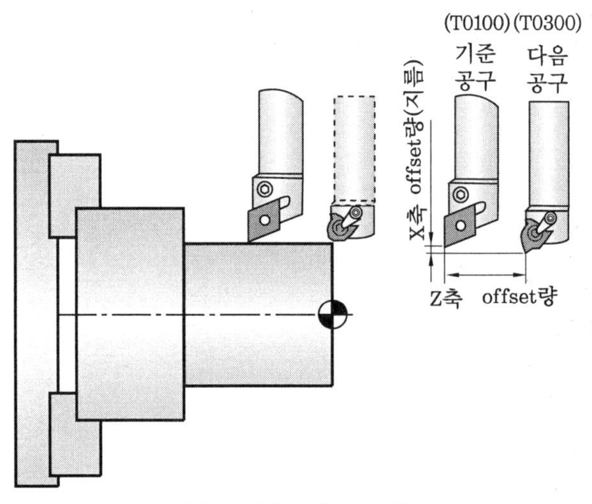

공구의 위치 길이 보정량

(2) 공구 위치 보정(길이 보정)

공구 위치 보정이란 프로그램상에서 가정한 공구(기준공구 : T0100)에 대하여 실제로 사용하는 공구(다음공구 : T0300)와의 차이값을 보정하는 기능으로 공구 위치 보정의 예는 다음과 같다.

```
G00   X30.0    Z2.0     T0101 ;  ……  1번 offset 량 보정
G01   Z-30.0   F0.2 ;
G00   X150.0   Z150.0   T0100 ;  ……  offset량 보정 무시
```

(3) 인선 반지름 보정

공구의 선단은 외관상으로는 예리하나 실제의 공구 선단은 반지름 r인 원호로 되어 있는데 이를 인선 반지름이라 하며, 테이퍼 절삭이나 원호보간의 경우에는 그림 [공구 인선 반지름 보정 경로]와 같이 인선 반지름에 의한 오차가 발생하게 된다.

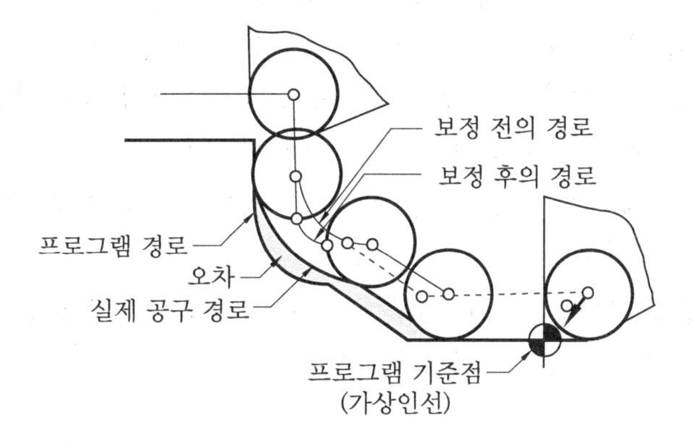

공구 인선 반지름 보정 경로

이러한 인선 반지름에 의한 가공경로 오차량을 보정하는 기능으로 임의의 인선 반지름을 가지는 특정공구의 가공경로 및 방향에 따라 자동으로 보정하여 주는 보정기능을 인선 반지름 보정이라 한다.

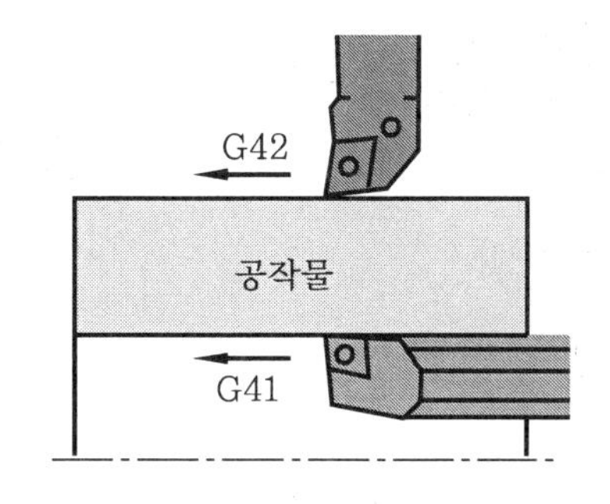

공구 경로

공구 인선 반지름 보정의 지령방법과 G-코드의 의미 및 공구 경로는 다음과 같다.

```
G40
G41    X(U)__    Z(W)__ ;
G42
```

공구 인선 반지름 보정 G-코드

G-코드	가공위치	공구 경로
G40	인선 반지름 보정 취소	프로그램 경로 위에서 공구 이동
G41	인선 왼쪽 보정	프로그램 경로의 왼쪽에서 공구 이동
G42	인선 오른쪽 보정	프로그램 경로의 오른쪽에서 공구 이동

(4) 가상인선

① **가상인선 :** CNC 선반에서 가공할 경우 프로그램 경로를 따라가는 공구의 기준점을 설정해야 한다. 이 기준점을 공구 인선의 중심에 일치시키는 것은 매우 어려우므로, 그림 [공구의 가상인선]과 같이 인선 반지름이 없는 것으로 가상하여 가상인선을 정해 놓고 이 점을 기준점으로 나타낸 것을 가상인선이라고 한다.

② **가상인선번호 :** 가상인선은 인선 중심에 대한 가상인선의 방향 벡터로 그림 [가상인선번호]와 같이 8가지 형태로 공구의 형상을 결정해 준다.

③ **START-UP 블록 :** G40 모드(Mode)에서 G41이나 G42 모드로 보정하는 블록을 말하며, 인선 반지름 보정을 시작하는 블록이다.

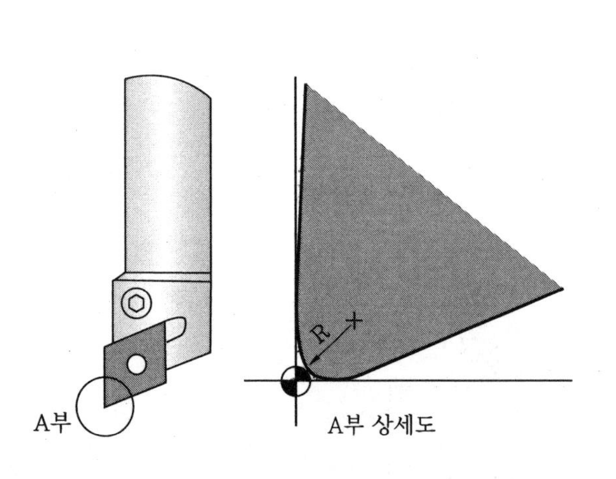

공구의 가상인선

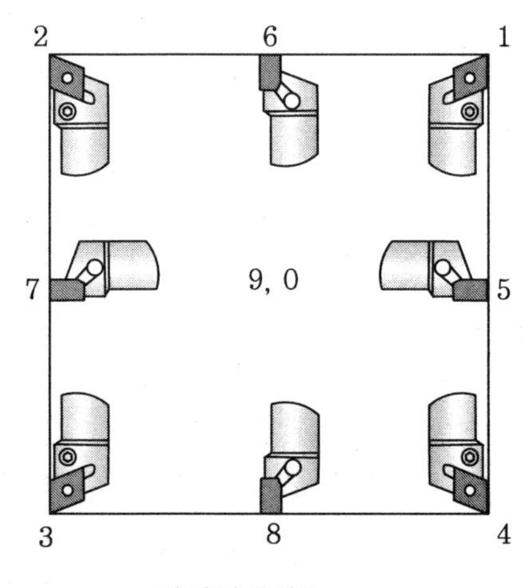

가상인선번호

```
G60.0  Z2.0   T0101   M08 ;
G41    X20.0 ; ······················ START UP 블록
```

[예제] 다음 도면을 공구 보정을 이용하여 공구경로를 프로그램하시오.

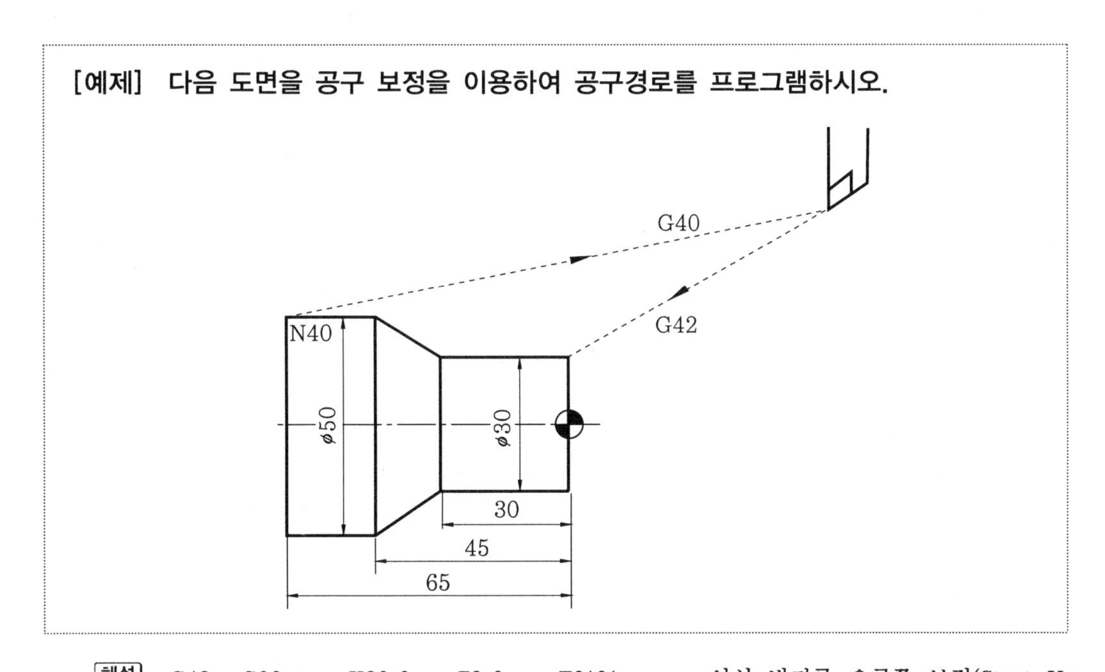

해설

```
G42  G00     X30.0   Z2.0    T0101;  …… 인선 반지름 오른쪽 보정(Start Up
                                         블록)하면서 가공 시작점으로 이동
G01  Z-30.0  F0.2 ;
     X50.0   Z-45.0 ;
     Z-65.0 ;
G40  G00     X150.0  Z150.0  T0100 ; …… 인선 반지름 보정 무시하면서 공구교
                                         환점으로 후퇴
```

(5) 보정값 입력방법

① **Offset 화면에 직접 입력 :** 공구 보정기능을 사용하려면 공구의 길이 보정값 및 인선 반지름의 크기와 가상인선의 번호를 기계의 공구 오프셋 메모리에 입력시켜야 한다.

공구의 길이는 그림과 같이 기준공구와 사용공구와의 길이의 차이를 측정한 후 입력하여야 한다. 다음 표는 공구 보정값을 입력하는 화면을 보여주고 있다.

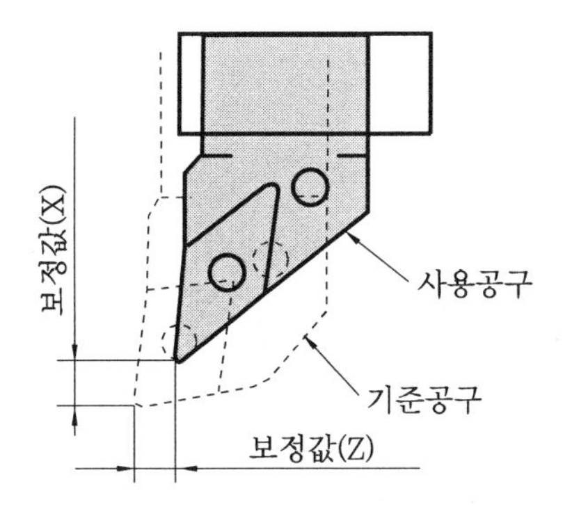

길이 보정값 (X, Z)

또한 인선 반지름 R의 크기는 TA(Throw Away) 공구에서는 R의 크기가 결정되어 있으며, 일반적으로 0.2, 0.4, 0.8 등이 많이 사용되고 있다. 예를 들어 인선 반지름이 0.4mm이면 offset 화면 R에 0.4를 입력시킨다.

공구 보정 입력값

tool No.	X	Z	R	T
01	000.000	000.000	0.800	3
02	001.234	−004.321	0.200	2
03	−001.010	−000.234	0.400	4
⋮	⋮	⋮	⋮	⋮
16	003.123	000.025	0.200	6
(공구번호)	(X 성분)	(Z 성분)	(노즈 반지름)	(공구 인선 유형)

(6) 공구 보정값 측정과 수정

공구 보정은 기계 원점으로 공구대를 보내서 그곳을 기준으로 구하는 방법과 공구를 가공물에 접촉시켜 그 위치를 기준으로 각각의 공구에 대해 출발 위치에서의 상대적 차이로써 각 공구의 보정값을 찾는 방법이 있다.

기준공구와 비교하여 사용공구의 보정값을 구하는 방법에는 수동으로 하는 방법이 주로 사용되었으나, 최근의 CNC 선반에는 자동으로 보정값을 계산하여 입력하는 기능을 갖추고 있다.

[예제] CNC 선반에서 지령값 X=56으로 외경 가공한 후 측정한 결과 ϕ55.94였다. 기존의 X축 보정값을 0.005라 하면 수정해야 할 공구 보정값은 얼마인지 구하시오.

해설 측정값과 지령값의 오차= 55.94 − 56 = −0.06(0.06만큼 작게 가공됨)
0.06만큼 작게 가공되었으므로 공구를 X의 +방향으로 0.06만큼 이동하는 보정을 하여야 되며, 기존의 보정값은 0.05이므로
공구 보정값 = 기존의 보정값 + 더해야 할 보정값
=0.005+0.06 = 0.065

[예제] CNC 선반에서 지령값 X=50으로 내경 가공한 후 측정한 결과 ϕ50.12였다. 기존의 X축 보정값을 0.025라 하면 수정해야 할 공구 보정값은 얼마인지 구하시오.

해설 측정값과 지령값의 오차= 50.12 − 50 = 0.12(0.12만큼 크게 가공됨)
0.12만큼 크게 가공되었으므로 공구를 X의 +방향으로 −0.12만큼 이동하는 보정을 하여야 되며, 기존의 보정값은 0.025이므로
공구 보정값=기존의 보정값+더해야 할 보정값
=0.025−0.12 = −0.095

2-13 사이클 가공

CNC 선반에서 공작물을 가공할 때 대부분의 경우에는 절삭해야 할 부분을 여러 번 나누어 순차적으로 반복 절삭하여 공작물을 소정의 치수로 가공한다. 이 경우 공구의 동작 하나하나를 전부 프로그래밍하면 많은 블록이 필요하게 된다.

사이클 가공이란 프로그래밍을 간단히 하기 위해 공구의 반복 동작을 1개 또는 소수의 블록으로 지령하는데, 변경된 치수만 반복하여 지령하는 단일 고정 사이클(canned cycle)과 한 개의 블록으로 지령하는 복합 반복 사이클(multiple repeative cycle)이 있다.

(1) 단일 고정 사이클

① 내외경 절삭 사이클

```
G90  X(U)__  Z(W)__  F__ ; (직선 절삭)
G90  X(U)__  Z(W)__  R__  F__ ; (테이퍼 절삭)
```

싱글(single : 단독) 블록 모드에서 사이클 스타트 버튼을 한 번 누르면 그림 [직선 절삭 사이클 경로]와 같이 공구 동작은 시작점에서 출발하여 1 → 2 → 3 → 4의 한 사이클 가공을 한다. 또한, 테이퍼 절삭에 있어서는 테이퍼값 R을 지령해야 하며 가공방법은 직선 절삭 사이클과 동일하다. 테이퍼값 R은 형상에 따라 부호가 다르며 절삭 시작점이 끝나는 쪽보다 지름이 작으면 −R, 절삭 시작점이 끝나는 쪽보다 지름이 크면 +R이다.

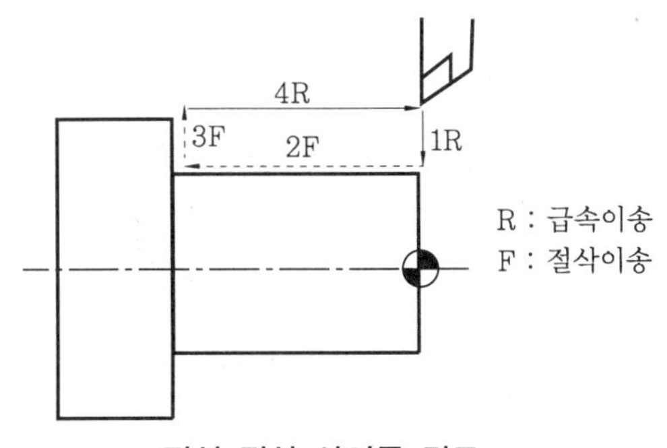

직선 절삭 사이클 경로

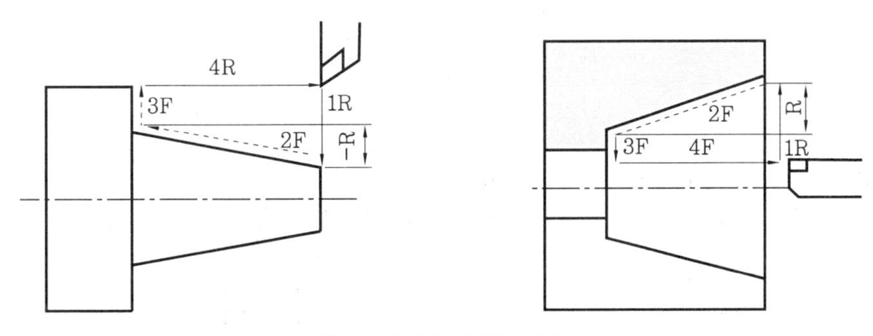

테이퍼 절삭 사이클 경로

단일 고정 사이클과 복합 반복 사이클의 프로그램 시 가장 중요한 것은 초기점 지정이다. 사이클 가공은 초기점에서 가공을 시작하고 가공이 종료되면 초기점으로 복귀한 후 사이클 가공을 종료하므로 특히 복합 반복 사이클에서의 초기점은 도면상의 공작물 지름보다 커야 충돌을 방지할 수 있다.

[예제] G90 고정 사이클을 이용하여 프로그램하시오.

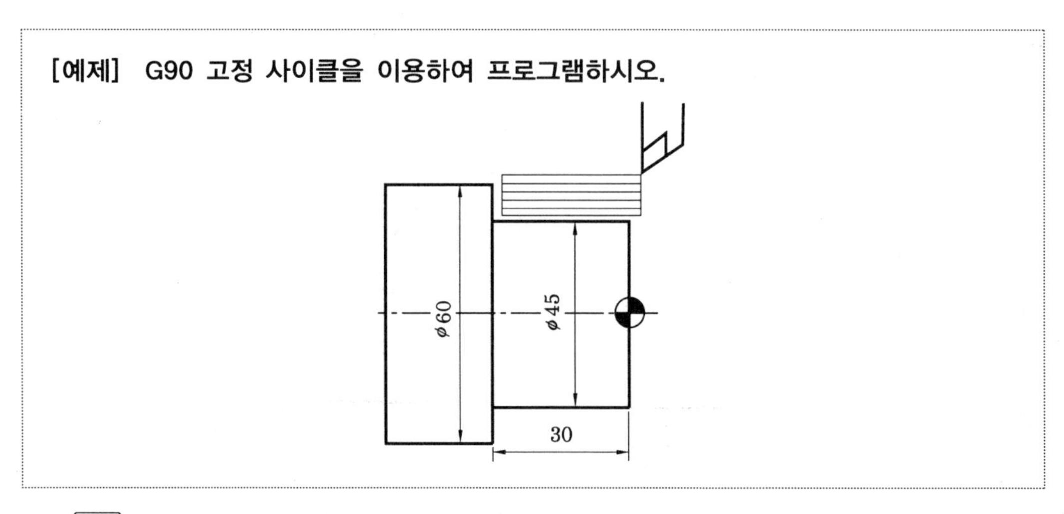

해설

```
G00   X62.0    Z2.0      T0101 ;
G90   X56.0    Z-30.0    F0.2 ;  (1회 절삭)
      X52.0 ;                    (2회 절삭)
      X48.0 ;                    (3회 절삭)
      X45.0 ;                    (4회 절삭)
G00   X150.0   Z150.0    T0100 ;
```

[예제] G90 고정 사이클을 이용하여 프로그램하시오.

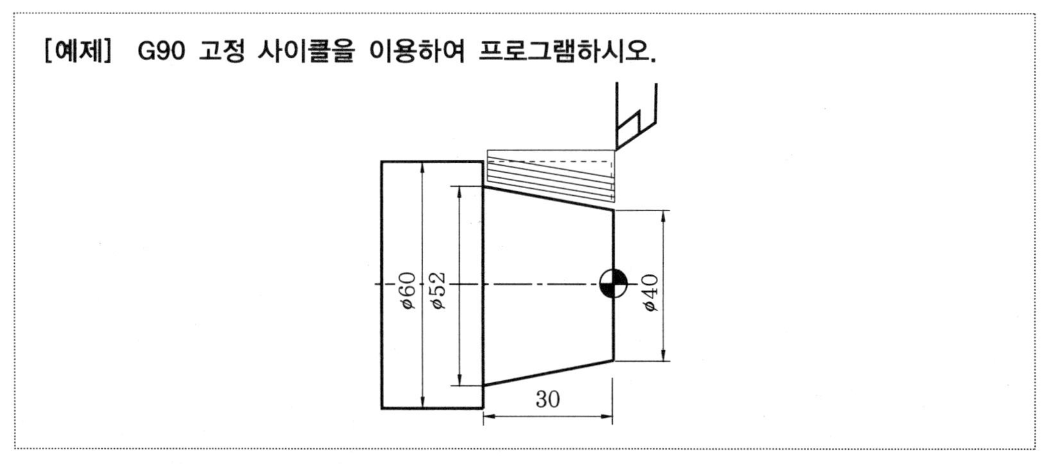

해설

```
G00   X70.0    Z2.0      T0101 ;
G90   X67.0    Z-30.0    R-6.4    F0.2 ;  (1회 절삭)
      X62.0 ;                             (2회 절삭)
      X57.0 ;                             (3회 절삭)
      X52.0 ;                             (4회 절삭)
G00   X150.0   Z150.0    T0100 ;
```

위의 도면에서 R값은 6인데 프로그램에서 R값은 6.4이다. 그 이유는 실제로 가공을 할 때 소재와 공구의 충돌을 피하기 위하여 프로그램 원점에서 +Z 방향으로 2mm 떨어진 상태에서 가공이 시작되기 때문에 값이 달라진 것이다.

30 : 6 = 32 : R   ∴ R = 6.4이다.

[예제] 외경 황삭은 G90, 외경 정삭은 G01로 프로그램하시오. (소재 : φ60×95L)

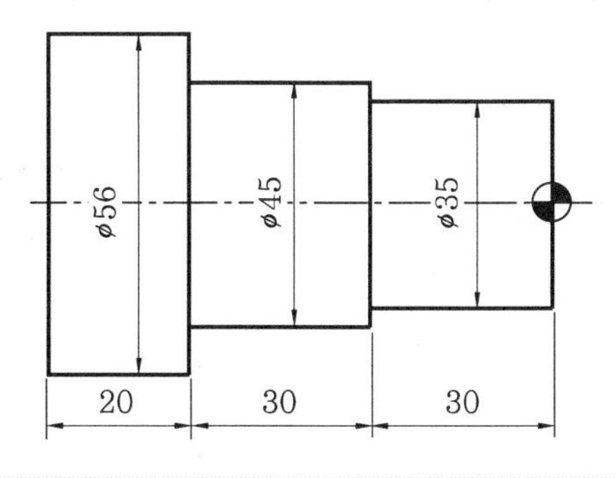

해설

```
G28  U0.0     W0.0 ;
G50  X150.0   Z150.0    S1500   T0100 ;
G96  S140     M03 ;
G00  X62.0    Z0.1      T0101   M08 ;
G01  X-2.0    F0.2 ;
G00  X62.0    Z2.0 ;
G90  X56.2    Z-79.9 ; ······························ X축 방향 정삭여유 0.2mm
                                                      Z축 방향 정삭여유 0.1mm
     X52.0    Z-59.9 ;
     X48.0 ;
     X45.2 ;
     X41.0    Z-29.9 ;
     X38.0 ;
     X35.2 ;
G00  X150.0   Z150.0    T0100   M09 ;
G50                     S1800   T0300 ;
G96  S160     M03 ;
G00  X37.0    Z0.0      T0303   M08 ;
G01  X-0.2 ;
G00  X35.0    Z2.0 ;
G01  Z-30.0 ;
     X45.0 ;
     Z-60.0 ;
     X56.0 ;
     Z-80.0 ;
G00  X150.0   Z150.0    T0300   M09 ;
M05 ;
M02 ;
```

② 단면 절삭 사이클

```
G94  X(U)__  Z(W)__  F__ ;         (평행 절삭)
G94  X(U)__  Z(W)__  R__  F__ ;  (테이퍼 절삭)
```

G90 기능과 G94 기능의 차이점은 G90 기능은 X축이 급속절입하고 Z축 방향으로 절삭하나, G94 기능은 Z축으로 급속절입하고 X축 방향으로 절삭가공하는 순서이다.

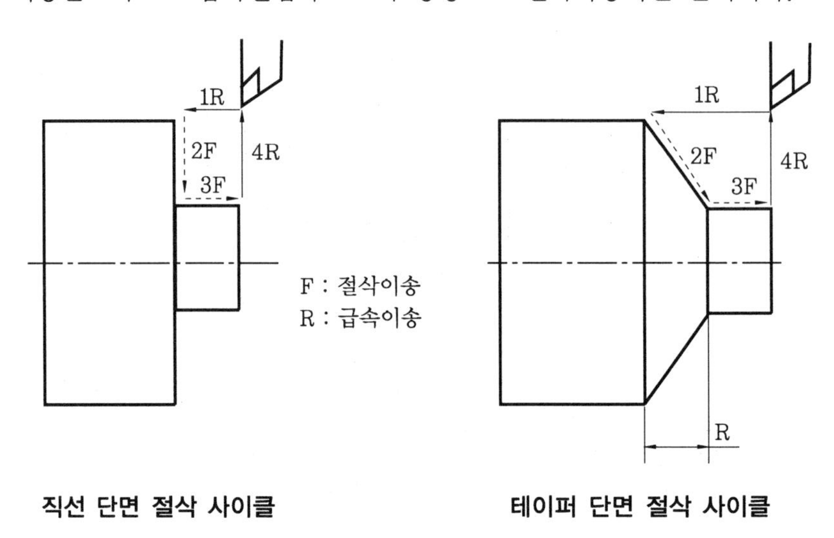

직선 단면 절삭 사이클　　　　테이퍼 단면 절삭 사이클

[예제] G94 고정 사이클을 이용하여 프로그램하시오.

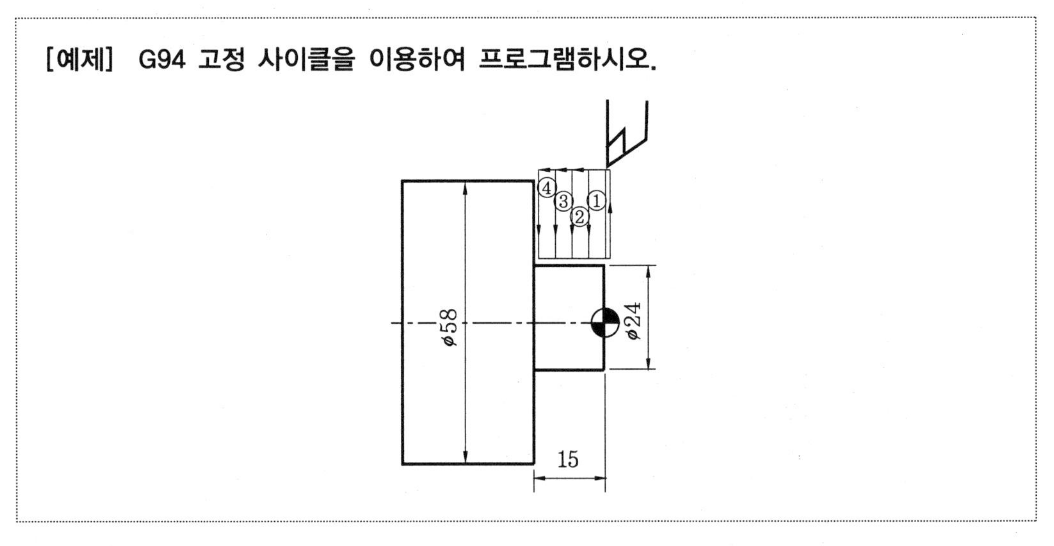

해설

```
G00  X62.0   Z2.0    T0101 ;
G94  X24.0   Z-4.0   F0.2 ; ··············· ①
     Z-8.0 ;                ··············· ②
     Z-12.0 ;               ··············· ③
     Z-15.0 ;               ··············· ④
G00  X150.0  Z150.0  T0100 ;
```

G90과 G94의 사용은 주로 가공 방향이 어느 쪽이 긴 방향인지에 따라 결정되며, 그림과 같이 긴 방향으로 가공하면 능률적인 가공이 된다.

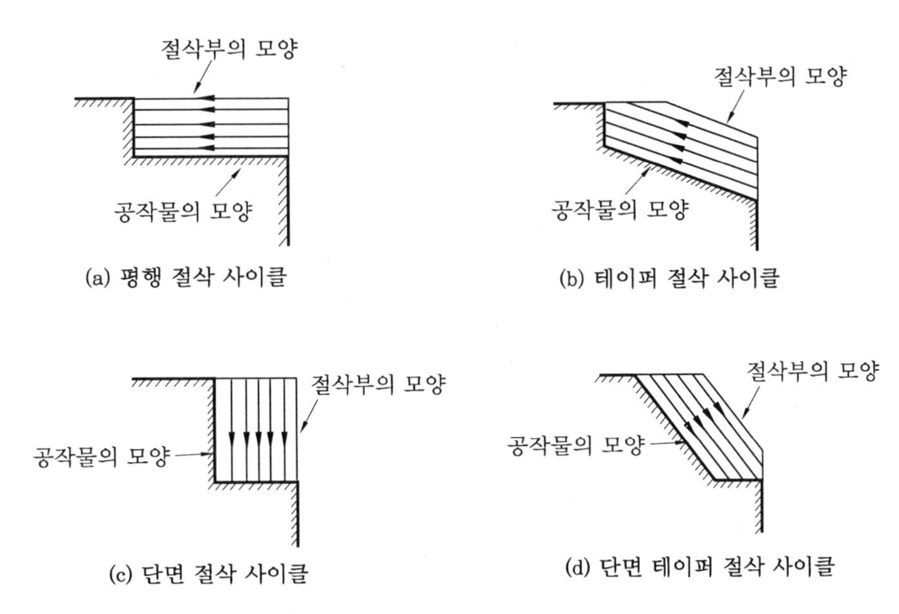

고정 사이클의 선택

③ 나사가공 사이클

```
G92  X(U)__  Z(W)__  F__ ;
G92  X(U)__  Z(W)__  R__  F__ ;
```

여기서, X(U) : 1회 절입 시 나사 끝지점 X좌표(지름 지령)
Z(W) : 나사가공 길이(불완전 나사부를 포함한 길이)
F : 나사의 리드
R : 테이퍼 나사 절삭 시 X축 기울기 양을 지정

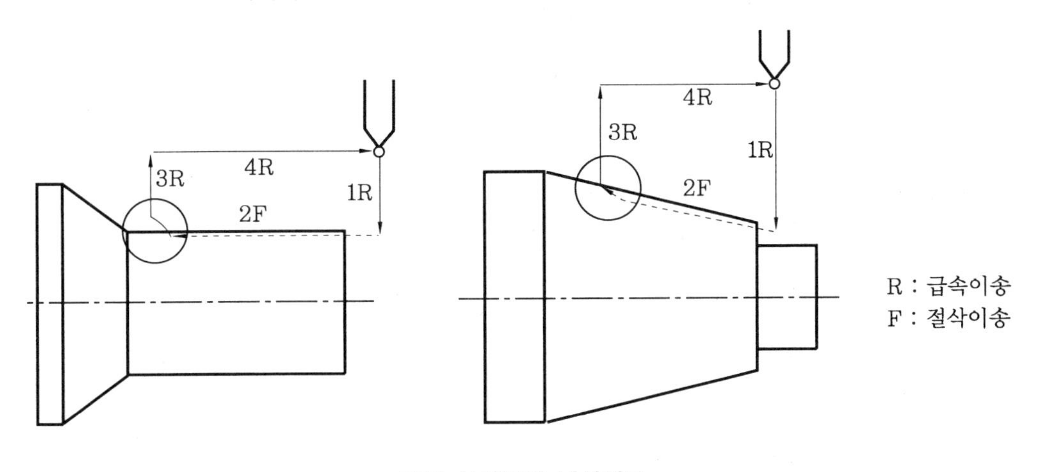

고정 사이클의 나사가공

[예제] G92 고정 사이클을 이용하여 프로그램하시오.

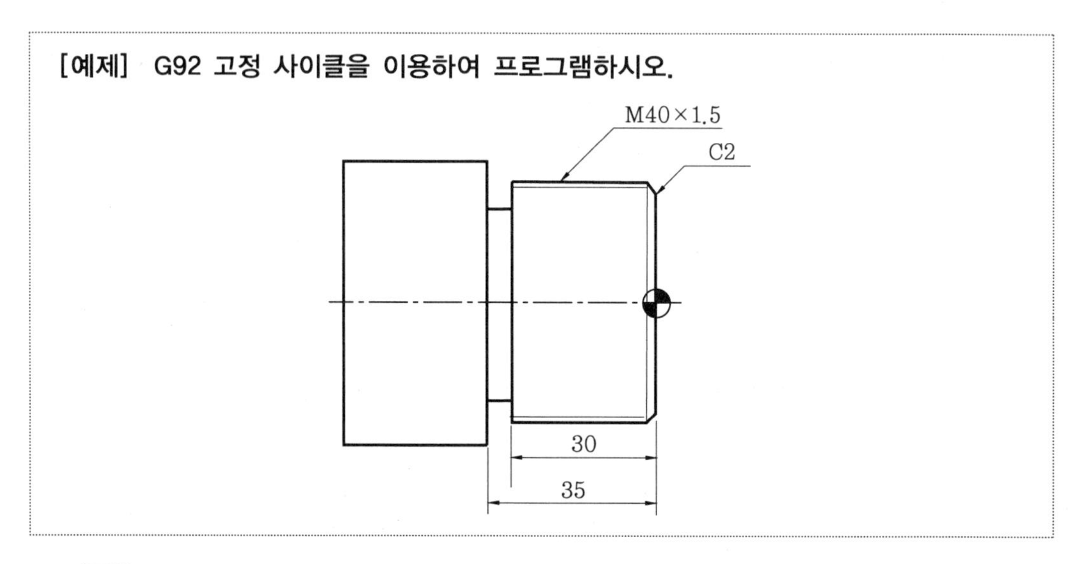

해설

```
G00   X42.0    Z2.0     T0707 ; …… 가공 시작점
G92   X39.3    Z-32.0   F1.5 ;  …… G92 나사가공 사이클 지령
      X38.9 ;
      X38.62 ;
      X38.42 ;
      X38.32 ;
      X38.22 ;
G00   X150.0   Z200.0   T0700 ;
```

[예제] G92 고정 사이클을 이용하여 프로그램하시오.

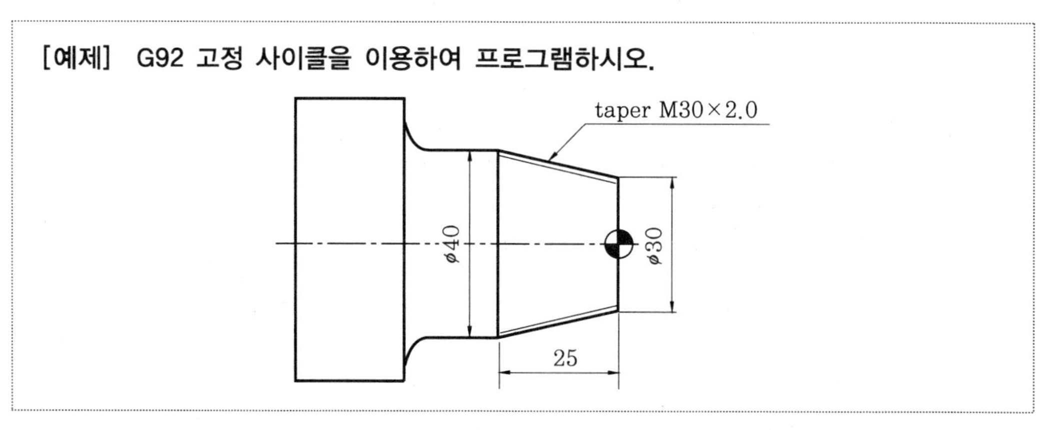

해설

```
G00   X42.0    Z2.0     T0707 ;
G92   X39.3    Z-25.0   R-5.4    F2.0 ;
      X38.8 ;
      X38.42 ;
      X38.18 ;
      X37.98 ;
      X37.82 ;
      X37.72 ;
      X37.62 ;
G00   X150.0   Z150.0   T0700 ;
```

[예제] 다음 도면을 고정 사이클(G90, G92)을 이용하여 프로그램하시오.

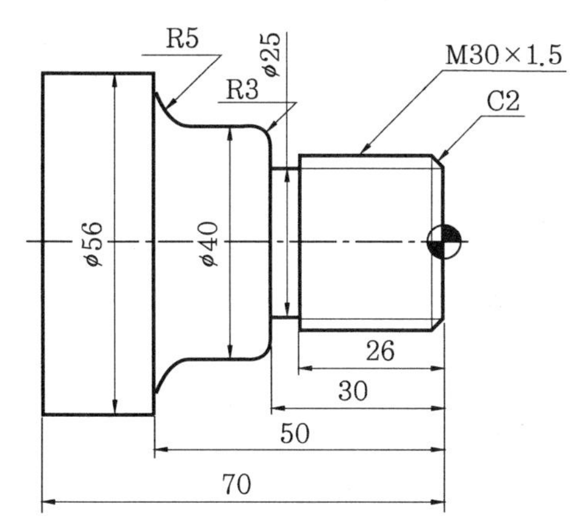

소재 : φ60×90L
홈바이트 폭 : 4mm

해설

공 구	공구번호
외경 황삭 바이트	T01
외경 정삭 바이트	T03
외경 홈 바이트	T05
외경 나사 바이트	T07

```
G28   U0.0     W0.0 ;··························· 자동원점복귀
G50   X150.0   Z150.0   S1600   T0100 ; ········ 공작물 좌표계 설정 및 주축 최
                                                 고 회전수 지정
G96   S150     M03 ; ··························· 주축속도 일정제어
G00   X62.0    Z0.1     T0100   M08 ;
G01   X-2.0    F0.2 ;
G00   X62.0    Z2.0 ;
G90   X56.2    Z-69.9 ;
      X52.0    Z-49.9 ;
      X48.0    Z-49.0 ;  }
      X44.0    Z-47.0 ;  } ·········· Z좌표값이 다른 이유는 R5 가공을 위하여 정삭
      X40.2    Z-45.0 ;  }            가공 시 표면조도를 위하여 최대한 정삭여유를
                                      적게 두기 위해서이다.
      X36.0    Z-31.0 ;
      X33.0    Z-29.9 ;
      X30.2 ;
G00   X150.0   Z150.0   T0100   M09 ;
M01 ;   ································ 선택적 프로그램 정지(optional stop)를 사용한
                                         이유는 외경 황삭 공구(T01)를 사용한 후 R가공
                                         확인 및 칩 제거 등을 위하여 조작반의 M01을
                                         ON 시킨 후 가공하며 일반적으로 시험 가공 시
                                         사용
G50   S1800    T0300 ;
G96   S160     M03 ;
```

```
G00   X32.0   Z0.0      T0303   M08 ;
G01   X-2.0   F0.1 ;
G00   X22.0   Z2.0 ;
G01   X30.0   Z-2.0 ;
      Z-30.0 ;
      X34.0 ;
G03   X40.0   W-3.0     R3.0 ;
G01   Z-45.0 ;
G02   X50.0   W-5.0     R5.0 ;
G01   X56.0 ;
      Z-70.0 ;
G00   X150.0  Z150.0    T0300   M09 ;
M01 ;
G50   T0500 ;
G97   S500    M03 ;
G00   X42.0   Z-30.0    T0505   M08 ;
G01   X25.0   F0.07 ;
G04   P1500 ;
G00   X42.0 ;
      X150.0  Z150.0    T0500   M09 ;
M01 ;
G50   T0700 ;
G97   S500    M03 ;
G00   X32.0   Z2.0      T0707   M08 ;
G92   X29.3   Z-28.0    F1.5 ;
      X28.9 ;
      X28.62 ;
      X28.42 ;
      X28.32 ;
      X28.22 ;
G00   X150.0  Z150.0    T0700   M09 ;
M05 ;
M02 ;
```

2-14 복합 반복 사이클 가공

복합 반복 사이클(multiple repeative cycle)은 프로그램을 보다 쉽고 간단하게 하는 기능으로 다음 표와 같으며, G70~G73은 자동(auto) 운전에서만 실행이 가능하다.

코 드	기 능	용 도
G70	내외경 정삭 사이클	G71, G72, G73의 가공 후 정삭 가공 실행
G71	내외경 황삭 사이클	정삭 여유를 주고 외경, 내경의 황삭 가공
G72	단면 황삭 사이클	정삭 여유를 주고 단면을 황삭 가공
G73	유형 반복 사이클	일정의 복잡한 형상을 반복 황삭 가공
G74	단면 홈가공 사이클	단면에서 Z방향의 홈 가공시나 드릴 가공
G75	내외경 홈가공 사이클	공작물의 외경이나 내경에 홈을 가공
G76	나사가공 사이클	간단하게 자동으로 나사를 가공

(1) 내외경 황삭 사이클

G71 U(Δd) R(e) ;
G71 P(ns) Q(nf)_ U(Δu)_ W(Δw)_ F(f) ;

여기서, U : 절삭깊이, 부호 없이 반지름값으로 지령
R : 도피량, 절삭 후 간섭 없이 공구가 빠지기 위한 양
P : 정삭가공 지령절의 첫 번째 전개번호
Q : 정삭가공 지령절의 마지막 전개번호
U : X축 방향 정삭여유(지름 지정)
W : Z축 방향 정삭여유
F : 황삭가공 시 이송속도

공구 선택도 할 수 있지만 일반적으로 복합 반복 사이클 실행 이전에 지령하기 때문에 생략한다.

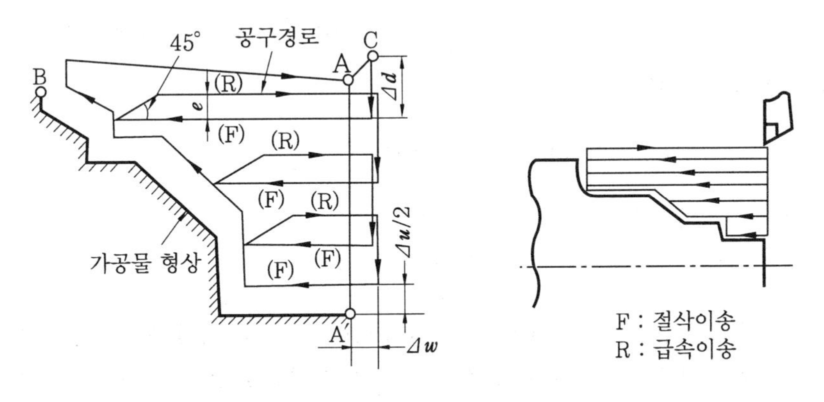

내외경 황삭 사이클

정삭 모양(A → A′ → B)의 경로로 지령하면 정삭여유를 남기고 절삭깊이 Δd로 지령된 구역을 절삭한다. e는 도피량을 표시하며 사이클 가공이 완료된 후에 공구는 사이클 시작점

으로 복귀한다.

G71로 절삭하는 형상에는 다음 그림과 같이 4가지 패턴(pattern)이 있으므로 정삭여유 U, W의 부호는 가공하는 형상을 기준으로 하여 정삭여유를 어느 쪽으로 주어야 할지를 결정한다.

다음 그림에서 Ⅰ의 형상은 외경 앞쪽에서 가공하는 형상이고, Ⅲ은 외경 뒤쪽에서 가공하는 형상이며 Ⅱ, Ⅳ는 내경을 앞쪽과 뒷쪽에서 가공하는 형상이다. 그러나 일반적으로 많이 사용하는 형상은 Ⅰ, Ⅱ이고, Ⅱ의 형상은 내경을 가공할 때 정삭여유를 U−, W+로 지령해야 한다. 다시 말하면, 내경의 X값 정삭여유는 도면의 치수보다 작게 가공하여야 정삭여유가 남는다.

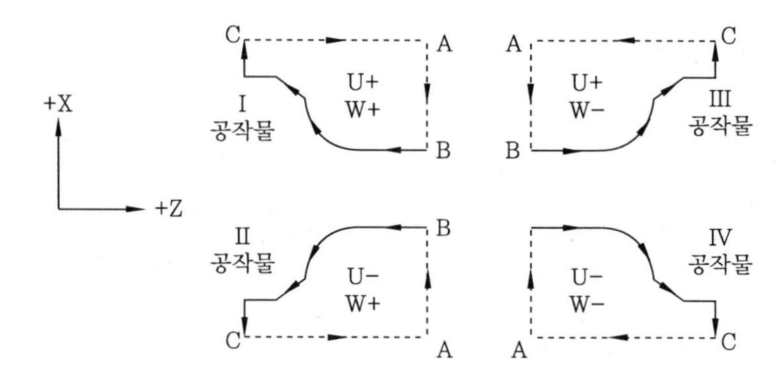

복합 반복 사이클의 정삭여유 부호

또한, G71은 황삭 사이클이지만 정삭여유 U, W를 지령하지 않으면 황삭가공에서 완성치수로 가공할 수 있다.

예 G71 U1.5 R0.5 ;
G71 P10 Q100 F0.2 ; ……… U, W의 정삭여유 지령을 생략하면 정삭여유 없이 황삭가공에서 완성치수로 가공한다.

(2) 내외경 정삭 사이클

G70 P(*ns*)______ Q(*nf*)______ ;

여기서, P : 정삭가공 지령절의 첫 번째 전개번호
Q : 정삭가공 지령절의 마지막 전개번호

G71, G72, G73 사이클로 황삭가공이 마무리되면 G70으로 정삭가공을 행한다. G70에서의 F는 G71, G72, G73에서 지령된 것은 무시되고 전개번호 P와 Q 사이에서 지령된 값이 유효하다.

예 G70 P10 Q100 F0.1 ; ……… 정삭가공 시 이송속도 F는 0.1

또한 G71, G72, G73의 복합 반복 사이클에서는 P와 Q 사이에 보조 프로그램 호출이 불가능하며, 황삭가공에 의해 기억된 어드레스는 G70을 실행한 후 소멸된다.

다음 그림은 정삭가공 시 공구경로를 나타내고 있다.

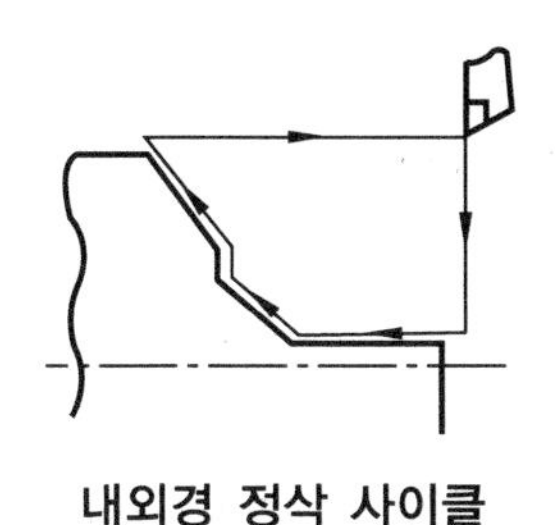

내외경 정삭 사이클

[예제] 복합 반복 사이클(G71, G70)을 이용하여 프로그램하시오. (소재 φ60×80L)

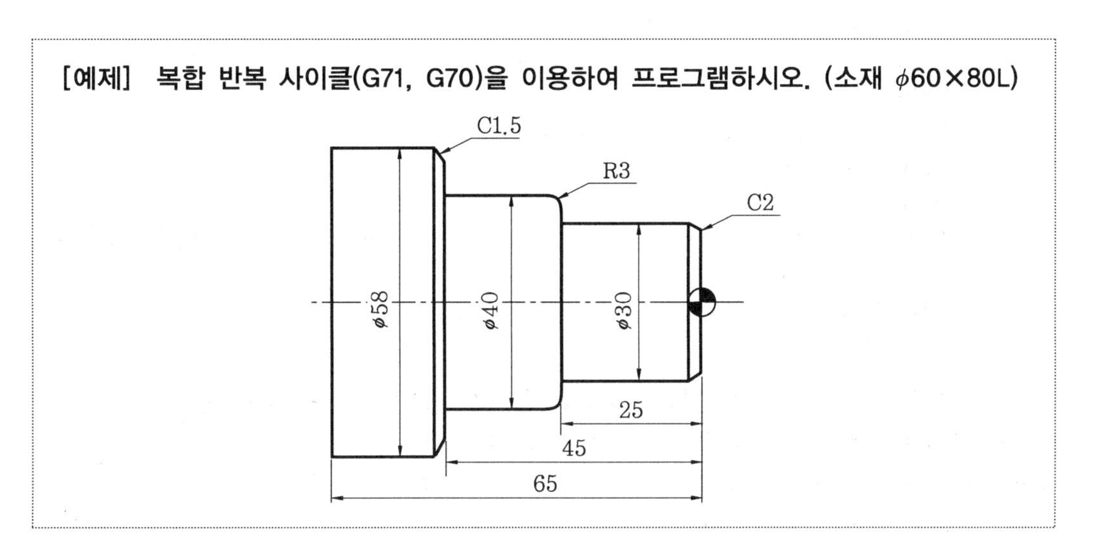

해설

N10 G28 U0.0 W0.0 ;

N20 G50 X150.0 Z150.0 S1600 T0100 ;

N30 G96 S150 M03 ;

N40 G00 X62.0 Z0.1 T0101 M08 ;

N50 G01 X−2.0 F0.2 ;

N60 G00 X62.0 Z2.0 ; ······················ 고정 사이클 초기점인데 초기점에서 가공을 시작하고 가공이 종료되면 초기점으로 복귀한 후 사이클 가공을 종료하므로 소재의 지름(φ60)보다 큰 위치에 초기점을 잡는다.

N70 G71 U2.0 R0.5 ; ······································ 1회 절삭깊이 4mm이며, 공구 도피량 0.5

N80 G71 P90 Q170 U0.2 W0.1 F0.2 ; ··········· N90~N170까지 고정 사이클 지령구간이며, P90은 정삭가공 지령절의 첫 번째 전개번호이고, Q170은 정삭가공 지령절의 마지막 전개번호이며, 정삭여유는 X축 0.2mm(U0.2), Z축 0.1mm(W0.1)이다.

```
N90  G00  G42  X22.0 ;
N100 G01  X30.0 Z-2.0 ;
N110      Z-25.0 ;
N120      X34.0 ;
N130 G03  X40.0 W-3.0 R3.0 ;
N140 G01  Z-45.0 ;
N150      X55.0 ;
N160      X58.0 W-1.5 ;
N170      Z-65.0 ;
N180 G00  G40  X150.0  Z150.0 T0100 M09 ;
N190 M01 ;
N200 G50                S1800 T0300 ;
N210 G96  S160  M03 ;
N220 G00  X62.0 Z0.0    T0303 M08 ;
N230 G01  X-2.0 F0.1 ;
N240 G00  X62.0 Z2.0 ;
N250 G70  P90  Q170  F0.1 ;  ························ 정삭가공 시 이송속도 F는 0.1
N260 G00  G40  X150.0  Z150.0 T0300 M09 ;
N270 M05 ;
N280 M02 ;
```

그리고 복합 반복주기 G70~G73의 기능을 사용할 때는 반드시 전개번호를 사용해야 하나 전개번호를 계속해서 사용하면 실제 프로그램 작성시간이 길어지므로 첫 번째 전개번호를 P10, 마지막 전개번호를 Q100으로 사용하는 것이 좋다.

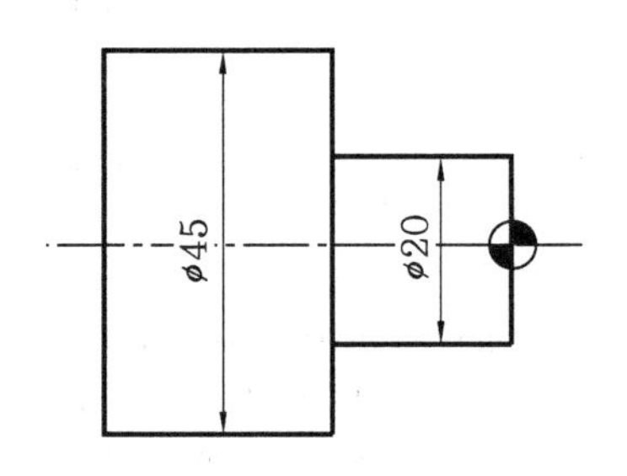

예를 들어 다음 도면을 P10, Q100을 사용하여 프로그램하면,

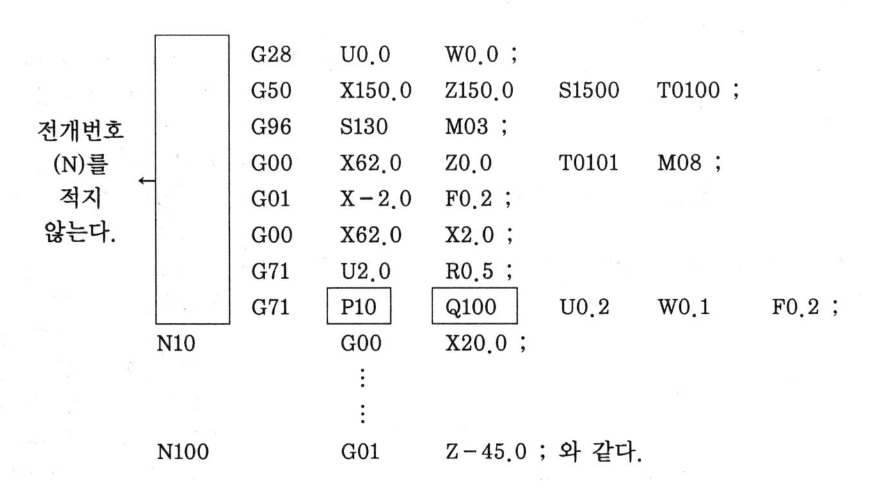

(3) 단면 황삭 사이클

```
G72  W(Δd)______  R(e)______ ;
G72  P(ns)____  Q(nf)__  U(Δu)__  W(Δw)__  F(f)__ ;
```

단면을 가공하는 단면 황삭 사이클로서 그림 [단면 황삭 사이클]에서 보는 바와 같이 절삭작업이 X축과 평행하게 수행되는 것을 제외하고는 내외경 황삭 사이클(G71)과 같다.

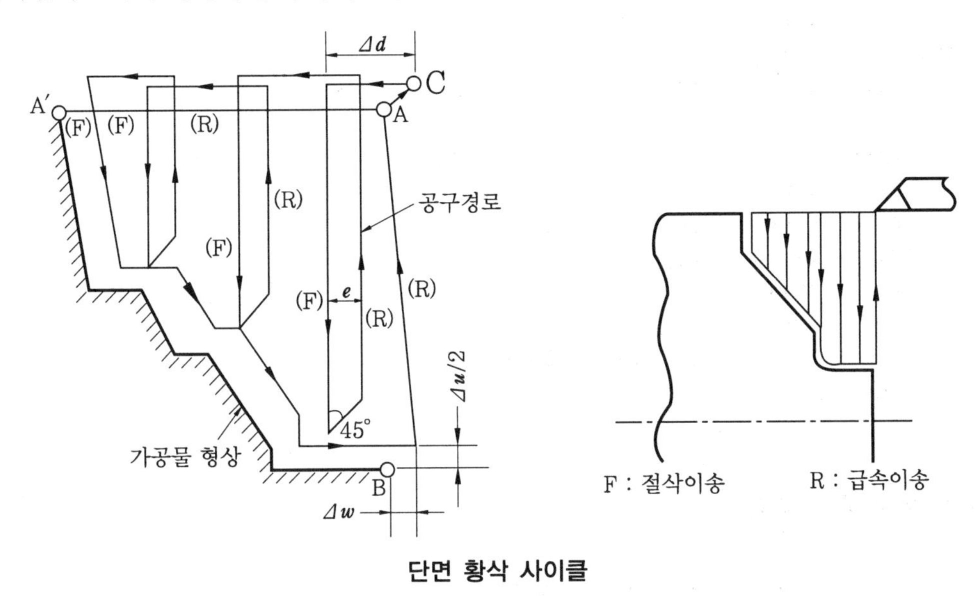

단면 황삭 사이클

[예제] 복합 반복 사이클(G72, G70)을 이용하여 다음을 프로그램하시오.

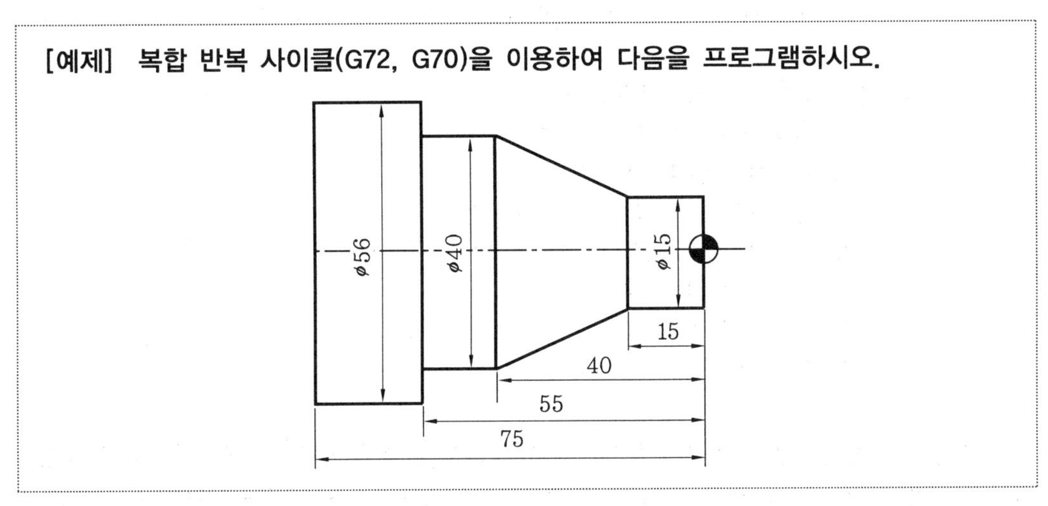

해설

```
G28  U0.0    W0.0 ;
G50  X150.0  Z150.0  S1500  T0100 ;
G96  S130    M03 ;
G00  X62.0   Z0.1    T0101  M08 ;
G01  X-2.0   F0.2 ;
G00  X62.0   Z2.0 ;
```

```
       G72   W1.5    R0.5 ;
       G72   P10     Q100     U0.2     W0.1    F0.2 ;
N10    G00   G41     Z-75.0 ;
       G01   X56.0   F0.1 ;
             Z-55.0 ;
             X40.0 ;
             Z-40.0 ;
             X15.0   Z-15.0 ;
N100         Z0.0 ;
       G00   G40     X150.0   Z150.0   T0100   M09 ;
       M01 ;
       G50                    S1800    T0300 ;
       G96   S160    M03 ;
       G00   X18.0   Z0.0     T0303    M08 ;
       G01   X-2.0   F0.1 ;
       G00   X60.0   Z2.0 ;
       G70   P10     Q100 ;
       G00   G40     X150.0   Z150.0   T0300   M09 ;
       M05 ;
       M02 ;
```

(4) 유형 반복 사이클

G73 U(Δi) W(Δk) R(d) ;
G73 P(ns)__ Q(nf)__ U(Δu)__ W(Δw)__ F(f)__ ;

여기서, U : X축 방향 황삭여유(도피량)
W : Z축 방향 황삭여유(도피량)
R : 분할횟수 황삭의 반복횟수
P : 정삭가공 지령절의 첫 번째 전개번호
Q : 정삭가공 지령절의 마지막 전개번호
U : X축 방향 정삭여유(지름 지정)
W : Z축 방향 정삭여유
F : 황삭 이송속도(feed) 지정

이 기능은 그림 [유형 반복 사이클]과 같이 일정한 절삭 형상을 조금씩 위치를 옮기면서 반복하여 가공하는 데 편리하므로 단조품이나 주조물과 같이 소재 형태가 나와 있는 가공에 효과적이다.

G73에서 I값 및 K값의 의미는 주조나 단조에 의해 1차 가공된 소재에서 도면상의 완성된 치수까지 남은 양을 의미한다.

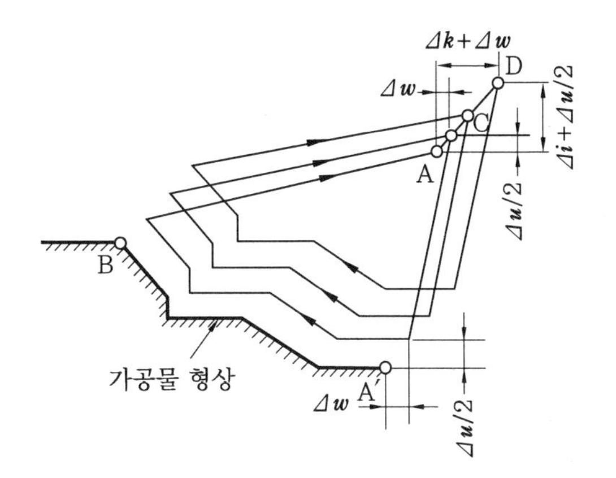

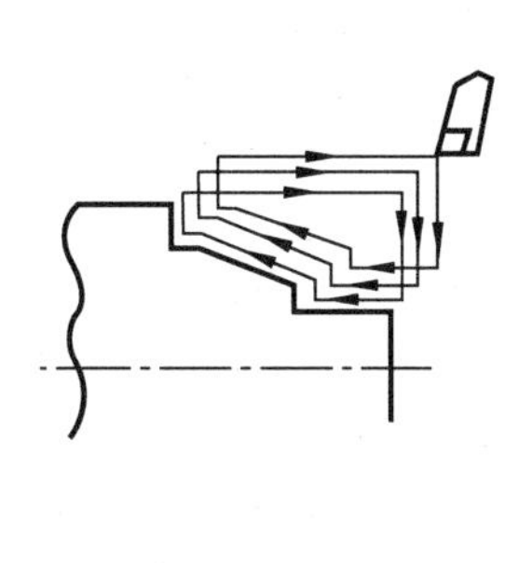

유형 반복 사이클

[예제] 유형 반복 사이클(G73, G70)을 이용하여 다음을 프로그램하시오. (φ80×75L)

3(Z축 방향 가공 여유)
C4
R10
C5
φ78
φ70
φ40
φ30
(X축 방향 가공 여유)4
10
15
30
34
60

해설

```
G28   U0.0     W0.0 ;
G50   X150.0   Z150.0   S1500   T0100 ;
G96   S130     M03 ;
G00   X82.0    Z0.1     T0101   M08 ;
G01   X-2.0    F0.2 ;
G00   X85.0    Z2.0 ;
G73   U4.0     W3.0     R3.0 ;  ......... X축 가공여유 반경 4mm,
                                          Z축 3mm, 가공 횟수 3번
G73   P10      Q100     U0.2    W0.1      F0.2 ;
```

```
N10   G00  X30.0   Z2.0 ;
      G01  Z-10.0 ;
           X40.0   Z-15.0 ;
           Z-20.0 ;
      G02  X60.0   W-10.0 R10.0 ;
      G01  X70.0 ;
           X78.0   Z-34.0 ;
N100  Z-60.0 ;
      G00  X150.0  Z150.0  T0100  M09 ;
      M01 ;
      G50                  S1800  T0300 ;
      G96  S150    M03 ;
      G00  X32.0   Z0.0    T0303  M08 ;
      G01  X-2.0   F0.1 ;
      G00  X85.0   Z2.0 ;
      G70  P10     Q100    F0.1 ;
      G00  X150.0  Z150.0  T0300  M09 ;
      M05 ;
      M02 ;
```

(5) 단면 홈가공 사이클

G74 R(e) ;
G74 X(u)__ Z(w)__ P(Δi)__ Q(Δk)__ R(Δd)__ F(f)__ ;

여기서, R : 후퇴량
X : 가공 사이클이 최종적으로 끝나는 X좌표값
Z : 가공 사이클이 최종적으로 끝나는 Z좌표값
P : X방향의 이동량(부호 무시하여 지정)
Q : Z방향의 절입량(부호 무시하여 지정)
R : 가공 끝점에서 공구 도피량(생략하면 0)
F : 이송속도

다음 그림은 [단면 홈가공 사이클]의 공구 이동 형상을 나타내고 있다. G74를 이용하여 내외경 가공 시 발생하는 긴 칩(chip)의 처리를 용이하게 할 수 있으며, X축 지령을 생략하면 드릴링 작업도 가능하다.

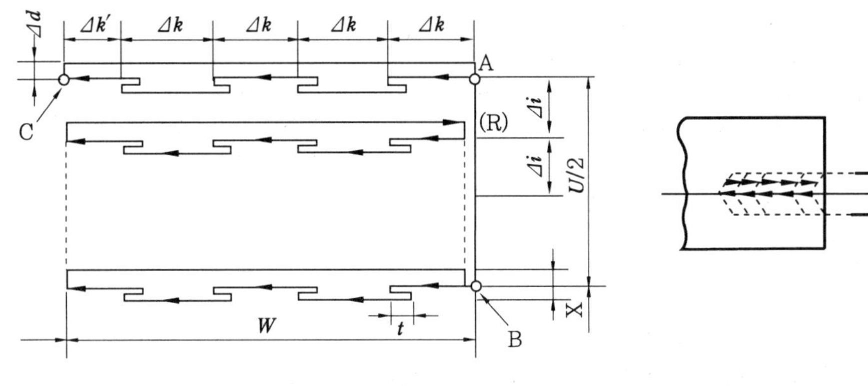

단면 홈가공 사이클

[예제] G74를 이용하여 단면 홈가공을 하는 프로그램을 하시오.

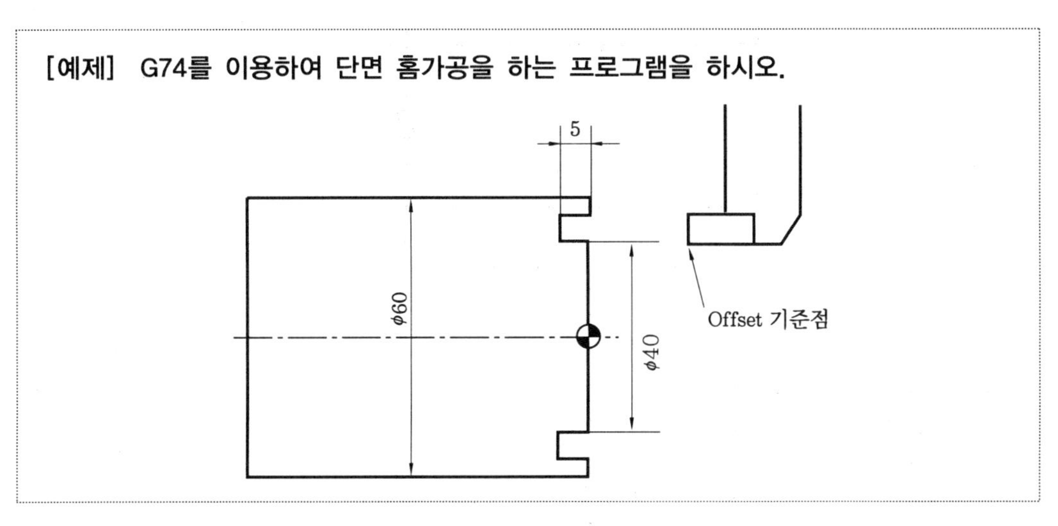

해설

G00	X40.0	Z2.0 ;		······················· 고정 사이클 초기점
G74	R0.5 ;			································· Z축 0.5mm 도피량 지점
G74	Z−5.0	Q1000	F0.07 ;	········ 1mm 절입하고 0.5mm 도피를 반복하면서 Z−5mm까지 가공

[예제] G74를 이용하여 Z가 50mm 가공되게 다음을 프로그램하시오.

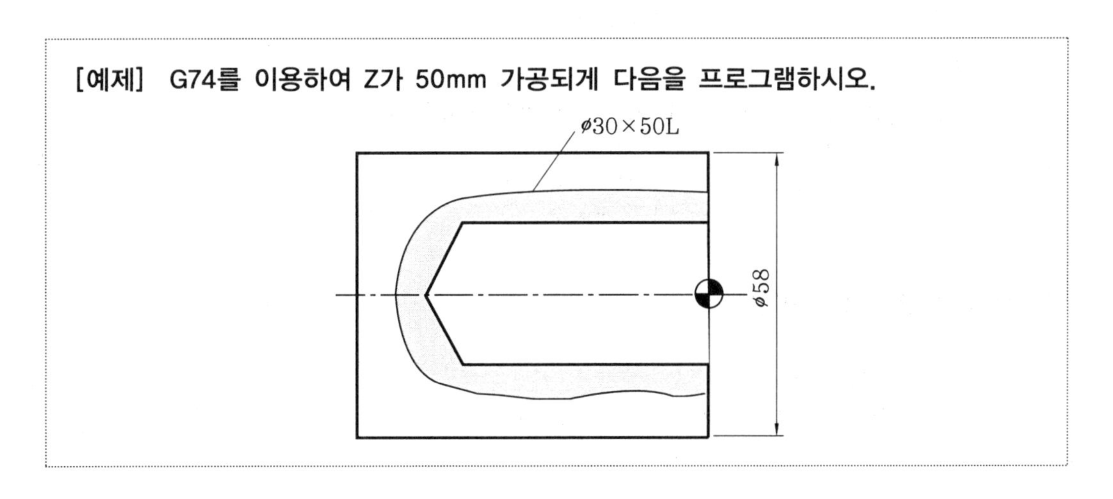

해설
```
G97   S400     M03 ;
G00   X0.0     Z5.0   T1111   M08 ;
G74   R1.0 ; ·································· Z축 1mm 후퇴량
G74   Z-50.0   Q3000  F0.07 ; ·········· 3mm 절입하고 1mm 후퇴를 반복하면서
                                            Z-50.0까지 가공
G00   X150.0   Z200.0 T1100   M09 ;
M05 ;
M02 ;
```

[예제] G74를 이용하여 내부가 관통하는 프로그램을 하시오.

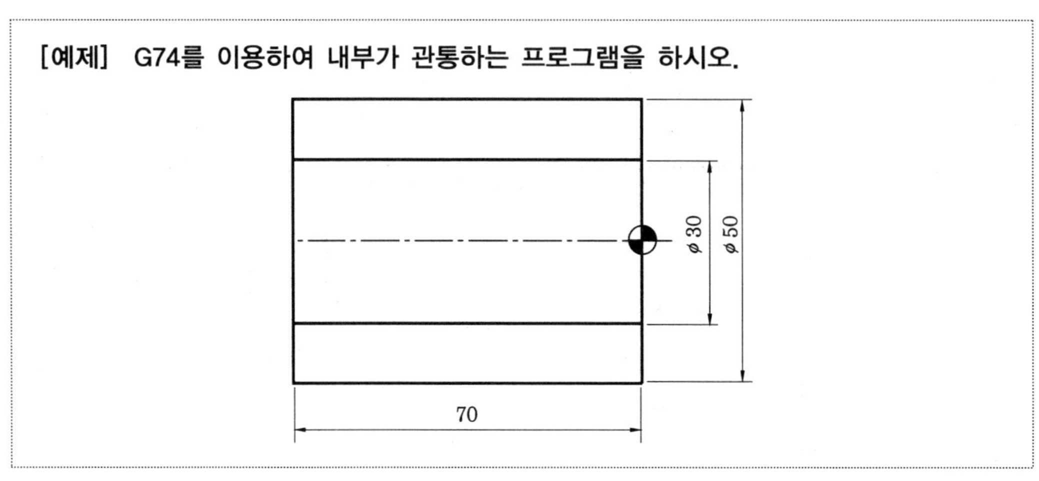

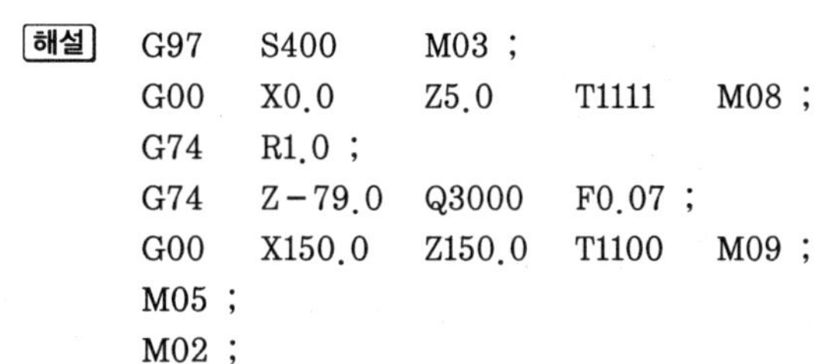

해설
```
G97   S400     M03 ;
G00   X0.0     Z5.0     T1111   M08 ;
G74   R1.0 ;
G74   Z-79.0   Q3000    F0.07 ;
G00   X150.0   Z150.0   T1100   M09 ;
M05 ;
M02 ;
```

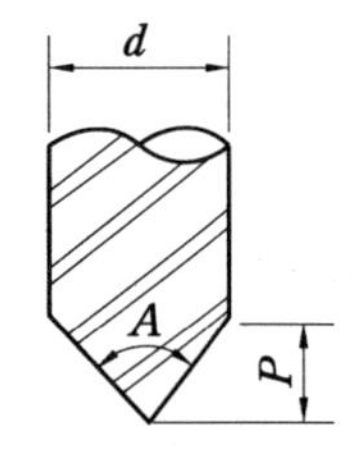

여기서 Z-79.0이 되는 이유는 드릴의 경우 P 만큼 더 가공이 되어야 하므로

$P = d \times K = 30 \times 0.29 = 8.7$

K(상수)=0.29

그림에서 A : 드릴 날각(표준 드릴은 118°)

d : 드릴 지름

P : 드릴 끝점까지의 길이

K : 상수(표준 드릴의 K는 0.29)

(6) 내외경 홈가공 사이클

```
G75  R(e) ;
G75  X(u)__  Z(w)__  P(Δi)__  Q(Δk)__  R(Δd)__  F(f)__ ;
```

여기서, R : 후퇴량
X : 가공 사이클이 최종적으로 끝나는 X좌표값
Z : 가공 사이클이 최종적으로 끝나는 Z좌표값
P : X방향 절입량
Q : Z방향 공구 이동량
R : 가공 끝점에서 공구 도피량
F : 이송속도

공작물의 내외경에 홈을 가공하는 사이클로 홈가공 시 발생하는 긴 칩의 발생을 억제하면서 효율적으로 가공할 수 있으며, 다음 그림에서 보는 바와 같이 G74와 X, Z방향만 바뀌었을 뿐 가공방법은 유사하다

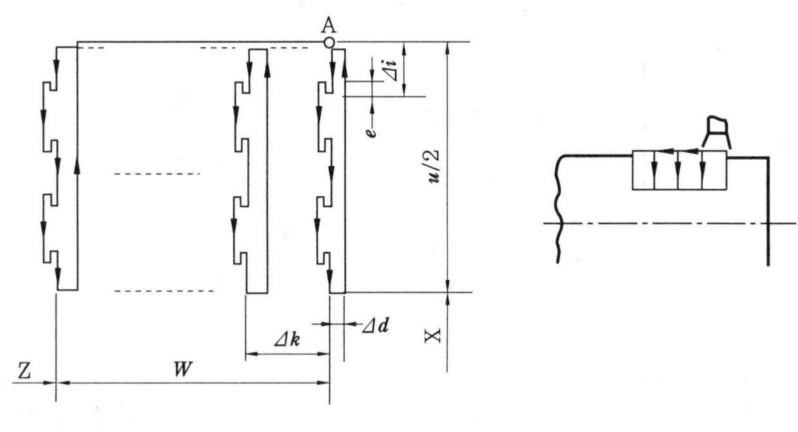

내외경 홈가공 사이클

[예제] G75를 이용하여 다음을 프로그램하시오.

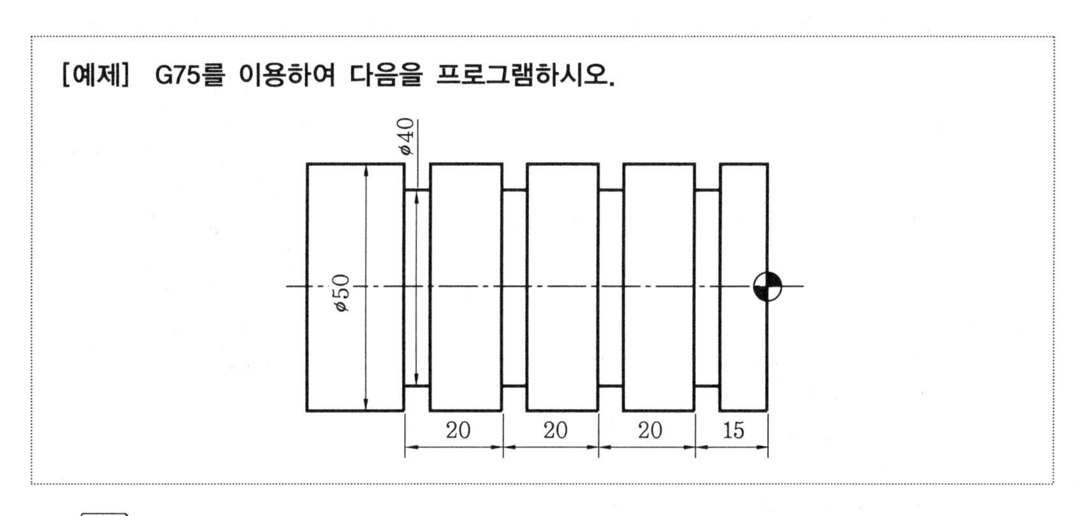

해설 G97 S700 M03 ;
G00 X52.0 Z-15.0 T0808 M08 ;
G75 R0.5 ; ··· X축 0.5mm 도피량 지정

```
G75  X40.0  Z-75.0  P2000  Q20000  F0.1 ; …… 2mm 절입하고 0.5mm 후퇴를 반
                                              복하면서 X40.0까지 가공하고, Z
                                              방향으로 20mm 이동하면서 가공
G00  X150.0  Z200.0  T0800  M09 ;
M05 ;
M02 ;
```

[예제] G75를 이용하여 다음을 프로그램하시오.(바이트 폭 4mm)

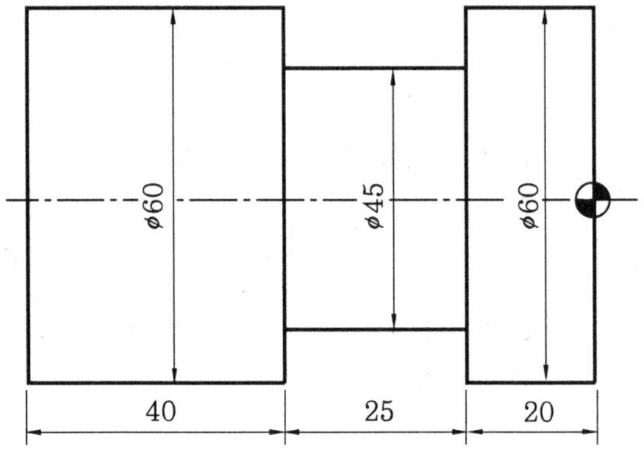

ϕ60 ϕ45 ϕ60

40 25 20

해설

```
G97  S700  M03 ;
G00  X62.0  Z-24.1  T0808  M08 ; ………… 고정 사이클 시작점
G75  R0.5 ; ………………………………………… X축 방향으로 0.5mm 도피
                                          량 지정
G75  X45.1  P1000  F0.07 ……………………… 1mm 절입하고 0.5mm 도피
                                          를 반복하면서 X축 45.1mm
                                          까지 가공
G00  W-3.0 ; ……………………………………… 바이트 폭이 4mm이므로 바
                                          이트 폭보다 1mm 작게 3mm
                                          이동
G75  X45.1  Z-44.9  P1000  Q3000  R0.5  F0.05 ……… X, Z축 정삭여유 0.1mm 남
                                          기고 1회 절입 깊이 X축
                                          1mm, Z축 3mm, Z축 도피
                                          량 0.5mm 지령
G00  X62.0  Z-24.0 ; ……………………………… 정삭가공 시작점
G01  X40.0  F0.08 ;
     Z-45.0 ;
     X62.0 ;
G00  X150.0 Z150.0  T0800  M09 ;
M05 ;
M02 ;
```

(7) 나사가공 사이클

```
G76  P(m)(r)(a)____  Q(Δd_min)____  R(d) ;
G76  X(u)__  Z(w)__  P(k)__  Q(Δd)__  R(i)__  F(l)__ ;
```

여기서, P(m) : 최종 정삭 시 반복횟수
(r) : 면취량(00~99까지 입력 가능)
(a) : 나사산 각도
Q : 최소 절입량
R : 정삭여유
X, Z : 나사 끝지점 좌표
P : 나사산 높이(반지름 지정)
Q : 첫 번째 절입깊이(반지름 지정)
R : 테이퍼 나사의 테이퍼값(반지름 지정, 생략하면 직선 절삭)
F : 나사의 리드

다음 그림에서와 같이 나사의 골지름과 절입조건 등을 그 블록으로 지령함으로써 내외경 평행나사와 테이퍼 나사가공을 할 수 있다.

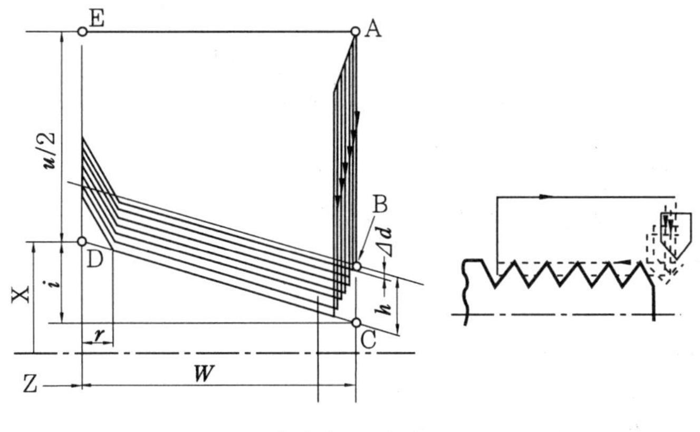

나사가공 사이클

[예제] G76을 이용하여 다음을 프로그램하시오.

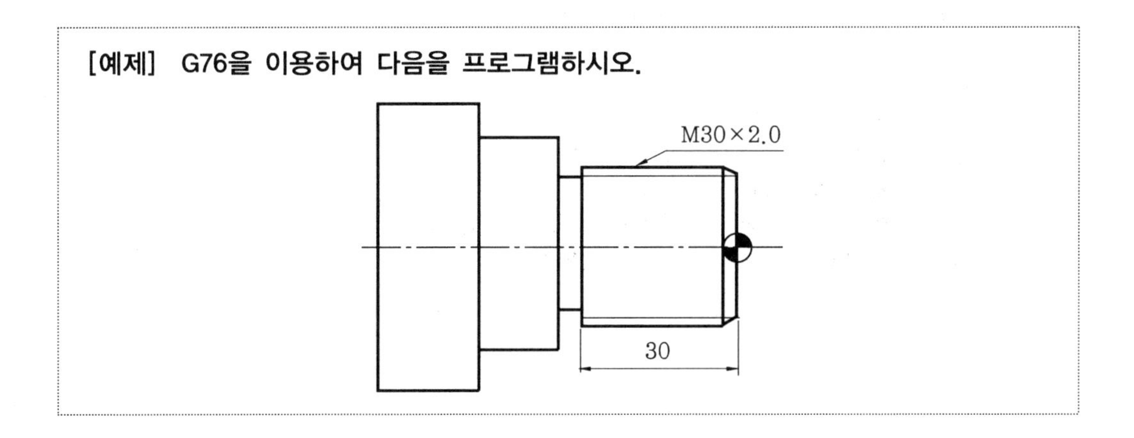

해설

```
G97   S500      M03 ;
G00   X32.0     Z2.0      T0707   M08 ;
G76   P020060   Q50       R30 ; ………………… 정삭횟수 2번이므로 02이고, 면취량은 골지름보다 지름이 적은 홈이 있으므로 필요가 없기 때문에 00이며, 나사각도가 60°이므로 60이다. 또한, 최소 절입량은 나사가공 데이터에 의해 0.05mm이므로 Q50이고, 정삭여유를 0.03으로 하였기 때문에 R30이다.
G76   X27.62    Z-32.0    P1190   Q350   F2.0 ;
G00   X150.0    Z200.0    T0700   M09 ;
M05 ;
M02 ;
```

[예제] G76을 이용하여 내외경 나사가공을 프로그램하시오.

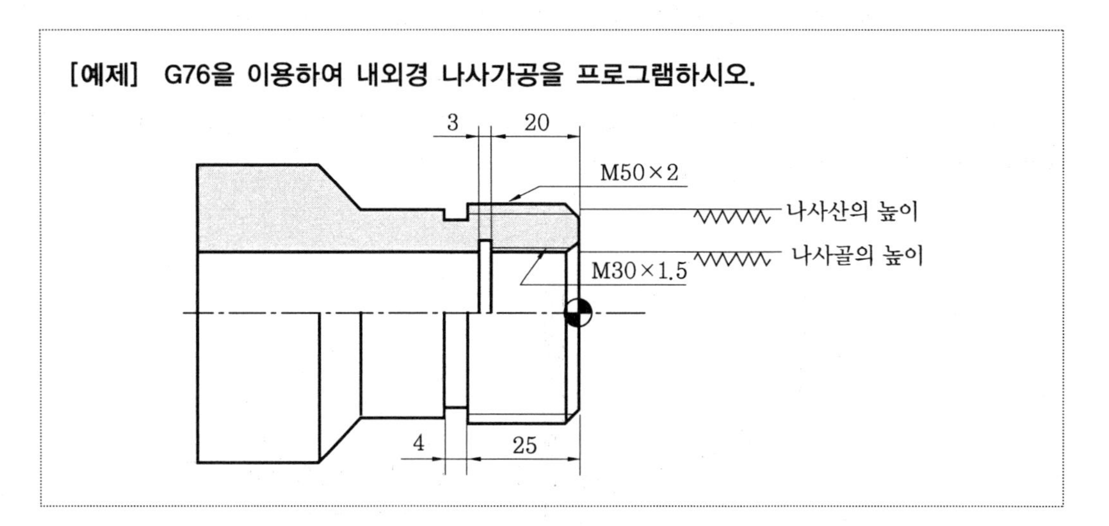

해설

```
G97   S500      M03 ;
G00   X52.0     Z2.0      T0303   M08 ;
G76   P020060   Q50       R30 ;
G76   X47.62    Z-27.0    P1190   Q350   F2.0 ;
G00   X150.0    Z150.0    T0300   M09 ;
M01 ;
G50                       T1200 ;
G97   S500      M03 ;
G00   X26.0     Z2.0      T1212   M08 ;
G76   P020060   Q50       R30 ;
G76   X30.0     Z-22.0    P890    Q350   F1.5 ;
G00   X150.0    Z150.0    T1200   M09 ;
M05 ;
M02 ;
```

외경 나사의 프로그램에는 나사산의 높이로 프로그램하므로 나사가공 전 외경 정삭가공 시 ϕ 50이 되게 가공한 후 나사가공을 하면 된다.

내경 나사의 프로그램에서는 나사골의 높이로 프로그램을 해야 되므로 내경 정삭가공 시 ϕ 30으로 가공하는 것이 아니라 나사가공할 여유분을 남겨 두고 ϕ 28.22로 가공한 후 나사가공을 해야 된다.

[예제] 도면을 외경 황삭 사이클(G71), 정삭 사이클(G70), 나사가공 사이클(G76)을 이용하여 프로그램하시오.

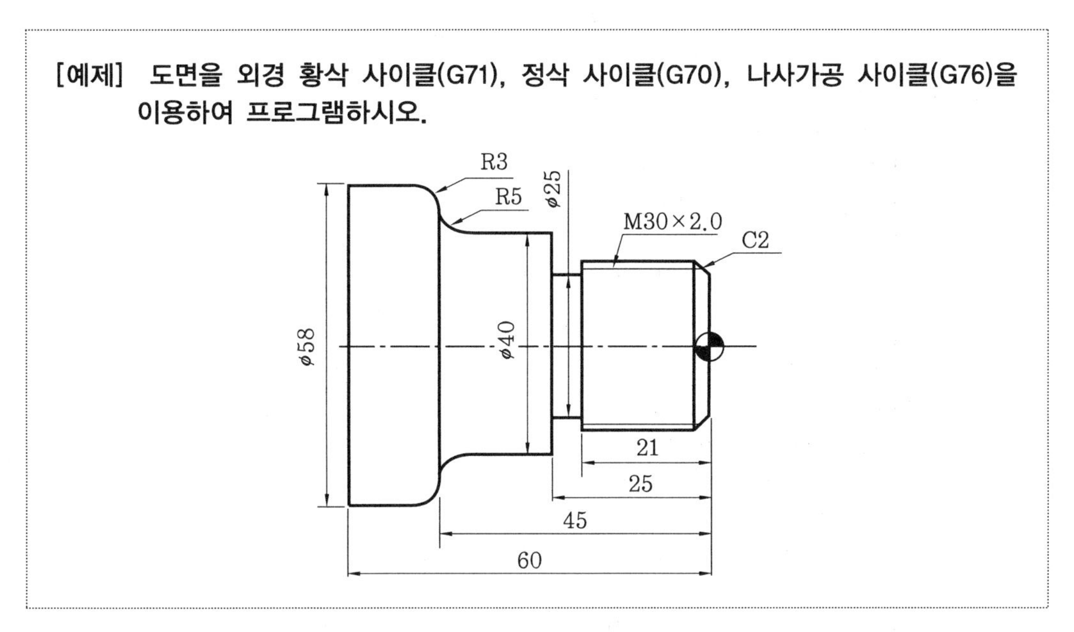

해설

공 구	공구번호
황삭 바이트	T01
정삭 바이트	T03
홈 바이트	T05
나사 바이트	T07

```
        G28   U0.0     W0.0 ;
        G50   X150.0   Z150.0   S1500   T0100 ;
        G96   S130     M03 ;
        G00   X62.0    Z0.1     T0101   M08 ;
        G01   X-2.0    F0.2 ;
        G00   X62.0    Z2.0 ;
        G71   U2.0     R0.5 ;
        G71   P10      Q100     U0.2    W0.1 ;
N10     G00   X22.0 ;
        G01   X30.0    Z-2.0 ;
              Z-25.0 ;
              X40.0 ;
```

```
            Z-40.0 ;
      G02   X50.0    Z-45.0  R5.0 ;
      G01   X52.0 ;
      G03   X58.0    W-3.0   R3.0 ;
N100  G01   Z-60.0 ;
      G00   X150.0   Z150.0  T0100  M09 ;
      M01 ;
      G50                    S1800  T0300 ;
      G96   S160     M03 ;
      G00   X32.0    Z0.0    T0303  M08 ;
      G01   X-2.0    F0.1 ;
      G01   X-2.0    F0.1 ;
      G00   X62.0    Z2.0 ;
      G70   P10      Q100    F0.1 ;
      G00   X150.0   Z150.0  T0300  M09 ;
      M01 ;
      G50                    T0500 ;
      G97   S500     M03 ;
      G00   X42.0    Z-25.0  T0505  M08 ;
      G01   X25.0    F0.07 ;
      G04   P1500 ;
      G00   X42.0
            X150.0   Z150.0  T0500  M09 ;
      M01 ;
      G50                    T0700 ;
      G97   S500     M03 ;
      G00   X32.0    Z2.0    T0707  M08 ;
      G76   P020060 Q50      R30 ;
      G76   X27.62   Z-23.0  P1190  Q350   F2.0 ;
      G00   X150.0   Z150.0  T0700  M09 ;
      M05 ;
      M02 ;
```

0T, 18T와 11T의 비교

0T, 18T	11T
G70 P Q ;	G70 P Q ;
G71 U R ; G71 P Q U W F S ;	G71 P Q U W D F S ;
G72 W R ; G72 P Q U W F S ;	G72 P Q U W D F S ;
G73 U W R ; G73 P Q U W F S ;	G73 P Q I K U W D F S ;

G74 R ; G74 X Z P Q R F ;	G74 X Z I K F D ;
G75 R ; G75 X Z P Q R F ;	G75 X Z I K F D ;
G76 P Q R ; G76 X Z P Q R F ;	G76 X Z I K D F A P ;
G90 X Z F ; G90 X Z R F ; G92 X Z F ; G92 X Z R F ; G94 X Z F ; G94 X Z R F ;	G90 X Z F ; G90 X Z I F ; G92 X Z F ; G92 X Z I F ; G94 X Z F ; G94 X Z K F ;

참고로 컨트롤러 0T, 18T와 11T의 비교는 표에 나타내었다. G70은 동일하고 G71~G76 프로그램 작성 시 약간 차이가 있으며, G90, G92, G94에서는 테이퍼 가공 시 0T, 18T의 경우에는 테이퍼 값을 R로 나타내고 있음을 알 수 있다.

현재는 11T는 거의 사용하지 않으며, 사용하더라도 0T, 18T의 경우만 이해하면 11T는 쉽게 프로그램할 수 있으므로 별 문제가 되지 않는다.

2-15 가공시간

다음 도면을 절삭깊이, 이송속도 등을 동일한 조건으로 프로그램을 하여 가공을 한 결과 (1)번으로 가공했을 경우 3분 31초가 소요되었고, (2)번으로 가공했을 경우 3분 57초, (3)번으로 가공했을 경우 3분 51초가 소요되었다. 그러므로 (1)번으로 프로그램을 하여 가공한 것이 가공시간이 제일 적게 소요됨을 알 수 있다. 그 이유는 각 블록별 절삭이 끝나고 공구가 이동되는 시간이 적게 걸리기 때문이다.

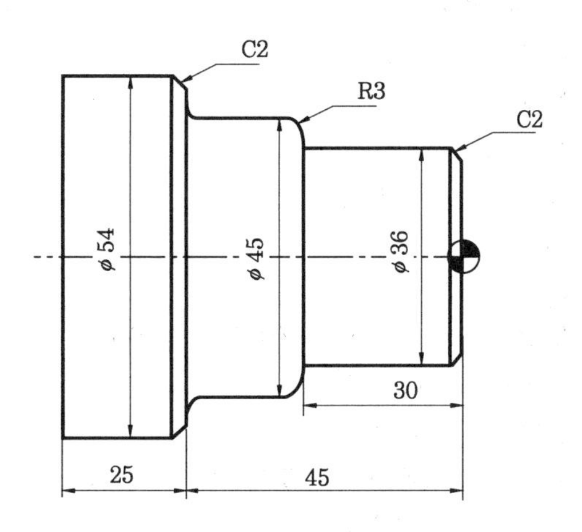

또한, 블록의 수는 (1)의 경우에는 45블록이고, (2)는 31블록, (3)은 27블록이므로 프로그램 길이는 (3) → (2) → (1)번의 순서로 짧아지므로 작성시간은 적게 소요되지만, 프로그래머는 도면의 난이도, 제품의 수량 등에 따라 프로그램을 작성하여야만 실제 작업시간이 단축되어 생산성을 향상시킬 수 있다.

(1)
```
N10   G28  U0.0    W0.0 ;
N20   G50  X150.0  Z150.0  S1300  T0100 ;
N30   G96  S130    M03 ;
N40   G00  X62.0   Z0.1    T0101  M08 ;
N50   G01  X-2.0   F0.1 ;
N60   G00  X57.0   Z2.0 ;
N70   G01  Z-69.9 ;
N80   G00  U1.0    Z2.0 ;
N90        X54.2 ;
N100  G01  Z-69.9 ;
N110  G00  U1.0    Z2.0 ;
N120       X51.0 ;
N130  G01  Z-44.9 ;
N140  G00  U1.0    Z2.0 ;
N150       X48.0 ;
N160  G01  Z-44.9 ;
N170  G00  U1.0    Z2.0 ;
N180       X45.2 ;
N190  G01  Z-44.9 ;
N200  G00  U1.0    Z2.0 ;
N210       X42.0 ;
N220  G01  Z-29.9 ;
N230  G00  U1.0    Z2.0 ;
N240       X39.0 ;
N250  G01  Z-29.9 ;
N260  G00  U1.0    Z2.0 ;
N270       X36.2 ;
N280  G01  Z-29.9 ;
N290  G00  X150.0  Z150.0  T0100  M09 ;
N300  G50  S1600   T0300 ;
N310  G96  S150    M03 ;
N320  G00  X38.0   Z0.0    T0303  M08 ;
N330  G01  X-2.0   F0.1 ;
```

```
N340  G00  X28.0    Z2.0 ;
N350  G01  X36.0    Z-2.0 ;
N360       Z-30.0 ;
N370       X39.0 ;
N380  G03  X45.0    W-3.0  R3.0 ;
N390  G01  Z-45.0
N400       X50.0 ;
N410       X54.0    W-2.0 ;
N420       Z-70.0 ;
N430  G00  X150.0   Z150.0  T0300  M09 ;
N440  M05 ;
N450  M02 ;
```

(2)

```
N10   G28  U0.0     W0.0 ;
N20   G50  X150.0   Z150.0  S1300  T0100 ;
N30   G96  S130     M03 ;
N40   G00  X62.0    Z0.1    T0101  M08 ;
N50   G01  X-2.0    F0.2 ;
N60   G00  X62.0    Z2.0 ;
N70   G90  X57.0    Z-69.9 ;
N80        X54.2 ;
N90        X51.0    Z-44.9 ;
N100       X48.0 ;
N110       X45.2 ;
N120       X42.0    Z-29.9 ;
N130       X39.0 ;
N140       X36.2 ;
N150  G00  X150.0   Z150.0  T0100  M09 ;
N160  G50  S1600    T0300 ;
N170  G96  S150     M03 ;
N180  G00  X38.0    Z0.0    T0303  M08 ;
N190  G01  X-2.0    F0.1 ;
N200  G00  X28.0    Z2.0 ;
N210  G01  X36.0    Z-2.0 ;
N220       Z-30.0 ;
N230       X39.0 ;
N240  G03  X45.0    W-3.0  R3.0;
```

```
N250  G01   Z-45.0 ;
N260        X50.0 ;
N270        X54.0   W-2.0 ;
N280        Z-70.0 ;
N290  G00   X150.0  Z150.0  T0300  M09 ;
N300  M05 ;
N310  M02 ;
```

(3)

```
N10   G28   U0.0    W0.0 ;
N20   G50   X150.0  Z150.0  S1300  T0100 ;
N30   G96   S130    M03 ;
N40   G00   X62.0   Z0.1    T0101  M08 ;
N50   G01   X-2.0   F0.2 ;
N60   G00   X62.0   Z2.0 ;
N70   G71   U1.5    R0.5 ;
N80   G71   P90     Q170    U0.2   W0.1 ;
N90   G00   X28.0 ;
N100  G01   X36.0   Z-2.0 ;
N110        Z-30.0 ;
N120        X39.0 ;
N130  G03   X45.0   W-3.0   R3.0 ;
N140  G01   Z-45.0 ;
N150        X50.0 ;
N160        X54.0   W-2.0 ;
N170        Z-70.0 ;
N180  G00   X150.0  Z150.0  T0100  M09 ;
N190  G50   S1600   T0300 ;
N200  G96   S150    M03 ;
N210  G00   X38.0   Z0.0    T0303  M08 ;
N220  G01   X-2.0   F0.1 ;
N230  G00   X62.0   Z2.0 ;
N240  G70   P90     Q170    F0.1 ;
N250  G00   X150.0 Z150.0   T0300  M09 ;
N260  M05 ;
N270  M02 ;
```

2-16 보조 프로그램

프로그램 중에 어떤 고정된 형태나 계속 반복되는 패턴(pattern)이 있을 때 이것을 미리 보조 프로그램(sub program) 메모리(memory)에 입력시켜서 필요 시 호출해서 사용하는 것으로 프로그램을 간단히 할 수 있다.

(1) 보조 프로그램 작성

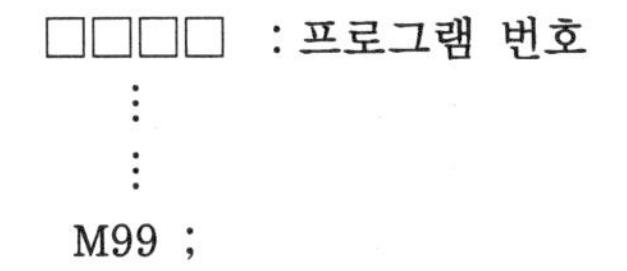

보조 프로그램은 1회 호출지령으로서 1~9999회까지 연속적으로 반복가공이 가능하며, 첫머리에 주 프로그램과 같이 로마자 O에 프로그램 번호를 부여하여 M99로 프로그램을 종료한다.

또한, 보조 프로그램은 자동운전에서만 호출 가능하며 보조 프로그램이 또 다른 보조 프로그램을 호출할 수 있다. 다음 그림은 [보조 프로그램의 호출]을 나타낸 것이다.

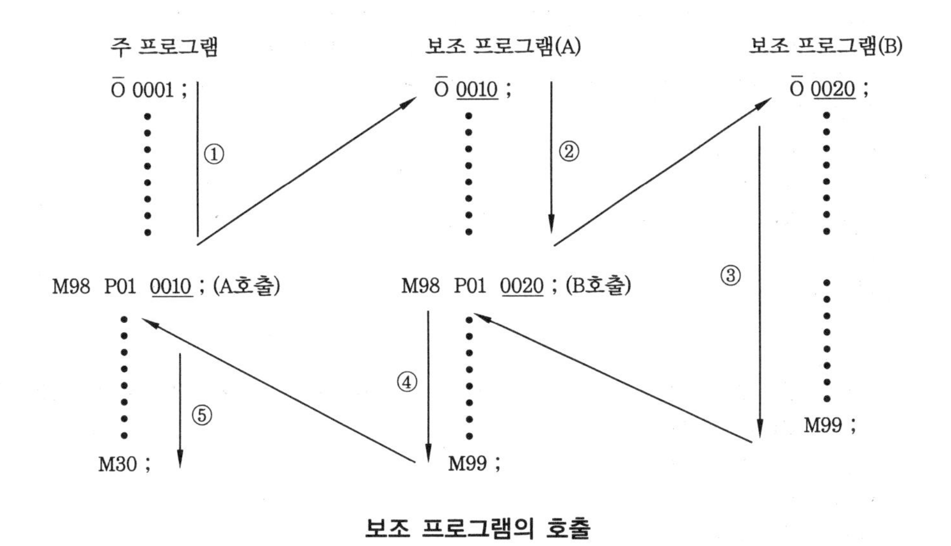

보조 프로그램의 호출

그림에서와 같이 프로그램은 ① → ② → ③ → ④ → ⑤의 순으로 진행된다.

(2) 보조 프로그램의 호출

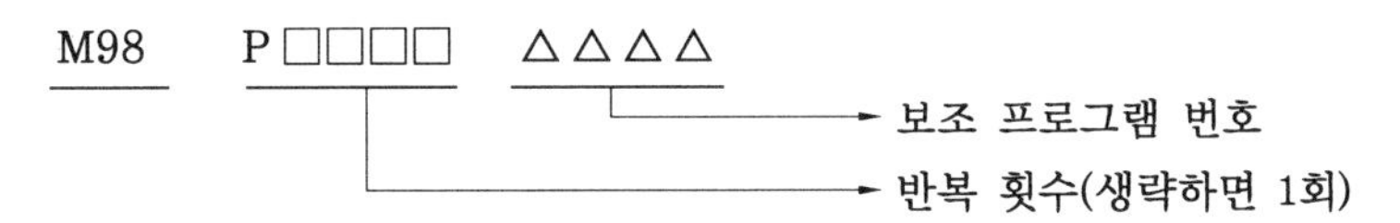

예를 들어 M98 P20010은 보조 프로그램 번호 0010의 보조 프로그램을 2회 호출하라는 지령이며, 생략했을 경우에는 호출횟수는 1회가 된다.

[예제] 다음 도면의 홈가공을 보조 프로그램을 이용하여 프로그램하시오.

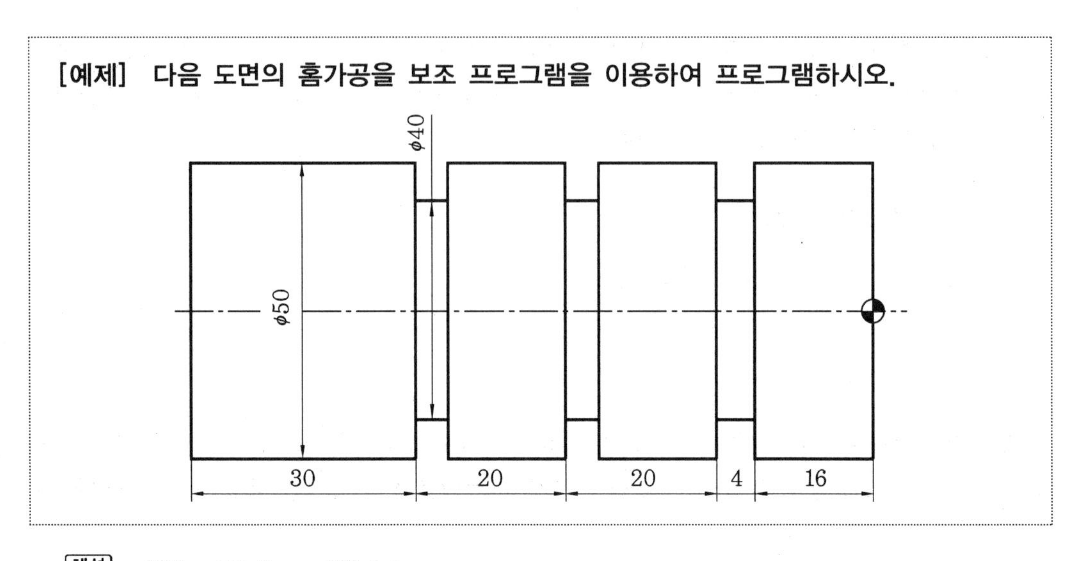

해설

```
G28   U0.0     W0.0 ;
G50   X150.0   Z150.0  T0500 ;
G97   S500     M03 ;
G00   X52.0    Z-20.0  T0505   M08 ;
M98   P0100 ;  ································ 홈가공 보조 프로그램 호출
G00   Z-40.0 ; ································ 다음 위치로 Z축 이동
M98   P0100 ;
G00   Z-60.0 ;
M98   P0100 ;
G00   X150.0   Z150.0  T0500   M09 ;
M05 ;
M02 ;

O0100 ;
G01   X45.0    F0.07 ;  ········  홈 깊이가 10mm이므로 5mm씩 나누어서 2회 가공
      U1.0     F0.2 ;
      X40.0    F0.07 ;
G04   P1500 ;
G00   X52.0 ;
M99 ;
```

3. 응용 프로그램

3-1 외경 가공

(1) 다음 도면을 CNC 선반으로 가공하기 위한 공정도와 공구를 선정한 후 프로그램 하시오.

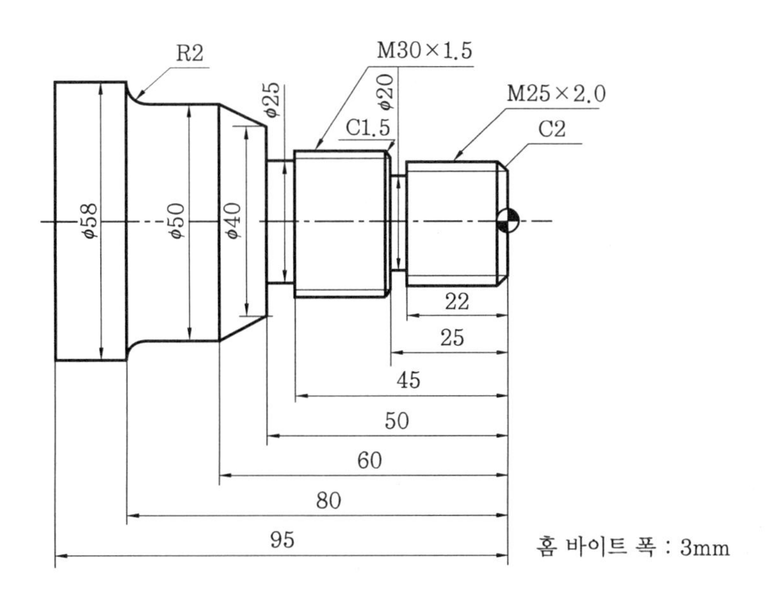

① 공정도

외경 황삭 가공 → 외경 정삭 가공 → 외경 홈 가공 → 외경 나사 가공

② 공구 선정

공 구	공구번호
외경 황삭 바이트	T01
외경 정삭 바이트	T03
외경 홈 바이트	T05
외경 나사 바이트	T07

③ 프로그램

```
N10   G28  U0.0     W0.0 ;
N20   G50  X150.0   Z150.0   S1500   T0100 ;
N30   G96  S130     M03 ;
N40   G00           X62.0    Z0.1    T0101   M08 ;
N50   G01  X-2.0    F0.2 ;
N60   G00  X62.0    Z2.0 ;
N70   G71  U2.0     R0.5 ;
N80   G71  P90      Q200     U0.2    W0.1 ;
N90   G00  G42      X17.0 ;
N100  G01  X25.0    Z-2.0 ;
N110       Z-25.0 ;
N120       X27.0 ;
N130       X30.0    W-1.5
N140       Z-50.0 ;
N150       X40.0 ;
N160       X50.0    Z-60.0 ;
N170       Z-78.0 ;
N180  G02  X54.0    Z-80.0   R2.0 ;
N190  G01  X58.0 ;
N200       Z-95.0 ;
N210  G00  G40      X150.0   Z150.0  T0100   M09 ;
N220  M01 ;
N230  G50                    S1800   T0300 ;
N240  G96  S160     M03 ;
N250  G00  X27.0    Z0.0     T0303   M08 ;
N260  G01  X-2.0    F0.1 ;
N270  G00  X60.0    Z2.0 ;
N280  G70  P90      Q200     F0.1 ;
N290  G00  G40      X150.0   Z150.0  T0300   M09 ;
N300  M01 ;
N310  T0500 ;
N320  G97  S500     M03 ;
N330  G00  X42.0    Z-50.0   T0505   M08 ;
N340  G01  X25.0    F0.07 ;
N350  G04  P1500 ;
N360  G00  X42.0 ;
N370       W2.0 ;   ………… 바이트의 폭이 3mm이므로 두 번 가공
```

```
N380  G01  X25.0 ;
N390  G04  P1500 ;
N400  G00  X42.0 ;
N410       Z-25.0 ;
N420       X32.0 ;
N430  G01  X20.0 ;
N440  G04  P1500 ;
N450  G00  X32.0 ;
N460       X150.0   Z150.0   T0500  M09 ;
N470  M01 ;
N480  T0700 ;
N490  G97  S500     M03 ;
N500  G00  X27.0    Z2.0     T0707  M08 ;
N510  G76  P020060  Q50      R30 ;
N520  G76  X22.62   Z-24.0   P1190  Q350  F2.0 ;
N530  G00  X32.0    Z-23.0 ;
N540  G76  P020060  Q50      R30 ;
N550  G76  X28.22   Z-52.0   P890   Q350  F1.5 ;
N560  G00  X150.0   Z150.0   T0700  M09 ;
N570  M05 ;
N580  M02 ;
```

(2) 다음 도면을 CNC 선반으로 가공하기 위한 공정도와 공구를 선정한 후 프로그램 하시오. (소재 ϕ60×100L)

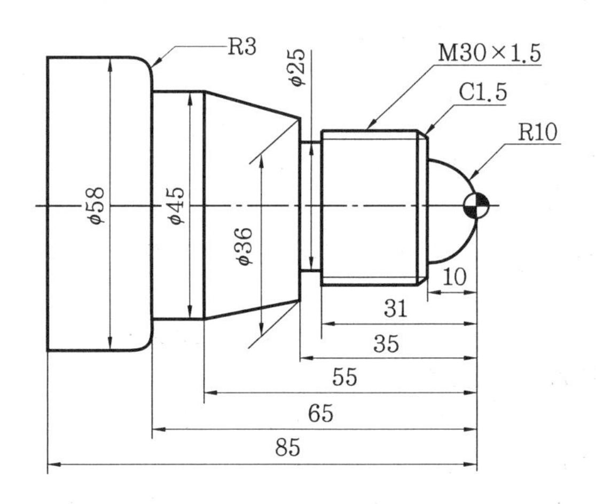

① 공정도

외경 황삭가공 → 외경 정삭가공 → 외경 홈가공 → 외경 나사가공

② 공구 선정

공 구	공구번호
외경 황삭 바이트	T01
외경 정삭 바이트	T03
외경 홈 바이트	T05
외경 나사 바이트	T07

③ 프로그램

```
      G28  U0.0    W0.0 ;
      G50  X150.0  Z150.0   S1500   T0100 ;
      G96  S130    M03 ;
      G00  X62.0   Z0.1     T0101   M08 ;
      G01  X-2.0   F0.2 ;
      G00  X62.0   Z2.0 ;
      G71  U2.0    R0.5 ;
      G71  P10     Q100     U0.2    W0.1    F0.2 ;
N10   G00  G42     X0.0 ;
      G01  Z0.0 ;
      G03  X20.0   Z-10.0   R10.0 ;
      G01  X27.0 ;
           X30.0   W-1.5 ;
           Z-35.0 ;
           X36.0 ;
           X45.0   Z-55.0 ;
           Z-65.0 ;
           X52.0 ;
      G03  X58.0   W-3.0    R3.0 ;
N100  G01  Z-85.0 ;
      G00  G40     X150.0   Z150.0  T0100   M09 ;
      M01 ;
      G50                   S1800   T0300 ;
      G96  S160    M03 ;
      G00  X60.0   Z2.0     T0303   M08 ;
      G70  P10     Q100     F0.1 ;
      G00  G40     X150.0   Z150.0  T0300   M09 ;
```

```
M01 ;
T0500 ;
G97   S500      M03 ;
G00   X38.0     Z-35.0   T0505   M08 ;
G01   X25.0     F0.07 ;
G04   P1500 ;
G00   X40.0 ;
      X150.0    Z150.0   T0500   M09 ;
M01 ;
T0700 ;
G97   S500      M03 ;
G00   X32.0     Z-8.0    T0707   M08 ;
G76   P020060   Q50      R50 ;
G76   X28.22    Z-33.0   P890    Q350   F1.5 ;
G50   X150.0    Z150.0   T0700   M09 ;
M05 ;
M02 ;
```

3-2 내·외경 가공

(1) 다음 도면을 CNC 선반으로 가공하기 위한 공정도와 공구를 선정한 후 프로그램 하시오.

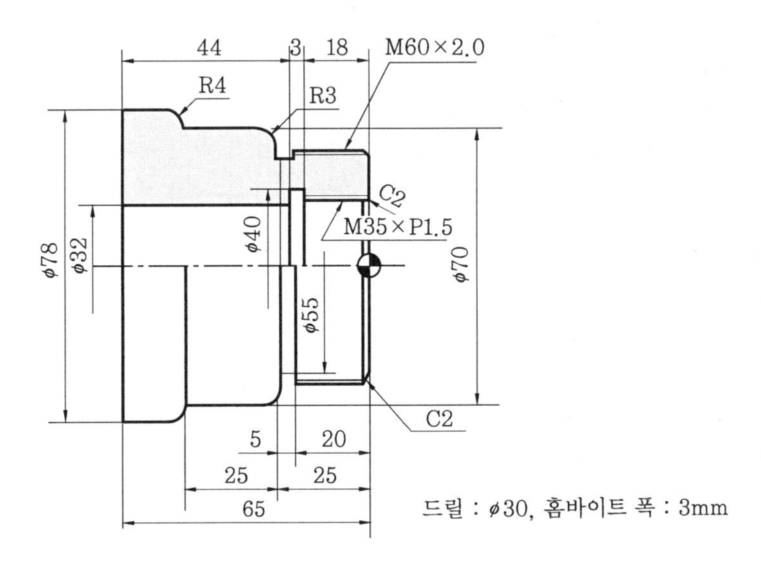

① 공정도

드릴링 → 외경 황삭가공 → 외경 정삭가공 → 외경 홈가공 → 외경 나사가공 → 내경 황삭가공 → 내경 정삭가공 → 내경 홈가공 → 내경 나사가공

② 공구 선정

공 구	공구번호
드릴링(ϕ30)	T10
외경 황삭가공	T01
외경 정삭가공	T03
외경 홈가공	T05
외경 나사가공	T07
내경 황삭가공	T02
내경 정삭가공	T04
내경 홈가공	T06
내경 나사가공	T08

③ 프로그램

(가) 드릴링

```
G28  U0.0     W0.0 ;
G50  X150.0   Z150.0  T1000 ;
G97  S450     M03 ;
G00  X0.0     Z5.0    T1010  M08 ;
G74  R1.0 ;
G74  Z-70.0   Q3000   F0.07 ;
G00  X150.0   Z150.0  T1000  M09 ;
M01 ;
```

(나) 외경 황삭가공

```
G50                 S1500  T0100 ;
G96  S140    M03 ;
G00  X82.0   Z0.1   T0101  M08 ;
G01  X28.0   F0.2 ;
G00  X82.0   Z2.0 ;
G71  U2.0    R0.5 ;
```

```
      G71   P10    Q100    U0.2   W0.1   F0.2 ;
N10   G00   X52.0 ;
      G01   X60.0  Z-2.0 ;
            Z-25.0 ;
            X64.0 ;
      G03   X70.0  W-3.0   R3.0 ;
      G01   Z-50.0 ;
      G03   X78.0  W-4.0   R4.0 ;
N100  G01   Z-65.0 ;
      G00   X150.0 Z150.0  T0100  M09 ;
      M01 ;
```

(다) 외경 정삭가공

```
G50                  S1800   T0300 ;
G96   S160    M03 ;
G00   X62.0   Z0.0    T0303   M08 ;
G01   X28.0   F0.1 ;
G00   X80.0   Z2.0 ;
G70   P10     Q100    F0.1 ;
G00   X150.0  Z150.0  T0300   M09 ;
M01 ;
```

(라) 외경 홈가공

```
T0500 ;
G97   S500    M03 ;
G00   X70.0   Z-25.0   T0505   M08 ;
G01   X55.0   F0.07 ;
G04   P1500 ;
G01   X60.0   F0.3 ;
      W2.0 ;
      X55.0   F0.07 ;
G04   P1500 ;
G00   X65.0 ;
      X150.0  Z150.0   T0500   M09 ;
M01 ;
```

(마) 외경 나사가공

```
T0700 ;
G97   S500     M03 ;
```

```
G00  X62.0    Z2.0     T0707  M08 ;
G76  P020060                  Q50    R50 ;
G76  X57.62   Z-22.0   P1190  Q350   F2.0 ;
G00  X150.0   Z150.0   T0700  M09 ;
M01 ;
```

(바) 내경 황삭가공

```
G50  X150.0  Z150.0  S1500  T0200 ;
G96  S140    M03 ;
G00  X33.0   Z2.0    T0202  M08 ;
G01  Z-20.9  F0.2 ;
     X31.9 ;
     Z-65.0 ;
G00  U-1.0 ;
     Z5.0 ;
     X150.0  Z150.0  T0200  M09 ;
M01 ;
```

(사) 내경 정삭가공

```
G50  X150.0  Z150.0  S1800  T0400 ;
G96  S160    M03 ;
G00  X41.22  Z2.0    T0404  M08 ;
G01  X33.22  Z-2.0   F0.1 ;
     Z-21.0 ;
     X32.0 ;
     Z-65.0 ;
G00  U-1.0 ;
     Z5.0 ;
     X150.0  Z150.0  T6400  M09 ;
M01 ;
```

(아) 내경 홈가공

```
T0600 ;
G97  S500    M03 ;
G00  X32.0   Z2.0    T0606  M08 ;
     Z-21.0 ;
G01  X40.0   F0.07 ;
G04  P1500 ;
```

```
G00  X30.0 ;
     Z5.0 ;
     X150.0  Z150.0  T0600  M09 ;
M01 ;
```

(재) 내경 나사가공

```
T0800 ;
G97  S500     M03 ;
G00  X31.0    Z2.0     T0808  M08 ;
G76  P010060                  Q50    R30 ;
G76  X35.0    Z-20.0   P890   Q350   F1.5 ;
G00  X150.0   Z150.0   T0800  M09 ;
M05 ;
M02 ;
```

일반적으로 드릴링의 경우에는 프로그램을 짧게 하기 위하여 통상 G74 코드를 사용하는데 많은 수량을 작업할 때는 드릴링은 범용선반에서 먼저 하는 것이 작업이 빠르고, 또한 CNC 선반에서 가공하는 오퍼레이터가 긴 공구가 공구대에 부착되어 있음으로써 야기되는 심리적 부담을 줄일 수 있다.

가공 시 외경 나사는 나사산의 높이를 기준으로 하여 가공하지만, 내경 나사는 나사골의 높이를 기준으로 가공함에 유의하여야 한다. 그리고 각 공정이 끝날 때마다 보조기능 M01을 넣는 이유는 프로그래머가 프로그램을 한 후 일반적으로 가공의 상태를 확인할 때 선택적 프로그램 정지(optional stop)기능을 ON한 후 각 공정과 공정 사이에 넣어서 사용하기 위해서이다. 그리고 시험가공이 끝나고 실제로 가공을 할 경우에는 M01을 삭제하거나, 선택적 프로그램 정지기능을 OFF한 후 가공하면 된다.

(2) 다음 도면을 CNC 선반으로 가공하기 위한 공정도와 공구를 선정한 후 프로그램 하시오.

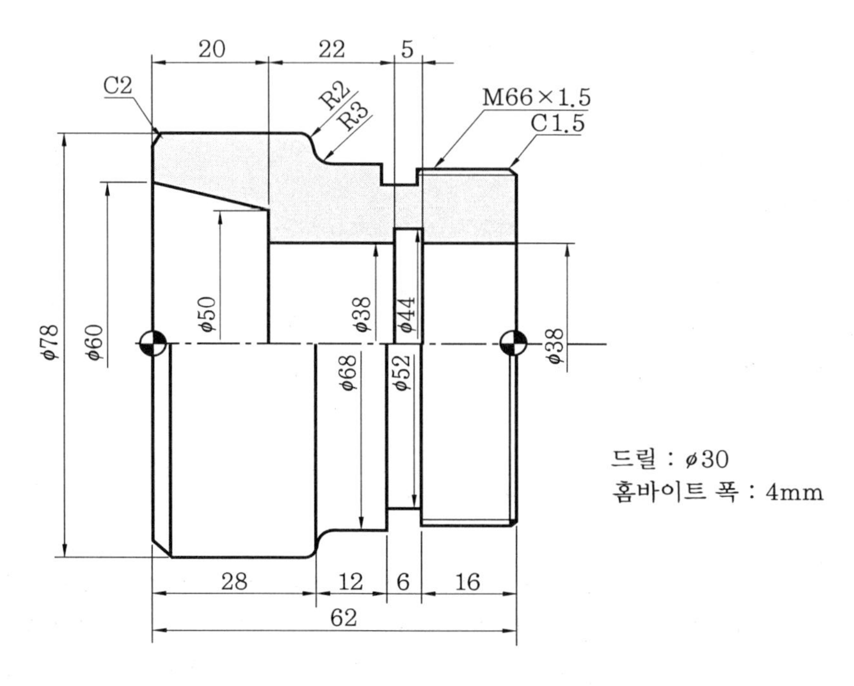

① 공정도

위의 도면은 돌려 물리기를 해야 가공이 가능하므로 공정을 제1공정과 제2공정으로 나누어 가공해야 한다.

(가) 제1공정 : 드릴링 → 외경 황삭가공 → 외경 정삭가공 → 내경 황삭가공 → 내경 정삭가공 → 내경 홈가공

(나) 제2공정 : 외경 황삭가공 → 외경 정삭가공 → 외경 홈가공 → 외경 나사가공

② 공구 선정

공 구	공구번호
드릴링(φ30)	T10
외경 황삭가공	T01
외경 정삭가공	T03
외경 홈가공	T05
외경 나사가공	T07
내경 황삭가공	T02
내경 정삭가공	T04
내경 홈가공	T06

③ 프로그램

(가) 드릴링

```
G28  U0.0     W0.0 ;
G50  X150.0   Z150.0  T1000 ;
G97  S400     M03 ;
G00  X0.0     Z5.0    T1010  M08 ;
G74  R1.0 ;
G74  Z-67.0   Q3000   F0.07 ;
G00  X150.0   Z150.0  T1000  M09 ;
M01 ;
```

(나) 외경 황삭가공

```
G50  X1500  T0100 ;
G96  S140   M03 ;
G00  G42    X82.0   Z0.1    T0101  M08 ;
G01  X28.0  F0.2 ;
G00  X78.2  Z2.0 ;
G01  Z-30.0 ;
G00  G40    X150.0  Z150.0  T0100  M09 ;
M01 ;
```

(다) 외경 정삭가공

```
G50  S1800  T0300 ;
G96  S160   M03 ;
G00  X80.0  Z0.0    T0303   M08 ;
G01  X28.0  F0.1 ;
G00  X70.0  Z2.0 ;
G01  X78.0  Z-2.0 ;
     Z-30.0 ;
G00  G40    X150.0  Z150.0  T0300  M09 ;
M01 ;
```

(라) 내경 황삭가공

```
G50  S1300  T0200 ;
G96  S120   M03 ;
G00  X25.0  Z2.0    T0202  M08 ;
G71  U2.0   R0.5 ;
G71  P10    Q100    U0.2   W0.1   F0.2 ;
```

```
N10   G41  G00   X60.0 ;
      G01  Z0.0 ;
           X50.0  Z-20.0 ;
           X38.0 ;
           Z-63.0 ;
           X25.0 ;
N100  G00  Z2.0 ;
      G00  G40   X150.0  Z150.0  T0200  M09 ;
      M01 ;
```

(마) 내경 정삭가공

```
G50                      S1500   T0400 ;
G96  S140    M03 ;
G00  X25.0   Z2.0        T0404   M08 ;
G70  P10     Q100        F0.1 ;
G00  G40     X150.0  Z150.0  T0400  M09 ;
M01;
```

(바) 내경 홈가공

```
T0600 ;
G97  S500    M03 ;
G00  X25.0   Z2.0    T0606   M08 ;
     Z-47.0 ;
G01  X44.0   F0.07 ;
G04  P1500 ;
G00  X28.0 ;
     Z2.0 ;
     X150.0  Z150.0  T0600   M09 ;
M05 ;
M02 ;
```

(사) 외경 황삭가공

```
G50  X150.0  Z150.0  S1500   T0100 ;
G96  S140    M03 ;
G00  X82.0   Z0.1    T0101   M08 ;
G01  X28.0   F0.2 ;
G00  X82.0   Z2.0 ;
G71  U2.0    R0.5 ;
```

```
      G71   P20   Q200   U0.2   W0.1   F0.2 ;
N20   G00   X59.0 ;
      G01   X66.0  Z-1.5 ;
            Z-22.0 ;
            X68.0 ;
            Z-31.0 ;
      G02   X74.0  W-3.0  R3.0 ;
N200  G03   X78.0  W-2.0  R2.0 ;
      G00   G40   X150.0  Z150.0  T0100  M09 ;
      M01 ;
```

(아) 외경 정삭가공

```
G50                  S1600  T0300 ;
G96  S150    M03 ;
G00  X70.0   Z0.0    T0303  M08 ;
G01  X36.0   F0.1 ;
G00  X70.0   Z2.0 ;
G70  P20     Q200    F0.1 ;
G00  G40     X150.0  Z150.0  T0300  M09 ;
M01 ;
```

(자) 외경 홈가공

```
T0500 ;
G97  S500    M03 ;
G00  X70.0   Z-22.0  T0505  M08 ;
G01  X52.0   F0.07 ;
G04  P1500 ;
G00  X70.0 ;
     W2.0 ;
G01  X52.0 ;
G04  P1500 ;
G00  X70.0 ;
     X150.0  Z150.0  T0500  M09 ;
M01 ;
```

(차) 외경 나사가공

```
T0700 ;
G97  S500      M03 ;
G00  X68.0     Z2.0     T0707  M08 ;
G76  P020060   Q50      R30 ;
G76  X64.22    Z-17.0   P890   Q350  F1.5 ;
G00  X150.0    Z150.0   T0700  M09 ;
M05 ;
M02 ;
```

제 3 장 머시닝 센터

1. 머시닝 센터

1-1 머시닝 센터의 특징

(1) 머시닝 센터

머시닝 센터(machining center)는 CNC 밀링에 자동 공구 교환장치(ATC : Automatic Tool Changer)와 자동 팰릿 교환장치(APC : Automatic Pallet Changer)를 부착한 기계를 말한다. 직선절삭은 물론 캠(cam)과 같은 입체절삭, 나선절삭, 드릴링(drilling), 보링(boring) 및 태핑(tapping) 등의 다양한 작업을 할 수 있다. 아래 그림은 수직형(vertical type) 및 수평형(horizontal type) 머시닝 센터와 가공 제품 및 가공 예를 나타내고 있다.

수직형 머시닝 센터

수평형 머시닝 센터

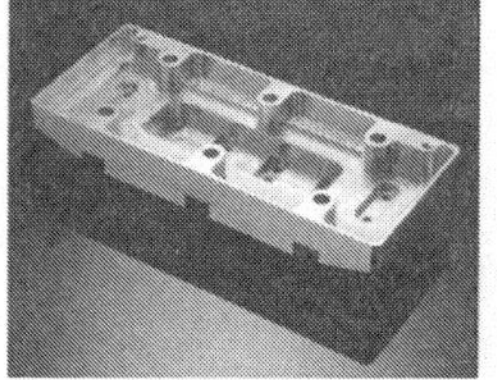

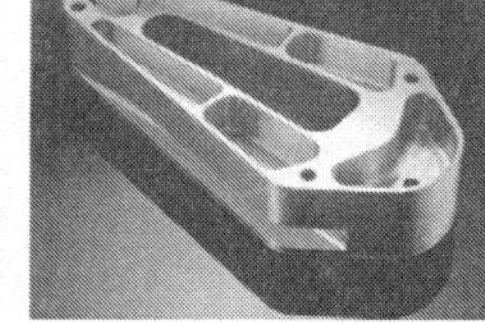

머시닝 센터 가공 제품

머시닝 센터 가공 예

(2) 머시닝 센터의 장점

머시닝 센터는 고장부위의 자가진단, 작업자의 조작 유도, 풍부한 동작 표시 및 신뢰성, 높은 안전기능 등을 바탕으로 설계되었다. 형상이 복잡하고 공정이 다양한 제품일수록 가공 효과가 크며 장점은 다음과 같다.

① 직선절삭, 드릴링, 태핑, 보링작업 등을 수동으로 공구 교환 없이 자동 공구 교환장치를 이용하여 연속적으로 가공을 하므로 공구 교환시간 단축으로 가공시간을 줄일 수 있다.
② 원호가공 등의 기능으로 엔드밀(end mill)을 사용하여도 치수별 보링작업을 할 수 있으므로 특수 치공구 제작이 불필요해 공구관리비를 절약할 수 있다.
③ 주축 회전수의 제어범위가 크고 무단변속을 할 수 있어 요구하는 회전수를 빠른 시간 내에 정확히 얻을 수 있다.
④ 한 사람이 여러 대의 기계를 가동할 수 있기 때문에 인건비를 절감할 수 있다.

1-2 머시닝 센터의 구조

(1) 자동 공구 교환장치(ATC)

자동 공구 교환장치는 공구를 교환하는 ATC 암(arm)과 공구가 격납되어 있는 공구 매거진(magazine)으로 구성되어 있다.

매거진의 공구를 호출하는 방식으로는 순차방식(sequence type)과 랜덤방식(random type)이 있다. 순차방식은 매거진의 포트번호와 공구번호가 일치하는 방식이다. 랜덤방식은 지정한 공구번호와 교환된 공구번호를 기억할 수 있도록 하여 매거진의 공구와 스핀들(spindle)의 공구가 동시에 맞교환되므로 매거진 포트번호에 있는 공구와 사용자가 지정한 공구번호가 다를 수 있다. 다음 그림은 자동 공구 교환장치를 나타내고 있다.

자동 공구 교환장치

(2) 공구 매거진

매거진의 구조는 드럼(drum)형과 체인(chain)형이 일반적이다. 또한 매거진의 공구 선택 방식에는 매거진 내의 배열 순으로 공구를 주축에 장착하는 순차(sequence)방식과 배열 순과는 관계없이 매거진 포트번호 또는 공구번호를 지령하는 것에 의해 임의로 공구를 주축에 장착하는 랜덤(random)방식이 있는데, 랜덤방식이 일반적으로 많이 쓰인다. 그림은 수직형 머시닝 센터의 공구 매거진이다.

공구 매거진

(3) 자동 팰릿 교환장치(APC)

자동 팰릿 교환장치는 테이블을 자동으로 교환하는 장치로 기계 정지시간을 단축하기 위한 장치이다.

팰릿 교환은 새들(saddle)방식에 의한 것이 일반적이며, 테이블을 파트 1과 파트 2로 구분하여 파트 1 위에 있는 가공물을 가공하고 있는 동안 파트 2의 테이블 위에 다음 가공물을 장착할 수 있다. 그림은 자동 팰릿 교환장치이다.

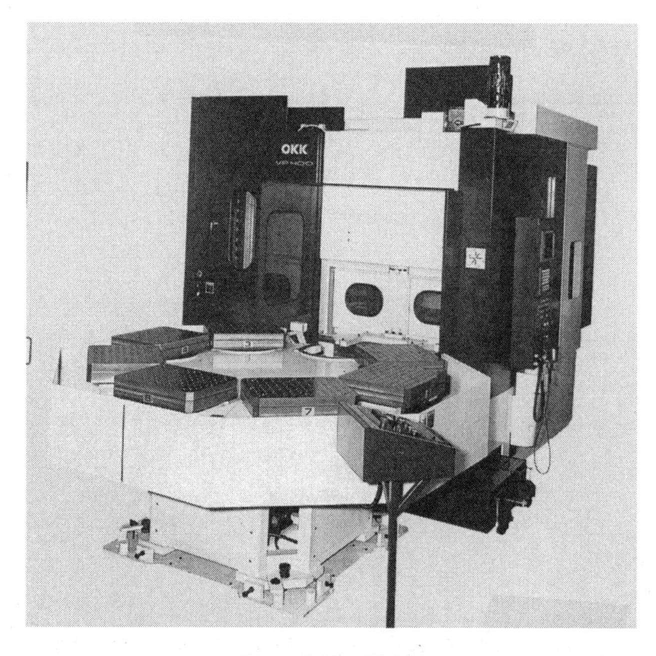

자동 팰릿 교환장치

(4) 기타 구조

주축대와 테이블을 지지하는 새들이 부착되어 있는 베이스와 칼럼이 있으며, T홈이 가공되어 있어 바이스 및 각종 고정구를 이용하여 가공물을 고정하는 테이블과 서보 기구의 구동에 의하여 테이블을 이송하는 이송기구 등이 있다.

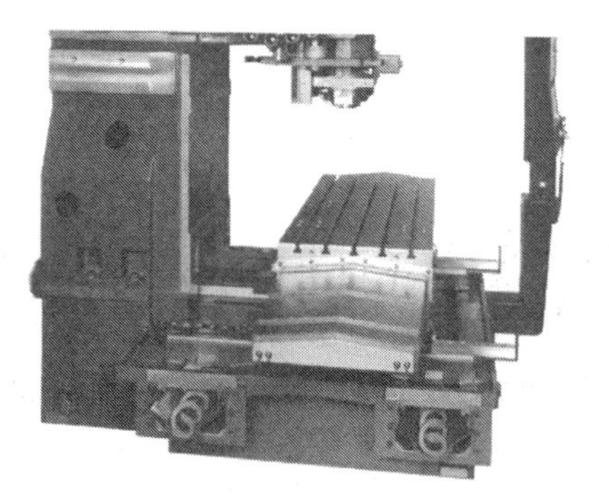

베이스 및 이송기구의 구조

2. 머시닝 센터의 절삭조건

2-1 공구 선정

머시닝 센터에 사용되는 공구는 작업의 종류에 따라 페이스 커터(face cutter), 엔드밀(end mill), 드릴(drill), 카운터 싱크(counter sink), 카운터 보어(counter bore), 탭(tap) 등의 다양한 공구가 사용된다.

(1) 페이스 커터

그림과 같이 페이스 커터는 넓은 평면을 가공하는 밀링 커터로 가공물의 재질과 작업의 유형에 적합한 커터의 지름, 경사각 및 리드각 등을 고려하여 선택하여야 한다.

커터의 지름은 사용하는 기계의 동력을 고려하여 선정하여야 한다. 일반적으로 소형기계의 경우 지름이 작은 커터로 가공물의 폭을 조금씩 반복 가공하는 것이 좋다. 너무 큰 대형 커터를 사용하면 떨림의 원인이 되며, 동력이 부족하여 절입조건을 경제적으로 할 수 없다. 커터 지름은 그림에서와 같이 가공물 폭의 1.6~2배로 선정하며 최소한 1.3배 이상 되어야 한다.

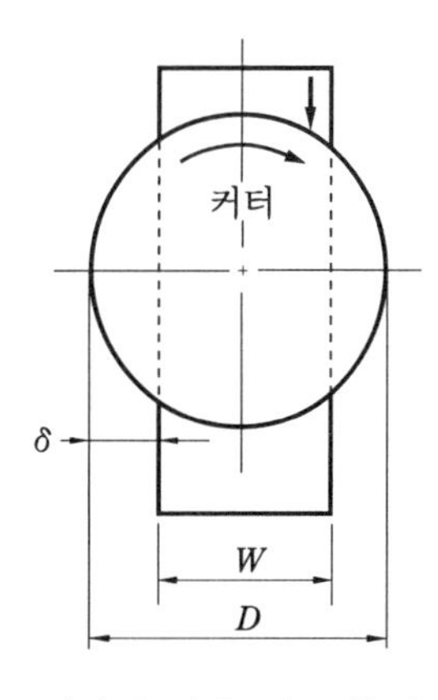

커터의 지름 및 돌출량

$$D \fallingdotseq (1.6 \sim 2) \times W (D \geq 1.3 \times W)$$

여기서, D : 커터의 지름(mm)

W : 가공물의 폭(mm)

δ : 커터의 돌출량

그리고 커터의 돌출량은 $\frac{1}{4} \sim \frac{1}{3}$ 정도가 적당하다.

페이스 커터

(2) 엔드밀

경제적이며 효율적인 엔드밀(end mill) 가공을 하기 위해서는 피삭재의 형상, 가공능률, 가공정도 등을 고려하여 적당한 엔드밀을 선택하여 사용하여야 한다. 여기에는 엔드밀의 지름, 날수, 날길이, 비틀림각, 재질 등이 중요한 요소로 고려되어야 한다.

또한 날수는 엔드밀의 성능을 좌우하는 중요한 요인인데, 2날은 칩 포켓이 커서 칩 배출은 양호하나 공구의 단면적이 좁아 강성이 저하되어 주로 홈 절삭에 사용하고, 4날은 칩 포켓이 작아 칩 배출 능력은 적으나 공구의 단면적이 넓어 강성이 보강되므로 주로 측면절삭 및 다듬절삭에 사용한다.

엔드밀의 돌출길이는 엔드밀의 강성에 직접적인 영향을 미치므로 필요 이상으로 길게 돌출시키지 않아야 한다.

다음 그림은 엔드밀의 종류를 나타내고 있다.

각종 엔드밀

2-2 절삭조건 선정

(1) 절삭속도

절삭속도(V)는 공구와 공작물 사이의 최대 상대속도를 말하며, 단위는 m/min 또는 ft/min을 사용한다. 절삭속도는 공구 수명에 중대한 영향을 끼치며 가공면의 거칠기, 절삭률 등과 관계가 있는 절삭의 기본적 변수이다. 다음 그림은 머시닝 센터에서 절삭조건을 나타내었다.

$$V=\frac{\pi DN}{1000} \text{ 또는 } N=\frac{1000V}{\pi D}$$

여기서, V : 절삭속도(m/min), D : 커터의 지름(mm), N : 회전수(rpm)

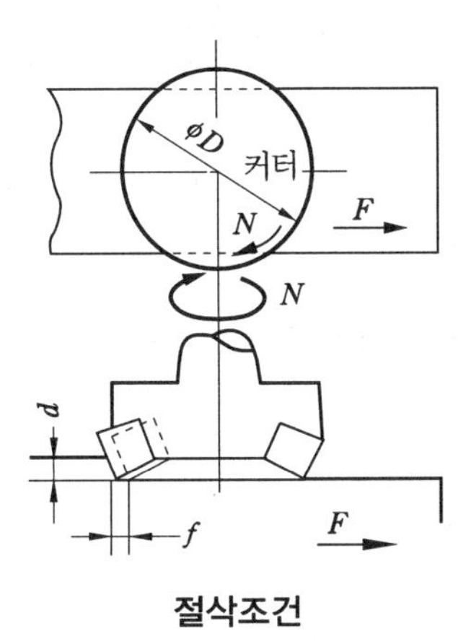

절삭조건

[예제] 머시닝 센터에서 ϕ 20인 엔드밀로 SM45C를 가공하고자 할 때 주축의 회전수는 얼마인가? (단, 절삭속도는 100m/min이다.)

해설 $N=\frac{1000V}{\pi D}=\frac{1000\times 100}{3.14\times 20}=1590$

(2) 이송속도

이송속도 F는 절삭 중 공구와 공작물 사이의 상대 운동 크기를 말한다. 머시닝 센터에 대한 이송속도는 잇날 한 개당 이송량에 의해 결정되며, 보통 분당 이송거리(mm/min)로 표시된다.

$$F=f_z \cdot Z \cdot N$$

여기서, F : 테이블 이송(mm/min), Z : 날수
f_z : 날당 이송(mm/tooth), N : 회전수(rpm)

만약 절삭조건표에서 이송속도가 매 회전당 이송거리(mm/rev)로 주어질 경우 이를 다음과 같이 분당 이송거리(mm/min)로 환산하여야 한다.

① 드릴, 리머 카운터 싱크의 경우

F[mm/min]$=N$[rpm]$\times f$[mm/rev]

② 밀링 커터의 경우

F[mm/min]$=N$[rpm]$\times$커터의 날수$\times f$[mm/tooth]

③ 태핑 및 나사절삭의 경우

F[mm/min]$=N$[rpm]$\times$나사의 피치

[예제] 머시닝 센터에서 2날 ϕ20 엔드밀로 가공할 때 분당 이송량은 얼마인가? (단, 절삭속도는 120m/min, 회전수는 2000rpm, 날당 이송은 0.08mm/tooth)

해설 $F=f_z\times Z\times N=0.08\times 2\times 2000=320$mm/min

[예제] M10×1.5 탭가공을 하기 위한 이송속도는 얼마인가? (단, 회전수는 300rpm)

해설 $F=N\times$나사의 피치$=300\times 1.5=450$mm/min

(3) 각종 작업의 절삭조건

① 페이스 커터(face cutter)

페이스 커터는 주로 초경합금 공구를 사용하는데 가공물의 재료, 공구의 지름, 날의 개수 및 표면조도 등에 따라 절삭조건이 차이가 많이 난다.

다음 표는 일반적인 경우의 페이스 커터 절삭조건을 나타냈으며, 상세한 내용은 각 공구 제작회사에서 제공하는 절삭조건표 및 각 회사에서 사용하고 있는 머시닝 센터의 성능 및 가공조건에 따라 표준 데이터를 정하여 사용하고 있다.

페이스 커터 절삭조건

가공물 재료	절삭조건	
	절삭속도(m/min)	이송속도(mm/tooth)
탄소강	100~180	0.1~0.4
합금강	80~160	0.1~0.3
주철	50~120	0.1~0.3
구리, 알루미늄	150~400	0.1~0.5

② 엔드밀(end mill)

엔드밀은 고속도강, 코팅된 고속도강 및 초경합금을 일반적으로 많이 사용하며, 다음 표는 일반적인 엔드밀의 절삭조건이다.

엔드밀 절삭조건

가공물 재료 / 공구 재종	강		주 철	
	절삭속도 (m/min)	이송속도 (mm/rev)	절삭속도 (m/min)	이송속도 (mm/rev)
고속도강	20~28	0.08~0.2	18~35	0.1~0.25
초경합금	30~35	0.08~0.2	45~60	0.1~03

③ 드릴(drill)

드릴 가공 시에는 그림과 같이 드릴 끝점의 길이 h를 구해야만 구멍이 완전히 뚫어지는 정확한 가공을 할 수 있다. 길이(h)=드릴 지름(d)×k로 구할 수 있으며, k값은 표와 같다.

이 상수 k를 이용하여 드릴 끝점의 길이를 구할 수 있다.

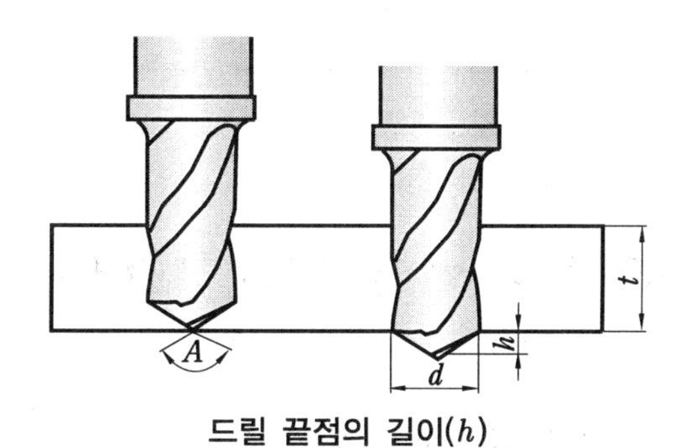

드릴 끝점의 길이(h)

드릴각에 대한 상수 k의 값

각도	k	비고
60	0.87	
90	0.50	
118	0.29	표준 드릴의 날끝각(118°)
125	0.26	
145	0.16	
150	0.13	

[예제] 지름 10mm인 표준 드릴의 드릴 끝점 길이는?

해설 h = 드릴 지름(d)×k = 10×0.29 = 2.9mm

그러나 일반적으로 실제 작업에서는 드릴 끝점의 길이보다 약간 길게 구멍을 뚫어야 하므로 표준 드릴의 경우 h를 드릴 지름의 $\frac{1}{3}$ 정도로 계산하여 사용한다. 다음 표는 드릴, 태핑(tapping)의 절삭조건표이다.

드릴, 태핑의 절삭조건표

공구 및 작업의 종류			강		주철		알루미늄	
	드릴 지름	재종	절삭속도 (m/min)	이송속도 (mm/rev)	절삭속도 (m/min)	이송속도 (mm/rev)	절삭속도 (m/min)	이송속도 (mm/rev)
드릴	5~10	HSS	25	0.1~0.2	22	0.2	30~45	0.1~0.2
		초경	50	0.15~0.25	42	0.2	50~80	0.25
	10~20	HSS	25	0.25	25	0.25	50	0.25
		초경	50	0.25	50	0.25	80~100	0.25
	20~50	HSS	25	0.3	25	0.3	50	0.25
		초경	50	0.3	50	0.3	80~100	0.3
태핑	일반 탭		8~12		8~12			
	테이퍼 탭		5~8		5~8			

3. 머시닝 센터 프로그래밍

3-1 프로그램 원점과 좌표계 설정

(1) 좌표축

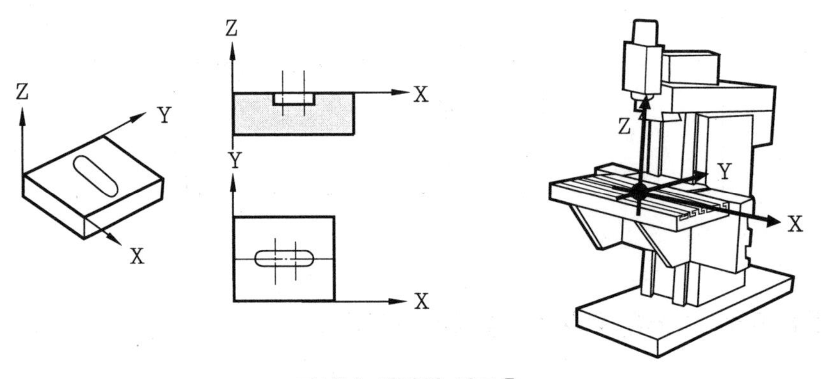

머시닝 센터의 좌표축

프로그래밍할 때 기계 좌표축과 운동기호가 다르면 프로그램 작성 시 혼잡하므로 실제로는 가공할 때 테이블과 주축이 움직이지만 공작물은 고정되어 있고 공구가 이동하여 가공하는 것처럼 프로그램한다.

또한 축의 구분은 주축방향이 Z축이고 여기에 직교한 축이 X축이며, 이 X축과 평면상에서 90° 도 회전된 축을 Y축이라고 한다. 그림은 머시닝 센터의 좌표축을 나타내고 있다.

(2) 프로그램 원점

가공물에 프로그램을 하기 위해서는 먼저 프로그램 원점을 설정해야 한다. 도면을 보고 프로그래머는 가공에 편리한 프로그램을 작성하기 위하여 도면상의 임의의 점을 프로그램 원점으로 지정하는데, 일반적으로 프로그램 원점은 프로그래밍 및 가공이 편리한 그림 (a)의 위치에 지정하지만, 도면에 따라 프로그램 원점이 그림 (b)와 같이 중앙에 위치하기도 한다.

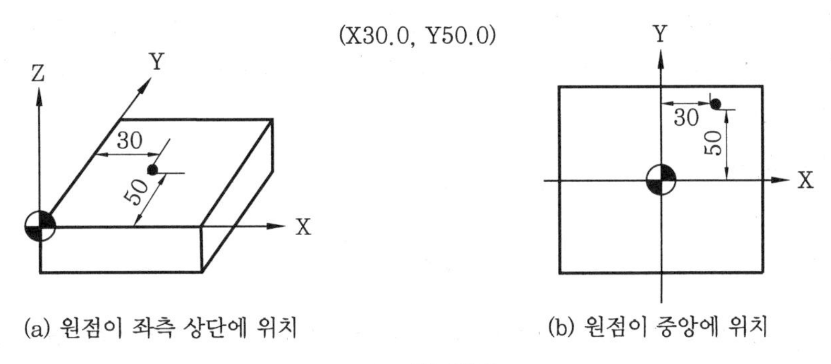

(a) 원점이 좌측 상단에 위치 (b) 원점이 중앙에 위치

프로그램 원점

(3) 절대좌표와 증분좌표

① 절대좌표지령

```
G90 X_ Y_ Z_ Z_ ;
```

프로그램 원점을 기준으로 현재 위치에 대한 좌표값을 절대량으로 나타내는 것으로 미리 설정된 좌표계 내에서 종점의 좌표위치를 지령하는 것이며 G90 코드로 지령한다.

② 증분좌표지령

```
G91 X_ Y_ Z_ ;
```

바로 전 위치를 기준으로 하여 현재의 위치에 대한 좌표값을 증분량으로 표시하는데, 부호는 시점을 기준으로 종점이 어느 방향인가에 따라 결정되며 G91 코드로 지령한다. 그림은 절대좌표지령과 증분좌표지령 방법을 보여주고 있다.

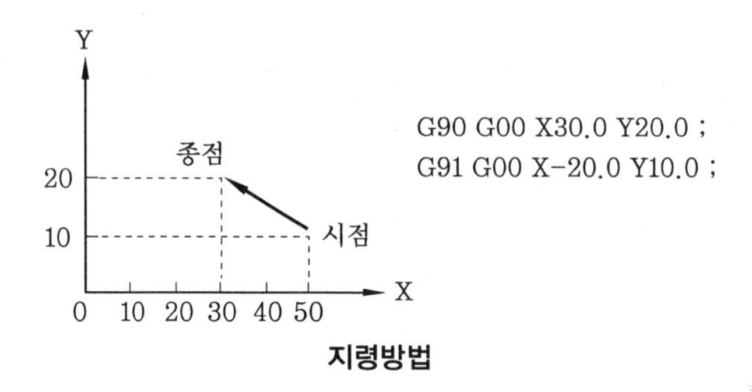

지령방법

(4) 원점복귀

① 자동원점복귀

$$G28 \begin{Bmatrix} G90 \\ G91 \end{Bmatrix} X\_ \quad Y\_ \quad Z\_ \ ;$$

자동이나 반자동(MDI) 모드에서 G28을 이용하여 X, Y, Z축을 기계원점까지 복귀시킨다. 일반적으로 많이 사용하는 지령방법은 G28 G91 X0.0 Y0.0 Z0.0 ; 인데 현재 위치에서 바로 원점복귀한다는 의미이다.

② 원점복귀 확인

$$G27 \begin{Bmatrix} G90 \\ G91 \end{Bmatrix} X\_ \quad Y\_ \quad Z\_ \ ;$$

원점으로 돌아가도록 작성된 프로그램이 정확하게 원점에 복귀했는지를 점검하는 기능으로 지령된 위치가 원점이 되면 원점복귀 램프(lamp)가 점등하고, 원점위치에 있지 않으면 알람이 발생한다.

③ 제2, 제3, 제4 원점복귀

$$G30 \begin{Bmatrix} G90 \\ G91 \end{Bmatrix} \begin{matrix} P_2 \\ P_3 \\ P_4 \end{matrix} \quad X\_ \quad Y\_ \quad Z\_ \ ;$$

P_2, P_3, P_4는 제2, 3, 4원점을 선택하며, P를 생략하면 제2원점을 선택하고, 제2, 3, 4 원점의 위치는 미리 파라미터로 설정하여 둔다.

이 지령은 일반적으로 자동 공구 교환위치가 기준점과 다를 때 사용한다. 이때 주축은 먼저 제1원점으로 복귀한 후에 G30 지령으로 제2원점에 복귀하여 공구를 교환하여야 한다. 만일 이 순서를 지키지 않고 공구 교환을 수행할 경우에는 주축대와 자동 공구 교환장치가 충돌할 위험이 있으므로 주의하여야 한다.

지령방법은 G30 G91 Z100.0 ; 은 증분값으로 Z100.0인 위치를 경유하여 Z축만 제2원점으로 복귀하는데, 일반적으로 공구 교환위치로 보낼 때 사용한다.

(5) 좌표계

공구가 도달하는 위치를 CNC에 알려줌으로써 CNC는 공구를 지정된 위치로 이동시킨다. 그 도달하는 위치를 좌표계에서 좌표값으로 지령하는데 종류로는 기계좌표계, 공작물좌표계, 지역(local)좌표계가 있다.

① 기계좌표계

```
G90 G53 X_ Y_ Z_ ;
```

기계 고유의 위치나 공구 교환위치로 이동하고자 할 때 사용하며, 절대지령에서만 유효하며 G53은 지령한 블록에서만 유효하다. 또한 기계좌표는 전원을 공급한 후 원점복귀를 하여야 인식되므로 원점복귀 완료 후 지령하여야 한다.

② 공작물좌표계

가공물을 프로그램할 때는 먼저 부품도면을 보고 가공이 편리하고 프로그램이 용이한 가공물상의 임의의 한 점을 프로그램 원점으로 지정한다. 이 프로그램 원점에서 형성된 좌표계를 공작물좌표계라 하며 공작물의 가공을 위해 사용하는 좌표계를 말한다.

(가) G92를 이용한 방법

```
G92 G90 X_ Y_ Z_ ;
```

프로그램 작성 시 공작물 원점으로 지정한 점을 기준점으로 설정하여 기계 원점까지의 거리를 G92로 지령한다.

다음 그림에서와 같이 현재의 공구 위치가 공작물 원점으로부터 X213.436 Y159.201 Z201.053인 지점에 떨어져 있을 경우의 프로그램은 G92 G90 X213.436 Y159.201 Z201.053 ; 이다. 그러나 위의 프로그램은 항상 기계를 원점복귀시키고 좌표계를 설정하여야 하므로 그림과 같이 주축 중심의 공구 끝점이 공작물좌표계 원점위치에서 떨어져 있는 거리를 측정하여 G92 G90 X70.0 Y100.0 Z30.0으로 지령하는 방법도 있다.

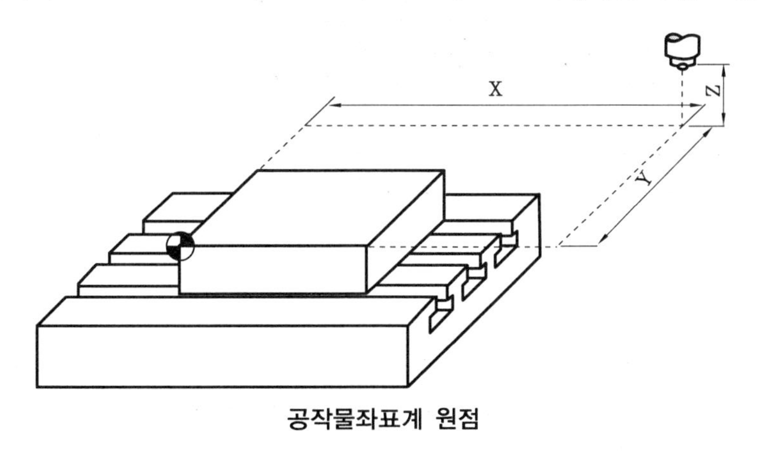

공작물좌표계 원점

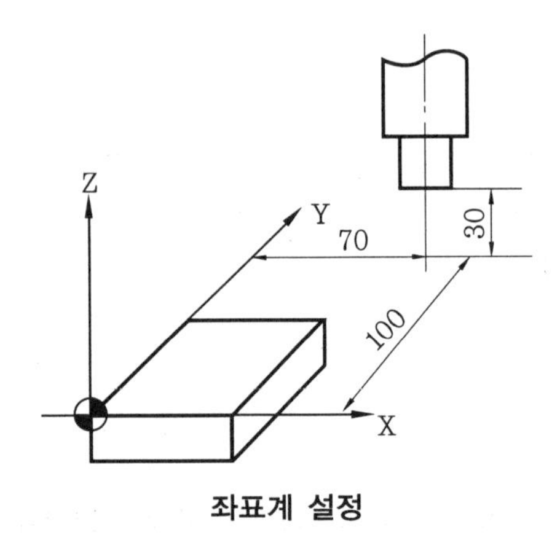

좌표계 설정

(나) G54~G59를 이용한 방법

```
              G54
G90            ~         X_  Y_  Z_ ;
              G59
```

미리 기계에 고유한 6개의 좌표계를 설정하고 그림과 같이 G54~G59 6개 좌표계 중 어느 한 개를 선택할 수 있으며 전원 투입 시에는 G54가 선택되어 있다.

이때 X___ Y___ Z___에 입력되는 수치는 기계 원점에서 공작물 원점까지의 거리이다. 예를 들어 G54 G90 G00 X0.0 Y0.0 Z200.0 ; 의 의미는 G54에 입력되어 있는 수치만큼 길이 보정하여 좌표계를 설정한 후 절대좌표 X0.0, Y0.0, Z200.0인 위치에 급속 위치결정하라는 의미로 생산현장에서 많이 사용한다.

다음 그림은 G54~G59를 이용한 좌표계 설정을 나타내었다.

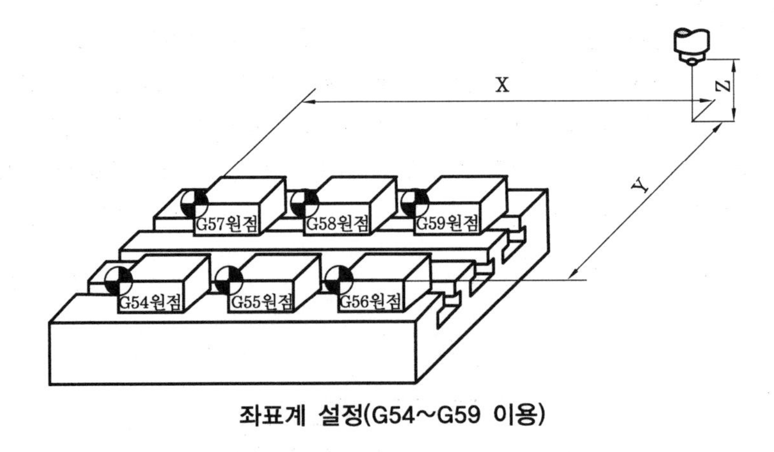

좌표계 설정(G54~G59 이용)

③ 지역좌표계

공작물좌표계를 설정하고 난 후 프로그램을 쉽게 하기 위하여 공작물좌표계 내에 지역좌표계를 추가로 설정하는 기능으로 로컬(local)좌표계라고 한다.

```
G52 G90 X__ Y__ Z__ ;
G52 X0.0 Y0.0 Z0.0 ; …… 지역좌표계 취소
```

3-2 프로그램의 구성

(1) 준비기능

머시닝 센터 프로그램에 사용되는 준비기능은 다음 표와 같으며, 일부 기능은 CNC 선반과 동일하게 사용된다.

준비기능

코 드	그 룹	기 능
G00	01	위치결정(급속이송)
G01		직선보간(절삭이송)
G02		원호보간(CW)
G03		원호보간(CCW)
G04	10	dwell(휴지)
G09		정위치 정지
G10		오프셋량, 공구 원점 오프셋량 설정
G17	02	XY 평면지점
G18		ZX 평면지점
G19		YZ 평면지점
G20	06	inch 입력
G21		metric 입력
G22	04	금지영역 설정 ON
G23		금지영역 설정 OFF
G27	00	원점복귀 체크
G28		자동 원점복귀
G29		원점으로부터 복귀
G30		제2원점 복귀
G31		skip 기능
G33	01	나사 절삭
G40	07	공구 지름 보정 취소
G41		공구 지름 보정 좌측
G42		공구 지름 보정 우측

G43	08	공구 길이 보정 +방향
G44		공구 길이 보정 -방향
G49		공구 길이 보정 취소
G45	00	공구 위치 오프셋 신장
G46		공구 위치 오프셋 축소
G47		공구 위치 오프셋 2배 신장
G48		공구 위치 오프셋 2배 축소
G54	12	공작물좌표계 1번 선택
G55		공작물좌표계 2번 선택
G56		공작물좌표계 3번 선택
G57		공작물좌표계 4번 선택
G58		공작물좌표계 5번 선택
G59		공작물좌표계 6번 선택
G60	00	한방향 위치결정
G61	13	정위치 정지 체크 모드
G64		연속절삭 모드
G65	00	user macro 단순호출
G66	14	user macro modal 호출
G67		user macro modal 호출 무시
G73	09	고속 펙 드릴링 사이클
G74		역 태핑 사이클
G76		정밀 보링 사이클
G80		고정 사이클 취소
G81		드릴링, 스폿 드릴링 사이클
G82		드릴링, 카운터 보링 사이클
G83		펙 드릴링 사이클
G84		태핑 사이클
G85		보링 사이클
G86		보링 사이클
G87		백 보링 사이클
G88		보링 사이클
G89		보링 사이클
G90	03	절대값 지령
G91		증분값 지령
G92	00	좌표계 설정

G94	05	분당 이송
G95		회전당 이송
G98	10	초기점에 복귀(고정 사이클)
G99		R점에 복귀(고정 사이클)

㈜ 1. G코드 일람표에 없는 G코드를 지령하면 알람 발생
2. G코드에서 그룹이 서로 다르면 몇 개라도 동일 블록에 지령할 수 있다.
3. 동일 그룹의 G코드를 동일 블록에 2개 이상 지령할 경우 뒤에 지령한 G코드가 유효하다.
4. G코드는 각각 그룹 번호별로 표시되어 있다.

(2) 보조기능

기계의 ON/OFF 제어에 사용하는 보조기능은 M 다음에 두 자리 숫자로 지령한다. 다음 표는 머시닝 센터에 주로 사용하는 보조기능을 나타내었다.

보조기능

코 드	기 능
M00	프로그램 정지
M01	옵셔널(optional) 정지
M02	프로그램 종료
M03	주축 시계방향 회전(CW)
M04	주축 반시계방향 회전(CCW)
M05	주축 정지
M06	공구 교환
M08	절삭유 ON
M09	절삭유 OFF
M19	공구 정위치 정지(spindle orientation)
M30	엔드 오브 테이프 & 리와인드(end of tape & rewind)
M48	주축 오버라이드(override) 취소 OFF
M49	주축 오버라이드(override) 취소 ON
M98	주 프로그램에서 보조 프로그램으로 변환
M99	보조 프로그램에서 주 프로그램으로 변환, 보조 프로그램의 종료

(3) 주축기능

주축의 회전속도를 지령하는 기능으로 S 다음에 4자리 숫자 이내로 주축회전(rpm)을 직접 지령하여야 한다.

또한 주축기능 지령 시 보조기능인 M03, M04를 함께 지령하여 주축의 회전방향을 지령하여야 한다. 예를 들어 S1300 M03 ; 은 주축 1300rpm으로 정회전하라는 의미이다.

(4) 이송기능

머시닝 센터의 이송은 일반적으로 분당 이송(G94)이나 전원을 공급할 때 G94를 설정하도

록 파라미터에 지정되어 있으므로 G94는 생략한다. 예를 들어 F200 ; 은 이송속도가 200mm/min인 것을 의미한다.

3-3 보간기능

(1) 위치결정

$$G00 \begin{Bmatrix} G90 \\ G91 \end{Bmatrix} X\_\ \ Y\_\ \ Z\_\ ;$$

공구를 현재 위치에서 지령한 종점 위치로 급속 이동시키는 기능으로 G00으로 지령하는데, 절대지령일 경우 절대좌표로 지정된 X, Y, Z 각 축의 위치로 공구가 급속으로 이동하며, 또한 증분지령인 경우에는 공구가 현재의 위치로부터 각 축으로 지령된 방향으로 이동량만큼 이동하여 위치결정을 하게 된다.

위치결정 방법으로는 다음 그림과 같이 직선 보간형 위치결정과 비직선 보간형 위치결정 방법이 있다.

① 직선 보간형 위치결정

공구의 경로는 각 축이 급송속도를 넘지 않으면서 최단시간에 직선으로 이동한다.

② 비직선 보간형 위치결정

공구는 각 축이 독립적으로 급송속도로 위치결정하기 때문에 공구의 경로는 통상 비직선으로 이동한다.

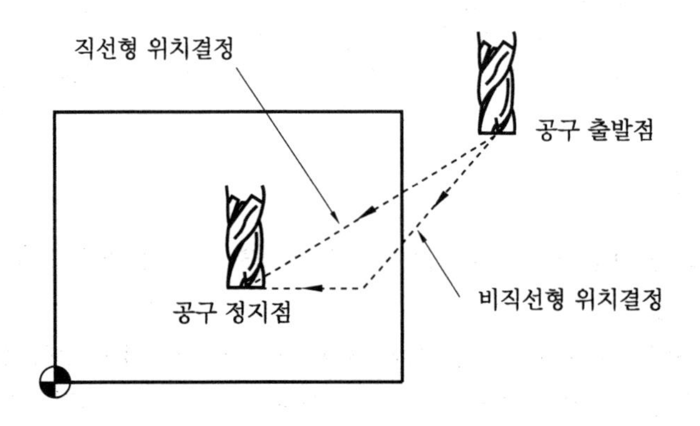

직선형 위치결정과 비직선형 위치결정

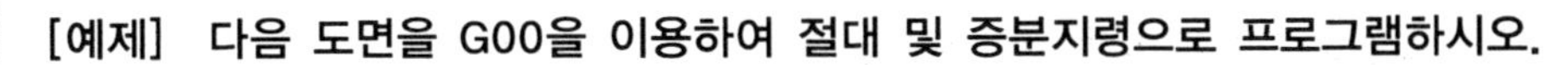

[예제] 다음 도면을 G00을 이용하여 절대 및 증분지령으로 프로그램하시오.

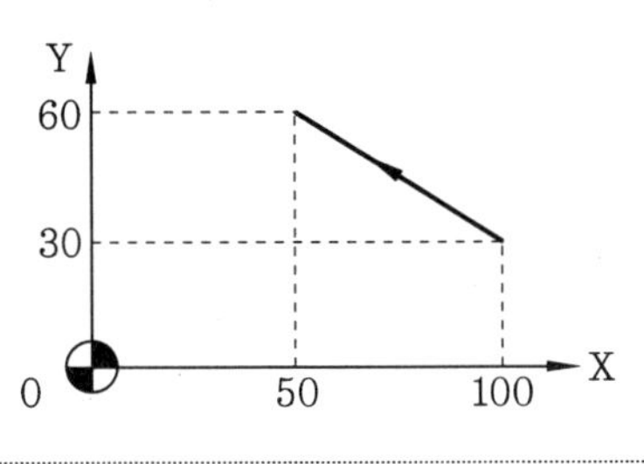

해설 절대지령 G90 G00 X50.0 Y60.0 ;
증분지령 G91 G00 X-50.0 Y30.0 ;

[예제] 다음 그림의 공구를 급속 위치결정할 때 절대 및 증분지령으로 프로그램하시오.

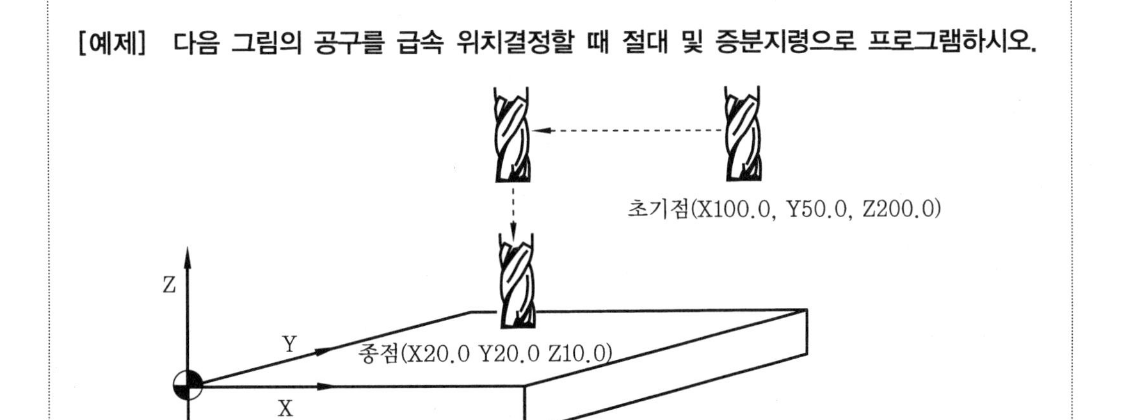

해설 절대지령 G90 G00 X20.0 Y20.0 ;
Z10.0 ;
증분지령 G91 G00 X-80.0 Y-30.0 ;
Z-190.0 ;

(2) 직선보간

G01 { G90 / G91 } X__ Y__ Z__ F__ ;

공구를 현재의 위치에서 지령 위치까지 직선으로 가공하는 기능으로 G01로 지령한다. 각 축의 어드레스로 공구가 움직이는 방향과 거리를 절대지령, 증분지령으로 F로 지정된 이송 속도에 따라 지령할 수 있다.

[예제] 다음 도면을 G01을 이용하여 절대, 증분지령으로 프로그램하시오.

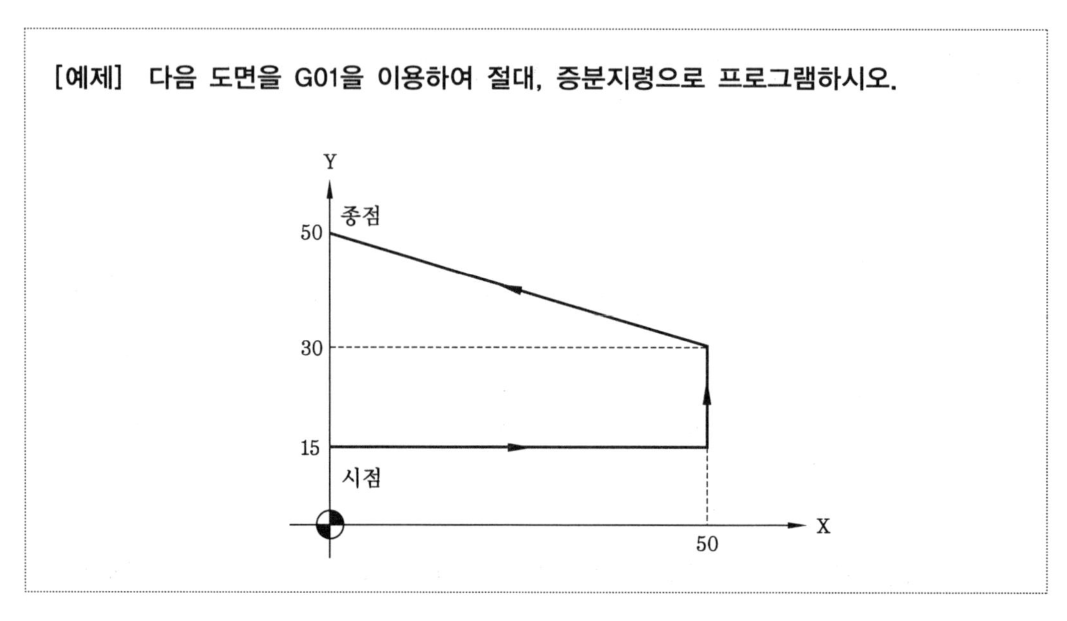

해설					
절대지령	G90	G01	X50.0	Y15.0	F100 ;
				Y30.0 ;	
				X0.0 Y50.0 ;	
증분지령	G91	G01	X50.0	Y0.0	F100 ;
				Y15.0 ;	
				X-50.0 Y20.0 ;	

(3) 원호보간

$$\text{XY평면의 원호}\quad G17 \begin{Bmatrix} G02 \\ G03 \end{Bmatrix} X\_\ \ Y\_ \begin{Bmatrix} R\_ \\ I\_\ \ J\_ \end{Bmatrix} F\_\ ;$$

$$\text{ZX평면의 원호}\quad G18 \begin{Bmatrix} G02 \\ G03 \end{Bmatrix} X\_\ \ Z\_ \begin{Bmatrix} R\_ \\ I\_\ \ K\_ \end{Bmatrix} F\_\ ;$$

$$\text{YZ평면의 원호}\quad G19 \begin{Bmatrix} G02 \\ G03 \end{Bmatrix} Y\_\ \ Z\_ \begin{Bmatrix} R\_ \\ J\_\ \ K\_ \end{Bmatrix} F\_\ ;$$

지령된 시점에서 종점까지 반지름 R의 크기로 원호가공을 지령한다. 원호의 회전방향에 따라 시계방향(CW : Clock Wise)일 때는 G02, 반시계방향(CCW : Counter Clock Wise)일 때는 G03으로 지령한다.

① 작업평면 선택(G17, G18, G19)

일반적인 도면은 G17 평면이며 전원 투입 시 기본적으로 설정되어 있으므로 지령하지 않아도 관계없지만, 원호가공면이 달라질 경우에는 작업평면 선택 지령을 하여야 한다. 그림은 원호보간의 방향을 나타내고 있다.

원호보간에서 작업평면 선택	
G17	X-Y 평면
G18	Z-X 평면
G19	Y-Z 평면

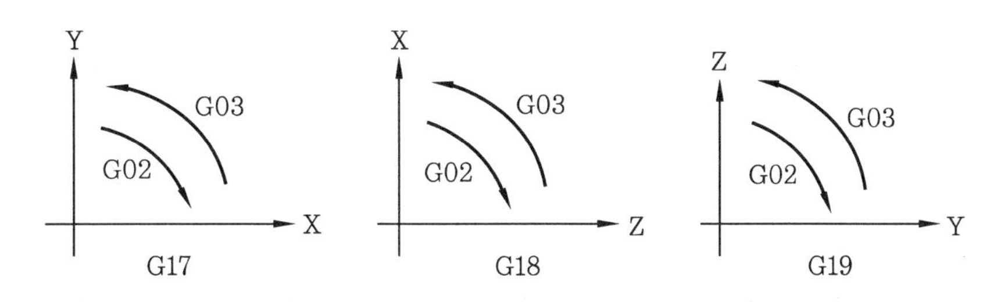

원호보간의 방향

② 원호보간 지령

원호의 종점은 X, Y, Z로 지령되는데 절대지령(G90)과 증분지령(G91)으로 할 수 있으며 증분지령의 경우에는 원호의 시점부터 종점까지의 좌표를 지령한다.

원호의 중심은 X, Y, Z축에 대응하며 어드레스 I, J, K로 지령되고, I, J, K 뒤의 수치는 원호시점부터 중심을 본 벡터성분으로 절대값 지령(G90), 증분값 지령(G91)에 관계없이 항상 증분치로 지령한다. 원호보간의 지령방법은 다음 그림과 같다.

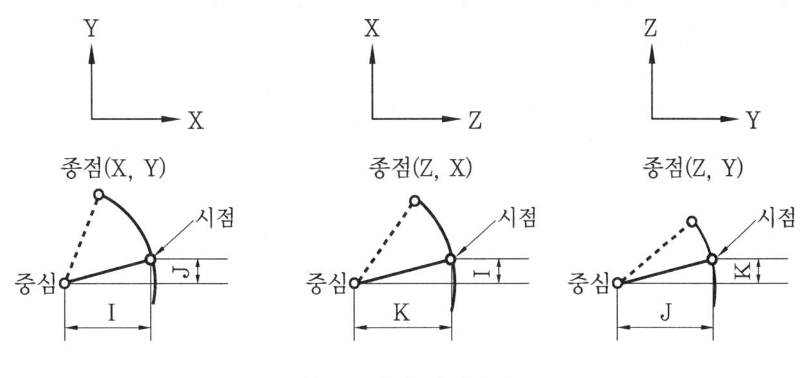

원호보간의 지령방법

또한, 원호의 중심을 I, J, K로 지령하는 대신에 그림과 같이 원호의 반지름 R로 지령할 수 있다. 이 경우 다음 그림과 같이 2개의 원호 중 180˚이하와 180˚이상의 원호를 지령할 때는 반지름은 음(−)의 값으로 지령한다. 그러므로 ①번 원호는 180˚ 이하이므로 R50.0으로 지령하고, ②번 원호는 원호가 180˚ 이상이므로 R−50.0으로 지령한다.

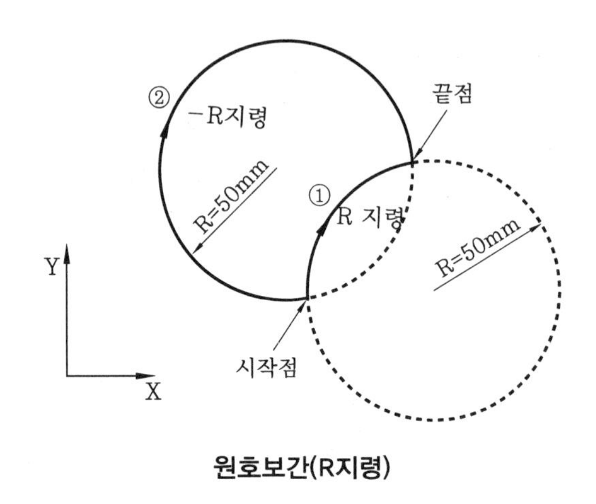

원호보간(R지령)

③ 360° 원호보간 지령

원호가공에서 종점의 좌표를 생략하면 공구의 현재위치를 종점으로 하는 360° 원호가공이 된다. 360° 원호가공의 경우에는 시작점과 종점의 위치가 같기 때문에 X, Y, Z의 종점 좌표는 생략한다.

```
G02 } I___ J___ F___ ;
G03 }
```

I : 원호 시작점에서 원호 중심까지 X방향의 거리
J : 원호 시작점에서 원호 중심까지 Y방향의 거리
F : 이송속도(mm/min)

[예제] 다음 도면을 A점을 시작점으로 하는 시계방향, B점을 시작점으로 하는 반시계 방향 프로그램을 하시오.

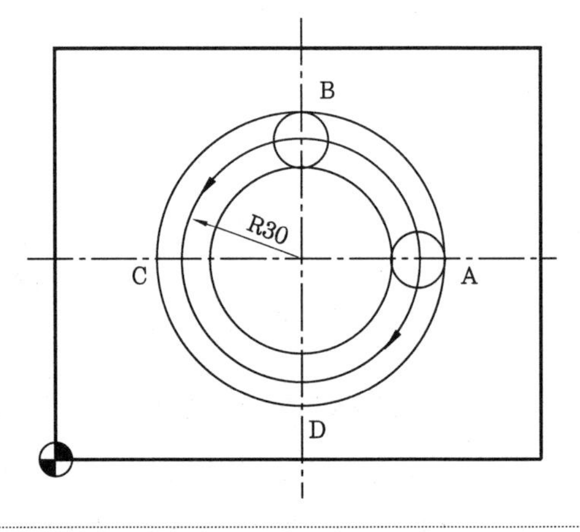

해설 A점 : G02 I−30.0 F100 ;
B점 : G03 J−30.0 F100 ;

그러나 이와 같이 엔드밀로 360° 원호가공을 하면 원호의 시작점과 종점이 같아 공구가 2번 가공되기 때문에 정밀한 원호가공이 어려우므로 보링(boring) 가공을 하는 것이 정밀한 가공을 할 수 있다.

[예제] 다음 도면을 프로그램 원점에서 화살표 방향으로 가공하여 A점에서 종료되는 프로그램을 하되 절대 및 증분지령으로 프로그램하시오.

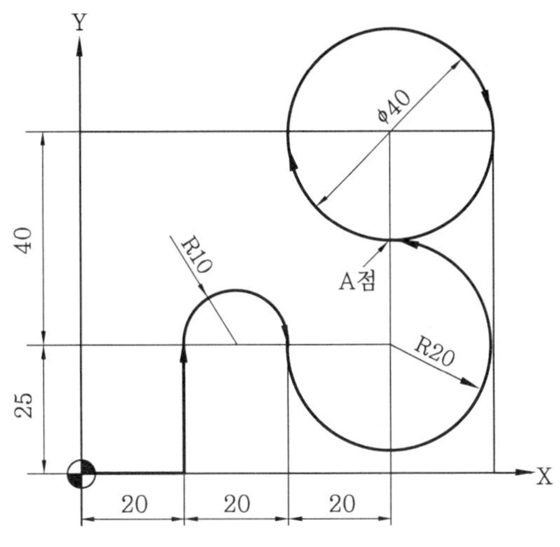

해설 (가) 절대지령

i) 원호 R지령

```
G90  G01  X20.0  F100 ;
          Y25.0 ;
G02  X40.0  R10.0 ;
G03  X60.0  Y45.0  R-20.0 ;
G02  J20.0 ;
```

ii) 원호 I, J지령

```
G90  G01  X20.0  F100 ;
          Y25.0 ;
G02  X40.0  I10.0 ;
G03  X60.0  Y45.0  I20.0 ;
G02  J20.0 ;
```

(나) 증분지령

i) 원호 R지령

```
G91  G01  X20.0  F100 ;
          Y25.0 ;
G02  X20.0  R10.0 ;
G03  X20.0  Y20.0  R20.0 ;
G02  J20.0 ;
```

ii) 원호 I, J지령

```
G91  G01  X20.0  F100 ;
          Y25.0 ;
G02  X20.0  I10.0 ;
G03  X20.0  Y20.0  I20.0 ;
G02  J20.0 ;
```

(4) 헬리컬 절삭

$$\begin{Bmatrix} G02 \\ G03 \end{Bmatrix} X\_\ Y\_\ \begin{Bmatrix} R\_\ I\_\ J\_ \end{Bmatrix} Z\_\ F\_\ ;$$

X : 원호가공 종점의 X축 좌표, Y : 원호가공 종점의 Y축 좌표
R : 원호의 반지름
I : 원호 시작점에서 원호 중심까지 X방향의 거리
J : 원호 시작점에서 원호 중심까지 Y방향의 거리
Z : 직선보간 종점의 Z축 좌표
F : 이송속도(mm/min), 통상 원호보간에 대해 적용된다.

$$\text{직선축의 이동속도} = F \times \frac{\text{직선축의 길이}}{\text{원호의 길이}}$$

원호절삭을 사용하는 평면 외에 그 평면과 수직인 축을 동시에 움직이게 하여 헬리컬(helical) 절삭을 수행할 수 있는 기능으로 원통 캠 가공과 나사절삭 가공에 많이 사용한다. 지령방법은 원호절삭의 지령에서 원호를 만드는 평면에 포함되지 않는 다른 한 축에 대한 이동지령을 한다.

다음 그림은 헬리컬 절삭을 나타내고 있다.

여기에서 직선으로 움직이는 축의 속도는 $F \times \frac{\text{직선축 길이}}{\text{원호의 길이}}$가 되며, F는 원호의 이송속도를 의미한다.

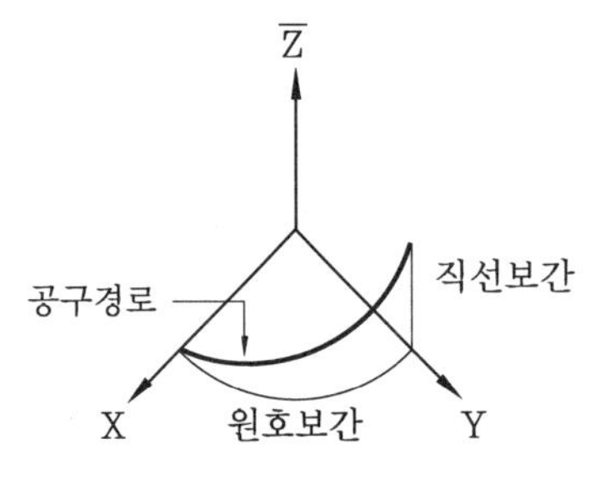

헬리컬 절삭

(5) 나사절삭

$$G33 \begin{Bmatrix} G90 \\ G91 \end{Bmatrix} Z\_\_\_\ F\_\_\_\ ;$$

여기서, Z : 나사길이(증분지령 시) 또는 나사종점 위치(절대지령 시)
F : 나사의 리드(mm 또는 inch)

나사절삭기능은 지정된 리드(lead)의 나사를 절삭하는 데 사용되며, 주축의 회전수 N은 다음과 같다.

$$1 \leqq N \leqq \frac{\text{이송속도}}{\text{나사의 리드}}$$

주축 회전수를 주축에 부착된 포지션 코더(position coder)로 읽어서 분당 절삭 이송속도로 변환되어 공구가 이송된다. 그림은 나사가공의 예를 나타낸 것이다.

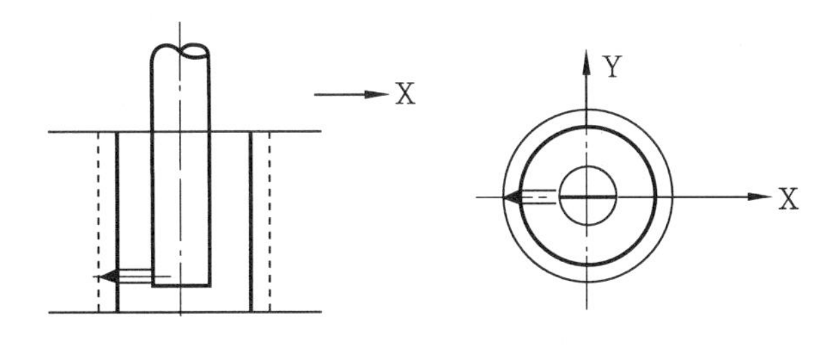

나사가공의 예

[예제] 다음 도면을 나사가공 데이터를 참고로 G33 기능을 이용하여 프로그램하시오.

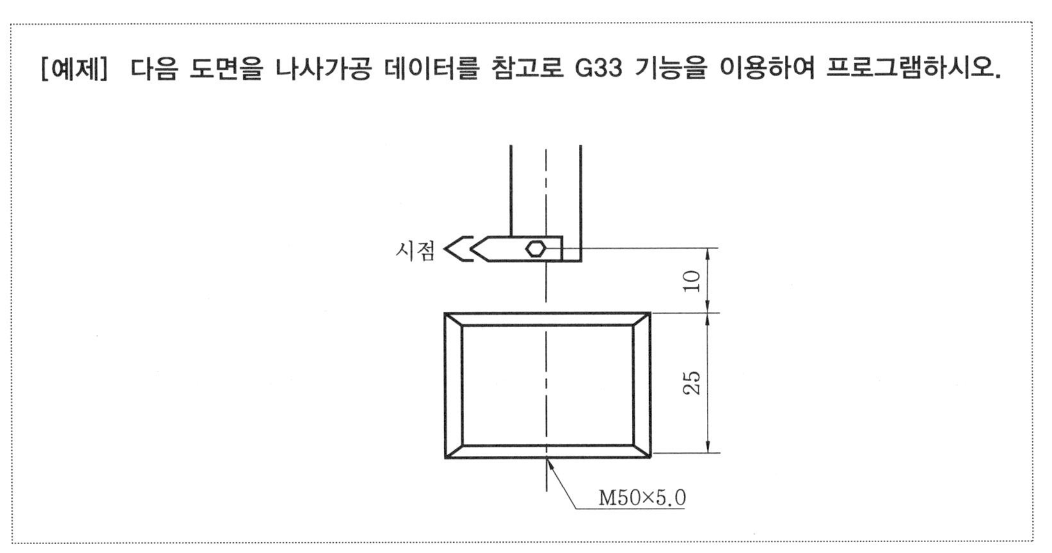

해설

```
G90  G00    Z10.0 ;   …… 시점으로 위치결정
M00 ;                 …… 프로그램 일시정지 후 바이트 길이 조정
G97  S300   M03 ;     …… 300rpm으로 주축 정회전
G33  Z-30.0 F5 ;      …… 1회 절삭(F=피치값)
M19 ;                 …… 주축 정위치 정지
G00  X5.0 ;           …… 바이트 후퇴
     Z10.0 ;          …… 시점으로 복귀
     X0.0 ;
     M00 ;            …… 프로그램 일시정지 후 바이트 길이 조정
     M03 ;
```

```
G33  Z-30.0 ;        ...... 2회 절삭
M19 ;
G00  X5.0 ;
     Z10.0 ;
     X0.0 ;
M00 ;
M03 ;
G33  Z-30.0 ;        ...... 3회 절삭
     ⋮
     ⋮
```

3-4 드웰(dwell)

```
      X____ ;
G04
      P____ ;
```

드웰 기능은 다음 블록의 실행을 지정한 시간만큼 정지시키는 기능이다. 모서리 부분의 치수를 정확히 가공하거나 드릴 작업, 카운터 싱킹(counter sinking), 카운터 보링(counter boring) 및 스폿 페이싱(spot facing) 등에서 목표점에 도달한 후 즉시 후퇴할 때 생기는 이송만큼의 단차를 제거하여 진원도를 향상시키고 깨끗한 표면을 얻기 위하여 사용한다.

어드레스 X와 P를 사용할 수 있으며 P 다음의 숫자에는 소수점을 쓸 수 없으나 X 다음에는 소수점을 쓸 수 있으며, 일반적으로 지령하는 숫자는 초(second) 단위이다.

일반적으로 1.5～2회 정도 공회전하는 시간을 지령하며, 드웰 시간과 스핀들 축의 회전수(rpm)의 관계는 다음과 같다.

$$\text{정지시간(초)} = \frac{60}{\text{스핀들 회전수(rpm)}} \times \text{공회전 수(회)} = \frac{60 \times (\text{회})}{N(\text{rpm})}$$

[예제] ϕ10-2날 엔드밀을 이용하여 절삭속도 30m/min로 카운터 보링 작업을 할 때 구멍바닥에서 2회전 드웰을 주려고 한다. 정지시간을 구하고 프로그램을 하시오.

해설 먼저 주축 회전수(N)를 구하면 $N = \frac{1000V}{\pi D} = \frac{1000 \times 30}{3.14 \times 10} = 955\text{rpm}$

$$\text{정지시간(초)} = \frac{60 \times (\text{회})}{N[\text{rpm}]} = \frac{60 \times 2}{955} = 0.126\text{초}$$

프로그램은 G04 X0.126 ;
또는 G04 P126

3-5 공구 교환과 공구 보정

(1) 공구 교환

머시닝 센터와 CNC 밀링의 가장 큰 차이점은 자동 공구 교환장치인데, 자동으로 공구를 교환하는 예는 다음과 같다.

> 예 G30 G91 Z0.0 ; …… 제2원점(공구 교환점)으로 Z축 복귀
> T□□ M06 ; …… □□번 공구선택하여 공구 교환

단, 공구를 교환하려면 공구길이 보정이 취소된 상태에서 공구 교환지점에 위치해 있어야 한다.

또한 G30 G91 Z0.0 T□□ M06 ; 을 한 블록에 사용하여도 관계없으나 기종에 따라 한 블록으로 사용하면 알람이 발생하는 머시닝 센터도 있다.

(2) 공구 보정

머시닝 센터에서는 사용하는 공구가 많고 공구의 지름과 길이도 다르다. 그러므로 공구의 지름과 길이를 생각하지 말고 프로그램하며, 공구의 지름과 길이의 차이를 머시닝 센터의 공구 보정값 입력란에 입력하고 그 값을 불러 보정하여 사용한다.

① 공구 지름 보정

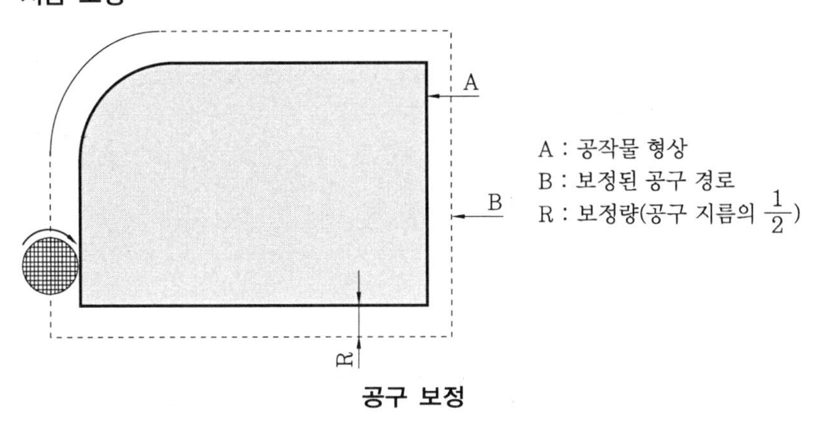

공구 보정

그림에서 A의 형상을 한 공작물을 반지름 R인 공구로 절삭하는 경우 공구 중심 경로는 A에서 공구 지름의 $\frac{1}{2}$만큼 떨어진 B이어야 하며, 이때 경로 B는 A에서 R만큼 보정된 경로이다.

이 보정된 경로 B를 프로그램된 경로 A 및 별도로 설정된 공구 보정량에서 자동적으로 계산하는 기능이 공구 지름 보정기능이다. 일반적으로 공작물을 프로그램할 때는 공구의 공구 지름을 생각하지 않고 도면대로 프로그램하며, 가공하기 전 공구 지름을 별도로 공구 보정량으로 설정하면 자동적으로 보정된 경로가 계산되어 정확한 가공을 할 수 있다.

이와 같이 공구를 가공 형상으로부터 일정거리만큼 떨어지게 하는 것을 공구 지름 보정이

라 하며 오프셋량은 미리 CNC 장치 내에 설정하여야 한다.

공구 지름 보정 G-코드		공구 이동경로
G40	공구 지름 보정 취소	프로그램 경로, G41, G40, G42
G41	공구 지름 보정 좌측	
G42	공구 지름 보정 우측	

공구 지름 보정은 G00, G01과 같이 지령되며 다음 그림과 같이 공구 진행방향에 따라서 좌측 보정(G41)과 우측 보정(G42)이 있다.

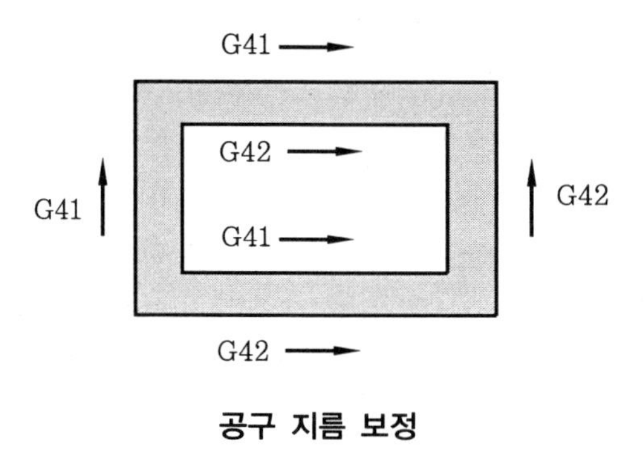

공구 지름 보정

또한 공구 지름 보정 지령방법은 다음과 같으며, 그림은 공구 보정 전과 보정 후에 대한 공구 이동경로를 나타내었다.

$$\begin{Bmatrix} G00 \\ G01 \end{Bmatrix} \begin{Bmatrix} G41 \\ G42 \end{Bmatrix} X\_\_\_ \ Y\_\_\_ \ D\_\_\_ \ ;$$

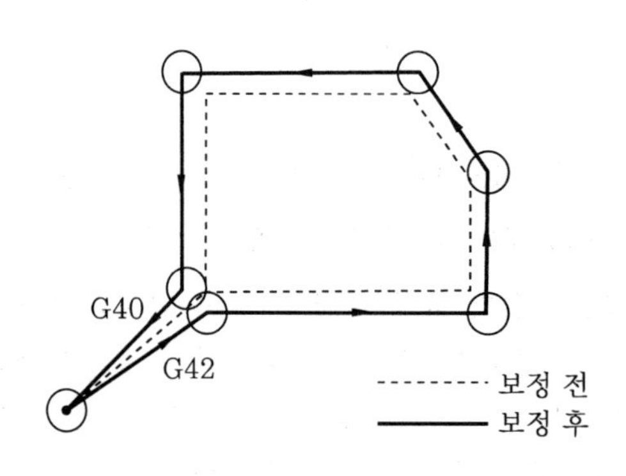

공구 보정

[예제] 다음 도면을 공구 지름 보정을 한 프로그램을 하시오. (공구 보정 번호 : D01)

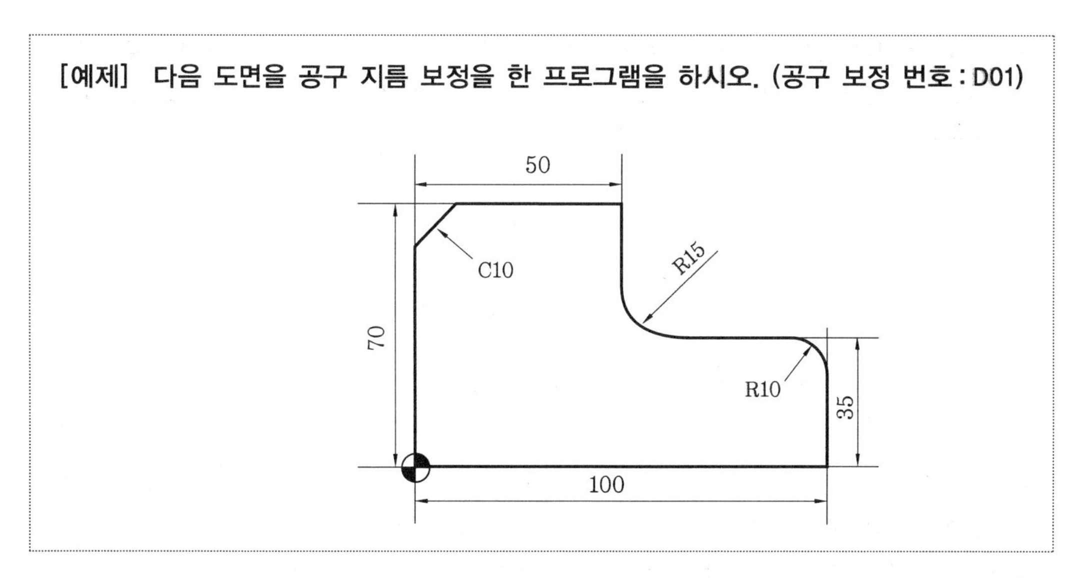

해설

```
G90  G00    X-10.0  Y-10.0 ;
G41  X0.0   D01 ;                  …… 공구 보정 번호 1번으로 공구 지름 보정 좌측
G01  Y60.0  F100 ;
     X10.0  Y70.0;
     X50.0 ;
     Y50.0 ;
G03  X65.0  Y35.0   R15.0 ;
G01  X90.0 ;
G02  X100.0 Y25.0   R10.0 ;
G01  Y0.0 ;
     X-15.0 ;
G40  G00    Y-10.0 ;               …… 공구 지름 보정 취소
```

② 공구 길이 보정

공작물을 도면대로 가공하기 위해서는 그림과 같이 여러 개의 공구를 교환하면서 가공한다.

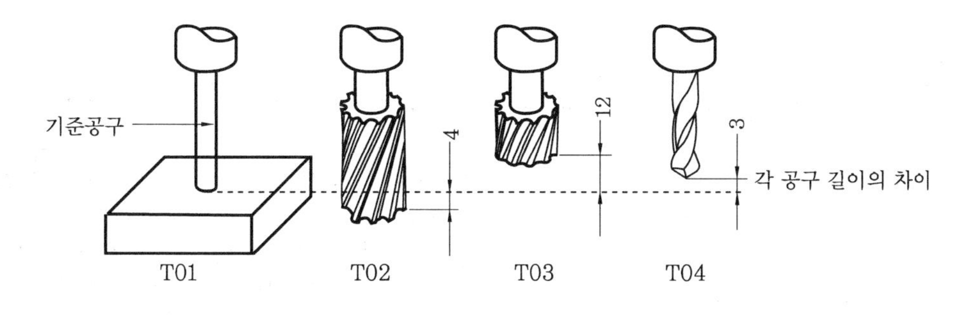

머시닝 센터 공구

이때 그림에서와 같이 공구의 길이가 각각 다르므로 공구의 기준길이에 대하여 각각의 공구가 얼마만큼 길이의 차이가 있는지를 오프셋량으로 CNC 장치에 설정하여 놓고 그 길이만큼 보정하여 주면 공구 길이 보정을 할 수 있다.

$$\begin{Bmatrix} \text{G43} \\ \text{G44} \end{Bmatrix} \text{Z\_\_\_\_ H\_\_\_\_ ; 또는 } \begin{Bmatrix} \text{G43} \\ \text{G44} \end{Bmatrix} \text{H\_\_\_\_ ;}$$

여기서, G43 : ＋방향 공구 길이 보정(＋방향으로 이동)
G44 : －방향 공구 길이 보정(－방향으로 이동)
Z : Z축 이동지령(절대, 증분지령 가능)
H : 보정번호

공구 길이 보정은 G43, G44 지령으로 Z축에 한하여 가능하며 Z축 이동지령의 종점위치를 보정 메모리에 설정한 값만큼 ＋, －로 보정할 수 있다.

또한 공구 길이 보정을 취소할 때는 G49나 H00으로 지령할 수 있으나 G49 지령을 많이 사용한다.

[예제] 다음 그림에서 공구 교환을 하고 공구 길이 보정과 취소하는 프로그램을 하시오.

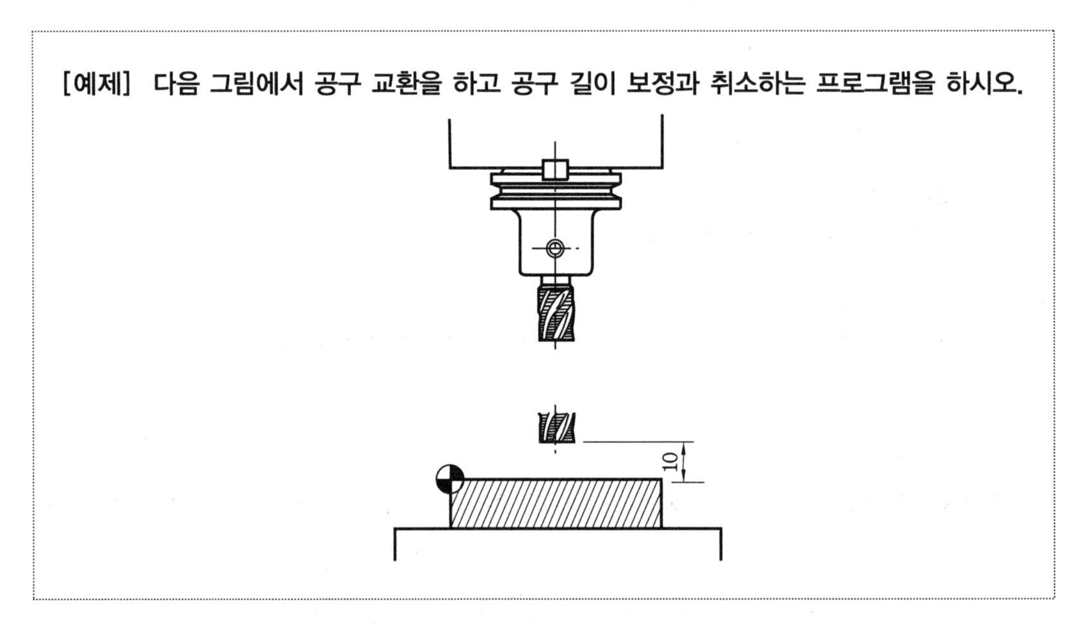

해설

G30	G91	Z0.0 ;		························	현 위치에서 제2원점 복귀
T03	M06	M19 ;		························	주축 정위치 정지 후 3번 공구로 교환
					G30 G91 Z0.0 T03 M06 ; 으로 두 블록을 한 블록으로 하여도 머시닝 센터 기종에 따라 관계없음.
G43	G90	G00	Z0.0	H3 ; ···	공작물 원점 위 10mm까지 공구 이동하면서 공구 보정(공구번호와 공구 보정번호를 같은 번호를 사용하므로 가공 중 발생하는 실수를 줄일 수 있음)

[예제] 다음 도면을 ϕ10 엔드밀로 외곽을 가공하는 프로그램을 하시오. (공구번호는 1번이며 공구 보정번호는 1번이다. 공구의 위치는 프로그램 상단 200mm 높이에 위치하고 절입은 3mm, 주축 회전수 1300rpm, 이송속도 100mm/min로 한다.)

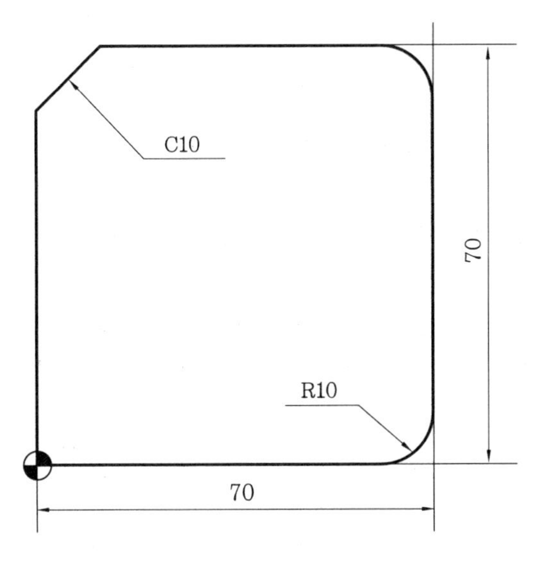

해설

G40	G49	G80 ;			…… 공구 지름 보정, 공구 길이 보정, 고정 사이클 기능 취소
G92	G90	X0.0	Y0.0	Z200.0 ;	…… 좌표계 설정
S1300	M03 ;				…… 1300rpm으로 주축 정회전
G00	G90	X−10.0	Y−10.0 ;		…… X−10.0, Y−10.0으로 위치결정
G43	Z10.0	H01 ;			…… 공구 길이 보정
G41	X0.0	D01	M08 ;		…… 공구 지름 보정(좌측)하면서 위치결정, 절삭유 ON
G01	Z−3.0	F100 ;			…… Z축 절입 3mm, 이송속도 100mm/min
	Y70.0 ;				…… 좌측면 직선절삭
	X10.0	Y70.0 ;			…… 경사면(모따기) 직선절삭
	X60.0 ;				
G02	X70.0	Y60.0	R10.0 ;		…… R10 원호가공
G01	Y10.0 ;				
G02	X60.0	Y0.0	R10.0 ;		…… R10 원호가공
G01	X−10.0 ;				…… 아랫면 직선절삭
G00	G49	Z200.0	M09 ;		…… 공구 길이 보정 취소하면서 공구 후퇴, 절삭유 OFF
G40	X0.0	Y0.0			…… 공구 지름 보정 취소
M05 ;					…… 주축 정지
M02 ;					…… 프로그램 종료

③ 공구 위치 보정

G45	공구 보정량 신장
G46	공구 보정량 축소
G47	공구 보정량 2배 신장
G48	공구 보정량 2배 축소

공구 위치 보정은 G45에서 G48까지의 지령에 의해 지정된 축의 이동거리를 보정량 메모리에 지정한 값만큼 신장, 축소 또는 2배 신장, 2배 축소하여 움직일 수 있으며, 이 지령은 1회 유효지령이므로 지령된 블록에서만 유효하다.

그리고 보정량 코드는 공구 반지름을 보정할 때 D코드를 사용하고, 공구 길이를 보정할 때는 H코드를 사용할 수 있으나 D코드나 H코드를 사용하는 것은 파라미터의 설정에 따른다. 만약 파라미터를 D코드로 설정할 경우 그림과 같이 공작물의 형태를 공구의 중심통로로 프로그램할 수 있다.

또한 공구 위치 보정의 기능으로 2개의 축을 동시에 이동시킬 경우 공구 보정은 2축에 모두 유효하기 때문에 각 축의 방향으로 그림과 같이 보정된다.

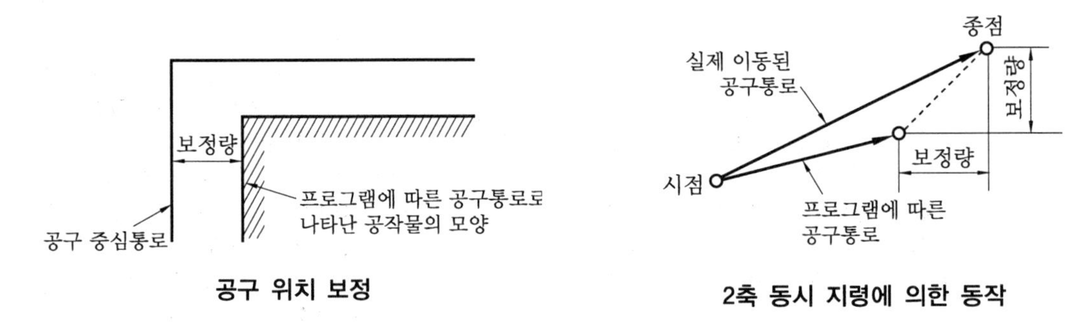

공구 위치 보정 　　　　 2축 동시 지령에 의한 동작

예 이송지령 X500.0 Y250.0이고 보정량은 +200.0, 보정번호 04일 때의 프로그램은 G45 G01 X500.0 Y250.0 D04 ; 이다.

④ 보정 간의 프로그램에 의한 입력

G10 P____ R____ ;

여기서, P : 보정번호, R : 보정량

공구 길이 보정, 공구 위치 보정, 공구 지름 보정량을 프로그램에 의해 입력할 수 있는 기능으로 자동화 라인이나 대량생산일 경우 측정장치를 부착하여 가공 도중 미세하게 변하는 치수를 자동으로 보정할 때 사용한다.

[예제] 다음 도면을 아래의 절삭조건에 맞게 프로그램(G92)하시오.

절삭조건

공구명	공구번호	주축 회전수(rpm)	이송속도(mm/min)	보정번호
φ 10-2날 엔드밀	T01	1300	100	D01

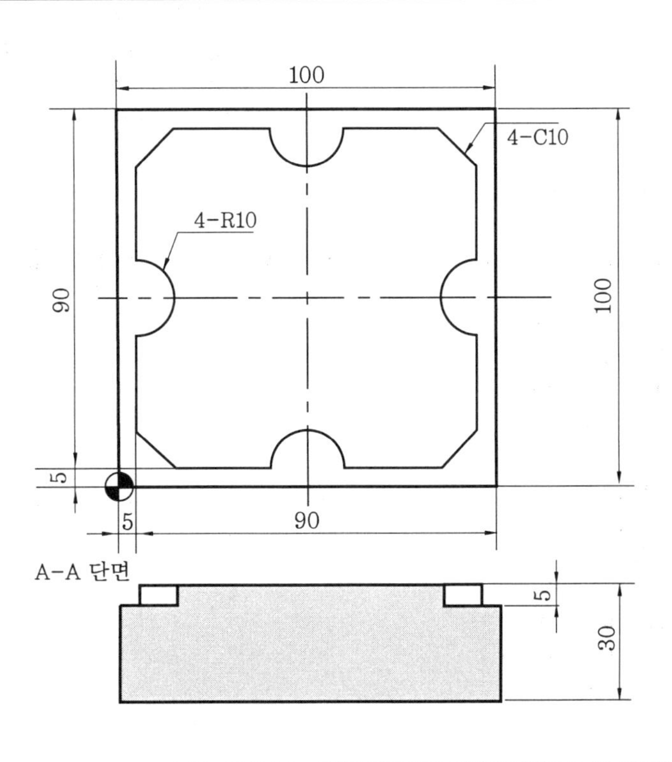

해설

G40	G49	G80 ;			…… 공구 지름 보정 취소, 공구 길이 보정 취소, 고정 사이클 취소
G92	G90	X0.0	Y0.0	Z200.0;	…… 공작물좌표계 설정(현재 공구의 위치는 프로그램 원점으로부터 X0.0 Y0.0 Z200.0인 위치에 있다.)
G00	G90	X−10.0	Y−10.0	Z100.0;	…… 절대좌표 X−10.0 Y−10.0 Z100.0에 위치결정
	Z10.0	S1300	M03 ;		…… Z10.0까지 급속이송, 스핀들 1300rpm으로 정회전
G01	Z−5.0		F100	M08 ;	…… Z−5.0까지 이송속도 100mm/min으로 직선절삭, 절삭유 ON
G41	X5.0	D01 ;			…… 공구 지름 보정번호 1번의 보정값으로 공구 지름 보정 좌측으로 하면서 X5.0까지 직선절삭

```
                Y95.0 ;
                X95.0 ;
                Y5.0 ;
                X15.0 ;               …… 외곽가공은 2회에 나누어서 하는데 처음에는
                                         R가공이나 모따기를 하지 않고 직선가공만 하
                                         고, 두 번째 가공시 R가공과 모따기를 하여야
                                         만 가공이 안 된 부분이 없이 가공되며, X15.0
                                         의 위치는 다음에 X5.0 Y15.0의 좌표값인 모
                                         따기를 가공하기 위함

     X5.0    Y15.0 ;
     Y40.0 ;
G03  Y60.0   R10.0 ;                  …… X5.0은 위치가 바뀌지 않았으므로 생략 가능
G01  Y85.0 ;
     X15.0   Y95.0 ;
     X40.0 ;
G03  X60.0   R10.0 ;
G01  X85.0 ;
     X95.0   Y85.0 ;
     Y60.0 ;
G03  Y40.0   R10.0 ;
G01  Y15.0 ;
     X85.0   Y5.0 ;
     X60.0 ;
G03  X40.0   R10.0 ;
G01  X-15.0 ;
G00  G40     Y-15.0 ;                 …… 공구 지름 보정 취소
     Z200.0 ;
M05 ;                                 …… 주축 정지
M02 ;                                 …… 프로그램 종료
```

3-6 고정 사이클

(1) 고정 사이클의 개요

고정 사이클은 여러 개의 블록으로 지령하는 가공 동작을 한 블록으로 지령할 수 있게 하여 프로그래밍을 간단히 하는 기능이다.

고정 사이클에는 드릴, 탭, 보링 기능 등이 있으며, 이를 응용하여 다른 기능으로도 사용할 수 있다. 다음 표는 [고정 사이클 기능]을 나타낸 것이다.

고정 사이클 기능

G 코드	드릴링 동작 (-Z방향)	구멍바닥 위치에서 동작	구멍에서 나오는 동작 (+Z방향)	용 도
G73	간헐이송	-	급속이송	고속 펙 드릴링 사이클
G74	절삭이송	주축 정회전	절삭이동	역 태핑 사이클
G76	절삭이송	주축 정지	급속이송	정밀 보링 사이클
G80	-	-	-	고정 사이클 취소
G81	절삭이송	-	급속이송	드릴링 사이클(스폿 드릴링)
G82	절삭이송	드웰	급속이송	드릴링 사이클(카운터 보링 드릴링)
G83	단속이송	-	급속이송	펙 드릴링 사이클
G84	절삭이송	주축 역회전	절삭이송	태핑 사이클
G85	절삭이송	-	절삭이송	보링 사이클
G86	절삭이송	주축 정지	절삭이송	보링 사이클
G87	절삭이송	주축 정지	수동이송 또는 급속이송	백 보링 사이클
G88	절삭이송	드웰 주축 정지	수동이송 또는 급속이송	보링 사이클
G89	절삭이송	드웰	절삭이송	보링 사이클

일반적으로 고정 사이클은 다음 그림과 같은 6개의 동작순서로 구성된다.

- 동작① : X, Y축 위치결정
- 동작② : R점까지 급속이송
- 동작③ : 구멍가공(절삭이송)
- 동작④ : 구멍바닥에서의 동작
- 동작⑤ : R점까지 복귀(급속이송)
- 동작⑥ : 초기점으로 복귀

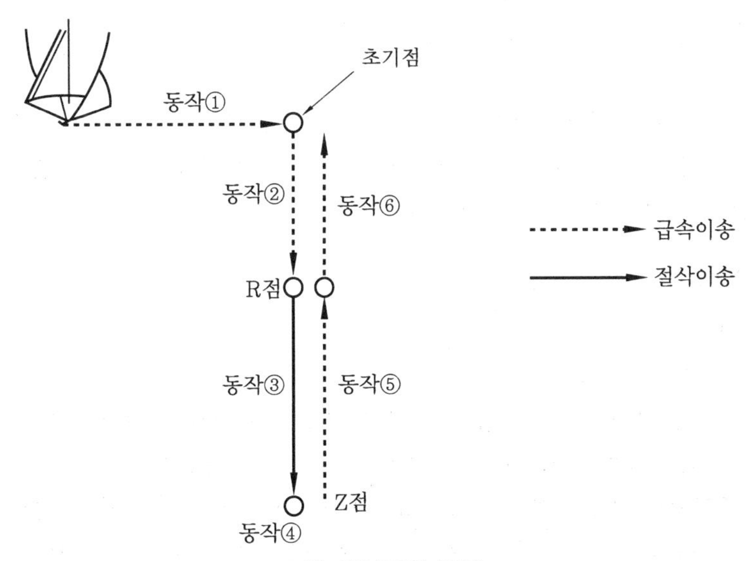

고정 사이클의 동작

(2) 고정 사이클의 위치결정

고정 사이클의 위치결정은 X, Y 평면상에서, 드릴은 Z축 방향에서 이루어진다. 이 고정 사이클의 동작을 규정하는 것에는 다음의 세 가지가 있다.

① 구멍가공 모드

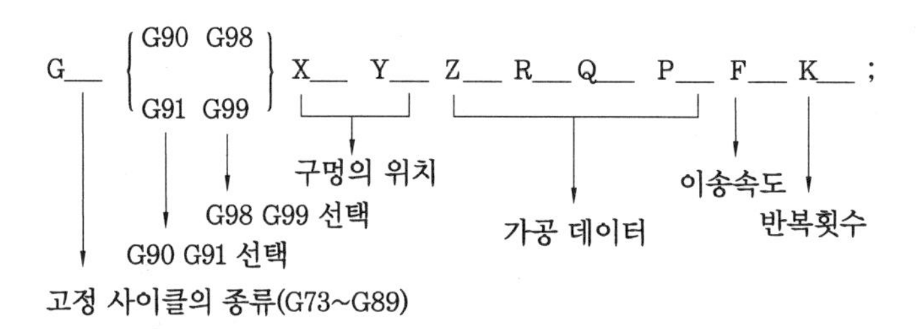

(가) 구멍가공 모드 : 고정 사이클 기능 참조

(나) 구멍위치 데이터 : 절대지령 또는 증분지령에 의한 구멍의 위치결정(급속이송)

(다) 구멍가공 데이터

Z : R점에서 구멍바닥까지의 거리를 증분지령 또는 구멍바닥의 위치를 절대지령으로 지정

R : 초기점에서 R점까지의 거리를 지정(일반적으로 R점은 가공 시작점이자 복귀점)

Q : G73, G83코드에서 매회 절입량 또는 G76, G87 지령에서 후퇴량(항상 증분지령)을 지정

P : 구멍바닥에서 드웰시간을 지정

F : 절삭 이송속도를 지정

K : 반복횟수 지정(K지령을 생략하면 1로 간주, 만일 0을 지정하면 구멍가공 데이터는 기억하지만 구멍가공은 수행하지 않는다.)

구멍가공 모드는 한번 지령되면 다른 구멍가공 모드가 지령되거나 또는 고정 사이클을 취소하는 G코드가 지령될 때까지 변화하지 않으며, 동일한 사이클 가공 모드를 연속하여 실행하는 경우에는 매 블록마다 지령할 필요가 없다.

② 복귀점 위치

G98 : 초기점 복귀
G99 : R점 복귀

(가) 초기점 복귀(G98) : 구멍가공이 끝나고 공구가 도피하는 위치가 그림과 같이 초기점이 되는데, 이때 초기점까지 복귀는 급속으로 이동한다.

(나) R점 복귀(G99) : 구멍가공이 끝나고 공구가 도피하는 위치가 그림과 같이 R점이 되는데, 계속하여 구멍가공을 할 경우에는 이 R점이 가공 시작점이 된다.

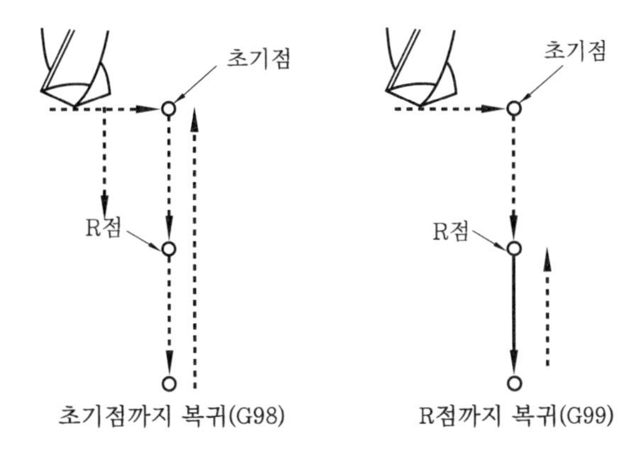

초기점 복귀와 R점 복귀

일반적으로 초기점과 R점 복귀의 사용은 그림 (a)와 같이 R점에서 공구 이동 시 공구간섭이 있을 경우에는 ⓐ경로인 초기점 복귀를 지령하고, 그림 (b)와 같이 공구간섭이 없이 공작물이 평면일 경우에는 ⓑ경로로 R점 복귀를 지령함으로써 빠른 시간에 가공할 수 있다.

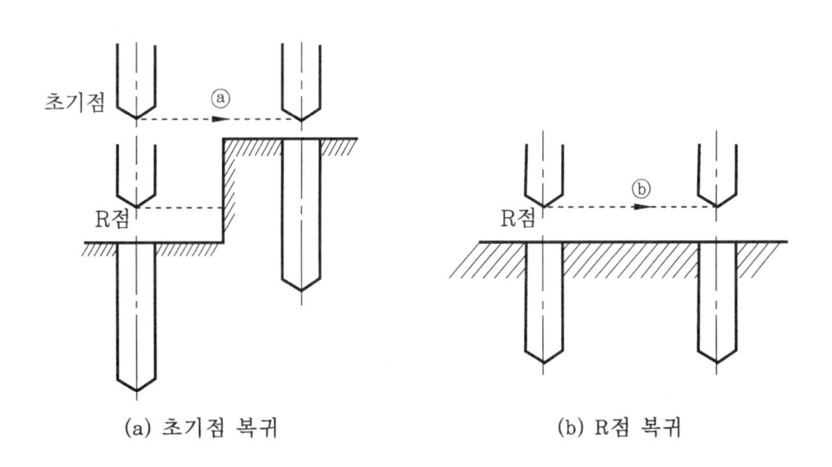

(a) 초기점 복귀 (b) R점 복귀

초기점 복귀와 R점 복귀

③ 지령방식

- G90 : 절대지령
- G91 : 증분지령

고정 사이클 지령은 절대지령과 증분지령에 따라서 R점의 기준위치와 Z점의 기준위치가 다르다. 그림에서와 같이 절대지령인 경우에는 R점과 Z점의 기준점은 Z=0인 지점이 되고, 증분지령인 경우에는 초기점의 위치가 R점의 기준이 되며, 또한 Z점의 기준은 R점이 된다.

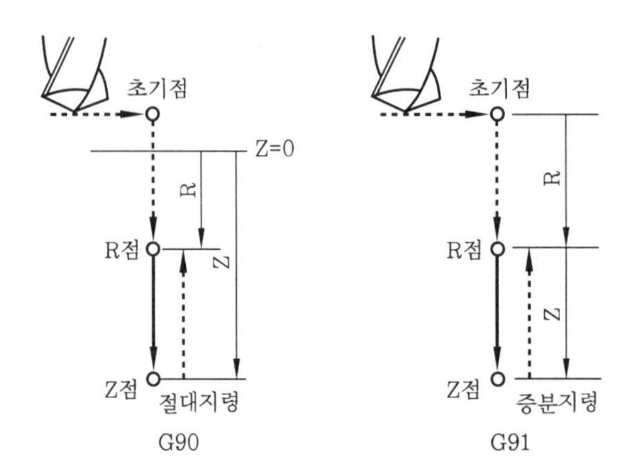

절대지령과 증분지령

(3) 고정 사이클의 종류

① 드릴링 사이클(G81)

고정 사이클의 대표적인 기능은 드릴 가공, 센터 드릴 가공으로 칩 배출이 용이한 공작물의 구멍가공에 사용한다.

G81 { G90 G98 / G91 G99 } X_ Y_ Z_ R_ F_ K_ ;

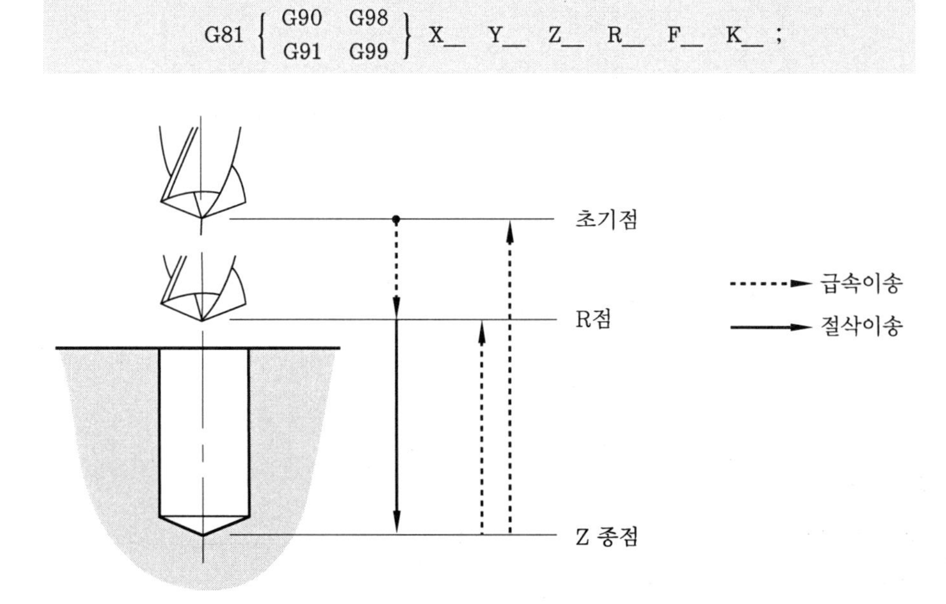

드릴링 사이클 동작

[예제] 다음 도면을 G81을 이용하여 프로그램하시오.

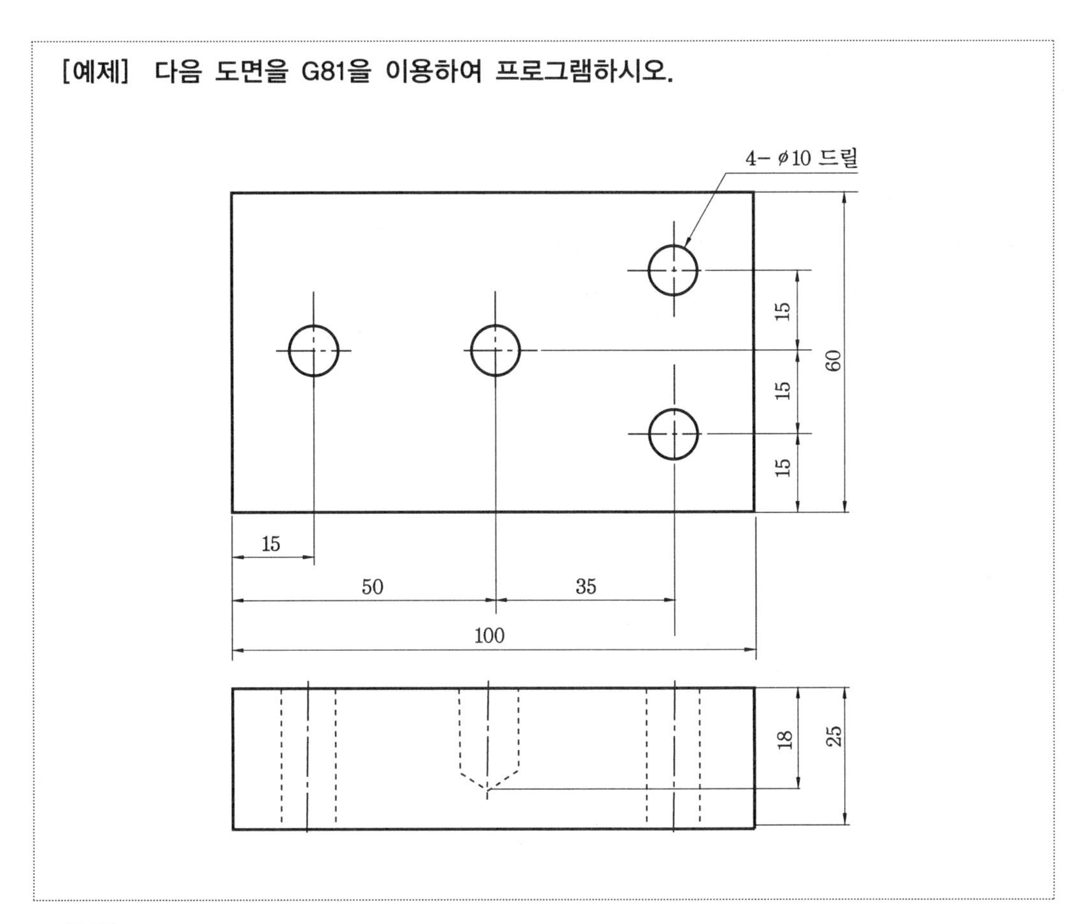

해설

```
        ⇣
G00  G90    X15.0   Y30.0   S800    M03 ;
G43  Z10.0  H03     M08 ;
G81  G99    Z-28.0  R3.0    F80 ;
```

…… Z−28.0이 되는 이유는 드릴은 표준 드릴(118°)이며 지름이 10mm이므로
P=드릴 지름×K(단, K=0.29)
=10×0.29
=2.9이므로 Z−28.0이 된다.

d
A
P

여기서, A : 드릴 날각
d : 드릴 지름
P : 드릴 끝점까지의 길이

```
     X50.0 ;
     X85.0  Y15.0 ;
     Y45.0 ;
G00  G80    Z200.0  M09 ;
        ⇣
```

② 드릴링 사이클(G82)

$$\mathrm{G82} \begin{Bmatrix} \mathrm{G90} \\ \mathrm{G91} \end{Bmatrix} \begin{Bmatrix} \mathrm{G98} \\ \mathrm{G99} \end{Bmatrix} \mathrm{X\_}\ \ \mathrm{Y\_}\ \ \mathrm{Z\_}\ \ \mathrm{R\_}\ \ \mathrm{P\_}\ \ \mathrm{F\_}\ \ \mathrm{K\_}\ ;$$

G81 기능과 같지만 구멍바닥에서 드웰(dwell)한 후 복귀되므로 구멍의 정밀도가 향상되어 카운터 보링이나 카운터 싱킹 등에 이용된다.

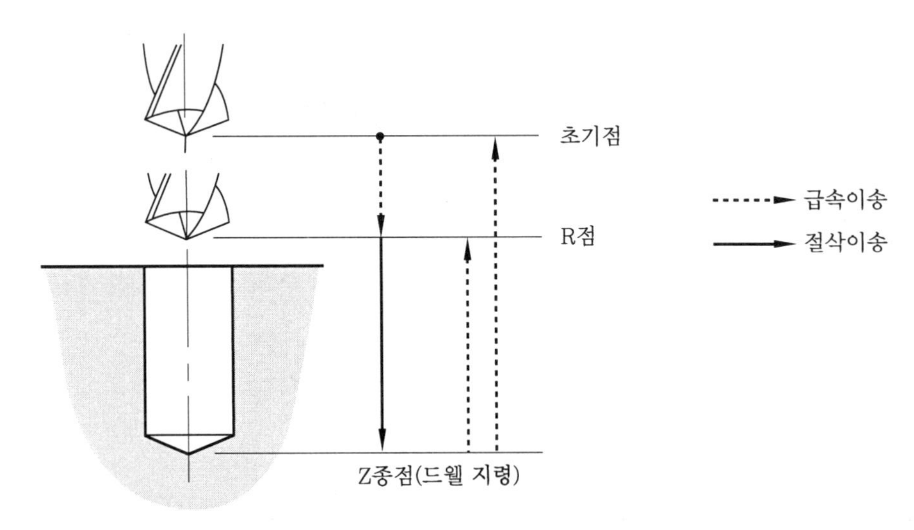

드웰 지령 예 G82 G99 X20.0 Y20.2 Z-13.5 R3.0 P1000 F100 ;

1초간 드웰 지령 ← P1000

[예제] 다음 도면을 센터 드릴링은 G81, 드릴링 가공은 G82를 이용하여 프로그램하시오.

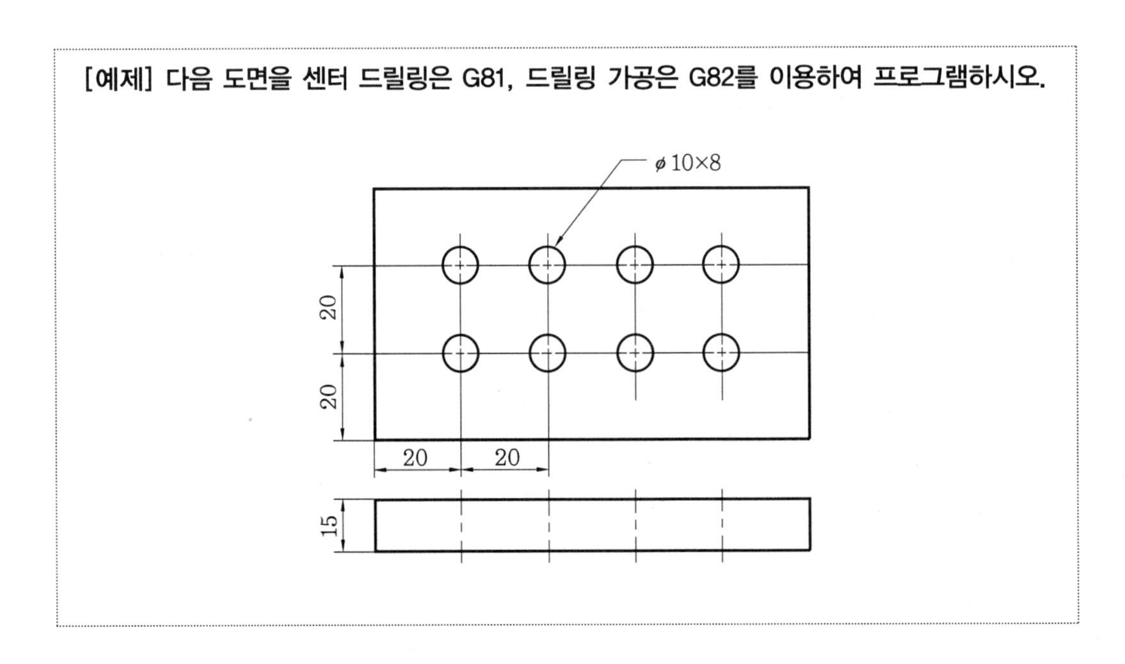

↓

해설
```
G00  G90  X20.0   Y20.0  S1300  M03 ;
G43  Z5.0  H02    M08 ;
G91  G99  Z-3.0   R3.0   F100 ;
G91  X20.0  K3 ;
     Y20.0 ;
     X-20.0  K3 ;
G00  G80  Z200.0  M09 ;
M05 ;
G30  G91  Z0.0 ;
T03  M06 ;
G00  G90  X20.0   Y20.0  S800   M03 ;
G43  Z10.0  H03   M08 ;
G82  G99  Z-18.0  R3.0   P1000  F80 ;
G91  X20.0  K3 ;
     Y20.0 ;
     X-20.0  K3 ;
G00  G80  Z200.0  M09 ;
```

↓

③ 고속 펙(peck) 드릴링 사이클(G73)

$$G73 \left\{ \begin{matrix} G90 & G98 \\ G91 & G99 \end{matrix} \right\} X\_ \ Y\_ \ Z\_ \ R\_ \ Q\_ \ F\_ \ K\_ \ ;$$

Z방향의 간헐이송으로 일반적으로 드릴 지름의 3배 이상인 깊은 구멍절삭에서 칩 배출이 용이하고 후퇴량을 설정할 수 있으므로 고능률적인 가공을 할 수 있으며, 후퇴량 d는 파라미터로 설정한다.

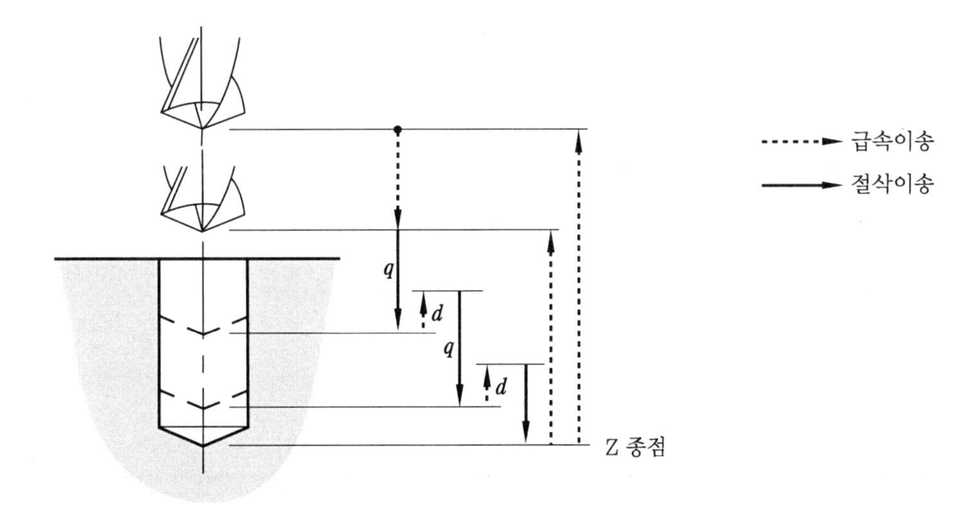

고속 펙 드릴링 사이클 동작

[예제] 다음 도면을 G73을 이용한 프로그래밍을 하시오.

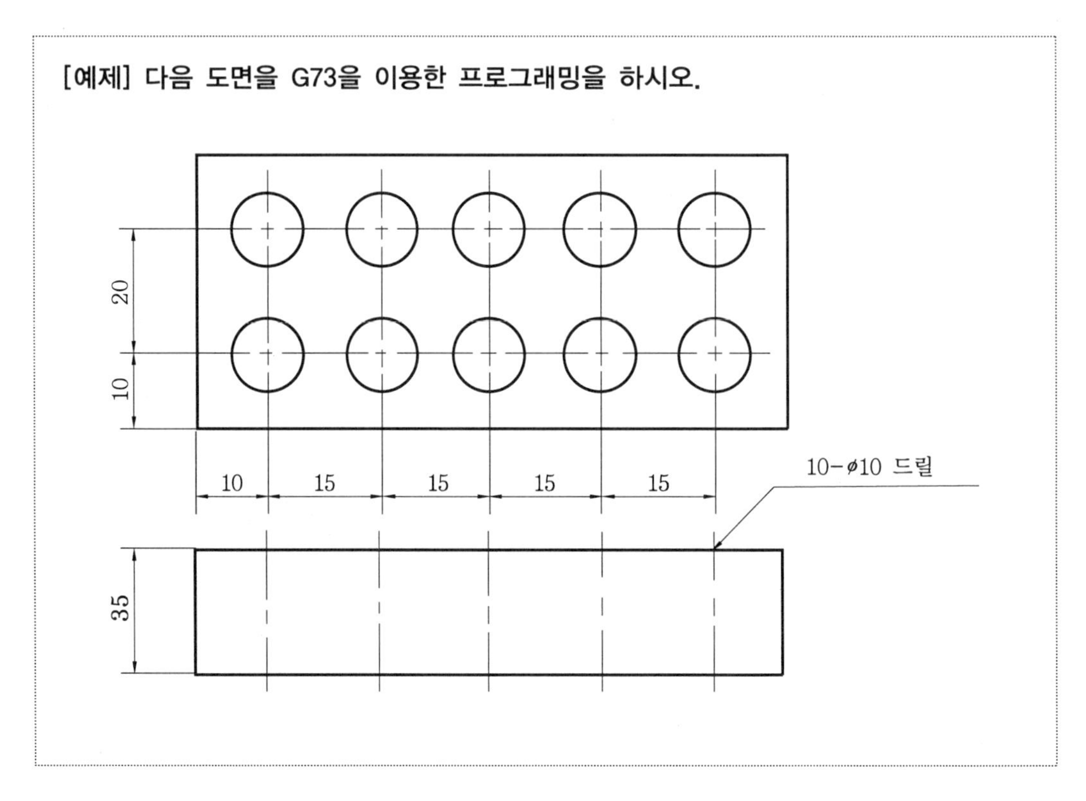

해설

```
                              ↓
G00                           G90      X10.0    Y10.0    S800    M03 ;
G43                           Z10.0    H03      M08 ;
G73                           G99      Z-38.0   R3.0     Q3.0    F80 ;
G91                           X15.0    K4 ;
                              Y20.0 ;
                              X-15.0   K4 ;
G00                           G49      G80      Z200.0   M09 ;
                              ↓
```

[예제] 다음 도면을 G73, G81을 이용하여 프로그램하시오.

절삭조건

공구명	공구번호	주축 회전수(rpm)	이송속도(mm/min)	보정번호
ϕ10-2날 엔드밀	T01	1300	200	D01 H01
ϕ4 센터 드릴	T02	1800	150	H02
ϕ10 드릴	T03	800	100	H03

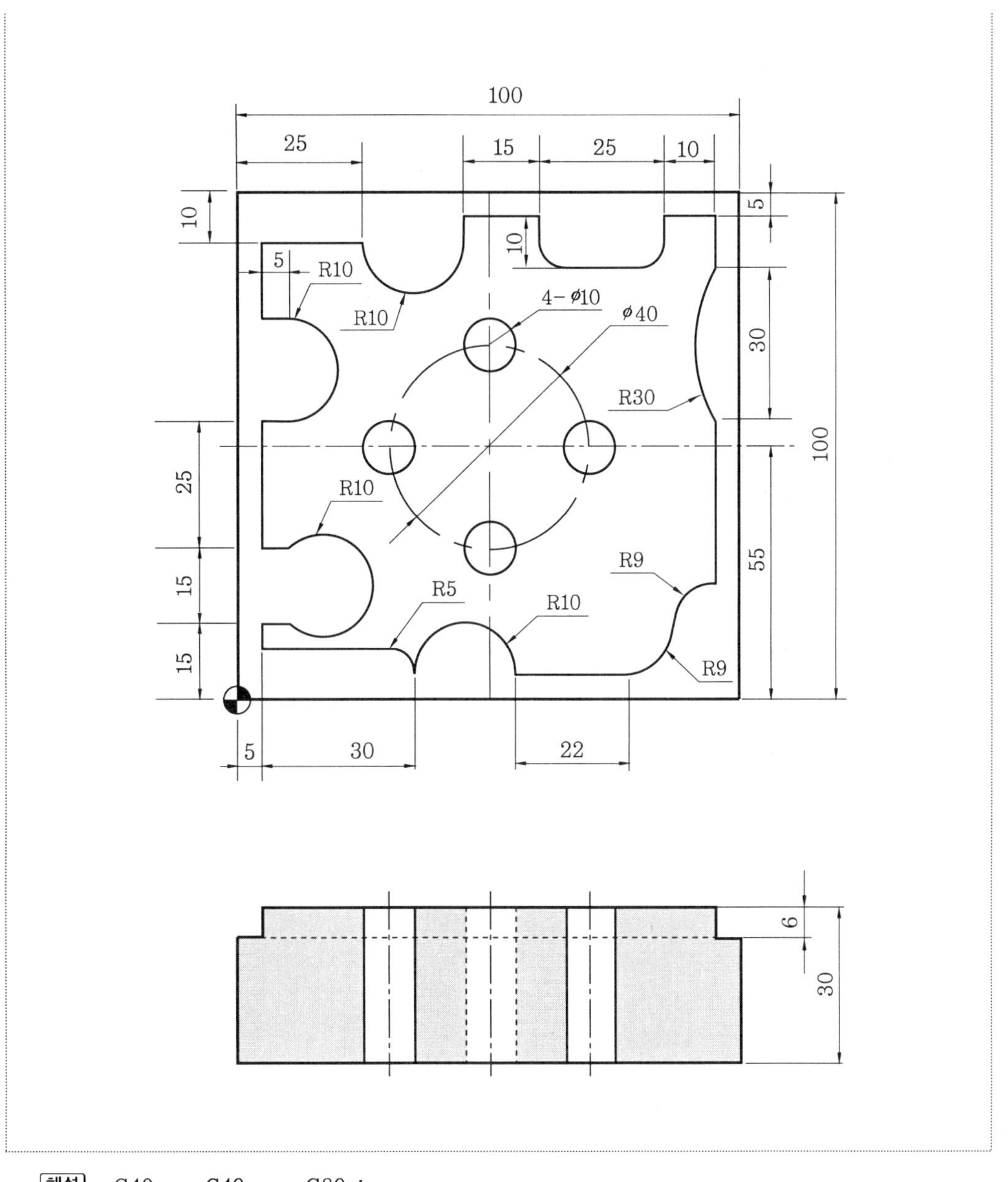

해설

```
G40   G49     G80 ;
G28   G91     X0.0     Y0.0     Z0.0 ;
G30   Z0.0    M19 ;
T01   M06 ;
G54   G00     G90      X-10.0   Y-10.0 ;
G43   Z5.0    H01      S1300    M03 ;
G01   Z-6.0   F200     M08 ;
G41   X5.0    D01 ;
      Y95.0 ;
      X95.0 ;
```

```
        Y5.0 ;
        X5.0 ;
        Y15.0 ;
        X10.0 ;
G03     Y30.0    R-10.0 ;
G01     X5.0 ;
        Y55.0 ;
        X10.0 ;
G03     Y75.0    R10.0 ;
G01     X5.0 ;
        Y90.0 ;
        X25.0 ;
G03     X45.0    R10.0 ;
G01     Y95.0 ;
        X60.0 ;
        Y90.0 ;
G03     X65.0    Y85.0    R5.0 ;
G01     X80.0
G03     X85.0    Y90.0    R5.0 ;
G01     Y95.0 ;
        X95.0 ;
        Y85.0 ;
G03     Y55.0    R30.0 ;
G01     Y23.0 ;
G03     X86.0    Y14.0    R9.0 ;
G02     X77.0    Y5.0     R9.0 ;
G01     X55.0 ;
G03     X35.0    R10.0 ;
        X30.0    Y10.0    R5.0 ;
G01     X-20.0 ;
G00     G40      G49      Z200.0 ;
M05 ;
M01 ;
G30     G91      Z0.0 ;
T02     M06 ;
G54     G90      G00      X30.0    Y50.0 ;
G43     Z5.0     H02      S1800    M03 ;
G81     G90      G99      Z-4.0    R3.0     F150     M08 ;
        X70.0 ;
        X50.0    Y70.0 ;
        Y30.0 ;
G00     G49      G80      Z200.0 ;
```

```
M05 ;
M01 ;
G30    G91    Z0.0 ;
T03    M06 ;
G54    G90    G00      X30.0   Y50.0 ;
G43    Z5.0   H03      S800    M03 ;
G73    G99    Z-33.0   R3.0    Q3.0    F80    M08 ;
       X70.0 ;
       X50.0  Y70.0 ;
       Y30.0 ;
G00    G49    G80      Z200.0 ;
M05 ;
M02 ;
```

그리고 G54가 아닌 G92로 프로그램을 하면

```
G40    G49      G80       ;
G28    G91      X0.0      Y0.0   Z0.0 ;
G92    G90      X__       Y__    Z__ ;
G30    G91      Z0.0      M19 ;
T01    M06 ;
S1300  M03 ;
G90    G43      G00       Z5.0 ;
       X-10.0   Y-10.0 ;
G01    Z-6.0    F200      M08 ;
       ↓
```

다음은 G54 프로그램과 동일하다.

④ 펙 드릴링 사이클(G83)

G83 { G90 / G91 } { G98 / G99 } X__ Y__ Z__ Q__ R__ F__ K__ ;

펙(peck) 드릴링 사이클은 절입 후 매번 R점까지 복귀한 다음 다시 절삭지점으로 급속이송 후 가공하기 때문에 칩(chip) 배출이 용이하여 지름이 적고 깊은 구멍가공에 적합하며, *d*값은 파라미터로 설정하고 Q는 "+"값으로 지정한다.

펙 드릴링 지령 예 G83 G99 Z-35.0 Q3000 R3.0 F80 ;

(Q3000: 1회 3mm씩 절입)

이때 만약 Q지령을 생략하면 R점에서 Z점까지 연속가공하는 G81과 동일하다.

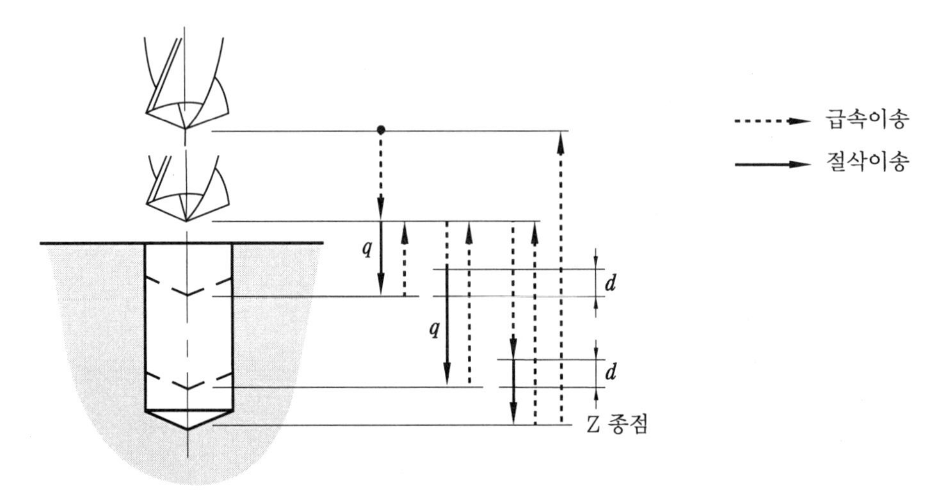

펙 드릴링 사이클 동작

[예제] 다음 도면을 G83 고정 사이클을 이용하여 프로그램하시오.

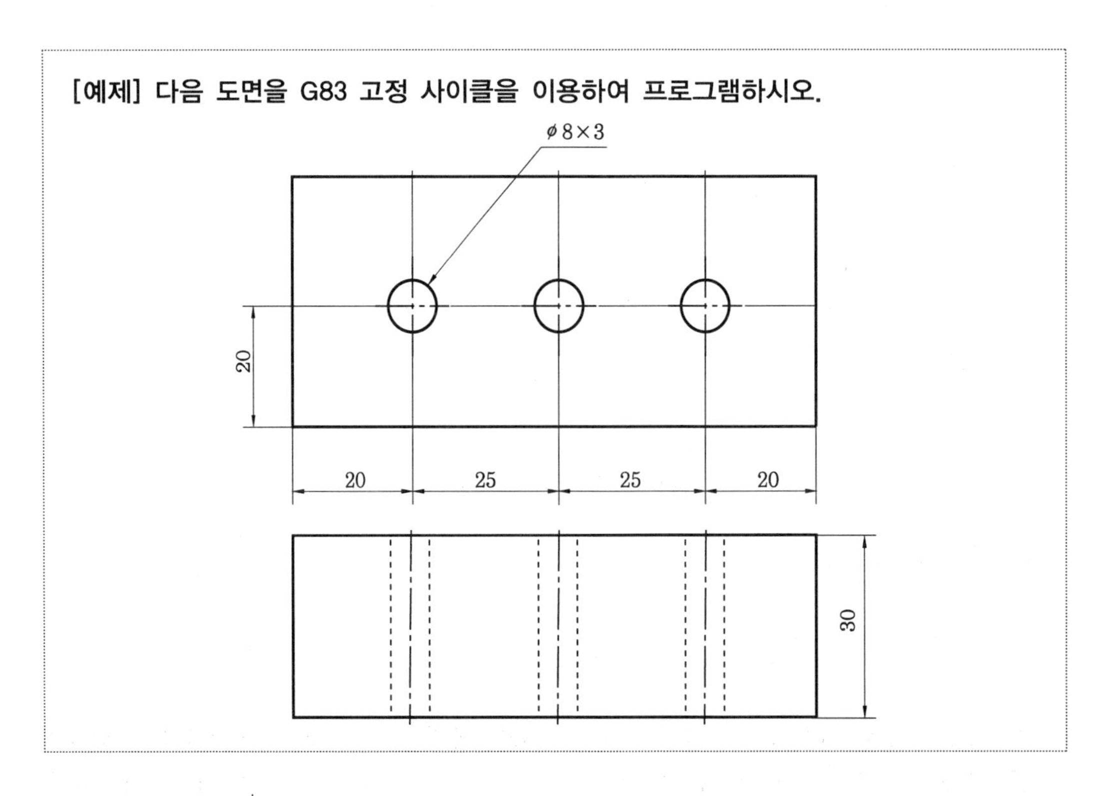

해설

```
       ↓
G00    G90    X20.0   Y20.0   S1000   M03 ;
G83    G99    Z-33.0  Q3000   R3.0    F70 ;
G91    X25.0  K2 ;
G00    G49    G80     Z200.0  M09 ;
       ↓
```

⑤ 태핑(tapping) 사이클(G84)

미리 가공한 구멍에 오른나사 탭을 이용하여 탭 가공을 하는 사이클로, 주축이 정회전(M03)하여 Z점까지 탭을 가공하고 역회전(M04)하면서 공구가 R점까지 복귀한 후 다시 주축이 정회전한다.

$$G84 \begin{Bmatrix} G90 \\ G91 \end{Bmatrix} \begin{Bmatrix} G98 \\ G99 \end{Bmatrix} X\_ \ Y\_ \ Z\_ \ R\_ \ F\_ \ K\_ \ ;$$

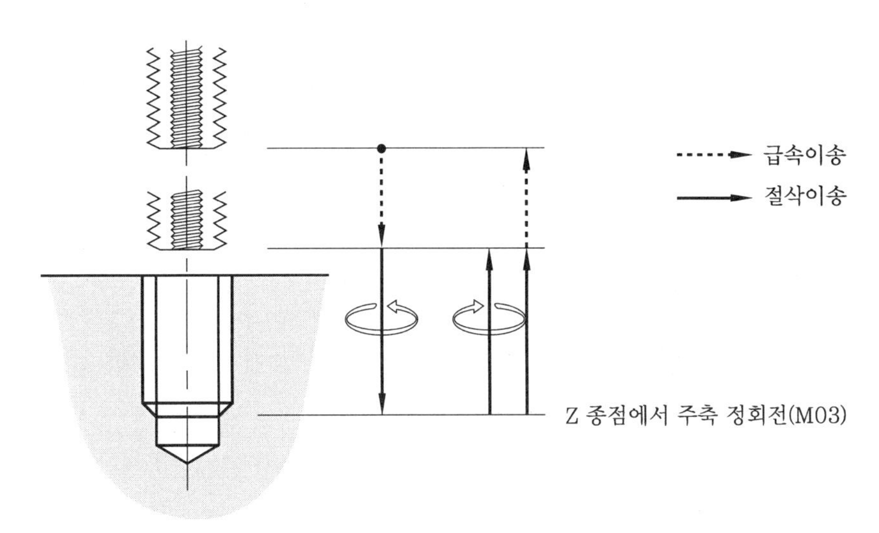

태핑 사이클 동작

구멍바닥에서 주축이 역회전하여 태핑 사이클을 수행하며, 태핑 가공의 이송속도 계산은 $F = n \times f$이다.

여기서, F : 태핑 가공 이송속도(mm/min)
n : 주축 회전수(rpm)
f : 태핑 피치(mm)

[예제] M10×P1.5의 태핑 가공을 500rpm으로 가공할 때 이송속도와 프로그램은?

해설 이송속도 $F = n \times f = 500 \times 1.5 = 750$mm/min
프로그램 : G84 G90 X20.0 Y20.0 Z-23.0 R5.0 F750 ;

[예제] 다음 도면을 G81을 이용하여 센터 드릴 작업을, G73을 이용하여 드릴 작업을, G84를 이용하여 태핑 작업을 하는 프로그램을 하시오.

절삭조건

공구명	공구번호	주축 회전수(rpm)	이송속도(mm/min)	보정번호
ϕ4 센터 드릴	T02	1300	100	H02
ϕ8.5 드릴	T03	700	70	H03
M10 탭	T04	500	750	H04

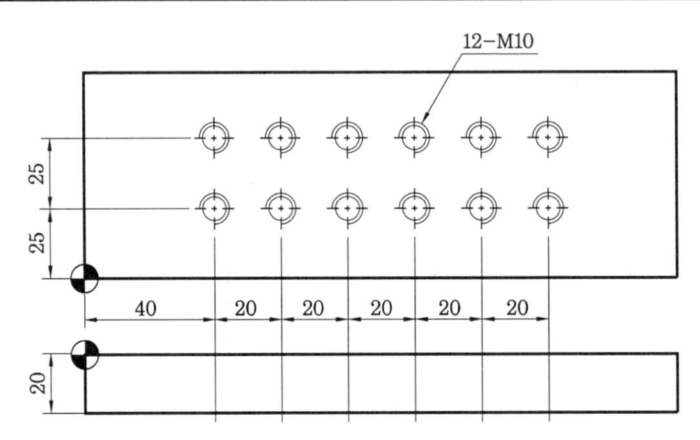

해설

```
G00   G90   X40.0   Y25.0    S1300   M03 ;
G43   Z10.0 H02     M08 ;
G81   G99   G90     Z-4.0    R3.0    F100 ;
      G91   X20.0   K5 ;
            Y25.0 ;
            X-20.0  K5 ;
G80   M09 ;
G00   G90   G49     Z200.0 ;
G30   G91   Z0.0 ;
T03   M06 ;
S800  M03 ;
G00   G90   X40.0   Y25.0 ;
      G43   Z10.0   H03      M08 ;
G73   G99   G90     Z-23.0   R3.0    Q3.0    F100 ;
      G91   X20.0   K5 ;
            Y25.0 ;
            X-20.0  K5 ;
G80   M09 ;
G00   G90   G49     Z200.0 ;
```

```
G30   G91   Z0.0 ;
T04   M06 ;
S500  M03 ;
G00   G90   X40.0   Y25.0 ;
      G43   Z10.0   H04     M08 ;
G84   G99   G90     Z-23.0  R5.0   F750 ;  …… F=n×f=500×1.5이므
                                                로 750mm/min
      G91   X20.0   K5 ;
            Y25.0 ;
            X-20.0  K5 ;
G80   M09 ;
G00   G90   G49     Z200.0 ;
M05 ;
M02 ;
```

⑥ 역 태핑 사이클(G74)

G74 { G90 G98 / G91 G99 } X_ Y_ Z_ R_ F_ K_ ;

왼나사 가공 기능으로 주축은 먼저 역회전하면서 Z점까지 들어가고, R점까지 빠져나올 때는 정회전을 한다. G74 동작 중에는 이송속도 오버라이드(override)는 무시되며, 이송정지(feed hold)를 ON해도 복귀동작이 완료될 때까지 주축이 정지하지 않는다.

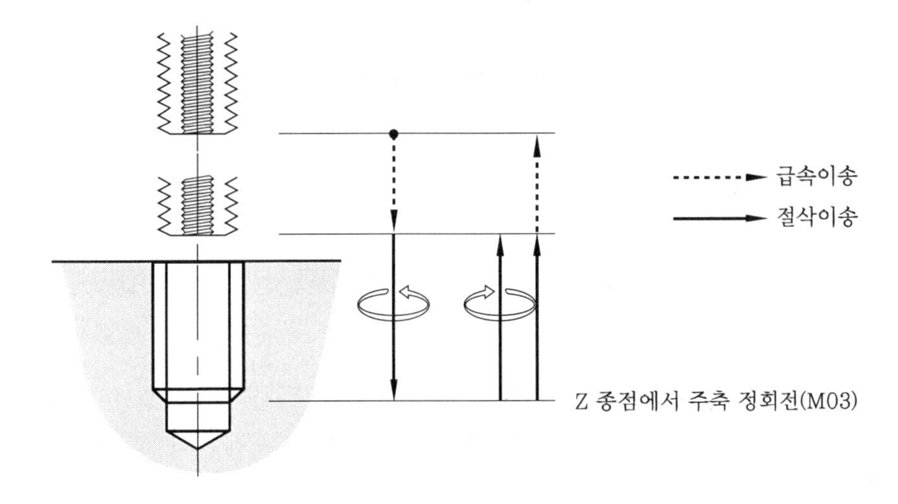

역 태핑 사이클 동작

⑦ 정밀 보링 사이클(G76)

$$G76 \begin{Bmatrix} G90 & G98 \\ G91 & G99 \end{Bmatrix} X\_ \ Y\_ \ Z\_ \ R\_ \ Q\_ \ F\_ \ K\_ \ ;$$

보링(boring) 작업을 할 때 구멍바닥에서 주축을 정위치에 정지시키고 공구를 인선과 반대방향으로 Q에 지정된 값으로 도피시켜 가공면에 손상 없이 R점이나 초기점으로 빼내므로 높은 정밀도가 필요한 가공에 사용한다. 또한 이동(shift)량은 그림에서와 같이 어드레스(address) Q로 지정하는데, Q지령을 생략하면 이동 동작을 하지 않는다.

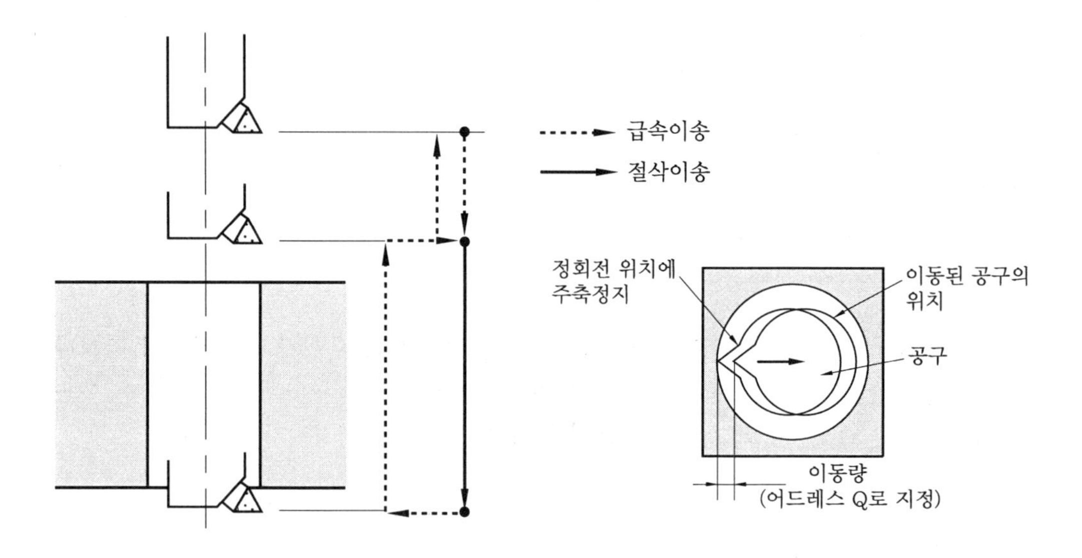

정밀 보링 사이클 동작

⑧ 보링 사이클(G85)

$$G85 \begin{Bmatrix} G90 \\ G91 \end{Bmatrix} \begin{Bmatrix} G98 \\ G99 \end{Bmatrix} X\_ \ Y\_ \ Z\_ \ R\_ \ F\_ \ K\_ \ ;$$

일반적으로 리머(reamer) 가공에 많이 사용하는 기능으로 G84의 지령과 같지만 구멍바닥에서 주축이 역회전하지 않는다. 따라서 공구가 구멍의 바닥에서 빠져 나올 때도 잔여량을 절삭하면서 나오게 된다.

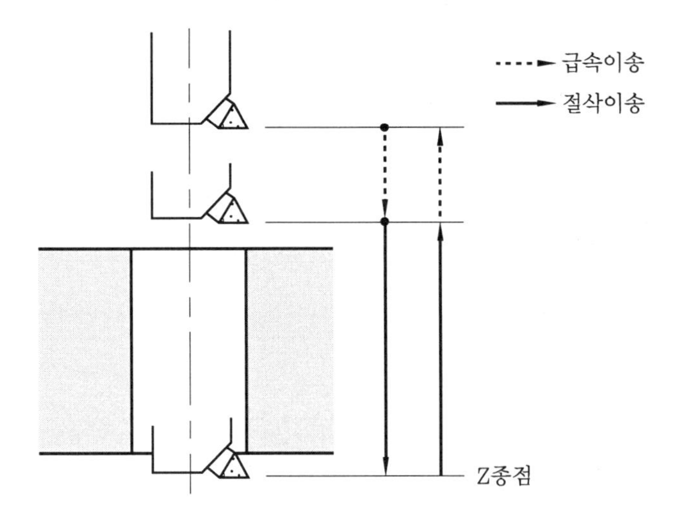

보링 사이클(G85) 공구경로

⑨ 보링 사이클 (G86)

$$G86 \begin{Bmatrix} G90 \\ G91 \end{Bmatrix} \begin{Bmatrix} G98 \\ G99 \end{Bmatrix} X\_\ Y\_\ Z\_\ R\_\ Q\_\ F\_\ K\_ ;$$

지령방법은 G85와 동일하고 사이클의 동작도 같지만, 공구가 구멍의 바닥에서 빠져 나올 때 주축이 정지하여 급속이송으로 나오게 된다. 따라서 이 지령의 경우, 가공시간은 단축할 수 있지만 G85 보링 사이클에 비해 가공면의 정도가 떨어진다.

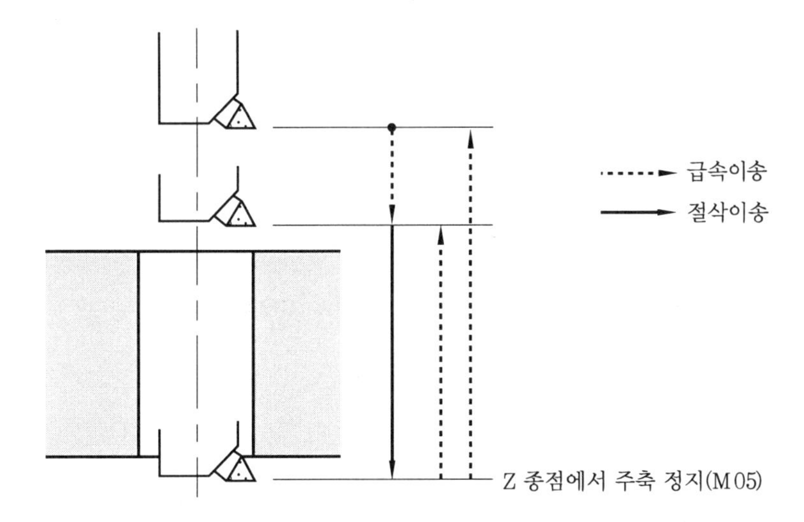

보링 사이클(G86) 공구경로

[예제] 다음 도면을 G81을 이용하여 센터 드릴 작업을, G73을 이용하여 드릴 작업을, G84를 이용하여 태핑 작업을 하는 프로그램을 하시오.

절삭조건

공구명	공구번호	주축 회전수(rpm)	이송속도(mm/min)	보정번호
ϕ4 센터 드릴	T02	1300	100	H02
ϕ8 드릴	T03	700	70	H03
ϕ12 보링	T04	1300	60	H04

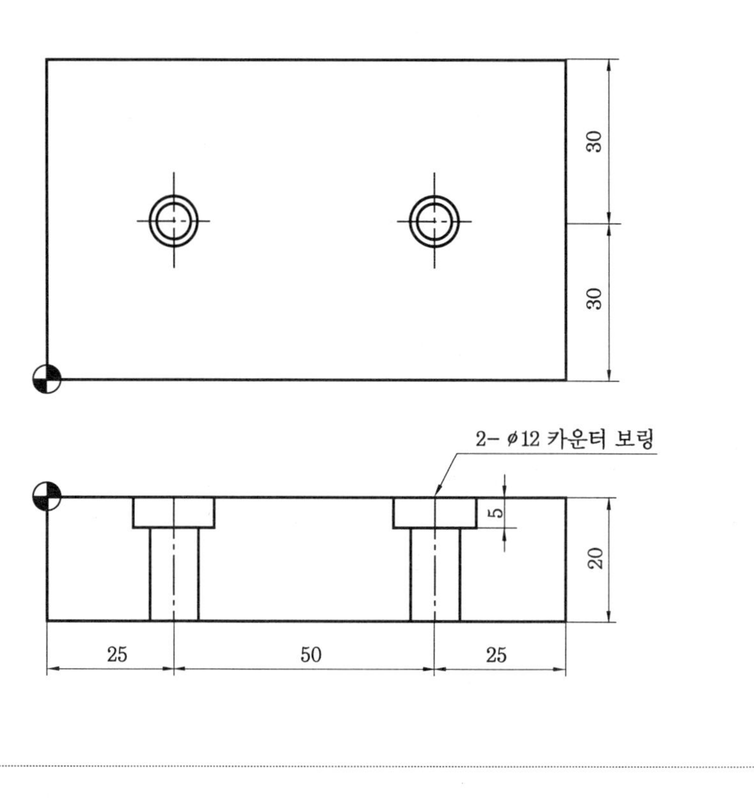

해설

```
G40    G49    G80 ;
G30    G91    Z0.0    M19 ;
T02    M06 ;
G54    G00    G90     X25.0    Y30.0    S1300    M03 ;
G43    Z10.0  H02     M08 ;
G81    G99    Z-4.0   R3.0     F100 ;
       X75.0 ;
G00    G49    G80     Z200.0   M09 ;
M05;
G30    G91    Z0.0    M19 ;
T03    M06 ;
```

```
G00    G90    X25.0    Y30.0    S700     M03 ;
G43    Z10.0  H03      M08 ;
G73    G99    Z-23.0   R3.0     Q3.0     F70 ;
       X75.0 ;
G00    G49    G80      Z200.0   M09 ;
M05 ;
G30    G91    Z0.0     M19 ;
T04    M06 ;
G00    G90    X25.0    Y30.0    S1300    M03 ;
G43    Z10.0  H04      M08 ;
G86    G99    Z-5.0    R3.0     F60 ;
       X75.0 ;
G00    G49    G80      Z200.0   M09 ;
M05 ;
M02 ;
```

⑩ 백 보링 사이클(G87)

$$G87 \begin{Bmatrix} G90 \\ G91 \end{Bmatrix} \begin{Bmatrix} G98 \\ G99 \end{Bmatrix} X\_\ Y\_\ Z\_\ R\_\ Q\,q\_\ F\_\ K\_\ ;$$

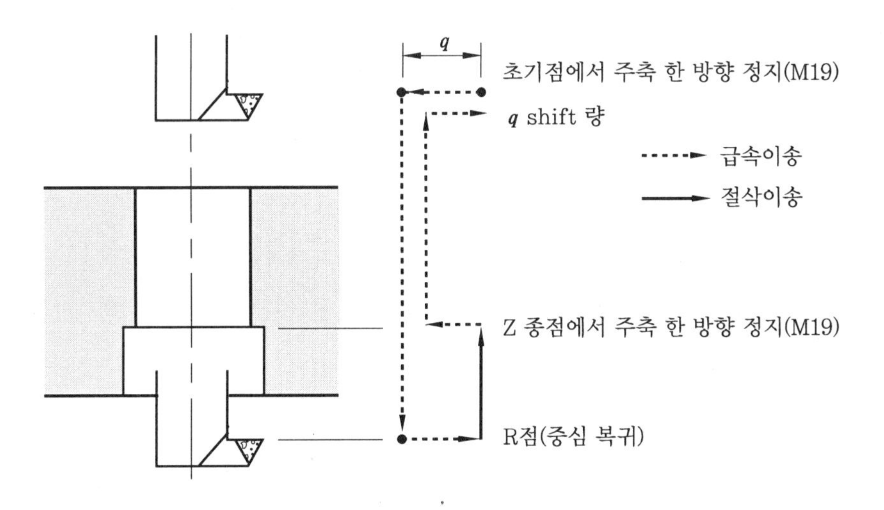

백 보링 사이클(G87) 공구경로

구멍 밑면의 보링이나 2단으로 된 구멍가공에서 구멍의 아래쪽이 더 큰 경우의 가공에서는 주축을 정위치에 정지시켜 공구 인선과 반대방향으로 이동시켜 급송으로 구멍의 바닥 R점에 위치결정을 한다. 이 위치부터 다시 이동시킨 양만큼 돌아와서 빠져 나오면서 주축을 회전시켜 절삭한다.

⑪ 보링 사이클(G88)

$$G88 \begin{Bmatrix} G90 \\ G91 \end{Bmatrix} \begin{Bmatrix} G98 \\ G99 \end{Bmatrix} X\_\ Y\_\ Z\_\ R\_\ P\_\ F\_\ K\_ ;$$

구멍 밑면인 Z축 보링 종점까지 절삭 후 핸들 또는 수동운전으로 이동할 수 있으며, 보링 길이가 일정하지 않은 경우 임의 지점까지 자동으로 절삭하고 눈으로 확인하면서 깊이를 절삭하며 임의의 위치에서 자동개시를 실행하면 정상적으로 복귀하는 기능이다. 일반적으로 대형 보링기계에 많이 사용한다.

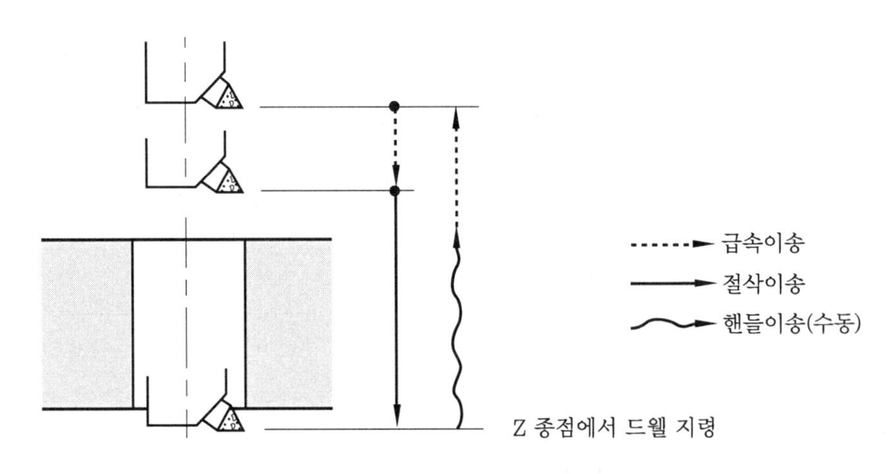

보링 사이클(G88) 공구경로

⑫ 보링 사이클(G89)

$$G89 \begin{Bmatrix} G90 \\ G91 \end{Bmatrix} \begin{Bmatrix} G98 \\ G99 \end{Bmatrix} X\_\ Y\_\ Z\_\ R\_\ P\_\ F\_\ K\_ ;$$

G85 보링 사이클 기능과 동일하나 구멍바닥에서 드웰 기능이 추가된 것이다.

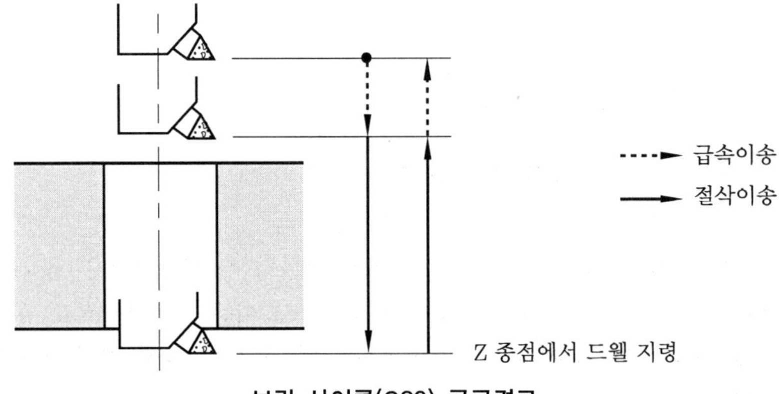

보링 사이클(G89) 공구경로

3-7 보조 프로그램

보조 프로그램에 대해서는 CNC 선반편에서 이미 설명하였으므로 여기에서는 예제를 들어 보자.

[예제] 다음 도면을 ϕ20－2날 엔드밀로 보조 프로그램을 이용하여 프로그램하시오. (단, 구멍의 중앙은 13mm 드릴에 의해 드릴링 되어 있으며, 1회 절입은 5mm로 한다.)

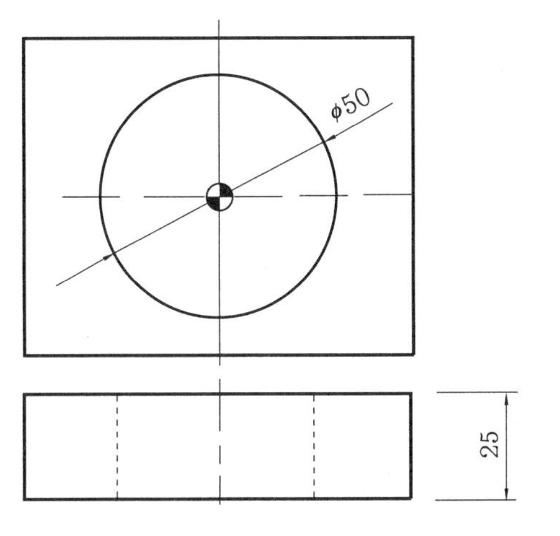

해설 (주 프로그램)

```
O0001 ;
G40     G49     G80 ;
G30     G91     Z2.0 ;                          …… 공구를 교환하지 않으면 필요 없음.
T03     M06 ;
G54     G00     G90     X0.0    Y0.0 ;
G43     Z10.0   H03     S600    M03 ;
G01     Z5.0    M0.8 ;
M98     P50010 ;
G00     G90     Z200.0  M09 ;
M05 ;
M02 ;
```

(보조 프로그램)

```
O0010 ;
G01     G91     X25.0   Z-5.0   G41     D01 ;
G03     I-25.0 ;
        X-15.0  Y15.0   R15.0 ;
G40     G01     G90     X0.0    Y0.0 ;
M99 ;
```

4. 응용 프로그램

4-1 윤곽가공

(1) 다음 도면을 G92(공작물좌표계 설정) 및 G54(공작물좌표계 1번 선택)를 이용하여 프로그램하시오.

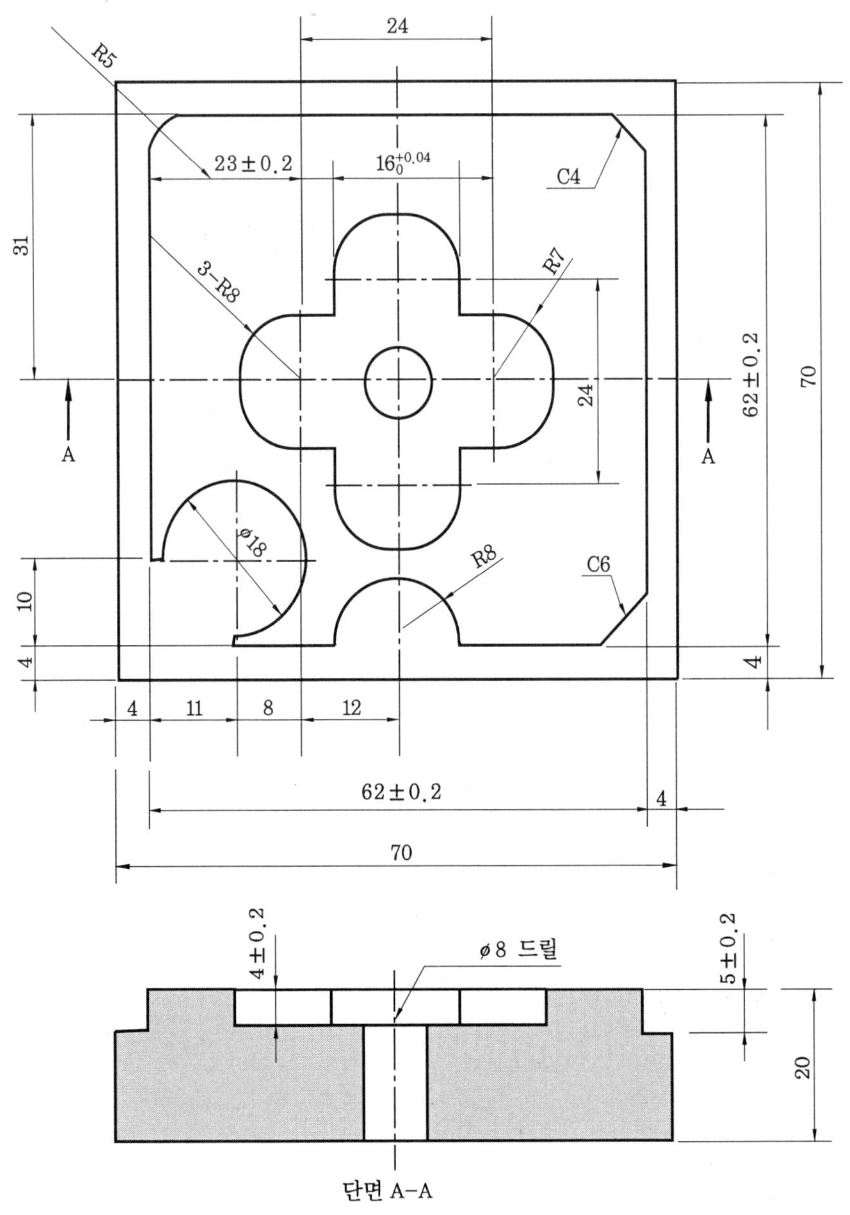

① G92(공작물좌표계 설정)를 이용한 프로그램

```
G40   G49    G80 ;                          …… 프로그램 초기 지령문으로 모든 보
                                               정값 취소
G28   G91    X0.0    Y0.0    Z0.0 ;         …… 증분좌표 지령으로 자동 원점복귀
G92   G90    X__     Y__     Z__ ;          …… 공작물좌표계 설정
G30   G91    Z0.0 ;                         …… 제2원점(공구 교환점) 복귀
T03   M06 ;                                 …… 3번 공구(드릴)로 공구 교환
G00   G90    X35.0   Y35.0 ;                …… 드릴가공을 위한 구멍 위치로 급속
                                               이송
G43   Z10.0  H03     S800    M03 ;          …… 공구 길이 보정을 하면서 Z10.0의
                                               위치로 내려오면서 800rpm으로 주
                                               축 정회전
G73   G99    Z-23.0  R5.0    Q3.0   F80 ;   …… 고속 펙 드릴링 사이클로 Z-23.0
                                               까지 매회 절입량 3mm로 가공한
                                               후 R점(Z5.0)으로 공구 복귀
G00   G49    G80     Z200.0 ;               …… 공구 길이 보정, 고정 사이클 취소
                                               하면서 Z200.0까지 공구 이동
G30   G91    Z0.0 ;
T01   M06 ;
G00   G90    X-10.0  Y-10.0 ;
G43   Z10.0  H01 ;
G01   Z-5.0  F100 ;
G41   X7.0   D01     S1000   M03 ;          …… 공구가 φ8이고, 도면의 φ18을 가
                                               공하기 위하여 X4.0이 아닌 X7.0
                                               으로 프로그램
      Y14.0 ;
      X4.0 ;
      Y66.0 ;
      X66.0 ;
      Y4.0 ;
      X15.0 ;
      Y14.0 ;
      X4.0 ;
      Y61.0 ;
G02   X9.0   Y66.0   R5.0 ;
G01   X62.0 ;
```

```
        X66.0   Y62.0 ;
        Y10.0 ;
        X60.0   Y4.0 ;
        X43.0 ;
G03     X27.0   Y4.0    R8.0 ;
G01     X-10.0 ;
G00     Z5.0 ;
G40     X15.0   Y14.0 ;          …… φ18 가공을 위한 원호 중심으로 공
                                    구 이동
G01     Z-5.0 ;
G41     Y5.0    D01 ;            …… φ18 가공 시 가공 안 된 부분을 없
                                    게 하기 위하여 Y5.0의 위치로 공
                                    구 이동
G03     J9.0 ;
G00     Z5.0 ;
G40     X35.0   Y35.0 ;
G01     Z-4.0 ;
G41     X43.0   D01 ;
        Y47.0 ;
G03     X27.0   Y47.0   R8.0 ;
G01     Y43.0 ;
        X23.0 ;
G03     X23.0   Y27.0 R8.0 ;
G01     X27.0 ;
        Y23.0 ;
G03     X43.0   Y23.0   R8.0 ;
G01     Y27.0 ;
        X47.0 ;
G03     X47.0   Y42.0   R7.0 ;
G01     X35.0 ;
G00     G40     G49     Z200.0 ;
M05 ;
M02 ;
```

② G54(공작물좌표계 1번 선택)를 이용한 프로그램

```
G40     G49     G80 ;
```

```
G28   G91   X0.0   Y0.0   Z0.0 ;
G30   Z0.0 ;
T03   M06 ;
G00   G90   G54    X35.0  Y35.0 ;
G43   Z10.0 H03    S800   M03 ;
G73   G99   Z-23.0 R5.0   Q3.0   F80 ;
      ↓
      G92와 동일
```

(2) 다음 도면을 프로그램하시오.

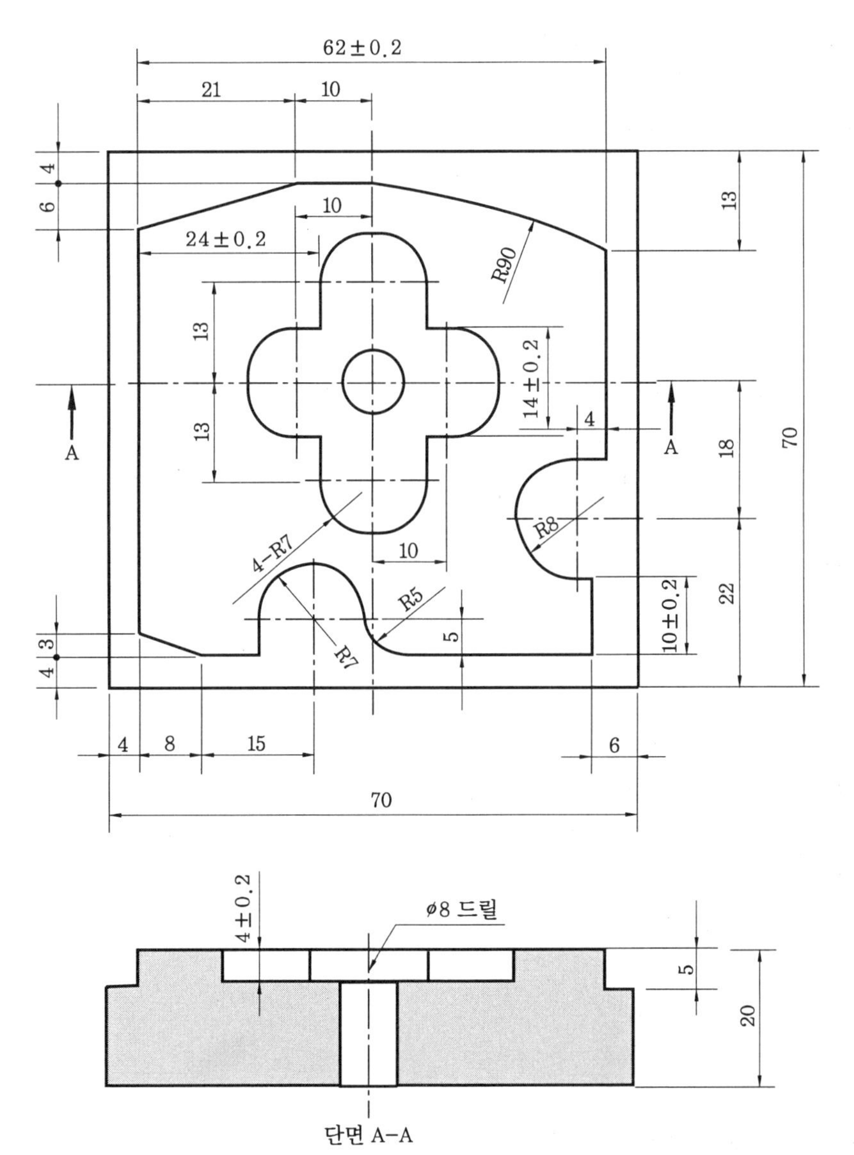

```
G40   G49   G80 ;
G28   G91   X0.0   Y0.0   Z0.0 ;
G30   Z0.0 ;
T03   M06 ;
G54   G90   G00    X35.0  Y40.0 ;
G43   Z10.0 H03    S800   M03 ;
G73   G99   Z-23.0 R5.0   Q3.0   F80 ;
G00   G49   G80    Z200.0 ;
G30   G91   Z0.0 ;
T01   M06 ;
G00   G90   X-10.0 Y-10.0 ;
G43   Z10.0 H01 ;
G01   Z-5.0 F100 ;
G41   X4.0  D01    S1000  M03 ;
G01   Y66.0 ;
      X66.0 ;
      Y4.0 ;
      X12.0 ;
      X4.0  Y7.0 ;
      Y60.0 ;
      X25.0 Y66.0 ;
      X35.0 ;
G02   X66.0 Y57.0  R90.0 ;
G01   Y30.0 ;
G03   X66.0 Y14.0  R8.0 ;
G01   Y4.0 ;
      X39.0 ;
G02   X34.0 Y9.0   R5.0 ;
G03   X20.0 Y9.0   R7.0 ;
G01   Y4.0 ;
      X-20.0 ;
G00   Z5.0 ;
G40   X35.0 Y40.0 ;
G01   Z-4.0 F100 ;
G41   Y60.0 D01 ;
G03   X28.0 Y53.0 R7.0 ;
```

```
G01    Y47.0 ;
       X25.0 ;
G03    X25.0  Y33.0  R7.0 ;
G01    X28.0 ;
       Y27.0 ;
G03    X42.0  Y27.0  R7.0 ;
G01    Y33.0 ;
       X45.0 ;
G03    X45.0  Y47.0  R7.0 ;
G01    X42.0 ;
       Y53.0 ;
G03    X35.0  Y60.0  R7.0 ;
G00    G40    G49    Z200.0 ;
M05 ;
M02 ;
```

4-2 고정 사이클 가공

(1) 다음 도면을 머시닝 센터로 가공하기 위한 절삭조건을 선정한 후 프로그램하시오.

절삭조건

공구명	공구번호	주축 회전수(rpm)	이송속도(mm/min)	보정번호
ϕ16-4날 엔드밀	T01	700	100	H01 D01
ϕ4 센터 드릴	T02	1500	120	H02
ϕ10.5 드릴	T03	790	126	H03
ϕ18 드릴	T04	500	110	H04
M12×1.5 탭	T05	160	240	H05
ϕ23 보링	T06	1590	95	H06

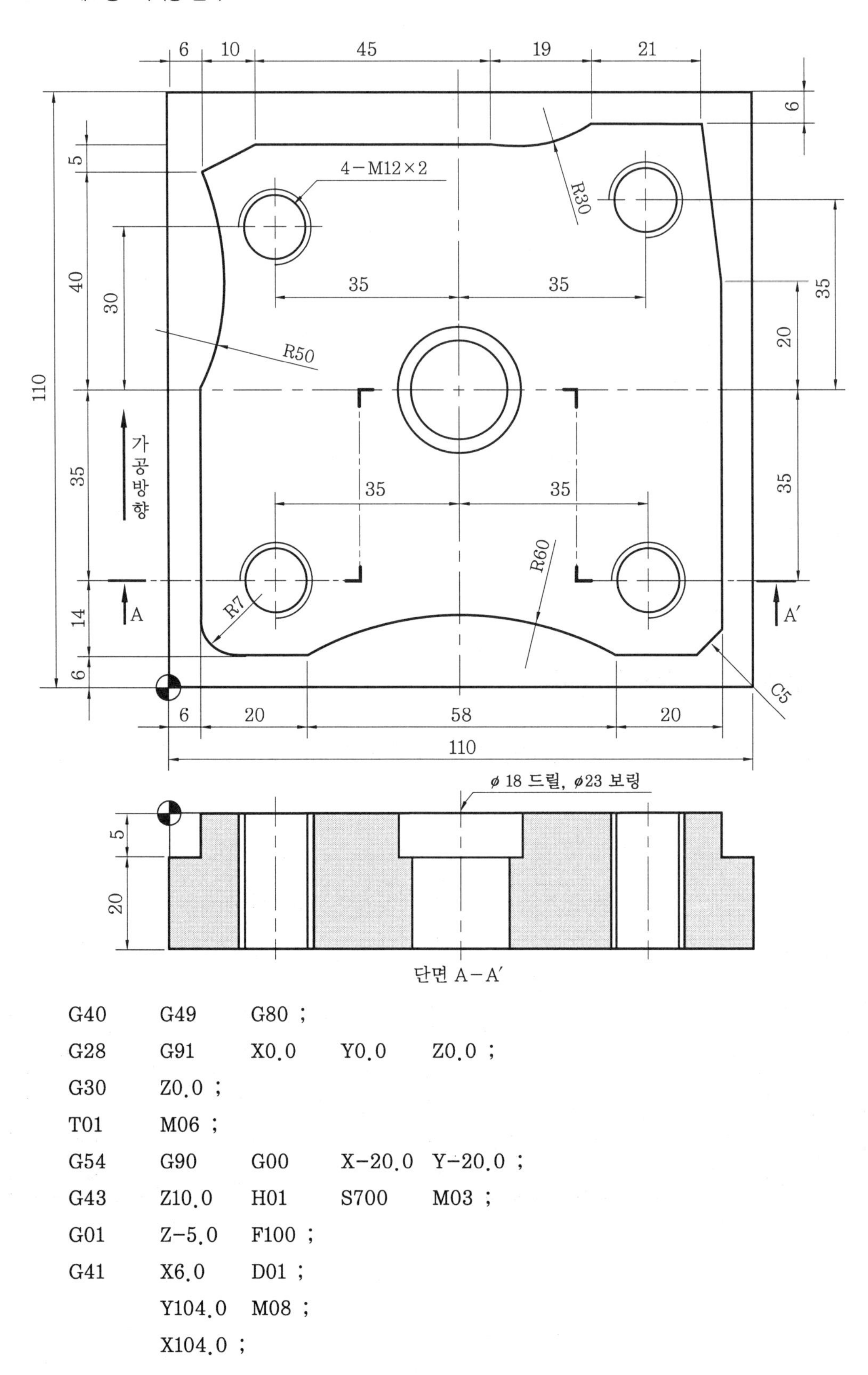


```
G40     G49     G80 ;
G28     G91     X0.0    Y0.0    Z0.0 ;
G30     Z0.0 ;
T01     M06 ;
G54     G90     G00     X-20.0  Y-20.0 ;
G43     Z10.0   H01     S700    M03 ;
G01     Z-5.0   F100 ;
G41     X6.0    D01 ;
        Y104.0  M08 ;
        X104.0 ;
```

```
        Y6.0 ;
        X6.0 ;
        Y55.0 ;
G03     Y95.0   R50.0 ;
G01     X16.0   Y100.0 ;
        X61.0 ;
G03     X80.0   Y104.0  R30.0 ;
G01     X101.0 ;
        X104.0  Y75.0 ;
        Y11.0 ;
        X99.0   Y6.0 ;
        X84.0 ;
G03     X26.0   R80.0 ;
G01     X13.0 ;
G02     X6.0    Y13.0   R7.0 ;
G00     X-20.0 ;
G40     Y-20.0 ;
G49     Z200.0  M19 ;
G30     G91     Z0.0 ;
T02     M06 ;
G00     G90     X55.0   Y55.0 ;
G43     Z10.0   H02     S1500   M03 ;
G81     G99     Z-5.0   R5.0    F120 ;
        X20.0   Y20.0 ;
        X90.0   Y20.0 ;
        X90.0   Y90.0 ;
        X20.0   Y85.0 ;
G00     G80     Z20.0 ;
G49     Z200.0  M19 ;
G30     G91     Z0.0 ;
T03     M06 ;
G00     G90     X20.0   Y20.0 ;
G43     Z10.0   H03     S790    M03 ;
G83     G99     Z-29.0  Q3000   R5.0    F126 ;
        X90.0   Y20.0 ;
        X90.0   Y90.0 ;
```

```
         X20.0   Y85.0 ;
G00      G80     Z20.0 ;
G49      Z200.0  M19 ;
G30      G91     Z0.0 ;
T04      M06 ;
G00      G90     X55.0   Y55.0 ;
G43      Z10.0   H04     S500    M03 ;
G83      G99     Z-29.0  Q3000   R5.0    F110 ;
G00      G80     Z20.0 ;
G49      Z200.0  M19 ;
G30      G91     Z0.0 ;
T05      M06 ;
G00      G90     X20.0   Y20.0 ;
G43      Z10.0   H05     S160    M03 ;
G84      G99     Z-29.0  R5.0    F240 ;
         X90.0   Y20.0 ;
         X90.0   Y90.0 ;
         X20.0   Y85.0 ;
G00      G80     Z20.0 ;
G49      Z200.0  M19 ;
G30      G91     Z0.0 ;
T06      M06 ;
G00      G90     X55.0   Y55.0 ;
G43      Z10.0   H06     S1590   M03 ;
G76      G98     Z-5.0   R5.0    F95 ;
G00      G80     Z20.0 ;
G49      Z200.0  M19 ;
M05 ;
M02 ;
```

(2) 다음 도면을 머시닝 센터로 가공하기 위한 절삭조건을 선정한 후 프로그램하시오.

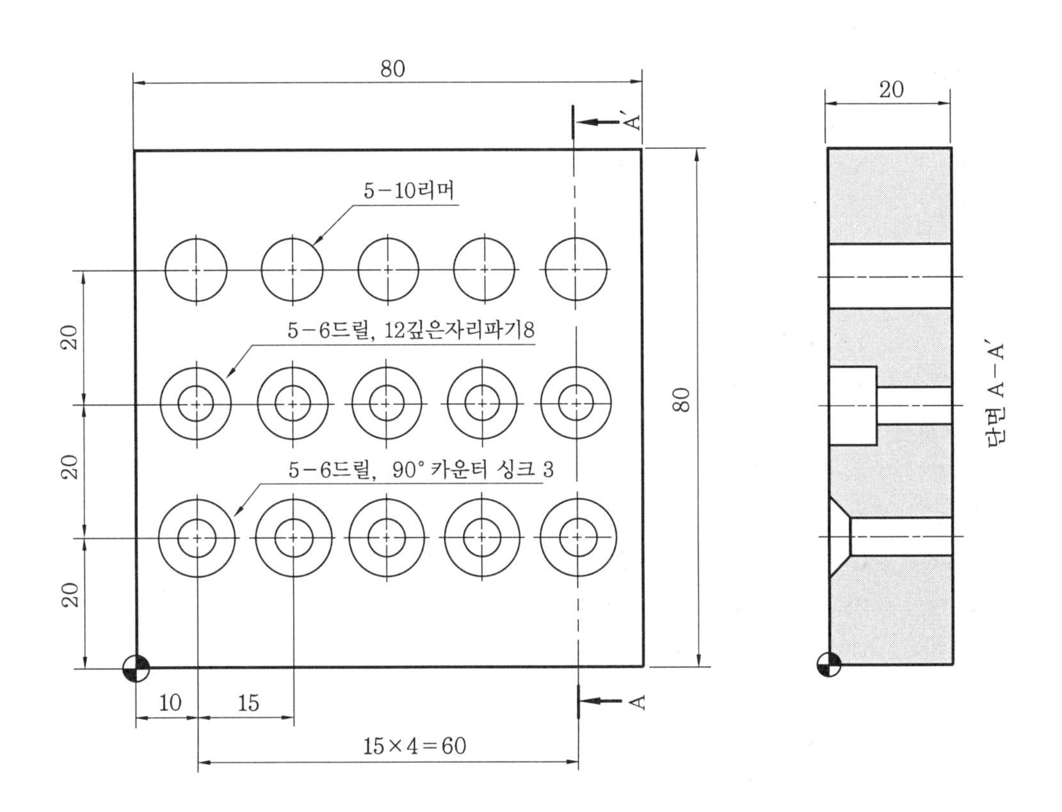

절삭조건

공구명	공구번호	주축 회전수(rpm)	이송속도(mm/min)	보정번호
φ4 센터 드릴	T01	1500	130	H01
φ6 드릴	T02	1300	130	H02
φ9.7 드릴	T03	800	106	H03
φ10 H7 리머	T04	100	40	H04
M12−2날 엔드밀	T05	900	90	H05
90° 카운터 싱크	T06	120	20	H06

```
G40   G49    G80 ;
G28   G91    X0.0    Y0.0    Z0.0 ;
G30   Z0.0 ;
T01   M06 ;
G00   G90    X10.0   Y20.0   S1500   M03 ;
G43   Z10.0  H01     M08 ;
G81   G99    Z-4.0   R3.0    F130 ;
G91   X15.0  K4 ;
      Y20.0 ;
      X-15.0 K4 ;
      Y20.0 ;
      X15.0  K4 ;
G00   G49    G80     Z200.0  M09 ;
G30   G91    Z0.0 ;
T02   M06 ;
G00   G90    X10.0   Y20.0   S1300   M03 ;
G43   Z10.0  H02     M08 ;
G81   G99    Z-22.0  R3.0    F130 ;
G91   X15.0  K4 ;
      Y20.0 ;
      X-15.0 K4 ;
G00   G49    G80     Z200.0  M09 ;
G30   G91    Z0.0 ;
T03   M06 ;
G00   G90    X10.0   Y60.0   S800    M03 ;
G43   Z10.0  H03     M08 ;
G81   G99    Z-23.0  R3.0    F100 ;
G91   X15.0  K4 ;
G00   G49    G80     Z200.0  M09 ;
G30   G91    Z0.0 ;
T04   M06 ;
G00   G90    X10.0   Y60.0   S100    M03 ;
G43   Z10.0  H04     M08 ;
G85   G99    Z-21.0  R3.0    F40 ;
G91   X15.0  K4 ;
G00   G49    G80     Z200.0  M09 ;
```

```
G30    G91    Z0.0 ;
T05    M06 ;
G00    G90    X10.0    Y40.0    S900     M03 ;
G43    Z10.0  H05      M08 ;
G89    G99    Z-8.0    R3.0     P500     F90 ;
G91    X15.0  K4 ;
G00    G49    G80      Z200.0   M09 ;
G30    G91    Z0.0 ;
T06    M06 ;
G00    G90    X10.0    Y20.0    S120     M03 ;
G43    Z10.0  H06      M08 ;
G89    G99    Z-6.4    R3.0     P1000    F20 ;
G91    X15.0  K4 ;
G00    G49    G80      Z200.0   M09 ;
M05 ;
M02 ;
```

제 4 장

CNC 방전가공

1. CNC 방전가공의 개요

1-1 방전의 개요

(1) 방전의 원리

방전가공은 절연체에 전류가 흘렀을 때 방전되는 원리를 이용하여 물리적으로 공작물을 가공하는 방법으로 가공물(+)과 전극(−)의 두 극에 전압을 걸면 (−)전극에서 (+)전극을 향하여 전자가 튀어나간다. 전자는 도중에 서로 충돌하면서 공기 중의 기체입자와도 충돌을 일으키는데, 이때 전리작용이 발생하여 전자의 수가 증가한다.

이 경향은 양극에 근접해 갈수록 점점 높아지는데, 이것을 전자사태(electric emergence)라고 하며 이것에 의하여 일어나는 절연파괴현상을 방전이라고 한다.

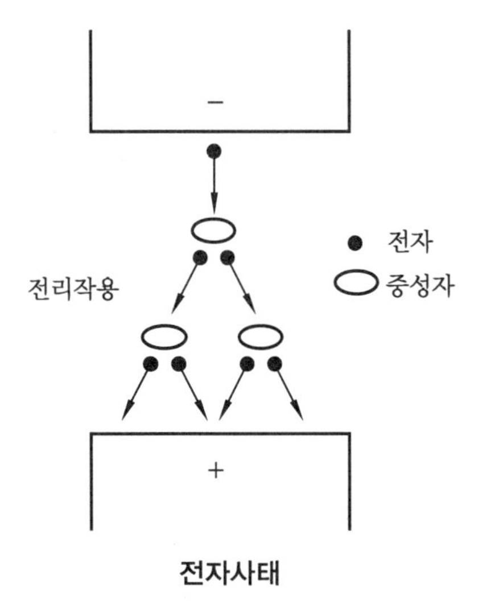

전자사태

(2) 방전의 진행 과정

방전이 진행되는 과정을 보면 비자속 방전, 코로나(corona) 방전, 스파크(spark) 방전, 글로(glow) 방전, 아크(arc) 방전 및 방전 종료의 순으로 진행된다.

① **비자속 방전** : 전류와 전압이 비례적으로 변화하는 구간 영역의 방전을 비자속 방전이라 하며, 이때의 전류를 미전류, 즉 암류(暗流)라고 한다. 이 영역은 공업적으로는 유용성이 없다.

② **코로나 방전** : 국부적인 절연파괴에 의한 방전을 코로나 방전이라 한다. 코로나 방전은 불안전한 방전상태로 전하 입자가 자기증식을 하지 못하고 부분적으로 발생 후 소

멸한다.

③ **스파크 방전** : 코로나 방전 상태에서 계속 전압을 상승시키면 전하 입자의 속도가 증가하여 주변의 분자·원자와 충돌하고 전하 입자가 연속적으로 자기증식하여 전로 파괴가 일어나기 직전의 과도 파괴가 일어나는 방전이다.

④ **글로 방전** : 스파크 방전 상태에서 전류가 계속 증가하면 전로 파괴가 일어나는 방전을 말한다.

⑤ **아크 방전** : 글로 방전 상태에서 전류가 계속 증가하면 안정되는 방전이다.

⑥ **방전 종료** : 전압이 내려가 지속 전압 이하가 되거나 회로의 저항이 증가하여 아크 전류가 감소하면 방전은 끝난다.

(3) 방전가공의 원리

방전가공(EDM : Electric Discharge Machining)의 원리는 다음 그림과 같다. 절연성의 가공액(석유 또는 전용 방전유) 중에 구리, 황동, 흑연 등의 비교적 가공이 용이한 도전성 재료의 전극과 공작물을 넣고, 그 사이에 60~300V 정도의 펄스 전압을 걸어 5~50μm까지 접근시키면, 전극과 가공물 표면 요철부분의 한 점에서 절연파괴현상이 나타나며, 절연액을 이온화시켜 스파크 방전이 발생한다. 이때 발생하는 열과 폭발압력에 의하여 가공물을 녹이거나 증발시켜 크레이터(crater)를 생성하여 구멍뚫기, 조각, 절단 등을 하는 방법이다.

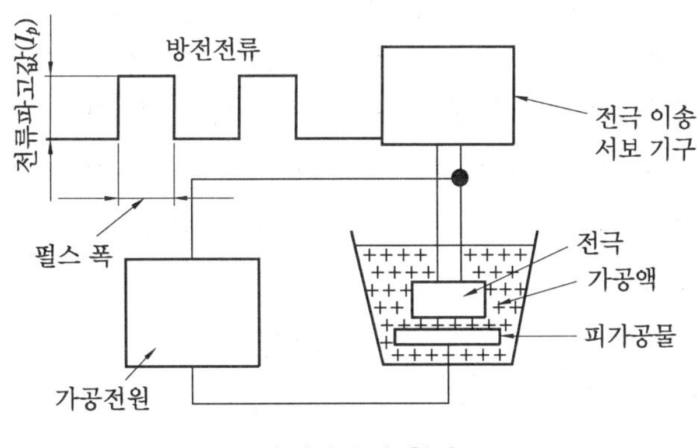

방전가공의 원리

방전은 10^{-7}~10^{-3}초 정도의 짧은 시간에 이루어지며, 5000~10000℃의 높은 열이 순간적으로 발생되므로 이런 현상의 반복작용으로 열적인 침식이 되어 가공이 된다. 일반적으로 공기 중에서 방전가공을 하면 산화물이 생성되어 가공이 순조롭지 못하므로 등유, 경유, 물 등의 절연성 가공액을 공급시켜 방전 시 폭발압력을 주어 용융 칩과 산화물을 제거함으로써 극간의 절연을 회복시켜 방전이 계속 이루어질 수 있도록 한다.

가공의 진행과 함께 극간의 간격이 증가하므로 극의 간격을 일정하게 유지하도록 전극을 상대적으로 이송시켜주는 역할은 서보 기구가 담당한다.

실제 가공액 중에서 방전가공할 때 방전이 진행되는 과정은 그림과 같다.

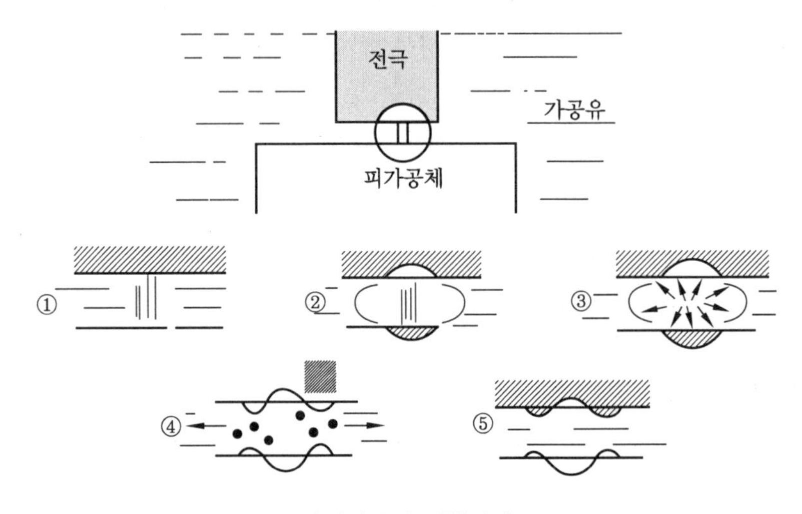

방전가공의 진행과정

① **방전개시** : 가공액 속에 전극과 가공물을 넣고 그 사이에 60~300V(보통 100V)의 직류 전압을 걸고 전극과 가공물 사이의 거리를 5~50μm까지 서서히 좁혀간다.

② **기화상태** : 전극과 가공물 표면의 요철부분의 한 점에서 절연이 파괴되어 절연액을 이온화시켜 스파크 방전이 발생하는데, 이때 스파크 열의 온도는 5000℃ 이상이 되므로 방전점에서는 가공물이 녹거나 증발하여 크레이터를 생성한다.

③ **폭발** : 이 열로 인하여 주변의 가공액도 동시에 국부 가열되면서 급속히 기화되어 체적을 팽창하려 하는데, 주위의 가공액의 관성에 의한 봉쇄작용으로 높은 압력을 일으킨다.

④ **용융 비산** : 가공물에서 용융 비산된 부분은 주변의 가공액에 의하여 냉각되어 작은 입자의 칩이 되고 가공액 중에 분리되어 분산된다.

⑤ **방전 드웰(dwell)** : 방전시간은 10^{-7}~10^{-3}초로 끝나며 가공액이 유입되면서 절연이 회복된다. 방전의 드웰 시간이 끝나면 다시 전압이 걸리고 다음의 방전이 반복된다.

(4) 방전가공의 특징과 종류

방전가공에 사용하는 전극재료로는 구리와 같이 열전도도가 우수하거나 흑연과 같이 융점이 높은 재료를 사용한다.

방전이 오래 계속되면 스파크 방전은 아크 방전으로 이행하지만, 아크 방전은 방전영역이 넓으므로 에너지 밀도가 낮아져 가공속도가 저하되고 가공 정밀도도 저하되기 때문에 방전은 스파크 방전 및 그에 잇달은 단시간의 과도 아크 방전에서 그치도록 한다. 방전가공은 1초에 수백 내지 수십만 번의 펄스성 방전을 발생시켜 가공이 진행되므로 단발 방전에 방전에너지가 크면 방전 자취가 커지고 다듬면이 거칠어진다.

방전가공의 장 · 단점은 다음과 같다.

① 장점

㈎ 강한 재료, 담금질한 재료, 가공경화되기 쉬운 재료의 가공이 용이하다.

㈏ 복잡한 구멍도 전극만 만들면 간단히 가공할 수 있다.

㈐ 가공 시 기계적인 큰 힘이 들지 않으므로 미세한 구멍이나 홈 및 두께가 얇은 것을 가공해도 가공 변형이 발생하지 않는다.

㈑ 열에 의한 변형이 적으므로 가공 정밀도가 우수하다.

㈒ 전극으로 구리, 황동, 흑연(graphite) 등을 사용하므로 성형이 용이하다.

㈓ 무인 운전화가 가능하다.

② 단점

㈎ 가공속도가 느리다.

㈏ 전극이 소모된다.

㈐ 전기의 부도체인 재질은 가공할 수 없다.

방전가공은 사용하는 전극의 형상에 따라 특정한 형상으로 만들어진 전극 공구를 사용하여 그 형상을 반전 투영시키는 형 방전가공과 와이어를 전극으로 사용하는 와이어 컷(wire cut) 방전가공으로 구분된다. 형 방전가공은 사출금형 제작에 많이 사용되며, 와이어 컷 방전은 프레스 금형의 다이(die), 펀치(punch) 가공에 많이 사용된다.

다음 그림은 형 방전가공법과 와이어 컷 방전가공법을 나타내고 있다.

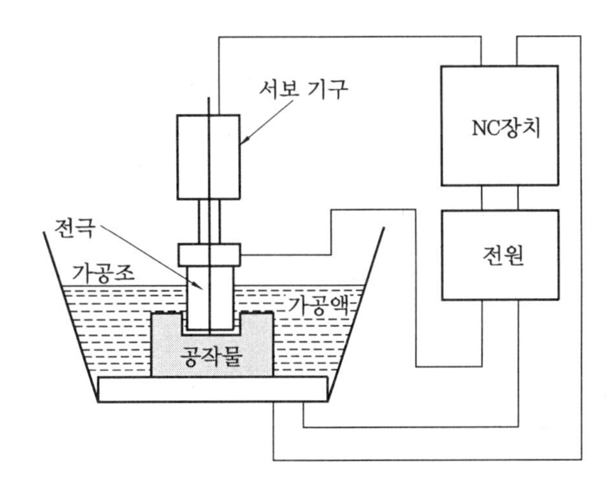

형 방전가공법

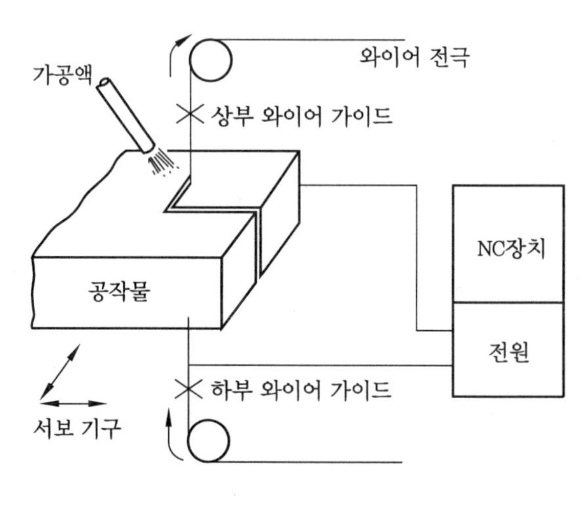

와이어 컷 방전가공법

또한 형 방전가공과 와이어 컷 방전가공의 비교를 다음 표에 설명하였다.

형 방전가공과 와이어 컷 방전가공

구 분	형 방전가공	와이어 컷 방전가공
전극	가공 형상에 따라 특정 형상의 전극이 필요함	특정 형상의 전극이 불필요함(ϕ0.05~0.3mm의 와이어 사용)
가공정도	전극의 정도에 의해서 가공정도가 결정됨	NC정치에 의한 X,Y,U,V축의 합성운동
	클리어런스(clearance) 조절이 곤란함	클리어런스(clearance) 조절이 용이함
	가공에 따른 소재의 잔류응력에 의한 변형이 적음	가공에 따른 소재의 잔류응력에 의한 변형이 나타남(2차 가공)
가공속도	가공면적에 따라 대폭 변함	가공면적이 적어 면적효과가 큼
안전	유중 방전을 하므로 안전장치가 필요하고, 발화 가능성이 있으므로 주의하여야 함	가공액으로 물을 사용하므로 발화 가능성이 없어 무인운전이 가능함

1-2 CNC 방전가공기

(1) CNC 방전가공기의 구조

CNC 방전가공기의 구조는 본체와 가공액 공급장치로 구성되는데, 기계 본체는 전극 이송기구(서보 기구)와 칼럼(column), 베드 및 테이블, 가공탱크로 구성된다. 가공탱크 내에는 공작물을 부착하는 작업대가 설치되어 있고, 가공액은 가공액 공급장치로부터 채우도록 되어 있다.

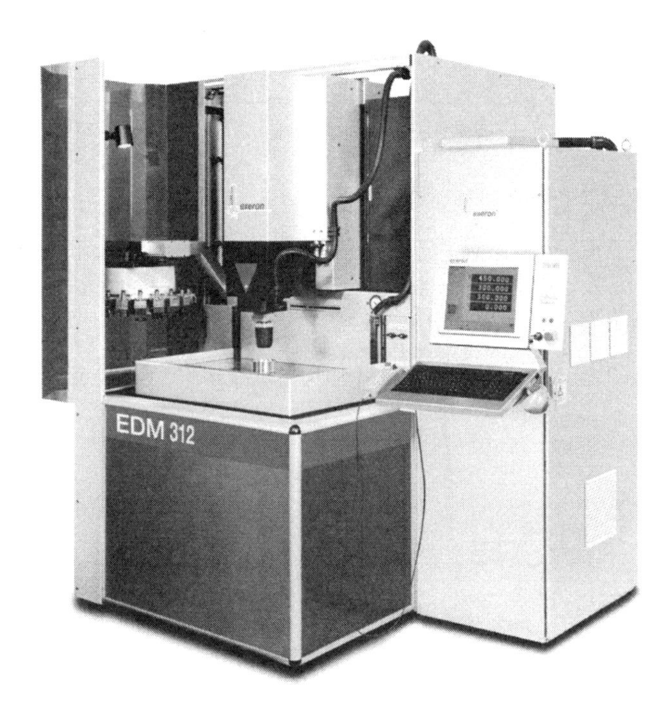

CNC 방전가공기

① **주축대**(ram head) : 주축대는 Z축으로 상하 이송하며, DC 서보모터로 가공깊이를 제어한다.

② **칼럼**(column) : 주축대 및 주축 구동계를 지지하고 전면에 주축대 안내부가 설치되어 있다.

③ **베드**(bed) : 기계 전체를 지지하는 베이스 부분으로 중앙부에는 테이블과 새들이, 후부에는 칼럼이 고정되어 있다.

④ **가공탱크**(work tank) : 가공액을 담아 가공 중 그 속에서 가공할 수 있도록 만든 구조이며, 가공액은 분류와 흡인을 선택할 수 있는 장치로 구성되어 있다.

⑤ **가공액 탱크**(dielectric oil tank) : 가공액의 저장, 침전, 여과, 공급을 행하는 부분으로 저장탱크, 펌프, 필터로 구성되어 있다.

⑥ **자동 전극 교환장치**(automatic tool changer) : 여러 전극을 사용하여 가공할 경우 전극을 프로그램에 의해 자동으로 교환할 수 있는 기능이 있으며 전극의 보정이 가능하다.

⑦ **전원 공급장치** : 방전가공에 알맞은 전류 및 전압을 발생시키는 장치로 방전시간과 크기를 조절할 수 있고 가공조건의 조정이 가능하다.

⑧ **CNC 제어장치** : 컴퓨터 제어에 의해 방전가공기의 모든 부분을 제어하고 조정한다.

(2) 방전회로의 종류

방전가공기의 펄스성 방전회로는 크게 콘덴서(condenser)식, 트랜지스터(transistor)식, 콘덴서와 트랜지스터의 혼합식으로 분류할 수 있다.

① 콘덴서식 방전회로(R-C 회로)

가장 기본적인 회로로서 그림에서와 같이 콘덴서 C에 충전저항 R를 통하여 전하를 일단 축적했다가 방전극간에 절연파괴가 일어나면 펄스 폭이 아주 짧으면서 높은 파고값의 방전전류펄스를 발생시키는 방식으로, 방전 초기의 급격한 전류의 상승으로 인해 아크 방전의 이행이 쉬워지므로 가공전류를 많이 투입하게 되어 가공속도가 느리다.

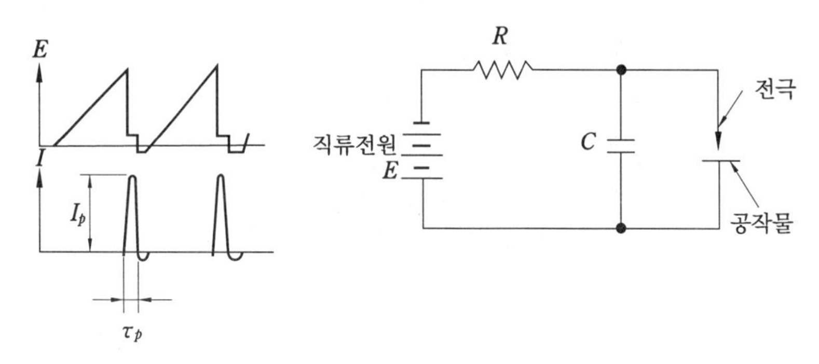

콘덴서식 방전회로와 방전 특성

(가) 공급동력 : 공급전압 V_0는 방전전압보다 커야 하며 일반적으로 공급전압 $V_0 = 2.25V_d$로 하고, 공급전류 $I_0 = 1.8I_d$로 하는 것이 좋다.

(나) 충격계수 : 방전주기와 방전시간의 비, 즉 1사이클 동안 전류가 흘러 가공에 임한 시간의 비를 충격계수라 한다. 충격계수가 크면 가공능률이 좋다는 의미이다.

(다) 콘덴서 용량 : 콘덴서의 용량이 크면 방전에너지(E)가 커지므로 가공시간은 단축되나 표면 거칠기는 나빠지므로 보통 100~200 μF 정도로 한다.

(라) 방전간극 : 방전간극이란 공작물과 전극 사이의 거리를 말하며, 방전간극이 너무 크면 방전저항이 커져 지속적인 방전을 일으킬 수 없고, 반대로 너무 작으면 방전저항이 작아져서 방전전류가 커지므로 가공시간은 단축되나 가공 정밀도는 저하된다. 보통 방전간극은 0.04~0.05mm 정도로 한다.

② 트랜지스터식 방전회로

다음 그림의 트랜지스터식 방전회로는 일반 방전가공기에서 많이 사용되는 회로인데 직류전원으로부터 스위치용 트랜지스터와 직류전원용 저항기를 통과시켜 극간에 연결한 회로를 말한다.

트랜지스터의 ON-OFF에 의해 짧은 파형의 전압이 극간에 걸리며 방전의 발생에 따라 저항기의 제한을 받으므로 단파형 전류가 흐른다. 이 회로방식은 트랜지스터의 ON-OFF를 제어회로에서 제어하며 이에 따라 전류의 펄스 폭을 제어하고 저항기의 수를 선택하는 방식으로 파고값은 제어된다.

그러나 콘덴서 방전회로와 동등한 펄스 폭과 파고값에 맞는 전류 펄스를 얻기 위해서는 고속대전류의 스위칭 트랜지스터가 필요하며 전원장치 자체도 대형화되어야 하므로 소형보다는 대형 가공에 적합하다.

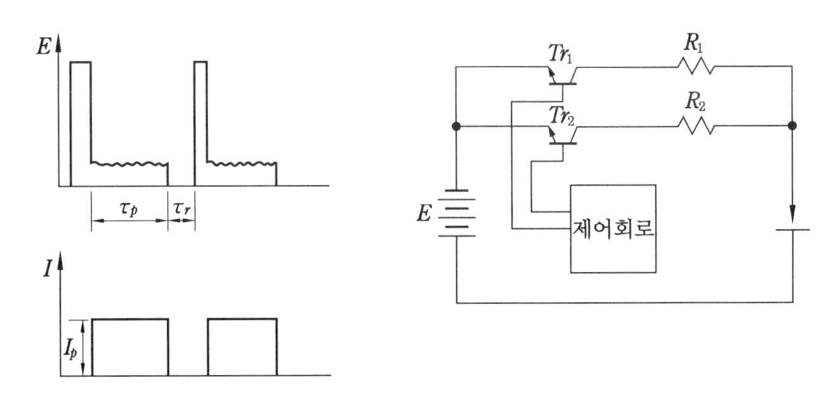

트랜지스터식 방전회로

③ 트랜지스터 제어회로를 부착한 콘덴서식 방전회로

이 방식은 콘덴서식과 트랜지스터식의 단점을 제거하고 장점만을 이용하기 위하여 조합된 회로이다. 이 회로는 콘덴서 회로에 의한 펄스 폭이 좁고 파고값이 높은 전류를 얻을 수 있고 트랜지스터 회로에 의한 방전 후에 정지시간을 주어 전원으로부터의 에너지가 유입되지 않도록 하여 절연 회복을 쉽게 할 수 있다는 특징 때문에 가장 많이 사용하고 있다. 따라서 스위칭 소자가 없는 콘덴서 방전회로보다 충격계수를 크게 할 수 있고, 충전 저항을 작게 하여 반복횟수를 증대시킬 수 있다.

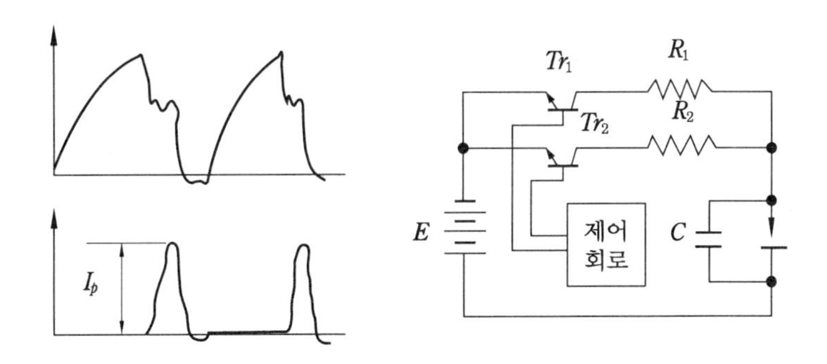

트랜지스터 제어회로를 부착한 콘덴서식 방전회로와 방전 특성

2. 방전가공 조건

2-1 방전조건과 가공특성

방전가공의 특성을 나타내는 조건에는 가공속도, 가공면 거칠기, 가공 확대 여유(clearance), 전극 소모비 등이 있으며, 이것은 주로 전기 조건에 의해 지배되고, 특히 방전전류 최대값(I_p)과 방전전류의 펄스 폭(방전시간 : τ_{on})에 의해 결정된다. 동일한 가공 특성에서는 방전정지시간(τ_{off})의 장 · 단에 따라 가공능률이 달라진다. 전기적인 조건과 가공 특성은 다음과 같다.

① 가공속도는 I_p와 τ_{on}이 크고, 충격계수 D가 100%에 가까울수록 커진다.

② 다듬면의 거칠기는 I_p와 τ_{on}이 클수록 거칠어진다. 따라서 가공속도가 크면 거칠어진다.

③ 클리어런스는 I_p와 τ_{on}이 클수록 커진다. 즉 가공정밀도가 저하된다.

④ 전극소모비는 전극 재료와 가공물의 재질에 관계없이 τ_{on}이 클수록 작아진다.

단발 방전에너지와 가공 특성

조 건	단발 방전에너지가 많을 때	단발 방전에너지가 적을 때
면조도	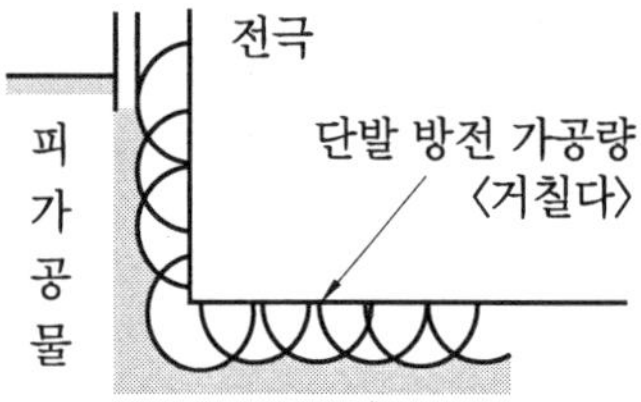 전극 피가공물 단발 방전 가공량 〈거칠다〉	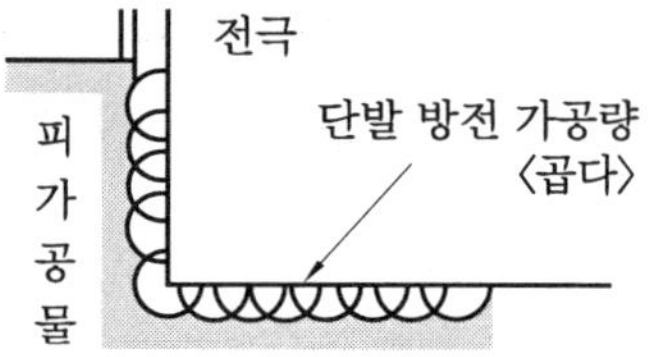 전극 피가공물 단발 방전 가공량 〈곱다〉
방전 갭	넓다	좁다
가공량	많다	적다
가공속도	빠르다	늦다

스파크 방전의 펄스 폭이 길어지면 아크 방전이 발생하며, 이에 따라 방전 단면적이 증대하고 전류밀도가 감소한다. 따라서 방전점의 온도는 낮아지며 전극의 소모도 적어진다.

(1) 가공속도

방전가공의 가공속도는 단위시간당 공작물 제거량(mm^3/min)으로 나타내며, 단발 방전에너지로 생기는 방전흔을 단발 방전 가공량이라고 하며, 방전에너지 E와 단발 방전 가공량

W는 비례한다.

$$W \propto E$$
$$W = K_w \tau_{on} I_p \ [\text{mm}^3/\text{s}] \ (K_w : \text{상수})$$

따라서 단위시간당 평균 가공속도 ν_m은

$$\nu_m = K_m \tau_{on} I_p f \ [\text{mm}^3/\text{s}]$$

여기서, K_m : 상수
f : 방전 반복횟수
τ_{on} : 방전시간
τ_n : 전압 인가시간
τ_{off} : 방전 정지시간(드웰 시간)

$$f = \frac{1}{\tau_{on} + \tau_n + \tau_{off}} \ [\text{Hz}]$$

(2) 가공면 거칠기

방전흔은 방전에너지에 의해 용융된 금속이 방전 발생 시의 압력으로 비산하여 형성되는 것으로 가공면의 거칠기(R)와 깊은 관계를 가지고 있다.

$$R = K_R \sqrt{\tau_{on} I_p} \ [\mu\text{m}] \qquad (K_R : \text{상수})$$

또, 가공속도와 다듬면 거칠기와는 상호 밀접한 관계가 있다.

$$V_m = KR^{2 \sim 3} \qquad (K : \text{상수})$$

즉, 다듬면 거칠기를 절반의 조건으로 가공하면 시간은 4~9배가 소요된다. 예를 들어 $R_{max} = 8\mu\text{m}$의 조건으로 다듬질할 때 2시간 걸릴 경우, $R_{max} = 2\mu\text{m}$의 조건으로 하면 30시간 이상이 걸린다.

(3) 방전 갭

방전가공을 하면 전극의 투영치수로 가공한 입구의 구멍이 커지게 되는데, 이는 방전에너지와 가공전압에 따라 변한다. 그러므로 가공 전에 방전 갭(over cut)을 예상하여 전극의 크기를 정해야 한다. 방전 갭이란 전극의 치수와 가공물에 나타난 구멍의 치수 차를 2등분한 것으로 다음과 같이 계산한다.

$$\text{방전 갭(오버 컷)} = \frac{D_{out} - d}{2} \ [\text{mm}]$$

여기서, D_{out} : 출구측 치수
d : 전극의 치수

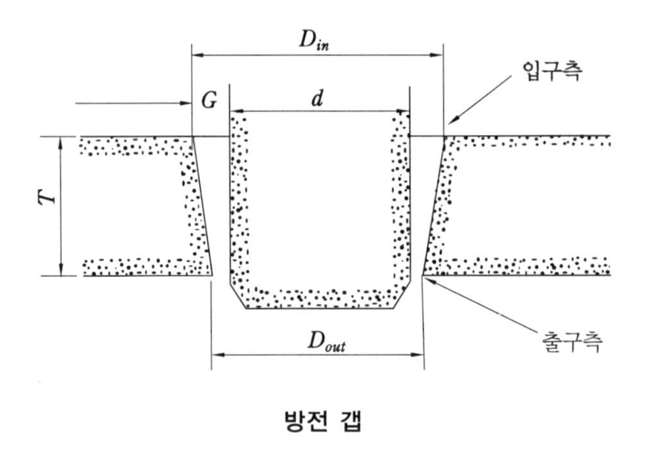

방전 갭

측면 방전 갭의 주된 원인은 가공 시 배출되는 가공 칩에 의한 2차 방전이다. 따라서 측면 방전 갭은 가공 칩의 배출 상태에 따라 영향을 받고 가공 깊이가 깊어질수록 가공 칩의 배출이 나빠지므로 커진다. 또한 기계 안내면의 정도 및 강성도와 전극의 기계적 강성이 작으면 가공액의 분출압력에 의해 전극이 진동함으로써 확대된다.

(4) 전극 소모비

방전가공에서는 전극의 소모량이 가공오차를 일으키는 큰 원인이 되기 때문에 이 소모량을 측정하는 방법으로 가공물의 제거량과 전극의 소모량과의 비를 전극 소모비라고 하며, 중량, 체적, 형상 소모비의 3가지를 사용하고 있다. 실제 가공 시 전극 소모비는 다음과 같이 산출한다.

① **중량 소모비** $= \dfrac{\text{전극의 소모량}}{\text{가공물의 제거량}} \times 100\,\%$

② **체적 소모비** $= \dfrac{\text{전극의 소모체적}}{\text{가공물의 가공체적}} \times 100\,\%$

$= \dfrac{\text{전극의 소모량} \times \text{전극의 비중}}{\text{가공물의 가공체적} \times \text{전극의 비중}} \times 100\,\%$

③ **형상 소모비**

단면 소모비 $= \dfrac{c}{T_h} \times 100\,\%$

측면 소모비 $= \dfrac{b}{T_h} \times 100\,\%$

모서리 소모비 $= \dfrac{a}{T_h} \times 100\,\%$

여기서, T_h : 공작물의 두께

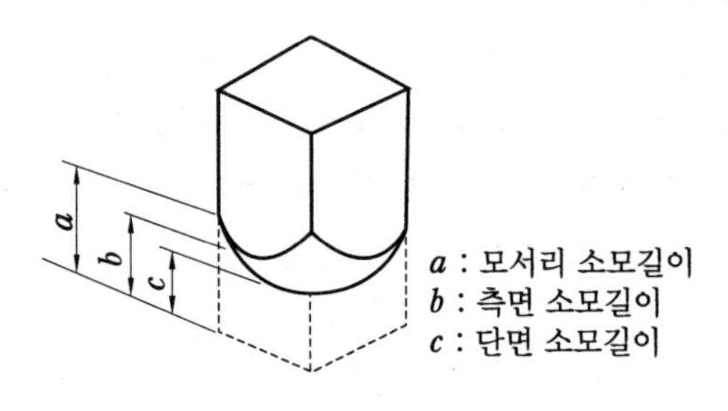

형상 소모 모양

2-2 방전조건 설정

방전조건을 결정할 때에는 요구하는 가공면의 거칠기, 전극 소모비, 방전 갭 등에 따라 설정해야 한다.

(1) 방전 전류의 최대값(I_p)과 펄스 폭(τ_{on})

방전에너지를 일정하게 유지하여 요구하는 가공면의 거칠기를 얻기 위한 방법으로 I_p와 τ_{on}을 설정할 때에는 다음 표와 같은 내용을 고려하여야 한다.

전류의 최대값과 펄스 폭의 설정

τ_{on} I_p	τ_{on} I_p	τ_{on} I_p
I_p : 대 τ_{on} : 소	I_p : 소 τ_{on} : 대	I_p : 중 τ_{on} : 중
가공속도 : 빠르다 전극소모 : 많다	가공속도 : 빠르다 전극소모 : 적다	가공속도 : 보통 전극소모 : 보통

전류의 최대값(I_p)을 크게 하고 펄스 폭(τ_{on})을 작게 하면 가공속도가 빠르고 전극 소모가 많다. 반면에 펄스 폭(τ_{on})을 크게 하면 전극 소모는 적어진다.

(2) 방전 정지시간(τ_{off})의 설정

방전 정지시간(τ_{off})을 짧게 하면 방전횟수가 증가하므로 가공속도는 빨라진다. 방전 정지시간은 방전에너지를 변화시키는 것이 아니므로 가공면의 거칠기, 전극 소모비, 방전 갭에는 거의 영향을 주지 않는다. 따라서 정지시간(τ_{off})을 짧게 설정하는 것이 유리하나, 실제로 가공할 때에는 가공 칩의 배출 능력을 고려하여 적절히 설정하여야 한다.

2-3 전극용 재료와 전극의 제작

(1) 전극용 재료

방전용 전극을 사용하는 주 목적은 금형을 제작하는 것이다. 일반적으로 금형 제작비용 산출 시 전극 재료의 비율은 3~5% 정도이며 올바른 전극재료를 사용함으로써 원가절감에 기여할 수 있다. 전극의 재료는 이론적으로는 도전성이 좋은 재료라면 무엇이든 사용할 수 있으나 다음과 같은 조건을 가지고 있는 재료가 좋다.

① 전극 재료의 조건

(가) 전기 저항값이 낮고 전기 전도도가 0.1S/cm 이상일 것
(나) 방전 가공성이 우수할 것
(다) 융점이 높아 방전 시 소모가 적을 것
(라) 성형이 용이하고 가격이 저렴할 것

② 전극 재료의 분류

위와 같은 조건을 가진 전극용 재료는 금속재, 비금속재, 혼합재로 나눌 수 있다.

(가) 금속재 : 전기동, 동-텅스텐, 은-텅스텐, 알루미늄합금, 텅스텐, 강 등
(나) 비금속재 : 흑연(그래파이트)
(다) 혼합재 : 동흑연

③ 각 전극 재료의 특징

(가) 전기동 : 전기 전도도가 높아 방전 가공성이 우수하고, 가공이 용이하여 가장 많이 사용된다. 기계가공 및 산에 의한 침식을 이용하여 가공한다.
(나) 동-텅스텐(Cu-W) : 연삭성이 동보다 양호한 것으로 전극 소모 등의 방전가공 특성은 동보다 우수하지만 가격이 약 40배나 되는 고가이므로 사용이 한정되어 있다. 피가공물이 초경합금인 경우에 많이 사용되며 전극 소모비는 15~20% 정도이다.
(다) 은-텅스텐(Ag-W) : 피삭성은 동-텅스텐과 거의 같지만 전극의 저소모 가공이 가능하고 가격이 훨씬 고가로 동의 약 100배이며, 정밀금형이나 초경합금의 가공 시 가끔 사용된다.
(라) 그래파이트(graphite) : 흑연이 주성분인 그래파이트는 가격은 동보다 비싸지만 절삭성이 좋아 기계가공으로 가공하며, 다음과 같은 특성이 있다.

- 동에 비하여 $\frac{1}{5}$의 가벼운 무게이므로 대형 전극의 제작에 적합하다.
- 열변형이 적다(동의 $\frac{1}{4}$ 정도).
- 방전성이 좋아 거친 절삭가공에 적합하다.
- 전극 가공 시 분말가루가 많이 비산된다.

다음 표는 각 전극 재질에 따른 장단점을 나타내었다.

전극 재질에 따른 장단점

재 질	장 점	단 점	용 도
전기동(Cu)	- 정밀도 높은 방전가공 가능 - 전극 저소모 가공 가능 - 저렴한 가격	- 정삭 및 연삭 곤란 - 큰 전극 중량(비중이 큼)	- 가장 일반적으로 사용 - 밑바닥 형상 가공

그래파이트(Gr)	- 절삭, 연삭가공 가능 - 전극 저소모 가공 가능 - 높은 속도 가공 가능 - 저렴한 가격(전기동과 비슷)	- 절삭 및 연삭 곤란 - 큰 전극 중량(비중이 큼)	- 일반용 - 고정밀도가 필요하지 않은 것
동-텅스텐(Cu-W) 은-텅스텐(Ag-W)	- 높은 연삭성 - 유소모 조건에서 소모가 적다	- 고가 - 구입이 어렵다 - 한정된 소재 형상	- 정밀금형 - 초경합금 - 펀치와 전극 동시 연삭

(2) 전극의 제작방법

방전가공의 경우 전극의 재질 선택과 제작은 매우 중요하므로 전극용 재료의 특성과 전극의 제작방법을 충분히 고려하여 요구하는 정밀도를 얻을 수 있도록 가공해야 한다.

① 스탬핑 또는 코이닝에 의한 전극의 제작

전기동은 스탬핑(stamping)에 의하여 성형하기에 적합하며, 그 방법은 동을 880℃로 가열하여 단조로 가공하며, 가공하는 단계에서 풀림(annealing) 처리가 필요하다. 마지막 프레스 가공은 냉각하는 동안의 수축을 고려하여 냉각된 후에 하여야 한다. 코이닝(coining)은 유압 프레스로 냉간에서 행하며, 스탬핑보다 정도가 좋으므로 미세한 부분이 있는 전극의 제작에 적합하다. 경우에 따라서 약 10회 이상 프레싱하며 매 단계마다 풀림을 행한다.

② 공작기계에 의한 전극의 제작

전기동은 선반이나 밀링 가공이 용이하다. 동은 타 금속에 비하여 끈적끈적한 성질이 있으므로 50% 정도의 지방유와 50% 정도의 광유를 혼합한 혼합유를 절삭제로 사용하는 것이 좋다. 최근에는 CNC 공작기계에 의한 가공으로 형상을 자유로이 할 수 있게 되었다.

③ 압출 또는 인발에 의한 전극의 제작

이 방법은 주로 같은 단면의 전극을 양산할 때 사용하며, 유사형의 튜브(tube)형 전극 등은 이 방법으로 제작한다.

④ 금속 스프레이(spray) 방식에 의한 전극의 제작

CNC가 대중화되지 않았을 때 3차원 형상의 전극을 가공하던 방법으로, 동선을 공급하며 용융시켜서 미세한 스프레이를 사용하여 금형에 뿌려서 필요한 형상의 부착물을 만드는 방법이다. 이 같은 방법으로 만든 전극은 비교적 다공질이므로 전극의 치수를 조절하기 위하여 화학적 부식법을 사용하였다. 또한 전극의 조직이 거칠고 기공이 많아 CNC 기계가 보급된 근래에는 거의 사용하지 않는다.

⑤ 전기도금법에 의한 전극의 제작

미세한 형상부위가 있는 3차원 형상의 전극은 성형금형의 마무리 가공이나 대형 사출용 금형의 제작에 쓰이는 대형 전극의 제작에 전기도금법이 이용된다. 도금은 전문지식이 필요하므로 도금 전문회사에 의뢰하는 것이 좋다.

2-4 공작물 예비가공 및 고정

(1) 예비가공 효과

방전가공은 다른 절삭가공에 비하여 가공속도가 늦어 가공시간이 많이 걸린다. 이에 따라 방전가공 전 다른 공작기계를 이용하여 기계가공하는 것을 예비가공이라고 하며 가공시간을 단축할 수 있다. 예비가공에 의한 효과는 다음과 같다.

① 방전가공 여유가 작아짐에 따라 방전가공시간은 대폭 단축된다.

② 가공 칩의 배제가 용이하기 때문에 가공정도가 향상되고 드웰 시간도 적게 설정할 수 있으므로 방전가공시간도 단축된다.

③ 극간을 흐르는 가공 칩의 양이 감소하므로 2차 방전에 의한 방전 갭을 줄여 정밀도를 향상시킬 수 있다.

④ 예비가공에 의해서 직접 방전가공에 관계하는 가공깊이가 감소하기 때문에 전극 소모량을 줄일 수 있다.

(2) 예비가공 방법

관통가공 및 바닥가공에 대한 공작물의 예비가공 예를 아래 표에 나타내었다.

공작물의 예비가공 예

관통가공	- 형상이 비교적 큰 것은 윤곽가공 등으로, 가공 형상에 따라 측면으로 0.3~0.5mm의 방전가공 여유치까지 가공하여 둔다. - 윤곽가공 등으로 가공이 곤란한 형상, 혹은 가공 깊이가 깊은 것은 될 수 있는 한 많이 드릴 가공을 해 둔다. - 가공이 어려운 초경합금 등은 동파이프 등의 전극으로 방전가공으로 관통하여 둔다. - 예비가공을 충분히 이용하지 못한 형상의 황삭용 전극을 잘 이용한다.
바닥가공	- 밀링 가공이 가능한 것은 가공 형상에 따라 편측 측면으로 0.5~1.0mm의 방전가공 여유치까지 가공한다. 단, 밑면 방향으로는 가능한 한 가공 형상 깊이까지 가공한다. - 밀링 가공이 곤란한 것은 가능한 한 많이 드릴 구멍 작업을 해 둔다. - 예비가공을 충분히 이용하지 못한 형상의 공작물은 황삭용 전극에 유의하여 이용한다.

2-5 가공액 처리 방법

방전가공에 사용되는 가공액은 전용 방전유를 사용하여야 하나 고가이기 때문에 석유를 많이 사용하고 있어 화재의 발생 위험이 있으므로 가공 중 세심한 주의가 필요하다.

거품이 많은 경우에는 화재의 위험이 증가하므로 콕을 열어 거품을 제거하여야 하며, 악취가 나는 경우에는 가공액이 부패된 경우이므로 교환하고 탱크도 깨끗이 청소하여야 한다.

(1) 분류법

분류법은 방전극간에 가공액을 분류하는 액처리 방법으로 분류가 너무 강하면 연속 방전히 불가능해지고 방전의 불안정, 전극의 이상 소모 등의 결과를 초래한다.

① 극간 분류법

전극측에 분류 구멍이 있는 형식으로 주로 저부가공에 적용한다. 가는 구멍가공은 동파이프 전극을 이용하며, 복잡한 3차원 곡면 가공은 동파이프를 전극 내측에 분배 설치하여 액처리한다. 일반적으로 분출 압력은 0.1~0.2kgf/cm^{2}로 한다.

② 하측 분류법

가공물을 분류용기 위에 고정하여 아래로부터 분류하는 액처리법으로, 관통구멍의 거친 가공에 유리하다. 가공물의 방전 부분이 한쪽으로 치우쳐 있을 때 분출 경로에 불균형이 생기지 않도록 해야 한다. 분출 용기부분에 누유가 있어서는 안 되며, 용기 내 또는 전극 하단 등에 가스가 남아 있지 않도록 해야 한다.

(2) 흡입법

전극측이나 용기측에 액처리 구멍을 설치하고 가공액을 흡입처리하는 방법으로 전극 흡입법과 하측 흡입법이 있다.

거친 가공에 흡입법을 사용하면 가공 칩으로 인해 흡입기가 막히거나 이에 따른 열변형이 생길 수 있으므로 주의해야 한다. 흡입 압력이 강하면 가동 중 진동에 의해 방전 갭이 커지므로 안정된 흡입 유량을 유지한다.

(3) 분사법

협소한 저부가공과 같이 분류법이나 흡입법이 곤란한 경우 전극 측면에서 틈새를 향하여 직접 가공액을 분사하는 방법이다. 주로 판 두께가 얇은 부품가공이나 협소한 저부가공에 적용한다.

가공액 분사노즐은 3~59mm 정도가 적합하며, 가공액 분사구는 전극 가까이에 설치하고 측면에 평행하도록 분사한다.

2-6 안전 및 유의사항

(1) 화재의 예방

다음과 같은 경우에는 화재의 위험이 있으므로 각별히 주의해야 한다.

① 이상 방전이 계속될 때

② 가공액이 가공탱크에 충분히 차지 않은 상태에서 큰 출력으로 작업할 때

③ 야간 근무 작업자가 졸음 등으로 주의를 소홀히 할 때
④ 가공부위에 인화성이 높은 물체가 있을 때

(2) 안전대책

① 장시간 무인운전은 원칙적으로 피해야 한다.
② 기계 근처에는 항상 소화설비(B, C급)를 비치해야 한다.
③ 가공액의 액면 높이는 50~80mm 이상 충분히 확보해야 한다.
④ 가공액은 지정된 가공액을 사용해야 한다.
⑤ 점검 보수를 위하여 컨트롤러의 내부를 열 때에는 반드시 전원을 차단한다.
⑥ 운전 중에 전극을 만지면 감전의 위험이 있으므로 함부로 만지지 않는다.
⑦ 적절한 접지공사를 하여야 한다.

(3) 정기점검

① 적절한 수평이 유지된 상태인지 확인한다.
② 테이블의 긁힘, 찍힘 등은 정밀도에 치명적인 영향을 주므로 제거해야 한다.
③ 윤활유(1일 1~2회)와 그리스(월 1회)는 주기적으로 주입한다.
④ 각부의 볼트 조임 상태를 점검한다.
⑤ 가공액 여과기의 필터는 적절한 시기에 교환해야 한다.
⑥ 기계를 사용한 후에는 청결상태를 유지할 수 있도록 청소한다.

3. CNC 방전가공 프로그래밍

방전 가공기의 프로그램이 CNC 기계의 프로그램과 다른 점은 방전전압, 방전시간, 가공액의 분사 및 흡입 등과 같은 방전조건의 설정과 칩 배출 및 형상 정밀도를 좋게 하기 위한 요동방전 기능, 기계의 위치 설정을 용이하게 하기 위한 내・외경 중심 설정 기능, 단면 검출기능 등의 추가된 기능이 있다는 점을 제외하면 유사한 점이 많다.

프로그램의 작성 순서는 좌표계 설정, 위치결정 (G00), 방전조건 설정, 윤곽방전(G01, G02, G03), 도피의 과정을 반복하는 순서로 작성된다. 그러나 전극의 회전이나 같은 형상의 일정 배열 방전에 사용되는 기능은 차이점이 많으므로 주의할 필요가 있다. 또한 기계의 종류에 따라 프로그램 방식과 사용되는 코드가 다를 수 있으므로 사용하는 기계의 예제 프로그램을 참조하여야 한다.

3-1 어드레스

어드레스는 알파벳의 각 문자에 코드 및 데이터의 의미를 정하고 그에 따라 명령 수행을 하는 것으로, CNC 방전가공에서 사용하는 특수 어드레스는 표와 같다.

방전가공의 특수 어드레스

어드레스	내 용
T	기계 제어에 관련한 사항 지령 예 T84,T85 (펌프 ON/OFF)
D, H	오프셋(offset)량 및 보정값 지령 예 D000,H001
P	보조 프로그램 번호 지정 예 P0010
L	보조 프로그램 반복횟수 지령
RX	회전(rotation)각도 입력(X축)
RY	회전(rotation)각도 입력(Y축)

3-2 블록

방전 프로그램에는 1개의 블록 내에 X, Y, Z, U, V, UU, VV축이 동시에 사용되는 경우 전극을 보호하기 위해 대부분의 시스템에서 X, Y, Z, U, V, UU, VV축의 순으로 지령에 관계없이 진행된다. 그러나 방전가공은 전극을 보호하기 위해 Z축이 먼저 이동한 후 나머지 축이 이동한다.

예 G00 G91 Z10.0 X10.0 Y10.0 ;
먼저 Z축으로 10.0 이동하고, X축 10.0, Y축 10.0 순으로 이동한다.

3-3 준비기능

CNC 기계에 사용되는 기본적인 G코드와 유사하며, 방전가공기에 추가하여 사용되는 준비기능에 한하여 설명하기로 한다. 방전가공의 준비기능은 다음 표와 같다.

방전가공기의 준비기능

코 드	기 능	비 고
G00	급송위치결정	
G01 G11	직선 보간(시작점 복귀 무) 직선 보간(시작점 복귀 유) 원호 보간(시계방향) 원호 보간(반시계방향)	
G02 G03		
G04	DWELL	L____
G30 G31 G32	외경 중심 검출 내경 중심 검출 모서리 단면 위치 검출	X, Y, Z
G40 G41	임의좌표계 설정 임의좌표계 복귀	M40~M49
G50	임의좌표계 변환	
G60 G61 G62 G63 G64 G66	X 요동 Y 요동 X,Y 요동 원 요동 구 요동 8방향 요동	Z__I__J__K__ Z__K__
G65	스텝 가공 이동	X, Y, Z, I, J
G96	기계 원점 좌표 검출	X, Y, Z
G91 G92 G98 G99	미러(MIRROR) 복사(COPY) 보조 프로그램 호출 보조 프로그램 종료	G99 공용

(1) 기계 원점 세팅 (G96)

CNC 공작기계의 특성상 전원을 ON하는 순간 많은 양은 아니지만 기계의 위치가 움직이게 된다. 이를 보정하기 위하여 기계 원점 세팅을 하는데 기계 원점 세팅을 하면 맨 처음 본래의 위치값으로 보정할 수 있다.

사용 방법은 G96을 입력하고 X, Y, Z축 중 선택하여 입력한 후 실행시키면 선택한 축을 원점으로 이동시켜 기계 원점을 세팅하며 세팅된 기계 원점 좌표는 자동으로 변한다. 기계의 원점은 각 축의 +끝 지점에 설정되어 있으며, 화면의 표시는 MANU 화면에서 현재 기계 좌표보다 작은 좌표계로 표시된다.

MDI 화면

T	
M	
G	96
X	0.000
Y	0.000
Z	0.000

MANU

현재 좌표계

X	24.364
Y	4.372
Z	54.367
C	0.000

기계 원점 좌표계

X	-49.338
Y	-70.662
Z	-28.851
C	0.000

(2) 직선보간

① 시작점 복귀 무(G01)

시작점의 위치에서 X, Y, Z 지정위치까지 황삭에서 정삭까지 연속적으로 가공할 때 주로 사용하며, 전극과 가공물 사이에 첫 방전이 일어나는 순간까지 AJC(펌프자동제어장치) 없이 이동하고 방전이 일어난 지점부터 AJC-U, AJC-D의 조건에 따라 가공한다.

작업 과정은 다음과 같다.

(가) 전극과 가공물을 접촉시켜 0점 세팅하여 가공 원점을 잡는다.

(나) 프로그램 시작위치를 원점 세팅 후 가공물에서 전극을 1~2mm 떨어뜨려 놓은 상태에서 시작해야 한다(가공 시작 전에 전극과 가공물이 접촉한 상태에서는 가공하지 않음).

(다) 프로그램 끝 위치 가공 종료 후 C의 지점에서 정지하며, 시작점으로 복귀하지 않는다.

② 시작점 복귀 유(G11)

G01과 기능은 같으나 작업이 완료된 후 시작점으로 복귀하는 점이 다르다. 전극과 가공물이 첫 방전이 일어나는 순간까지 AJC 없이 이동하고, 첫 방전이 일어난 다음부터 입력된 AJC-U, AJC-D의 데이터에 따라 가공하며, 지정 입력한 각 축의 명령 위치까지 가공 후 시작점으로 이동하여 정지한다.

예 G50 X0.0 Y0.0 Z5.0 ; …… 현재 지점을 절대좌표 X0.0 Y0.0 Z5.0 점으로 좌표계 설정

G11 X-5.0 Y-5.0 Z-10.0 T007 ; …… Z축 -10.0 이동하여 7번의 방전조건으로 X축 -5.0까지 방전가공한 후 X0.0 Y0.0 Z5.0으로 복귀

[예제] 다음 도면을 G01과 G11을 이용하여 방전가공 프로그램을 하시오.

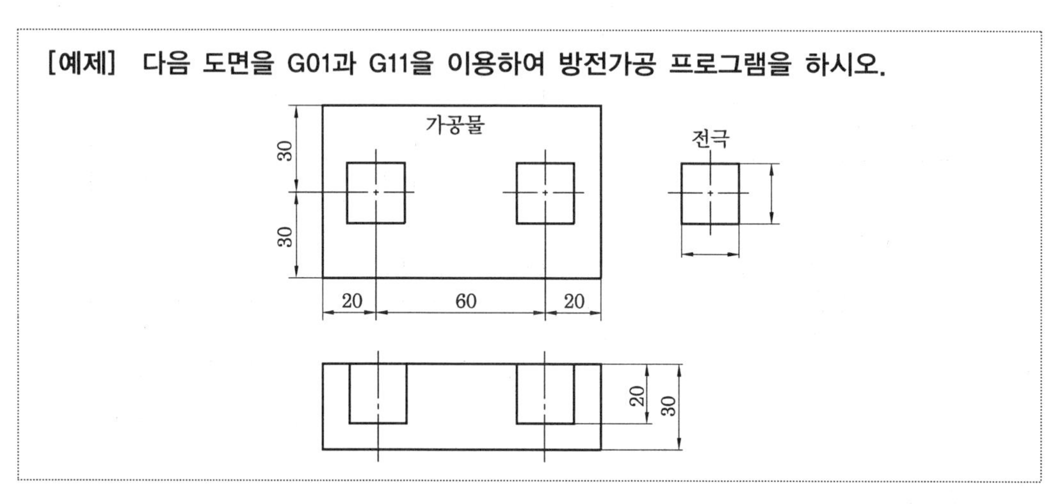

해설 i) G01을 이용한 프로그램

```
G50   X0.0     Y0.0    Z3.0 ;
G01   Z-20.0   T009 ;
G00   Z3.0 ;
G00   X60.0 ;
G01   Z-20.0   T009 ;
G00   Z3.0 ;
M02 ;
```

ii) G11을 이용한 프로그램

```
G50   X0.0     Y0.0    Z3.0 ;
G11   Z-20.0   T009 ;
G00   X60.0 ;
G11   Z-20.0   T009 ;
M02 ;
```

(3) 자동위치 검출

① 외경 중심위치 검출(G30)

가공물의 외경위치를 검출하여 중심위치의 정보를 알려주는 기능으로 G30으로 프로그램할 때 주의할 점은 Z축 하강 시 전극과 가공물이 충돌할 위험이 있으므로 X, Y축 입력값에 전극의 지름을 더해서 입력하여 충돌을 방지할 수 있도록 하여야 한다.

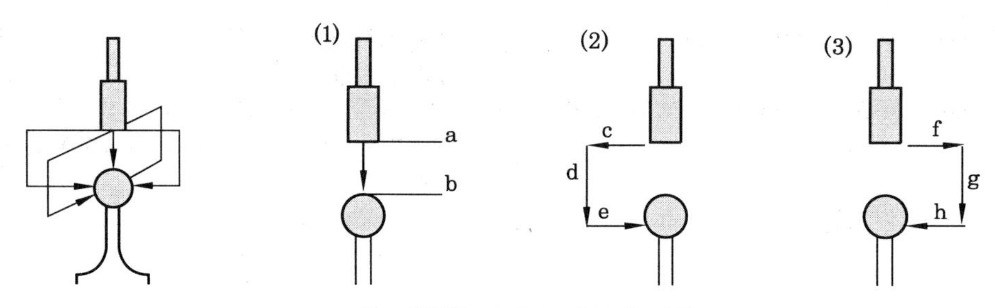

G30을 이용한 외경 중심위치 검출

G30의 동작은 다음과 같다.

(가) Z축 단면 터치 : a의 위치에서 b위치까지 느린 속도로 이동하며 가공물을 감지하고 a의 위치로 이동하여 다음 동작을 기다린다.

(나) 빠른 속도로 c와 d의 구간을 이동한다. e구간에서 느린 속도로 이동하며 가공물을 감지한다.

(다) 빠른 속도로 f와 g의 구간을 이동한다. h구간에서 느린 속도로 이동하며 가공물을 감지한다. f의 거리는 c에 입력된 값의 반대방향으로 움직인다. Z입력값이 a-b거리보다 작게 입력되었다면 프로그램 에러로 간주한다.
이때 주의사항은 C의 거리(X, Y 입력값)가 너무 작게 입력되면 d의 하강 시 전극과 가공물이 충돌할 염려가 있으므로 충분한 거리를 입력해야 한다.

② 내경 중심위치 검출(G31)

가공물의 내경위치를 검출하여 중심위치의 정보를 알려준다. 프로그램 입력 방법은 첫 블록에 위치 검출 프로그램을 입력하고, 다음 블록에 위치 이동 명령으로 내경의 중심으로 이동시키는 방법으로 프로그램한다.

EDIT에서 프로그램 입력 시 주의할 점은 전극과 가공물이 충돌할 위험이 있으므로 전극이 하강 시 가공물에 충돌하지 않도록 Z축 치수를 입력한다.

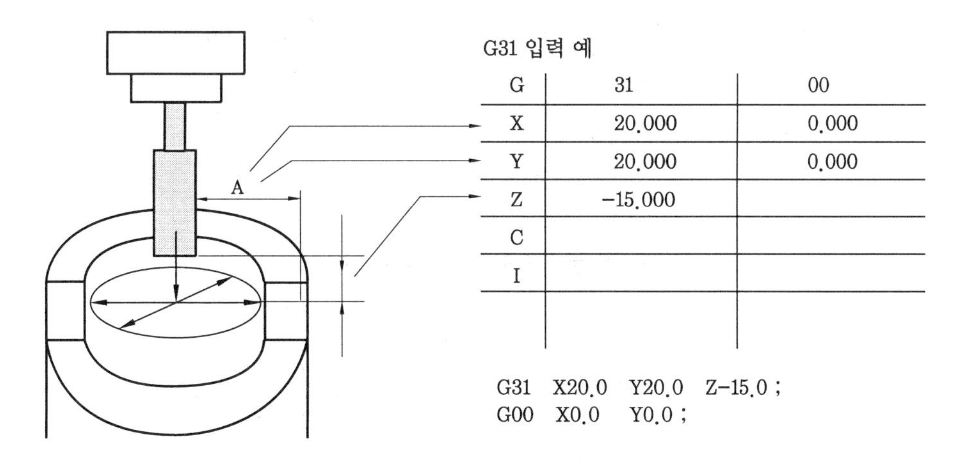

G31 입력 예

G	31	00
X	20.000	0.000
Y	20.000	0.000
Z	−15.000	
C		
I		

```
G31  X20.0  Y20.0  Z-15.0 ;
G00  X0.0   Y0.0 ;
```

내경 중심위치 검출

③ 단면위치 검출 (G32)

가공물의 모서리 단면위치 검출 시 사용하며 하나의 축 또는 2축의 위치 검출을 하며 Z축은 항상 입력하여야 한다.

프로그램을 입력할 때 주의할 점은 측면으로 이동하여 Z축 하강 시 전극과 가공물이 충돌할 위험이 있으므로 이동거리에 전극의 두께를 더하여 X축, Y축에 입력하여 전극과 가공물의 충돌을 방지한다.

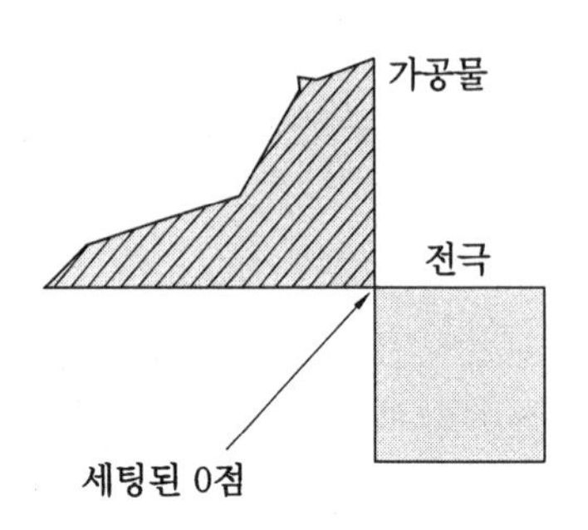

전극 보정 없이 가공물 모서리를 검출한 경우

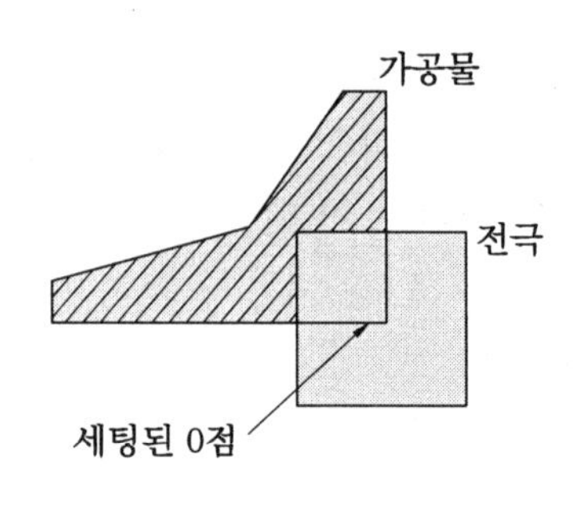

전극 보정 후 가공물 모서리를 검출한 경우

(4) 전극의 보정

전극 보정은 전극의 모양에 따라 달라지는데, 전극 모양이 원형이나 정사각형이면 그림과 같이 EDIT의 R에 전극의 반지름을 입력하여 보정하고, 전극 모양이 직사각형이면 그림과 같이 X축에 대한 보정은 EDIT의 I에 전극 X 반지름을 입력하고, Y축에 대한 보정은 EDIT의 J에 전극 Y반지름을 입력한다.

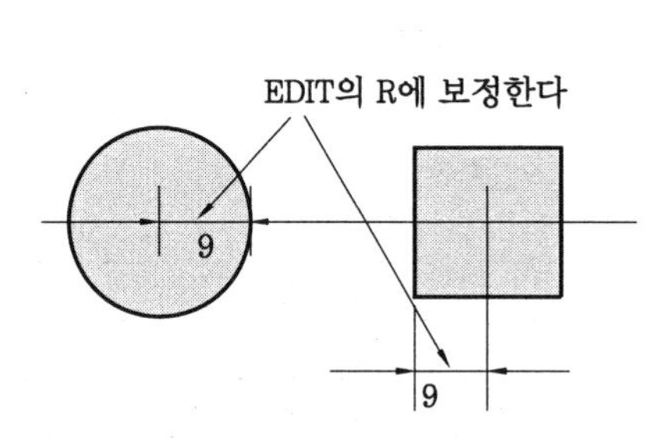

G	32
X	50.000
Y	40.000
Z	-15.000
⋮	
R	9.000

전극 보정(원형, 정사각형 전극)

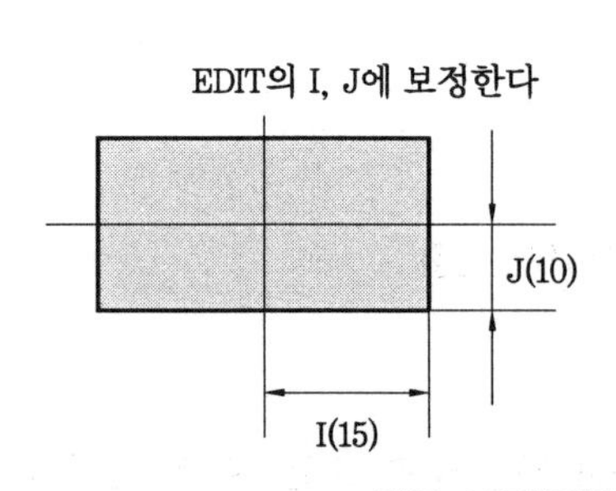

G	32
X	50.000
Y	40.000
Z	-15.000
⋮	
I	15.000
J	10.000

전극 보정(직사각형 전극)

(5) 임의 원점 설정 및 복귀

전극의 자동교환이 이루어지는 ATC 장치가 부착된 방전가공기에 유효한 코드에는 G40으로 전극의 크기를 세팅하고 G41로 불러 사용한다.

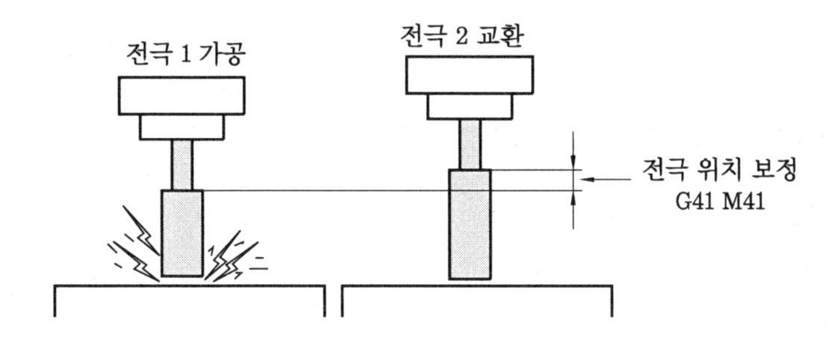

① G40 : 임의좌표계 설정

전극의 길이에 따라 가공면의 위치를 Z축 위치에 세팅하여 M40~M49 자리에 저장한다.

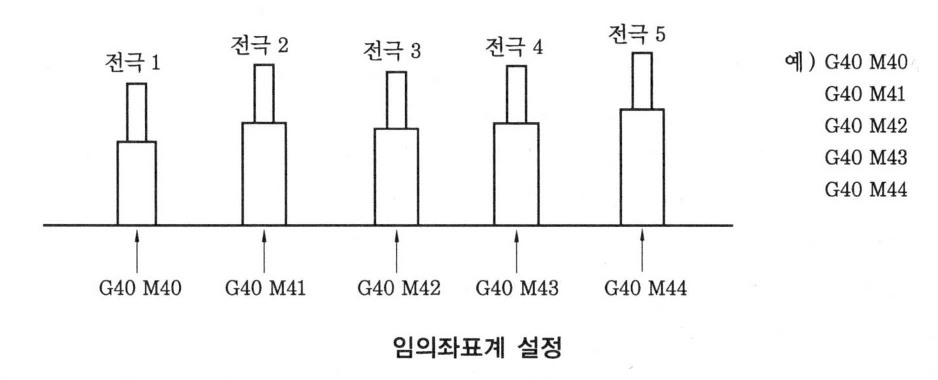

임의좌표계 설정

② G41 : 임의좌표계 복귀

G40으로 세팅된 전극의 번호에 따라 세팅된 좌표점을 불러 사용한다.

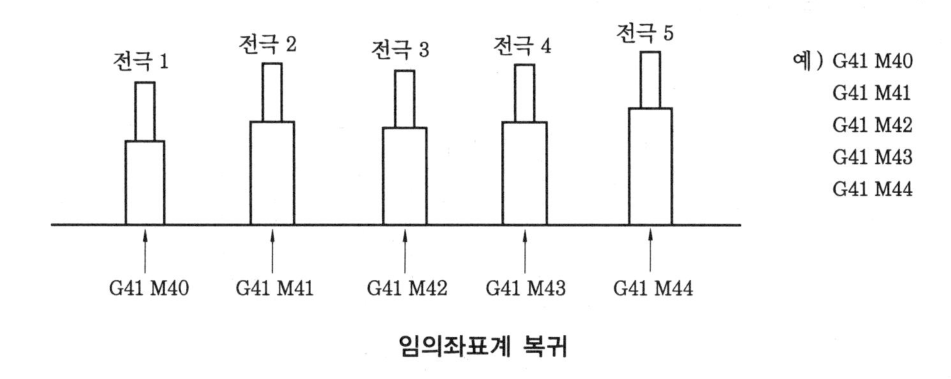

임의좌표계 복귀

(6) 요동가공 기능

요동가공은 황삭, 중삭가공이 끝난 상태에서 측면과 바닥면을 동시에 정삭가공할 때와 전극의 크기가 가공하고자 하는 가공면보다 작아 가공면을 전극 크기보다 크게 가공할 경우에 주로 사용한다.

가공되는 형태는 입력되는 I, J값에 따라 테이퍼, 역 테이퍼 형태로 가공되나 입력되는 값이 작으면 가공 후 직선가공에 가깝게 나타난다.

$$가공횟수(A) = \frac{(I-J)}{K}$$

K : 가공각도 (각도의 지정에 따라 가공되는 횟수가 설정된다.)

요동가공 프로그램 입력 시 주의사항은 다음과 같다.

(가) K 입력은 (I-J)의 절대값보다 작은 수를 입력한다.

(나) $\frac{I-J}{K}$일 때 소수점 이하 자리는 무시하므로 프로그램 입력 시 A값이 정수가 되도록 정의한다.

(다) (I-J)에 비하여 K값이 너무 작으면 가공되는 횟수가 많아져 가공시간이 많이 소요되므로 5회 정도의 가공횟수가 되게 설정한다.

(라) I, J, K값을 크게 입력하여 테이퍼 가공을 시도하는 경우가 있는데, 이러한 경우에는 전극 소모가 있어 원하는 모양이 되지 않고, 가공시간도 많이 소모되어 비능률적이므로 이러한 경우에는 전극을 테이퍼 형태로 가공하여 사용하는 것이 좋다.

(마) Z, I, J, K값 중 하나라도 입력이 안 된 것이 있으면 에러가 발생하므로 입력 후 확인한다.

(바) G코드의 선택에 따라 가공되는 형상이 선택되고 치수의 입력방식은 동일하다.

(사) G64 코드를 제외한다.

(아) 요동은 주로 다듬 방전에 사용되는 코드이므로 방전조건 입력 시 데이터를 확인하여 너무 큰 I_p[A]가 입력되지 않도록 주의한다.

① X축, Y축 요동가공 (G60, G61)

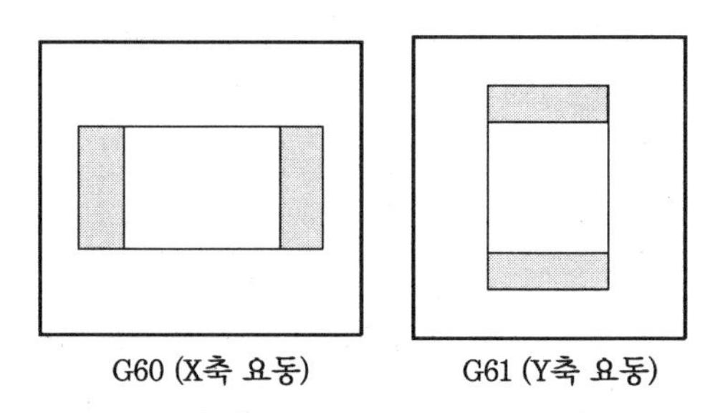

X축, Y축 요동가공

그림과 같이 G60과 G61은 요동의 방향만 다를 뿐, 입력 형식과 요동의 패턴은 같은 형식으로 운동하며 가공한다. 요동가공하고자 하는 가공면은 그림의 음영처리된 부분과 바닥면을 가공한다. 요동가공은 독립적으로 입력하여 사용할 수도 있으나 아래의 그림에 입력된 프로그램과 같이 G01로 먼저 깊이를 가공하고 마무리 공정으로 요동을 입력하는 것이 효과적이다.

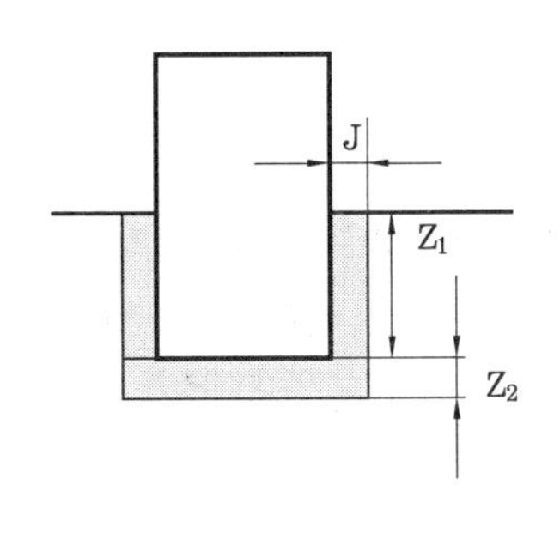

G	01	60
X		
Y		
Z	−4.500	−0.500 ← Z_2
C		
I		0.200
J		0.500
K		0.050
L		
	Z_1	

```
G01    Z-4.5 ;                           …… G01로 깊이를 먼저 가공
G60    Z-0.5    I0.2    J0.5    K0.05 ;  …… G60에 의한 요동가공
```

② 4각 요동가공(G62, G66)

G62와 G66은 사각 요동으로 요동의 패턴은 다른 모양이지만 최종 가공된 모양은 같은 모양으로 가공되며, 가공은 가공물 X+, X−, Y+, Y− 가공면과 Z축의 바닥면을 가공한다.

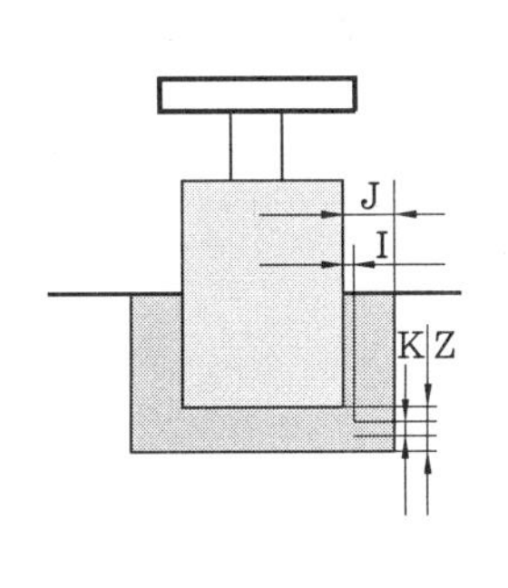

G	01	62
X		
Y		
Z	−2.500	−0.500
C		
I		0.200
J		0.500
K		0.050

```
G01    Z-2.5 ;                           …… G01로 깊이를 먼저 가공
G62    Z-0.5    I0.2    J0.5    K0.05 ;  …… G62에 의한 요동가공
```

③ 원 요동가공(G63)

원형인 전극을 사용하여 요동가공할 경우 X, Y 사각 요동으로는 원형 전극의 가공 특성을 살릴 수 없으므로 원형 전극의 전용 요동코드인 G63을 사용한다.

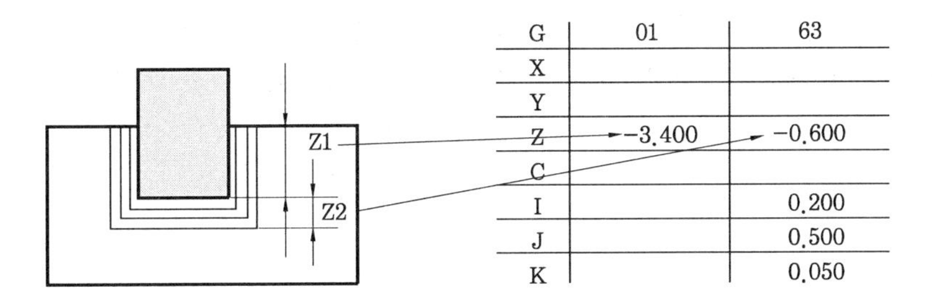

G	01	63
X		
Y		
Z	−3.400	−0.600
C		
I		0.200
J		0.500
K		0.050

```
G01     Z-3.4 ;
G63     Z-0.6    I0.2    J0.05    K0.05 ;
```

G63 요동 패턴은 시계 반대방향으로 입력된 I값만큼 원형으로 측면을 가공한다. K값에 의하여 계산된 Z값으로 스텝 가공한다. 요동 반지름을 넓히고 Z값을 가공하며 반복한다. Z 입력값을 최종으로 가공하고 J 입력값을 가공하면 종료한다. 요동가공 종료 후 전극의 위치는 G63 처음 실행 위치로 이동한다.

④ 구 요동가공(G64)

전극의 형태가 구의 형태를 하고 있거나 가공 특성상 전극 모서리의 각진 부분을 둥글게 만들 경우 G64를 이용하여 가공한다.

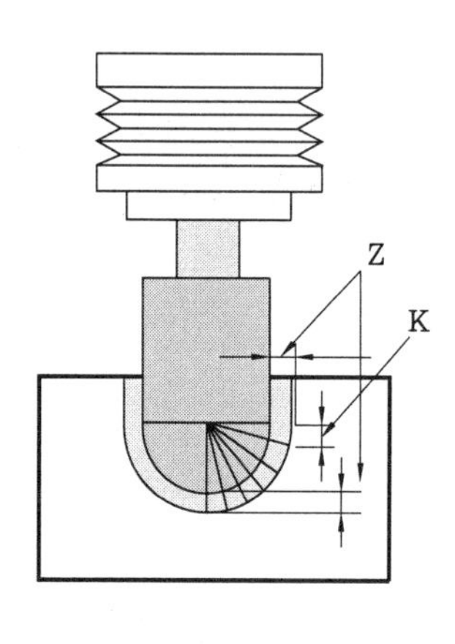

G	01	64
X		
Y		
Z	−15.400	−0.600
C		
I		
J		
K		10.000

```
G01     Z-15.4 ;
G64     Z-0.6    K10.0 ;
```

G64에서 Z는 요동 깊이 및 요동 폭이 되고 K의 값은 분할횟수를 지정한다. K의 값은 각도로 지정되며, 분할횟수는 $\frac{90}{K}$ 입력값으로 계산할 수 있다. 위의 프로그램은 9회$(=\frac{90}{10})$ 분할하여 Z-0.6만큼 구 요동가공하라는 의미이다.

(7) 스텝 이동 가공(G65)

다음의 그림과 같이 하나의 전극으로 여러 개의 다중 가공을 하려고 할 경우에 사용한다. 프로그램 입력 시 주의할 점은 X, Y에 총 길이를 입력하고, I, J에는 스텝(피치)값을 입력해야 한다는 것이다.

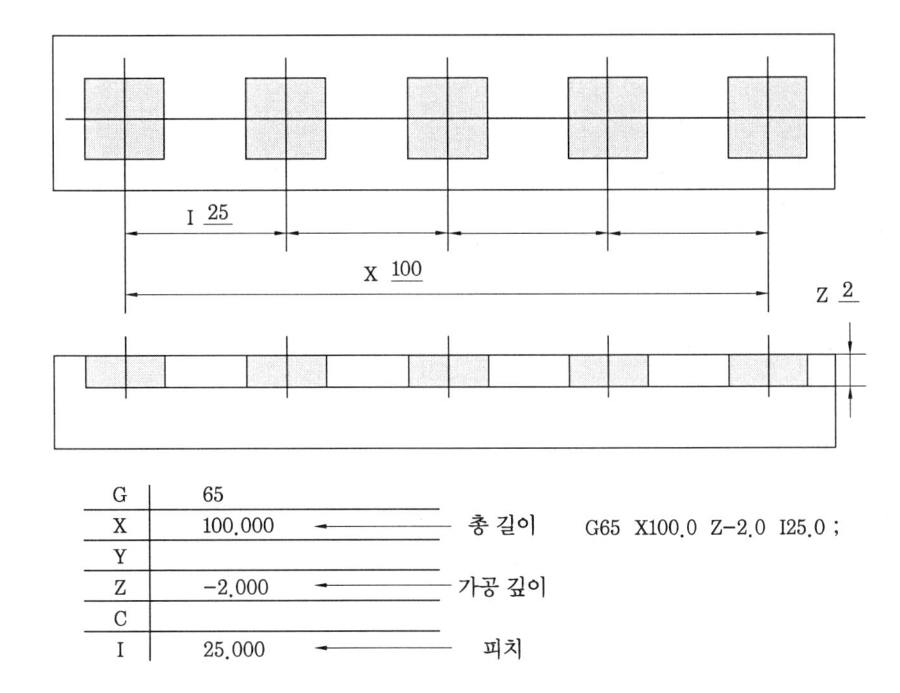

(8) 보조 프로그램

① 보조 프로그램 호출(G98)

프로그램이 중복되는 것이 있으면 보조 프로그램을 작성해 두고, G98로 호출하여 사용한다. 호출 프로그램 번호 지정은 EDIT 내의 B에 보조 프로그램이 입력된 번호를 지정한다.

예 보조 프로그램 호출

N	01	02	03	04	05
T					
M			08		02
G	32	00	04	98	00
X	50.000	0.000			
Y	80.000	0.000			0.000
Z	−15.000	1.000			
C					
I					
J					
K					
L					
F			100.000		
R	9.000				
A					
B				12	

```
G32    X50.0    Y80.0    Z-15.0   R9.0 ;
G00    X0.0     Y0.0     Z1.0 ;
G04    L100.0   M08 ;
G98    B12 ;                             ...... 보조 프로그램이 입력된 번호 지정
G00    X0.0     Y0.0 ;
M02 ;
```

② 보조 프로그램 종료(G99)

보조 프로그램을 입력할 경우 프로그램의 마지막 블록에 G99를 입력하여 보조 프로그램의 종료를 알려 준다.

예 보조 프로그램 종료

N	01	02	03	04	05
T	010	009	008	007	
M					
G	01	01	62	00	99
X					
Y					
Z	-4.500	-4.700	-0.300	2.000	
C					
I			0.100		
J			0.200		
K			0.050		
L					
F					
R					
A					
B					

```
G01    Z-4.5    T010 ;
G01    Z-4.7    T009 ;
G62    Z-0.3    I0.1     J0.2     K0.05    T008 ;
G00    Z2.0     T007 ;
G99 ;
```

(9) 나사가공

나사가공의 예는 Z축과 C축의 동시 2축의 가공이므로 Z축의 가공 깊이와 X축의 회전각도를 동시에 입력해야 가공할 수 있다.

Z입력값은 가공물 단면으로부터 가공할 깊이를 입력하며, C값은 다음과 같이 구한다.

$$C=\frac{Z값}{나사의\ 피치}\times 360$$

① 나사가공 프로그램

그림과 같은 볼트 전극을 사용하여 너트를 가공하는 프로그램은 다음과 같다. 여기서 C값을 계산하면,

$$C=\frac{6.875}{1.25}\times 360=1980$$

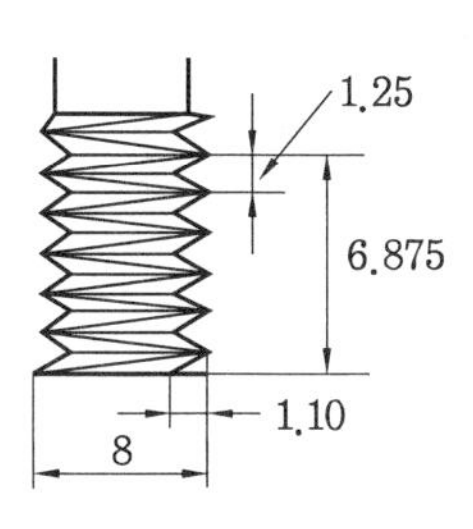

T		008	009	
M				02
G	00	01	11	00
X	40.000			
Y	50.000			
Z		0.000	6.875	10.000
C	2.000		1980.000	
I				
J				

```
G00    X40.0    Y50.0    Z2.0 ;
G01    Z0.0     T008 ;
G11    Z6.875   C1980.0 ;
G00    Z10.0 ;
M02 ;
```

② 가공물 예비가공

그림과 같이 가공물을 예비가공한다.
예비가공 치수는 나사의 골지름보다 0.3mm 정도 작게 하는 것이 좋다.

$$8-(1.1\times 2)-0.3=5.5$$

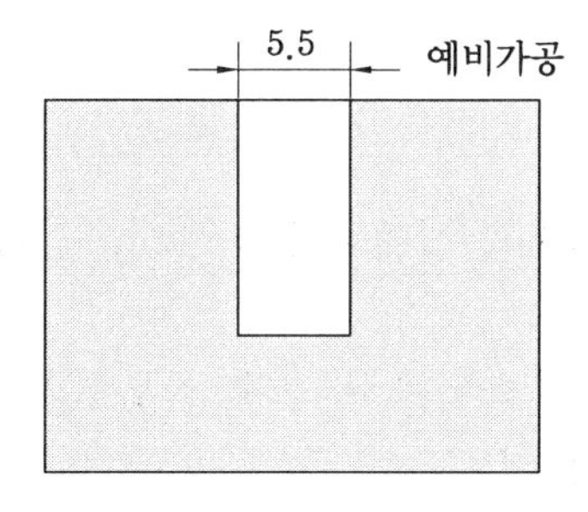

가공물 예비가공

③ 가공 과정

가공은 아래의 그림과 같은 과정으로 실행한다.

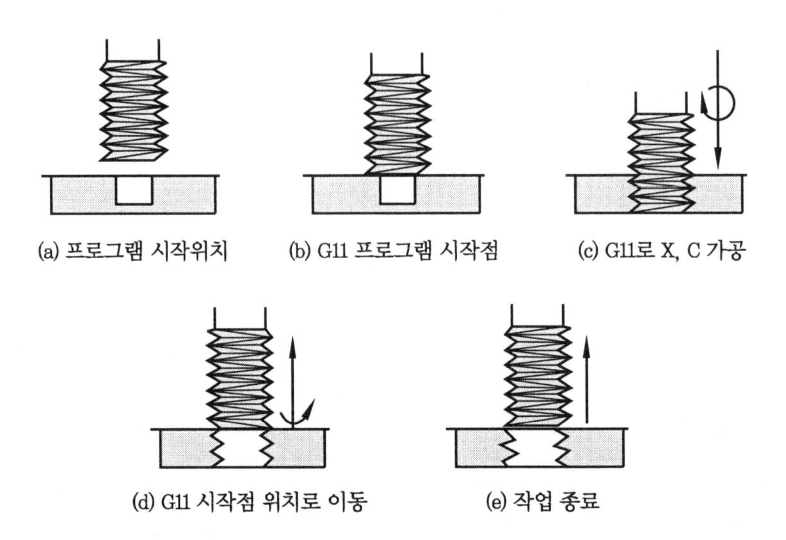

C축을 이용한 나사가공 과정

프로그램 입력 및 작업 시 주의사항은 다음과 같다.

㈎ 가공물 0점 세팅 시 전극을 가공물 단면에서 1mm 정도 이동하였으므로 G01 코드를 사용하여 전극을 가공물 단면 위치로 이동시킨다.

㈏ 프로그램의 사용 중 PORTABLE을 사용하여 전극의 위치를 이동시키면 전극과 가공물이 충돌할 위험이 있으므로 PORTABLE 사용을 피한다.

㈐ 나사가공을 할 경우 G11 코드를 사용한다.

㈑ 프로그램 실행 전에 DRY RUN으로 수행하며 인디케이터로 진행을 확인한다.

(10) 요동에 의한 나사가공

C축이 없을 경우 전극의 치수를 작게 가공하여 원 요동을 이용하여 나사를 가공하는 방법이 있다. 이 방법을 사용하여 나사를 가공하면 가공속도와 전극의 소모에서는 유리하나 전극 제작에 어려움이 있다.

① 가공물 예비가공

㈎ 예비가공의 깊이는 나사의 깊이보다 2~3mm 깊게 가공하여야 방전가공 시 가공 칩 배출이 원활해진다.

㈏ 예비가공은 전극의 지름보다 조금 크게 가공하고, 전극이 요동하여 넓어지는 양까지 계산하여 전극을 가공한다.

㈐ 요동량은 나사산의 높이 정도로 가공한다.

㈑ G63 코드는 상대좌표이므로 상대좌표코드를 입력할 필요가 없다.

② 프로그램

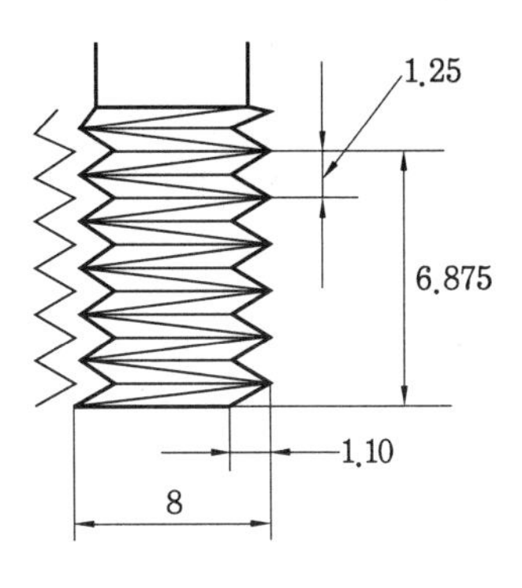

나사요동 시 Z축은 가공하지 않고 측면만 가공한 후 나사의 홈을 가공하여 나사의 모양이 오른쪽 그림과 같이 되게 한다.

```
G63    Z0.0    T009 ;
       I0.6 ;
       J1.1 ;
       K0.1 ;
```

③ 전극의 가공

전극은 아래와 같이 실제 나사보다 지름을 작게 가공한다.

전극의 지름=나사 외경−(나사산의 높이×2)

8mm 암나사를 가공하려면 그림과 같이 전극나사의 지름을 2.2mm 정도 작게 가공하고 가공물을 6mm 정도로 예비가공한다.

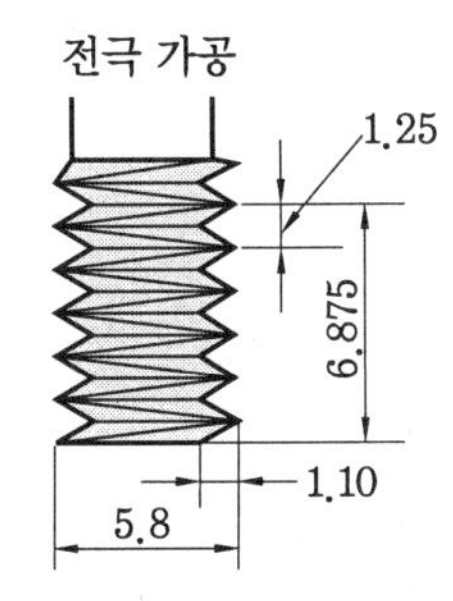

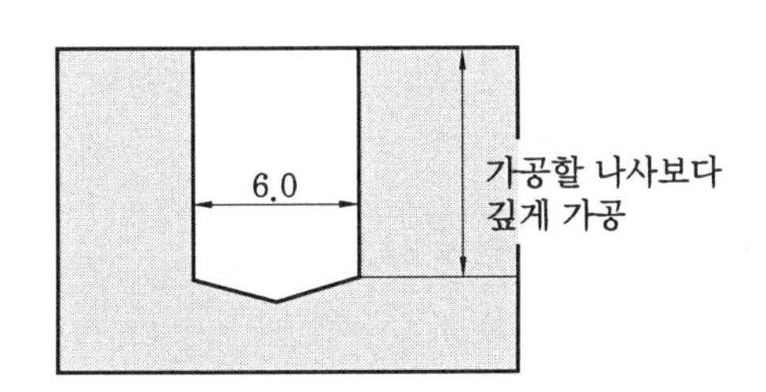

전극 가공 및 가공물 예비가공

④ 가공 및 순서

㈎ 전극을 가공할 위치(Z−20.0)로 이동시킨다.

```
G00  Z−20.0 ;
     Z−20.0 ;
```

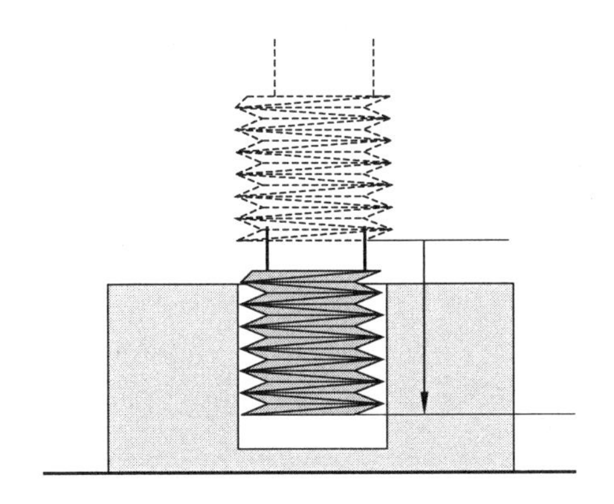

(나) G63 Z−20.0 T009 ;
I0.6 ;
J1.1 ;
K0.1 ;

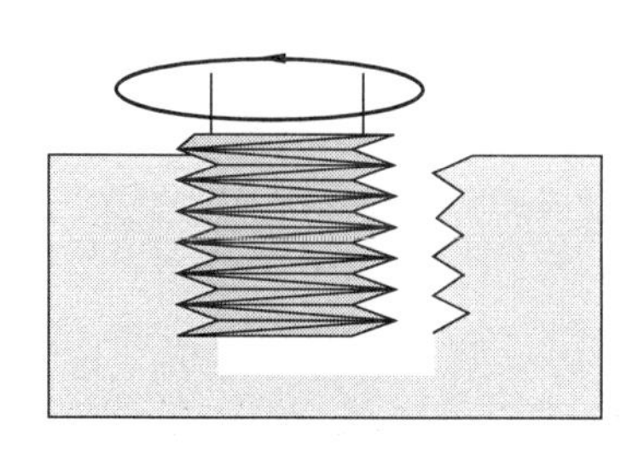

4. 보조기능

방전가공에 사용되는 보조기능은 다음 표와 같다.

방전가공의 보조기능

코 드	기 능	비 고
M02	블록 END점 지정	
M08	PUMP ON	G04와 같이 사용
M09	PUMP OFF	G04와 같이 사용
M10	ABSOLUTE	절대좌표계
M11	INCREMENT	상대좌표계
M40~M49	임의좌표계 저장	G40, G41 사용
M70~M79	자동 방전가공	R, A 지정

제 5 장 와이어 컷 방전가공

1. 와이어 컷 방전가공의 개요
2. 와이어 컷 방전가공의 가공특성
3. 와이어 컷 방전가공의 가공기술
4. 와이어 컷 방전가공 프로그래밍

1. 와이어 컷 방전가공의 개요

1-1 와이어 컷 방전가공의 원리

와이어 컷 방전가공(W-EDM : Wire cut Electric Discharge Machining)도 방전원리는 앞장에서 설명한 방전원리와 같지만 전극으로 와이어를 사용한다는 것이 다르며 동, 황동, 텅스텐 등의 재질로 된 가는 와이어 전극을 이용하여 가공물을 가공한다. 와이어 전극은 공급용 릴(reel)로부터 항상 일정한 속도(1~10m/min)로 보내지며, 이는 방전작용에 수반되는 전극의 소모를 보정해 준다.

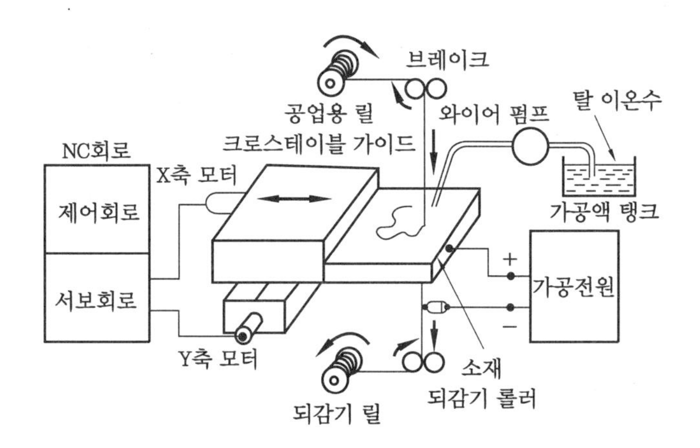

와이어 컷 방전가공의 원리도

1-2 와이어 컷 방전가공기의 용도

도전성의 가공물은 그 재질 및 경도에 관계없이 고정도의 가공이 가능하며, 특히 형상이 복잡한 가공물의 가공에 적합하다. 또한 가공액은 물을 사용하므로 화재의 염려가 없어 야간 무인운전이 가능한 것도 큰 장점이다. W-EDM은 다음과 같은 경우에 많이 사용된다.

① **프레스 타발금형의 제작 :** 펀치(punch)나 다이(die)를 담금질한 후 직접 가공할 수 있으므로 공정을 대폭 단축시킬 수 있다.

② **시제품의 제작 :** 처음 만드는 시험용 제품을 수 개 내지는 수십 개를 동시에 가공할 수 있다.

③ 방전가공용 전극의 제작
④ 프로파일 게이지(profile gauge)의 제작
⑤ 초경합금, 다이아몬드 등과 같은 난삭재 및 미세형상의 가공

1-3 와이어 컷 방전가공기의 구조

와이어 컷 방전가공기의 시스템은 가공기 본체, 가공전원장치, 제어장치, 프로그램 장치 등으로 대별할 수 있다.

와이어 컷 방전가공기

(1) 가공기 본체

와이어 컷 방전가공기의 본체는 XY테이블 부분, 와이어 전극의 구동 부분, 헤드 부분, 칼럼(column) 부분, 가공액 탱크 부분 등으로 분류된다. 여기에서는 크게 분류된 부분마다 그 기본적인 구조와 기능에 대해 간단히 설명을 하기로 한다.

① 테이블 부분

XY테이블 부분은 피가공물을 고정하여 와이어 전극에 대하여 상대운동을 시키는 부분으로서 일반적으로 테이블 구동부분이 있고 이 구동부분과 보통 볼 스크루가 사용되는 이송나사가 연결되어 고정도 부품인 롤러 가이드(roller guide)를 따라서 X축과 Y축 방향으로 이동한다.

② 와이어 전극 구동부분

와이어 컷 방전가공기에서는 와이어가 일반 공작기계의 공구에 해당되며, 가공정도의 향

상을 위해 와이어에 항상 균일한 장력을 부여하고 진동이 없이 일정하게 주행하는 기능이 필요하다.

와이어 전극과 가공물 사이에서 일어나는 방전에 의해 와이어는 복잡한 진동을 초래하기 때문에 가공물과의 접촉부위에서 상하부 가이드를 될 수 있는 한 짧은 거리로 유지하여야 가공정도를 얻을 수 있다.

이를 위해 보통 가공물의 상하에 V자형의 평형 가이드나 다이스 모양의 가이드를 사용하여 와이어 전극을 잡아주고 있다.

최근에는 와이어 구동 부분에 CNC 공작기계의 ATC에 해당하는 와이어 자동 결손(automatic wire feed) 장치를 부착한 와이어 컷 방전가공기가 출현했다.

와이어 자동 결선 장치

오른쪽 그림은 와이어를 자동 절단 및 결선하는 와이어 자동 결선 장치이다. 이 장치는 가공을 위한 스타트 구멍이 2~ 3mm 정도로 파이프가 공작물 안으로 통과하지 못하더라도 결선이 가능하며, 가공 도중에 와이어가 단선되더라도 자동으로 결선하여 가공하는 자동 복구 기능을 갖추고 있으므로 가공을 위한 스타트 구멍만 있다면 가공물 무인 연속가공을 할 수 있어 매우 편리하다.

③ 그 외의 부분

와이어 컷 방전가공기는 상술한 구성 부분 이외에도 피가공물의 높이에 따라 와이어 가이드를 올리고 내리는 헤드 부분, 헤드를 잡아주는 칼럼 부분, X, Y 테이블 부분을 탑재하는 베드 부분, 극간에 공급되는 가공액을 회수하는 탱크 부분이 있다. 테이퍼 형상을 가공할 수 있도록 상부의 와이어 가이드를 U, V방향으로 이동시키는 테이퍼 가공장치도 와이어 컷 방전가공기 본체의 주요한 구성 부분이다.

(2) 가공액 공급장치

① 가공액의 역할

가공액은 극간의 절연 회복, 방전 폭발압력의 발생, 방전 가공 부분의 냉각, 가공 칩의 제거 등 4가지 작용을 하고 있다.

와이어 컷 방전가공기에는 가공액으로 물을 사용하는데, 이 물은 항상 깨끗하게 보존하고 물의 비저항을 일정하게 하는 것이 필요하다. 물을 사용했을 때 장점은 다음과 같다.

(가) 취급이 용이하고 화재의 위험이 없다.

(나) 공작물과 와이어 전극을 빨리 냉각시킨다.

(다) 전극에 강제진동이 발생되더라도 극간 접촉이 일어나지 않게 도와준다.

(라) 가공 시 발생되는 불순물의 배제가 양호하다.

② 비저항값 제어

와이어 컷 방전가공기의 가공액은 일반적으로 물을 많이 사용하고 있는데, 이 물은 어느 정도의 절연성을 가지고 있어야 한다. 따라서 여기에 사용되는 물은 증류수에 가까운 상태가 되어야 하는데, 이를 위해 이온 교환수지를 넣은 장치를 통과시켜 함유되어 있는 이온을 제거한다. 정제된 물은 비저항값이 변화하므로 이를 제어하기 위해 흐르는 가공액의 미세한 전류값을 측정하는 장치가 부착되어 있다.

다음 그림은 물의 비저항값과 도전율을 알기 쉽게 나타낸 것이다. 일반적으로 방전가공에는 10~100kΩ-cm 정도의 범위 내에서 비저항값을 설정하며, 사용목적에 따라 어떤 기준값을 두고 일정한 상태를 유지하도록 한다.

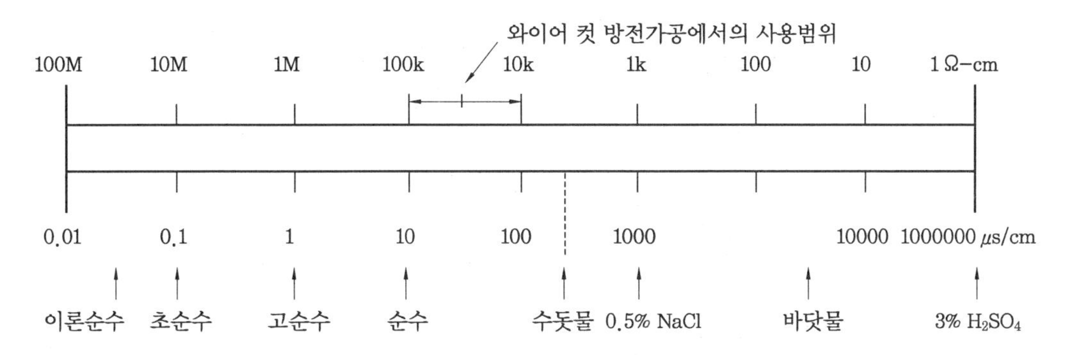

물의 비저항값과 도전율

이 비저항값은 가공성능(방전간격 폭, 가공속도, 가공면 조도 등)에 큰 영향을 미치므로 가공물의 재질, 두께 등에 가장 적합한 일정한 값으로 제어하기 위해 비저항 제어장치를 사용하고 있다. 비저항값이 높으면 가공액을 이온교환장치를 통과시켜 이온을 제거하며, 역으로 낮으면 가공액 탱크에 전해질의 비저항 조정액을 넣거나 수돗물을 첨가하면 비저항값이 조절된다.

비저항값이 적정값보다 과다하게 낮으면 방전에 사용되는 전류가 감소하며, 역으로 전기분해 작용을 초래하여 누출되는 전류가 증가하므로 가공속도를 저하시킨다.

또 비저항값이 과다하게 높으면 방전간격이 좁아져서 방전효율이 저하하므로 적정값으로 일정하게 유지해야 된다.

③ 가공액 공급회로

그림은 가공액의 공급회로를 나타낸 것으로 여기서 가공액은 펌프 P_2에 의해 가공영역 및 통전핀과 와이어부에 공급된다. 공급된 가공액은 테이블의 가공탱크에 모였다가 가공액 공급장치의 오염된 물탱크로 회수된다.

이 오염된 가공액은 펌프 P_1에 의해 여과필터로 가압 송급되어 가공 찌꺼기를 제거한다. 필터의 눈막힘 정도는 가압펌프와 필터 사이에 장치된 압력계로 감시하며, 필터는 2 kgf/cm^2

이상의 압력에서 약 15분 정도밖에 견디지 못하므로 2kgf/cm^2 이상이 되면 교환해야 한다. 여과된 가공액은 이온교환장치를 통과하여 순수한 상태의 물이 되어 펌프 P_2에 의해 가공 부분에 다시 공급된다. 이때 가공액이 지나가는 통로에 비저항 검출 전극을 설치하여 비저항값을 측정하는데, 제어장치에 설정된 값보다 낮으면 차단벽이 자동적으로 닫혀 이온교환장치로의 유입을 막아주므로 비저항값이 거의 일정하게 유지된다. 이온교환수지가 포화상태가 되어 비저항값이 상승되지 않을 경우에는 새로운 이온교환수지로 교환해 주어야 한다. 이때의 수지상태는 반 이상이 갈색으로 변한 상태가 되어 육안으로도 대략 판별할 수 있다.

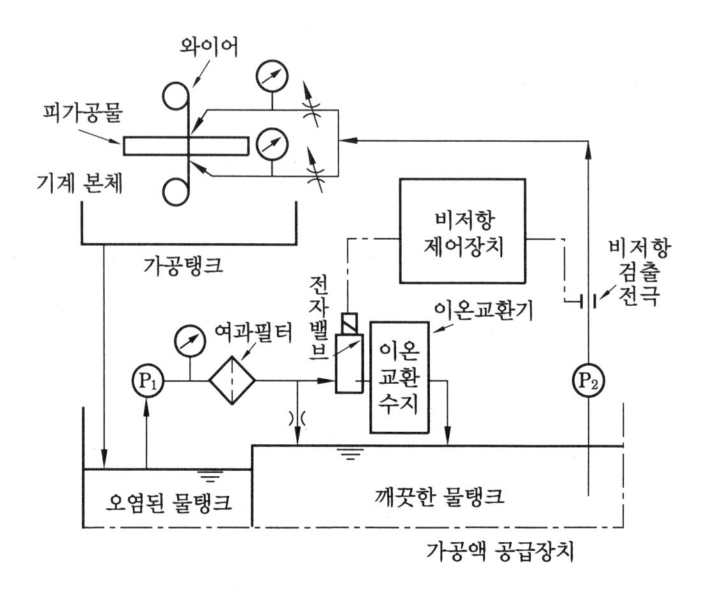

가공액의 공급회로

2. 와이어 컷 방전가공의 가공특성

2-1 와이어 컷 방전가공의 가공특성

와이어 컷 방전가공의 일반적인 특성에는 가공속도, 가공정도, 가공면 거칠기 및 변질층의 생성 두께 등이 매우 중요한 영역을 차지하고 있는데, 이는 가공기계의 성능에 따라 많은 차이가 있으므로 여기서는 일반적인 경향에 대하여 다루기로 한다.

① 가공속도

와이어 컷 방전가공의 가공속도는 단위시간당 가공면적으로 나타낸다.

$$가공속도(mm^2/min) = 와이어\ 이송속도(mm/min) \times 가공물\ 두께(mm)$$

와이어 컷 방전가공은 일반 방전가공에 비해서 대단히 작은 방전 면적을 갖는다. 가공물의 두께나 와이어 지름의 증감은 면적효과나 방전 발생횟수의 증감에도 현저한 영향을 미치며, 전류가 증감하면 가공속도도 증감하게 된다.

② 가공정도

가공정도는 주로 가공 확대대의 치수 정도에서 기인하는 형상정도와 가공 후에 나타나는 각 구멍간이나 형상간의 피치(pitch)정도 또는 위치결정 치수 등의 정적인 정도에 관계된다.

③ 가공면 거칠기 및 변질층

와이어 컷 방전가공은 수중 방전가공이어서 일반 방전가공처럼 침탄에 의한 변질층은 생기지 않지만, 방전현상 외에 누설되는 전류에 의한 전기분해가 일어나 양극(+)측에 가공물의 양극산화라는 전해 용출이 일어날 가능성이 있다. 그리고 강재를 동이나 황동 와이어로 가공할 경우 함유하고 있는 동의 침입을 수반하는데, 이것은 강 중에 동이 고용되어 잔류 오스테나이트를 생성시키므로 연한 표면층을 만드는 원인이 된다.

이러한 가공면은 연질로 되기 때문에 제품으로 사용할 경우 초기 마모가 많아지므로 정밀 프레스 금형 등에서는 이러한 점을 감안하여 처음에 작은 값의 틈새로 가공하여 래핑을 하거나 또는 조립하여 초기 마모가 일어난 다음에 정상적인 틈새가 되도록 해 주는 것이 좋다.

한편 방전가공면의 거칠기(R_{max})는 일반적인 유중 방전의 경우 다음과 같이 표시된다.

㈎ 콘덴서 방전의 경우

$$R_{max} = 1.8 \times C^{0.44} \times V^{0.5}$$

여기서, C : 콘덴서 정전용량(μF)⋯(대략 0.2~0.01 μF)
V : 방전개시 전압

㈏ 트랜지스터 펄스 방전의 경우

$$R_{max} = 1.6 \times I_p^{0.43} \times \tau_{on}^{0.38}$$

여기서, I_p : 방전피크(peak) 전류(A)
τ_{on} : 전류의 펄스 폭(μs)

와이어 컷 방전가공도 기본적으로 실험식으로 표시되는 경향이지만 전술한 가공표면의 변질에 의해 그보다는 작은 값이나 높은 값을 보이는 경우도 있다.

예를 들어 강재나 동재를 가공할 때는 작게 되고, 초경합금을 가공할 때에 비저항값이 적으면 전해작용이 활발해져서 Co의 용출로 인해 WC의 탈락 등이 발생되어 그 값이 커진다.

그리고 피가공물의 두께가 증대했을 때 가공면적이 증대하므로 방전의 발생은 쉽게 되고 방전개시 전압(V)이 낮아지므로 가공면 거칠기는 양호하게 되는 경향이 있다.

2-2 와이어 컷 방전가공의 가공조건

(1) 와이어 전극

① 와이어 재질과 굵기

와이어 전극으로 사용되는 재질로는 주로 동과 황동이 있으며, 특수한 경우에는 텅스텐, 몰리브덴, 강철 등이 사용되기도 한다. 동 와이어와 황동 와이어는 구하기 쉽고 경제적이면서도 재질에 비해 가공속도가 빠른 특징이 있는 반면, 원래 항장력이 약하기 때문에 0.1mm 미만인 와이어는 강도가 낮아 사용하기가 부적당하다.

와이어의 굵기는 가공효율이나 와이어 단선의 방지 등을 고려하여 정하는데, 황동 와이어는 0.1~0.25mm, 동 와이어는 0.15~0.25mm의 범위에서 사용하며 텅스텐 와이어는 항장력이 높아 0.05~0.1mm 정도를 사용한다.

② 와이어 장력

와이어는 방전 충격력 등에 의해 강제진동이 따르는데, 이를 극소화하기 위하여 보통 와이어 파단력의 약 $\frac{1}{2}$ 정도의 변동이 없는 일정한 장력(tension)을 주며, 0.2mm 동 와이어는 500~800g, 0.25mm 황동 와이어는 800~1500g의 장력을 준다.

③ 와이어 이송속도

와이어는 공급용 릴에서 약 1~10m/min로 항상 일정하게 보내 방전작용으로 인한 전극의 소모를 보상해 준다.

④ 와이어의 극성

와이어의 소모량을 무시하므로 전극을 (-)로, 가공물을 (+)로 연결하는 정극성 회로를 사용한다. (+)측에서 열이 많이 발생하므로 가공물이 와이어보다 많은 양의 크레이터가 생긴다.

⑤ 와이어 지름과 가공물의 두께

와이어 지름이 커지면 장력을 크게 할 수 있으며 가공속도도 빨라진다. 일반적으로 사용하는 와이어의 지름과 가공물 두께의 관계는 표와 같다.

와이어 지름에 따른 최대 가공두께

와이어 지름(mm)	코너부 최대 R	최대 가공두께(mm)
0.05(Bs와이어)	0.04~0.07	10
0.1(Bs와이어)	0.07~0.12	20
0.2(Bs와이어)	0.12~0.2	100 이상
0.25(Bs와이어)	0.15~0.25	100 이상

(2) 가공속도와 방전조건의 관계

① 가공물 재질과 가공속도

일반 강을 100으로 보았을 때 동은 125, 동과 텅스텐 합금은 80, 초경합금(WC-Co)은 50이다.

② 와이어 전극 재질과 가공속도

황동 와이어가 동 와이어보다 가공속도가 빠르며, 강을 가공할 경우 동 와이어를 100으로 했을 때 황동 와이어는 120~130이다.

③ 가공액의 비저항값과 가공속도

가공액의 비저항값이 낮아지면 가공속도는 빨라지나, 어느 정도 이하로 떨어지면 가공속도는 다시 느려진다.

가공액의 비저항값은 가공물의 재질이나 가공목적에 따라 각각 최대값이 있는데, 강재를 높은 속도로 가공할 때는 비저항값을 낮게 하고, 초경이나 알루미늄을 가공할 때는 비저항값을 높게 하여 절연성을 높게 해 준다.

④ 와이어 전극의 장력과 가공속도

와이어 장력이 커지면 와이어의 진동폭이 작아져 가공 홈의 폭이 작아지고 그만큼 전진 방향의 가공량이 많아지기 때문에 가공속도가 빨라진다. 그러나 와이어의 장력이 일정량 이상이 되면 다시 가공속도는 줄어든다. 장력이 너무 크면 단선이 일어나기 쉽다.

⑤ 와이어 굵기와 가공속도

정전 용량은 와이어 지름의 제곱에 비례하고, 가공 확대대와 가공물의 두께의 곱으로 나타내는 가공량은 와이어 지름에 비례하므로 가공속도는 와이어 지름에 비례한다. 즉 굵은 와이어는 전류 용량이 커지므로 가공속도는 증대하고, 가는 와이어는 전류 용량이 작아지므로 가공속도는 감소한다.

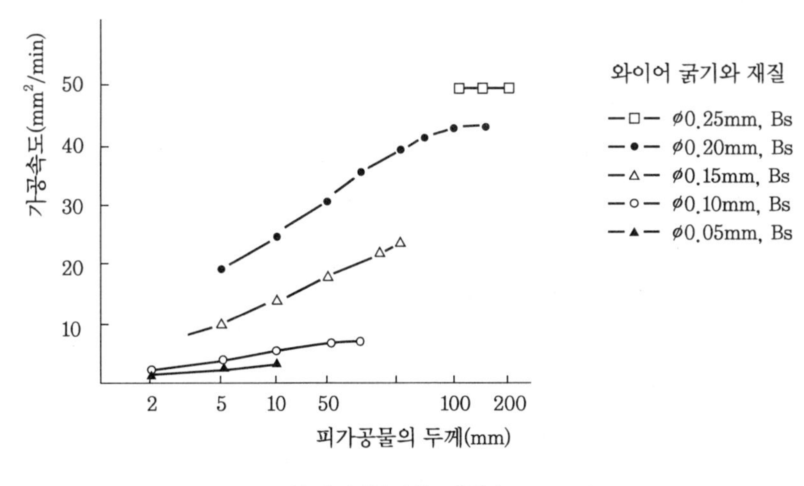

와이어 굵기와 가공속도

그림은 와이어 굵기와 가공속도의 관계를 표시하는 것으로, 그림에서 보는 비와 같이 와이어의 굵기가 굵어지는 만큼 가공속도가 빨라지며, 가공물의 두께가 두꺼워지면 면적속도의 증가율이 높아지는 것을 알 수 있다.

⑥ 평균전류와 가공속도

강재를 $\phi 0.2$mm의 황동 와이어로 가공할 때 가공속도 실험식은 다음과 같다.

$$\text{와이어의 이송속도}(F) = \frac{14.3(\overline{I} - 0.23)}{t^{1.16}} \text{[mm/min]}$$

$$\text{가공속도}(W) = F \cdot t = \frac{14.3(\overline{I} - 0.23)}{t^{0.16}} \text{[mm}^2\text{/min]}$$

여기서, $\overline{I}$: 평균전류(A)$\left(\overline{I} = \frac{\tau_{on} + I_p}{\tau_{on} + \tau_n + \tau_{off}}\right)$

t : 판두께(mm)

따라서, 평균전류 $\overline{I}$가 커지면 가공속도도 증가된다는 것을 알 수 있다.

⑦ 가공물 두께와 가공속도

가공속도=와이어 이송속도×가공물 두께이므로 가공속도는 가공물 두께에 비례한다. 즉 얇은 판재로 여러 개의 동일 부품을 가공할 때에는 판재를 여러 장 겹쳐서 작업하는 것이 효율적이라는 것을 알 수 있다.

⑧ 기타 사항

전원장치의 특성이나 가공액 냉각장치와 그 순환장치에 따라 가공속도는 큰 영향을 받으며, 가공기의 가공성능의 우열은 주로 이에 따라 결정된다.

(3) 가공속도와 치수정도의 관계

① 가공속도와 가공면 거칠기

가공면의 거칠기는 방전흔의 크기에 의해 결정되고, 방전흔의 크기는 방전에너지에 의해 결정된다. 즉 방전에너지가 커지면 방전흔이 커져 가공면의 거칠기도 커지게 된다. 또 방전에너지는 방전전류(I_p)에 비례하므로 앞의 평균전류와 가공속도의 관계로부터 가공속도를 빠르게 하면 가공면의 거칠기가 커지게 됨을 알 수 있다. 따라서 가공면의 거칠기를 좋게 하려면 가공속도를 느리게 하여야 한다.

이 점을 보완하기 위하여 세컨드 컷(secound cut)이라 불리는 다듬질 가공법을 사용한다.

② 가공속도와 가공부의 단면 형상

일반적으로 가공물의 가공부 단면 형상은 그림과 같이 큰북 형상을 이루고 있다. 이것은 와이어 컷 방전가공의 특유의 현상으로 가공물의 가공면 중앙부가 움푹 패인 것을 말하며, 이는 제품의 진직도를 나쁘게 하는 원인이 된다.

큰북 형상의 발생 원인은 첫째, 와이어의 진동 형태에 따른 것이며, 둘째로는 보통 가공물의 상하에서 가공액을 분사하기 때문에 극간의 중간 부분은 상면과 하면 부분보다 비저항값이 낮은 가공액이 되어 전해작용 및 방전빈도의 증가를 일으킬 뿐만 아니라 2차 방전을 일으키기 때문이다.

큰북 형상의 가공 확대대 크기와 가공속도와의 관계는 가공속도를 크게 하면 북 형상의 가공 확대대는 작아진다. 이는 곧 가공속도를 빠르게 하는 것이 가공 형상 측면에서 볼 때 가공 정도를 높일 수 있다는 것을 나타내고 있다.

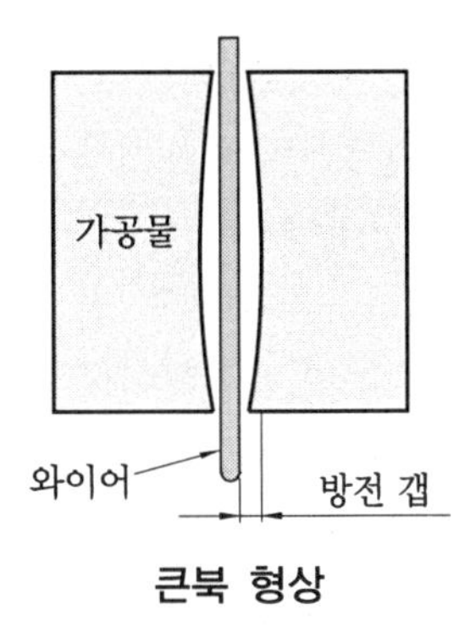

큰북 형상

2-3 가공정밀도

와이어 컷 방전가공의 가공정밀도에 영향을 주는 요인은 치수정도, 형상정도, 가공면 거칠기 등이 있다.

(1) 가공물의 치수정도

가공물의 치수정도로는 형상정도, 진직정도, 가공면의 거칠기 등을 생각해 볼 수 있다. 일반적으로 가공물의 치수정도는 오프셋량, 기계의 정도, 수치제어장치의 정밀도에 의하여 결정된다.

이 중 가공 중에 영향을 미치는 요인은 가공 확대대(over cut)의 변동이다. 그러므로 가공 확대대에 영향을 주는 여러 요인을 이해하고 조절할 필요가 있다.

치수정도를 양호하게 하기 위한 가공조건을 정리하면 다음과 같다.

① 가공 확대대는 일정조건하에서는 가공속도와 가공전압에 밀접한 관계가 있는데, 일반적으로 서보 이송방식으로 가공속도를 빠르게 하고, 가공전압을 낮추는 것이 가공 확대대를 작게 하는 데 유리하다.

② 큰북 형상을 작게 하여 진직정도를 양호하게 한다.

㈎ 와이어의 장력을 세게 하여 진동을 막아 큰북 형상을 작게 한다.

㈏ 가공액의 비저항값을 작게 하여 공작물의 상하부와 비저항값의 차이를 작게 한다.

㈐ 가공속도를 빠르게 한다.

㈑ 무부하전압을 작게 하여 가공 확대대를 줄인다.

㈒ 가공물과 상부 다이 및 하부 다이의 간격을 작게 한다.

③ 가공면의 거칠기를 양호하게 한다.

㈎ 가공액 저항값이 높을수록 가공면 거칠기는 좋아진다.

㈏ 가공물의 재질과 동종의 와이어를 사용하면 거칠기가 좋아진다.

(2) 피치간의 치수정도

피치간의 치수정도란 제품의 형상과 형상 사이의 정도를 말하며, 와이어 컷 가공은 침수된 상태에서 가공이 이루어지므로 가공열에 의한 가공물의 온도 상승이 초래되어 피치간의 정도 저하의 원인이 되기도 한다.

순차 이송금형이나 복동식 금형은 주로 일체로 된 금형이므로 펀치 고정판(punch plate), 스트리퍼(stripper), 다이(die) 등을 가공하여 하나로 조립하여 사용한다. 그러므로 그 성격상 피치간의 정도가 중요하다.

다음 그림은 피치간의 치수정도를 나타내었다.

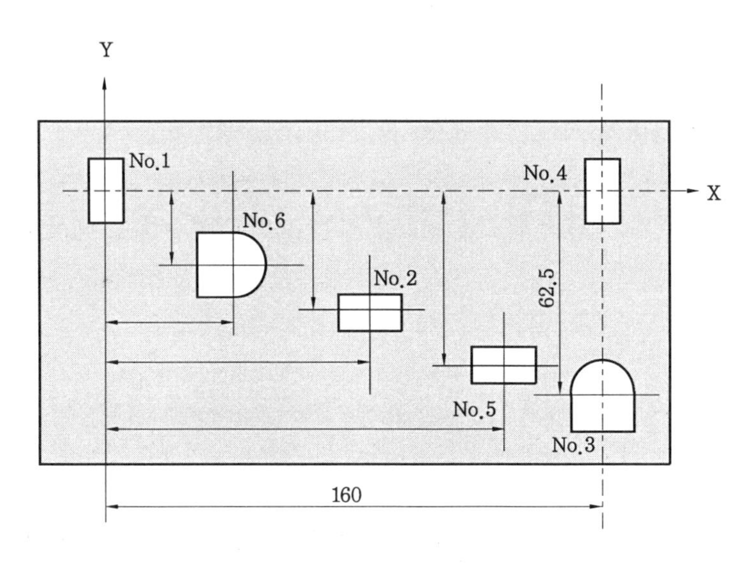

피치간의 치수정도

피치간의 형상 치수정도를 향상시키려면 다음에 열거한 사항에 유의하여야 한다.

① 작업장의 온도를 실온으로 유지하고, 가공액의 온도도 일정하게 유지한다.

② 공작물의 잔류응력에 의한 변형은 세컨드 컷을 실시하여 정밀도를 높여준다.

③ 가공 중에는 가공액 비저항값이나 가공전압을 일정하게 유지한다.

(3) 위치결정 치수정도

위치결정 방법으로는 구멍기준에 의한 방법과 가공물 단면기준에 의한 방법을 주로 사용한다. 보통 와이어 전극과 공작물의 전기적인 접촉을 이용하며 자동화되어 있다.

위치결정의 치수정도를 좋게 하려면 다음과 같은 점에 유의하여야 한다.

① 공작물과 와이어 전극의 수직을 정확히 맞춘다.

② 단면기준 위치결정 시 반드시 와이어 반지름값을 고려해야 한다.

③ 기준구멍과 기준단면을 연삭하여 거스러미를 제거한다.

(4) 코너부의 형상정도

와이어 컷 방전가공은 본질적으로 코너부의 윤곽정도가 떨어지는데, 그 원인은 에너지의 반발력에 의해 와이어 전극이 진행방향에 대해 역방향으로 밀려서 생기는 것과, 와이어 전극의 가이드부는 지령위치까지 도달했지만 상하 가이드의 중간 부분은 미처 코너부에 도달하지 않았을 때 방향을 바꿈에 의한 것이다. 이 와이어 전극의 지면에 의해 내측 코너부에는 언더컷(under cut)이 일어나고 외측 코너부에는 오버컷(over cut)이 일어난다.

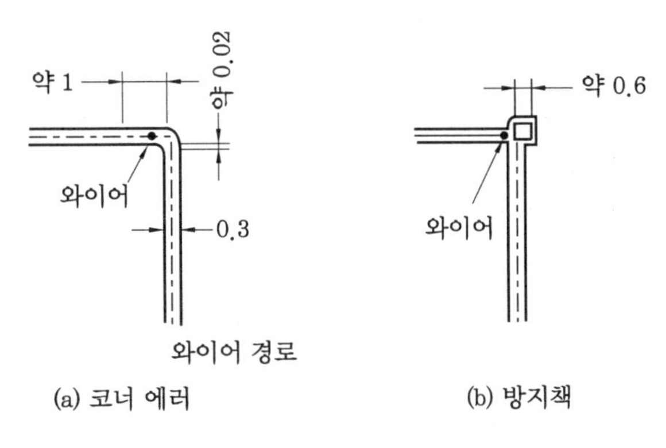

코너부의 형상 에러 방지

이 코너부 에러를 적게 하는 방법은 다음과 같다.

① 코너부에서 와이어 전극의 장력을 세게 하여 그 지연량을 적게 하는 방법과 코너 부분에서의 가공조건을 자동 변경하면 어느 정도 해소시킬 수 있다.

② 특히 예리한 모서리의 경우 전류밀도가 높게 되어 방전이 쉽게 일어나므로, 모서리를 예리하게 가공하기란 매우 어렵다. 그러므로 코너부의 형상 수정은 세컨드 컷 가공법이 가장 유리한 수단이다. 내측 코너부의 언더컷이 완전히 제거되고, 외측 코너부의 오버컷은 그 처짐이 일어나지 않을 때까지 바깥부분을 가공해 줄 필요가 있다.

③ 전압과 콘덴서 정전용량을 낮추어 방전에 의한 반발력을 작게 한다.

④ 직선 부분과 코너 부분에서는 가공 제어량이 서로 달라야 하므로 테이블 이송방식을 정전압 서보 이송방식으로 하는 것이 좋다.

⑤ 모서리 부분에 드웰(dwell)을 주어 완전히 가공된 후에 다음 블록으로 이송되도록 프로그램을 작성하면 어느 정도 줄일 수 있다.

⑥ 모서리 부분에서 그림과 같이 와이어의 가공경로를 입구(ㅁ)자 모양으로 한번 돌아와서 가공하면 확실한 형상을 얻을 수 있다.

⑦ 코너부의 변화에 적합하도록 CNC의 제어회로에서 가공속도, 전기적 조건(피크전류, 인가시간, 휴지시간 등)을 적합하게 자동으로 적응 제어하는 방식을 채택한 기계를 사용하면 유리하다.

2-4 테이퍼 가공과 세컨드 컷 가공

(1) 테이퍼 가공

① 테이퍼 가공장치의 기본 구성

테이퍼 가공장치의 구성은 그림과 같다. 테이퍼를 가공하기 위해서는 상부 가이드의 위치와 피가공물이 장치되어 있는 테이블 위치와의 상대관계를 동시 4축 제어 방식으로 하며, 가공 시에는 와이어 전극을 서서히 경사지게 하고 가공 중에도 각도를 변경시킬 수 있는 것 외에 코너부의 형상을 여러 가지로 제어할 수 있도록 되어 있다.

또한 테이퍼 가공에서는 가공 형상의 크기가 피가공물의 높이에 의해 변화하기 때문에 원하는 높이의 가공 형상을 테이퍼 가공장치 본체에 있는 도형 확인 기능을 이용해 볼 수 있다. 테이퍼 가공 시 피가공물에 대한 와이어 전극의 가공 이송속도는 높이에 따라 변화하기 때문에 입력된 지령속도와 일치해야 되는 높이로 임의로 지정할 수 있어야 한다. 테이퍼 가공장치는 와이어 전극을 모든 방향으로 일정하게 경사시키면서 가공하는 장치이므로 정밀도가 높은 테이퍼 가공을 실현하기 위해서는 와이어 전극이 현재 위치에서 경사 각도나 경사 방향의 변화에 대해 항상 안정되도록 하는 것이 중요하다.

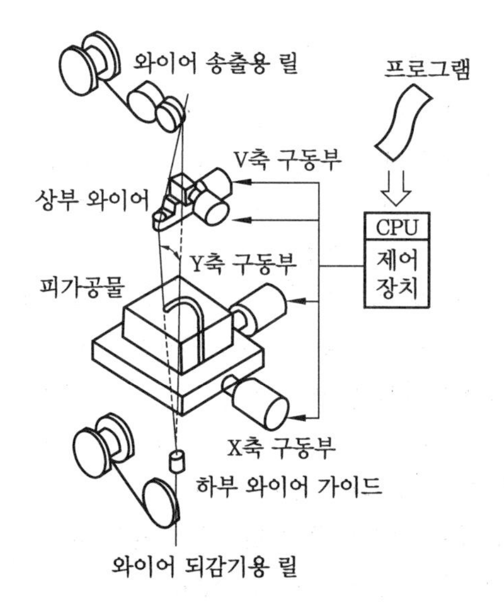

테이퍼 가공장치의 구성

② 테이퍼 가공에 필요한 입력 제원

테이퍼 가공에 필요한 입력 제원 중 테이퍼 각도는 수동이나 자동으로 입력할 수 있다. 또 이 테이퍼 가공장치에는 상부 가이드 스팬(span)을 기준으로 부여한 테이퍼 각도에 대응하는 상부 가이드와 피가공물 테이블의 상대적 위치관계를 CPU에서 연산해야 하므로 다음 그림에 표시되어 있는 다섯 가지 제원을 입력해 주어야 한다.

그림의 다섯 가지 입력 제원 중에서 A, Z_1, Z_2는 실제 가공에 대응하여 그 값을 정할 수 있지만 Z_3와 Z_4는 직접 측정이 곤란하므로 특수한 측정치구를 사용하여 간단한 수식에 의해 간접적으로 구하는 방법을 이용한다. 그리고 Z_3와 Z_4값은 각 메이커와 다이스의 규격에 따라 그 수식의 적용이 약간 다르다.

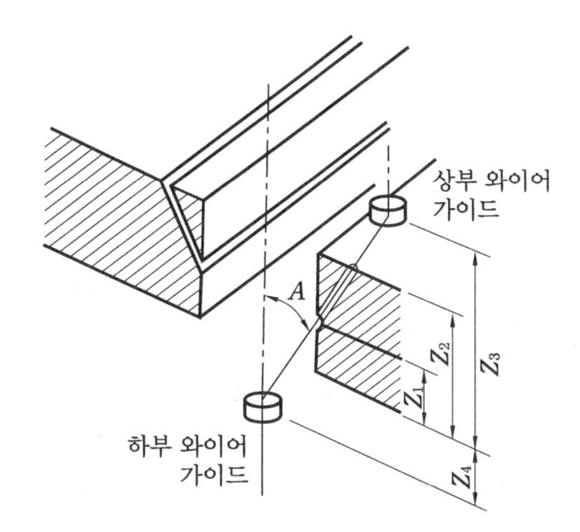

A : 지정 테이퍼 각도(°)
Z_1: 가공 프로그램 기준 높이의 지정(mm)
Z_2: 가공속도 지정 평균 높이 도형 체크식 등고선 지정평면 높이(mm)
Z_3: 상부 와이어 가이드 span(mm)
Z_4: 하부 와이어 가이드 span(mm)

테이퍼 가공에 필요한 입력 제원

③ 테이퍼 형상 제어기능

테이퍼 가공장치에는 테이퍼 형상의 특징에 따라 각각에 대응하는 특별한 테이퍼를 만들 수 있는 기능을 구비하고 있다.

테이퍼 형상 제어기능의 종류로는 다음과 같은 것들이 있다.

(가) 예리한 모서리나 코너 라운딩 제어 및 특수한 기능으로 상하 동일 R을 동일한 프로그램 중에서 임의로 정할 수 있다.

(나) 예리한 모서리(sharp edge) 및 상하 동일 코너 R 제어기능에는 코너부에서의 테이퍼 각도를 변경할 수 있다. 물론 직선 형상의 가공 도중에 서서히 테이퍼 각도를 변경할 수 있으나, 라운딩 부분의 가공 중에는 각도 변경이 불가능하므로 곡선(R)부 전후의 직선 부분에서 각도를 변경시켜야 된다.

(다) 와이어는 초기 세팅 시에만 수직을 낼 뿐 가공이 진행되면 지정한 각도로 변경되어 제어한다.

(라) 4축 동시제어기능이라는 특수한 사양으로 상하가 서로 다른 형상을 가공할 수 있으며, 이를 가공 시에는 테이퍼 각도가 상하 형상의 차이에 따라 연속적으로 변화되기 때문에 UV축의 스트로크 한도와 각도 사양의 범위 내에서 상하 형상이 제어된다면 어떤 형상의 가공도 가능하다.

이들의 기능을 사용해서 가공한 제품 중 코너의 형상 제어기능은 그림의 예와 같다. 그림에서와 같이 코너의 형상을 접속함에 있어 코너부 두 평면을 원추 형상으로 할 수 있는 코너 R 제어기능과 두 평면이 교차되는 선으로 접속하는 샤프 에지(sharp edge) 기능 등을 발휘할 수 있다.

코너의 형상 제어기능

와이어 컷에 의한 테이퍼 가공은 동시 4축 제어에 의한 2차원 가공용 와이어 컷에 견줄 만한 가공정도를 얻을 수 있다. 또 프레스 금형의 도피부 가공에는 테이퍼 가공과 세컨드 컷을 조합하여 가공효율을 향상시키는 방법을 채용하고 있음은 물론, 종래에 적용되어 왔던 플라스틱 금형의 분야에도 응용이 가능하다. 이 경우 가공 개소에 따라 테이퍼 각도를 변경할 수 있는 기능 및 코너부를 동일 R로 가공하는 기능 등이 유효하게 사용된다.

(2) 세컨드 컷 가공

세컨드 컷 가공은 1차 가공을 한 다음 남아 있는 다듬질 여유분 0.02~0.03mm에 대해 전기적인 가공조건을 다듬질에 맞는 가공조건으로 맞추고 오프셋량을 단계적으로 낮춰 가면서 가공하는 것이다. 가공횟수를 2~8회로 나누어 가공목적에 맞는 적당한 횟수로 가공한다.

펀치의 세컨드 컷 가공방법은 그림과 같이 제품으로 사용할 공작물이 떨어지지 않도록 가공물을 잡아주기 위한 절삭 잔여분을 남기고 1차 가공과 2차 세컨드 컷을 실시한 다음 클램프 또는 자석 등으로 펀치를 고정시키고 잔여분 제거를 위한 프로그램으로 가공한다.

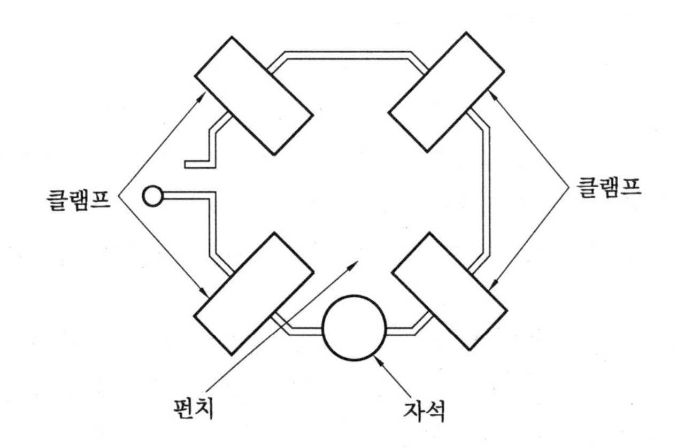

펀치의 세컨드 컷 가공

세컨드 컷 가공의 효과는 다음과 같다.

① 다이 형상에서의 돌기 부분 제거

와이어 컷 방전가공에서는 잘려 떨어지는 부분에서는 필히 돌기 부분이 남게 된다. 이 돌기 부분은 세컨드 컷을 실시함으로써 제거할 수 있다. 또한 펀치 가공의 경우 통상적인 프로그램과 가공방법으로는 1차 가공을 완료하면 세컨드 컷을 할 대상물인 제품이 떨어져 버리므로 가공물을 잡아주기 위한 절삭 잔여분을 남겨야 한다.

② 거친 가공면과 가공면 연화층의 제거

빠른 가공속도로 와이어 컷 가공한 가공면은 거칠 뿐만 아니라 약 10~15mm 정도 깊이까지 연화되므로 연마공정을 거쳐 연화층을 제거하고 사용하여야 한다. 그러나 연마공정을 거치지 않고 금형으로 사용하는 경우에는 초기 이상 마모의 원인이 되므로 시험 타발 단계에서 연화층을 제거해 버리는 방법을 사용하기도 하지만, 세컨드 컷 가공에 의한 방법이 가장 유리하다.

초경합금 가공의 경우 보통의 가공조건으로 하면 크랙이나 동공이 발생하므로 금형으로 사용할 경우 깨지거나 이상 마모의 원인이 된다. 그러므로 가공액 비저항값을 $5 \times 10^4 \Omega \cdot cm$ 이하로 하면 표면층에 연화현상을 일으켜 약 10% 정도 경도가 저하된다. 이를 해결하기 위해서 비저항값을 $10 \times 10^4 \Omega \cdot cm$ 이상 높게 설정하거나, 교류 고주파전원을 이용한 세컨드 컷이 유리하다.

③ 가공물의 내부응력 개방 후 형상 수정

가공물은 열처리 유무에 관계없이 내부응력이 존재한 상태로 평형을 유지하고 있는데, 와이어 가공을 함으로써 이 평형상태가 불안정한 상태로 되므로 내부응력이 개방되어 변형이 발생한다.

특히 가공변형이 심한 스테인리스강의 경우에는 변형량이 매우 크므로 2~3mm의 다듬질 여유를 남기고 1차 고속조건으로 가공한 후 고속조건으로 세컨드 컷하고, 세컨드 컷 가공조건으로 다시 한번 세컨드 컷하면 원하는 형상으로 수정된 치수를 얻을 수 있다.

④ 코너부 형상 에러 및 가공면의 진직정도 수정

코너부 컷 가공을 함으로써 코너부 형상 에러나 큰북 형상 등을 수정하여 형상정도와 진직정도를 향상시킬 수 있다.

3. 와이어 컷 방전가공의 가공기술

3-1 재료의 준비

(1) 가공개시구멍

와이어 컷 방전가공을 할 때 소재의 측면에서 바로 가공을 시작하면 소재의 잔류응력이 해방되어 가공이 완료되기 전에 소재가 변형을 일으켜 제품의 치수정도가 나빠진다. 따라서 소재의 내측에 와이어를 끼울 수 있는 가공개시구멍을 뚫어줄 필요가 있다. 이때 구멍의 치수는 일반적으로 ϕ3~4mm 정도로 한다.

열처리한 재료에 가공개시구멍을 가공하려면, 가는 황동 파이프를 전극으로 사용하여 방전가공함으로써 구멍을 가공하는 슈퍼드릴 머신을 사용하여 가공한다.

(2) 출발점의 위치치수

가공을 시작하여 안정된 가공에 이르기까지는 적어도 0.2~0.3mm의 보조 가공치수가 필요하므로, 방전상태가 안정화된 후에 제품부에 진입되도록 하기 위하여 보통 2~5mm 이상의 보조 가공치수를 둔다. 안지름 가공의 경우에는 0.75mm 이상 설정해 주는 것이 좋다.

(3) 클램핑 여유치수

소재를 테이블에 올려놓고 클램핑하기 위한 여유치수는 테이블의 이송한계가 미치지 못하는 범위를 포함하여 20~30mm 정도이면 안정도를 유지할 수 있다.

(4) 가공개시구멍의 위치

가공개시구멍의 위치로 적합한 곳으로는 제품의 형상이 평탄하거나 후가공에 의한 다듬질이 용이한 곳, 제품의 성능상 별로 악영향이 없는 곳을 선택하는 것이 좋다. 미세한 형상의 경우에는 외곽으로부터 0.75mm 이상으로 하여 가공개시구멍과 가공 확대대가 만나 부품이 이탈하여 와이어가 단선되는 일이 없도록 하여야 한다. 즉, 가공물의 살이 얇은 쪽이나 클램핑이 되어 있지 않은 쪽에 가공개시점을 두면 잔류응력의 해방에 의해 변형이 일어나 정밀도가 저하되므로, 가공개시점을 살이 두꺼운 쪽이나 클램핑이 되어 있는 쪽에 둔다.

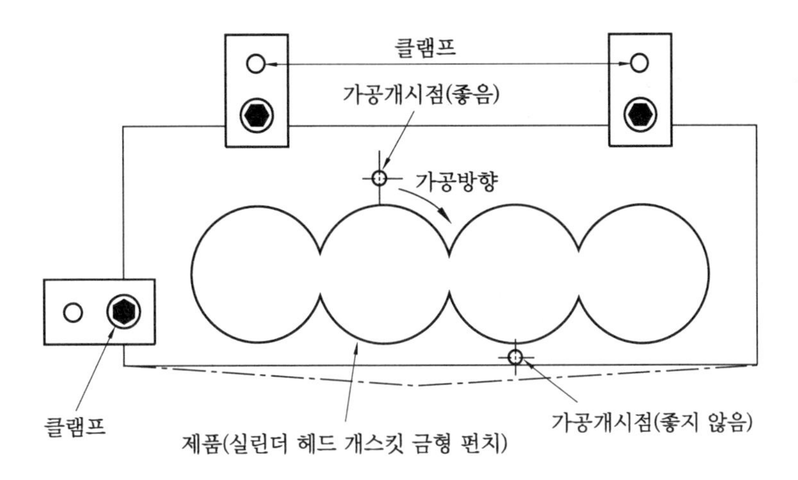

가공개시점의 위치

(5) 위치 결정용 기준구멍

와이어 가공을 해야 할 위치가 기준면으로부터 멀리 떨어져 있으면서 거리가 정밀해야 할 경우 ϕ3~16mm 정도의 기준구멍이 필요하다. 이 기준구멍은 지그연삭기로 연삭해야 하며, 유효 깊이는 3~5mm가 적당하다.

그러나 제품의 구조상 기준구멍을 특별히 마련할 필요가 없을 경우 주 프레스 금형의 경우 원형타발을 위한 작은 구멍이나 파일럿 홈 또는 노크 핀(knock pin) 등을 지그 연삭하여 기준구멍 대신 사용할 수 있다.

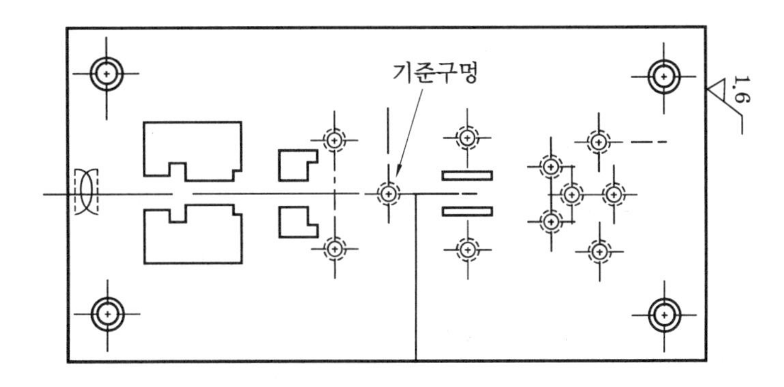

지그 연삭가공

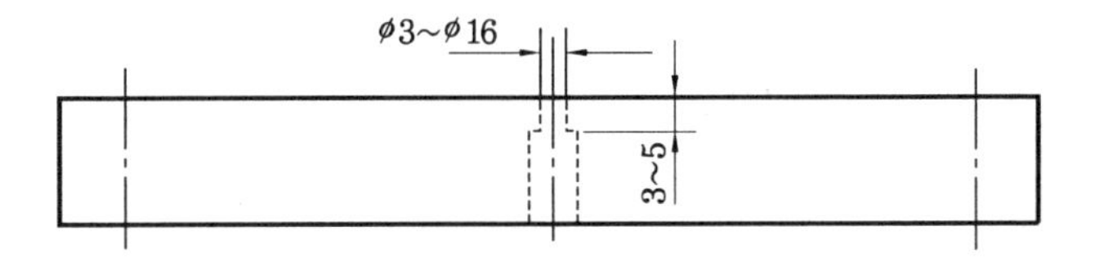

기준구멍 가공

3-2 재료의 열처리

(1) 담금질과 뜨임의 주의점

공작물의 열처리, 즉 담금질과 뜨임 열처리 시 잔류응력이 남아 있지 않도록 주의가 필요하다. 왜냐하면 잔류응력의 양이 클수록 공작물의 가공이 진행되는 동안 변형이 되거나 크랙이 발생하기 쉽기 때문이다. 일반적으로 경도를 높이게 되면 잔류응력이 많게 되므로 경도는 약 HRC 60~62 정도의 열처리를 할 필요가 있다.

(2) 열처리에 의한 변형을 적게 하는 사전가공

열처리 변형에 따른 사전가공을 하면 열처리 변형은 처음부터 해방되어 버리므로 가공을 하여도 잔류응력에 의한 변형이 적게 되어 상상외로 높은 정밀도를 얻게 된다. 열처리 변형에 의한 제품의 뒤틀림을 방지하기 위하여 다이 형상을 가공할 경우 정치수의 형상으로부터 약 3~5mm 정도의 절삭 여유를 남기고 드릴링 머신이나 콘터 머신 등으로 따낸 다음 열처리한다. 펀치 형상을 가공할 때에는 형상에 대하여 외곽으로부터 형상 쪽으로, 또는 외곽부위에 평행하게 슬릿(slit)을 낸 다음 열처리한다. 정밀한 가공에서는 세컨드 컷을 실시해야 하는데, 비경제적이므로 가격이 싸고 변형이 적은 재료를 선정하는 것이 중요하다.

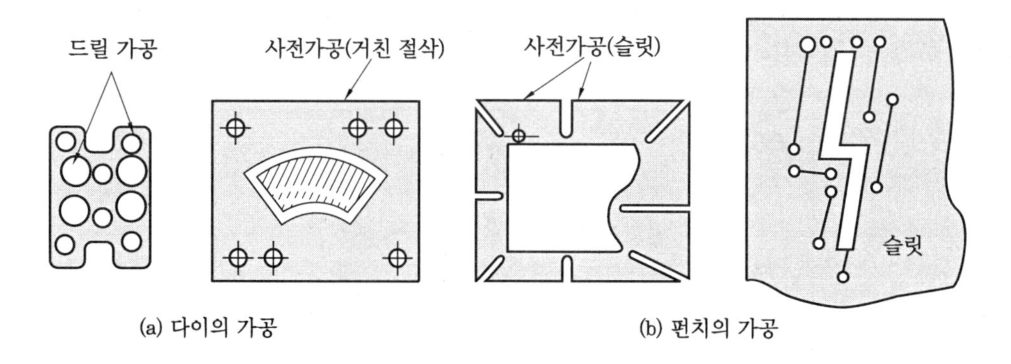

열처리 변형을 적게 하는 사전가공

4. 와이어 컷 방전가공 프로그래밍

4-1 어드레스

와이어 컷 방전가공기에 사용되는 특수 어드레스는 표와 같다.

와이어 컷 방전가공기의 특수 어드레스

어드레스	내 용
T	기계제어에 관련한 사항 지령 예 T80, T81(와이어 이송, 와이어 이송 정지)
D, H	오프셋(offset)량 및 보정값 지령 예 D000, H001
A	테이퍼 가공의 각도 지정
C	가공조건의 지정 예 C000, C001
P	보조 프로그램 번호 지정 예 P0010
L	보조 프로그램 반복횟수 지령
Q	파일 호출 지정 (가공 중에 메모리에 있는 프로그램을 파일단위로 호출하여 사용)
RI	도형회전 및 좌표회전의 중심좌표
RJ	도형회전 및 좌표회전의 중심좌표
RX	도형회전 및 좌표회전의 각도 입력(X축)
RY	도형회전 및 죄표회전의 각도 입력(Y축)
RA	도형회전 및 좌표회전의 각도 입력
B	개별 가공조건 변경
TP, TN	테이퍼 데이터 입력(T-P, T-N)

4-2 준비기능

표의 준비기능은 다른 CNC 공작기계와 중복된 코드는 생략했으므로 앞장을 참조한다.

준비기능

G-코드	기 능	기능의 의미
G00	위치결정(급속이송)	
G01	직선보간(절삭이송)	
G02	원호보간(CW : 시계방향)	
G03	원호보간(CCW : 반시계방향)	
G04	드웰(dewll)	
G05	X미러 이미지	
G06	Y미러 이미지	
G07	Z미러 이미지	
G08	X-Y 변환	
G09	미러 이미지 및 X-Y 변환 취소	
G11	스킵 ON	
G12	스킵 OFF	
G30	가공 개시점 복귀	G92 지령 포인트로 복귀
G48	자동코너 R 삽입 ON	제품 특성에 따라 코너부 위에 R 삽입 시 사용
G49	자동코너 R 삽입 OFF	G48 기능 취소
G50	와이어 경사 취소	G51, G52 기능 취소
G51	와이어 경사 좌측	테이퍼 가공 시 와이어의 경사를 진행 방향에 대하여 좌측으로 기울임
G52	와이어 경사 우측	테이퍼 가공 시 와이어의 경사를 진행 방향에 대하여 우측으로 기울임
G54	공작물좌표계(0)	
G55	공작물좌표계(1)	
G56	공작물좌표계(2)	
G57	공작물좌표계(3)	
G58	공작물좌표계(4)	
G59	공작물좌표계(5)	

G-코드	기　　능	기능의 의미
G60	상하 동일 코너 라운딩	테이퍼 가공 시 상하 형상의 동일 라운딩 가공
G61	상하 원추 코너 라운딩	테이퍼 가공 시 원추 형상의 라운딩 가공
G80	접촉 감지될 때까지 이동	
G81	기계의 한계(limilt)점까지 이동	
G82	현재위치와 원점의 중간지점까지 이동	
G83	현재위치를 지정된 보정 항에 읽어 들임	
G84	자동 수직내기	
G90	절대좌표 지령	
G91	증분좌표 지령	
G92	공작물에 좌표계 설정	
G97	모든 좌표계에 대하여 공작물좌표계 설정	단, G95 모드 제외

4-3 보조기능

보조기능은 와이어 컷 방전가공기를 구매할 때 선택사항으로 되어 있는 기능이 많으므로 구입한 기계의 사용설명서를 참고하는 것이 좋으며, 아래 표는 일반적으로 많이 사용하는 보조기능이다.

보조기능

코 드	기　　능	기능의 의미
M10	적응제어 파라미터의 설정	이미 설정되어 있는 가공조건의 자동설정 기능으로 변환
M20	자동 와이어 측정	
M21	PWB기능의 OFF	
M22	PWB기능의 ON	
M31	가공시간 표시 리셋	
M40	방전 OFF	방전이 OFF되고 이송은 파라미터에 설정된 속도가 된다. M40의 기능은 리셋 또는 M80에 의해 해제된다.
M41	가공 전원 OFF	
M42	와이어 이송 OFF	
M43	가공액 OFF	

코 드	기 능	기능의 의미
M44	와이어 장력 OFF	
M50	와이어 절단	M50이 지령된 블록의 실행이 끝나면 와이어를 자동 절단함(자동 와이어 결선 기능이 있는 경우에 적용).
M54	공작물 검출	공작물의 면을 검출한다.
M56	공작물 검출점 복귀	
M57	가공개시점 복귀	
M60	와이어 자동 결선	선택사양으로 다음 형상으로 이동 후 와이어를 자동으로 결선하는 기능
M70	리셋 개시	M70이 지령된 블록의 실행이 종료되면 전에 가공한 통로를 따라 가공개시점으로 역행을 실행함.
M80	방전 ON	
M81	가공전원 ON	
M82	와이어 이송 ON	
M83	가공액 ON	
M84	와이어 장력 ON	
M96	미러 카피 역행 종료	대칭인 형상의 경우 M96을 사용하며, 한쪽만 가공한 다음 M96을 써서 나머지 부분도 가공
M97	미러 카피 역행 개시	

4-4 기타 기능

(1) 와이어 경사각 지정 코드

와이어 컷 방전가공에서 테이퍼 가공을 할 때 그 각도를 지정해야 하는데, 이때의 어드레스는 T를 쓰고 그 뒤의 각도는 10진법으로 환산하여 지정해 준다. 각도의 최소 지령값은 ±45.00000°이다. 만약 각도가 2°15′이면 10진법으로 2.25°가 되므로 T225000 또는 T2.25라고 쓴다.

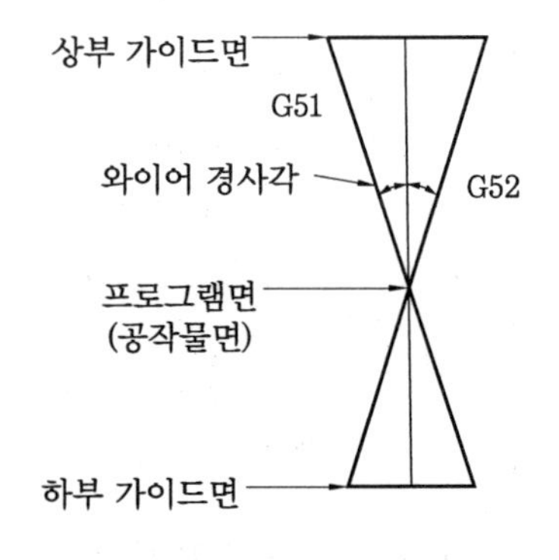

경사각 지정에 따른 요소

(2) 오프셋 번호 지정 코드

와이어 컷 방전 가공에서는 도면에서 요구하는 클리어런스를 충족시키다 보면 그 오프셋량이 여러 종류가 된다. 따라서 형상마다 프로그램에서 오프셋량을 바꾸다 보면 번거롭기도 하고 때로는 에러가 발생한다. 이를 보완하기 위해 공구 오프셋을 기계측에 여러 개 세팅하여 놓고 필요한 것을 호출하여 쓰면 여러모로 편리하다. FANUC TYPE의 경우 16개의 오프셋을 미리 세팅시켜 놓고 필요한 경우에 호출하여 사용하고 있으며, 이때 어드레스는 D 또는 H를 사용한다.

4-5 프로그래밍

(1) 다음 도면을 와이어 컷 방전가공에서 가공하는 프로그램을 하시오.

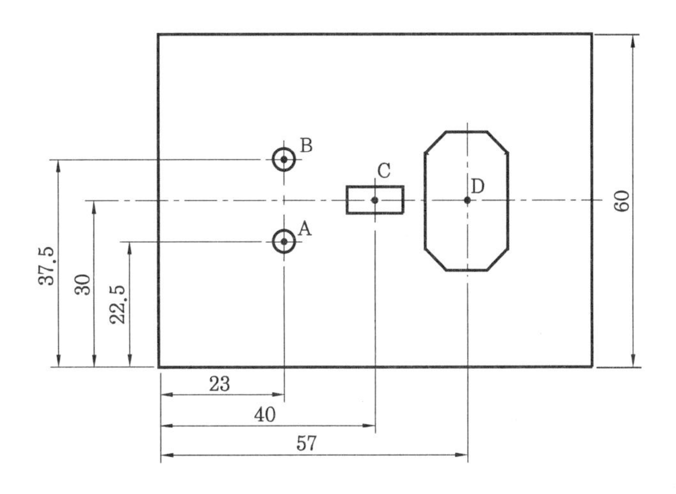

해설

G92	G90	X0.0	Y0.0 ;		…… A부분 가공 좌표점 설정
G01	G41	Y2.0	H165	C420 ;	…… 좌측 보정하면서 offset량 0.165mm, 방전조건 C420
G03	J−2.0 ;				…… 반시계방향으로 360° 가공
G01	G40	Y1.0 ;			…… 좌측 보정 취소하면서 Y1.0 직선가공
M00 ;					…… 일시정지(와이어 절단)
G00	Y15.0 ;				…… B점으로 이동
M00 ;					…… 일시정지(와이어 결선)
G92	G90	Y2.0	H165	C420 ;	…… B점 좌표계 설정
G03	J−2.0 ;				
G01	G40	Y1.0 ;			
M00 ;					…… 일시정지(와이어 절단)
G00	X17.0	Y−7.5 ;			…… C점으로 이동
M00 ;					…… 일시정지(와이어 결선)
G92	G90	X0.0	Y0.0 ;		…… C점 좌표계 설정
G01	G42	Y2.5	H165	C420 ;	
X5.0 ;					

```
Y-2.5 ;
X-5.0 ;
Y2.5 ;
X0.0 ;
G01    G40    Y0.0 ;                          …… 우측 보정 취소
M00 ;                                         …… 일시정지(와이어 절단)
G00    X17.0 ;                                …… D점으로 이동
M00 ;                                         …… 일시정지(와이어 결선)
G92    G90    X0.0    Y0.0 ;                  …… D점 좌표계 설정
G01    G41    X-7.5   H165    C420 ;
Y8.5 ;
X-3.5  Y12.5 ;
X3.5 ;
X7.5   Y8.5 ;
Y-8.5 ;
X3.5   Y-12.5 ;
X-3.5 ;
X-7.5  Y-8.5 ;
Y0.0 ;
G01    G40    X0.0 ;
M02 ;
```

(2) 다음 도면을 와이어 컷 방전가공에서 가공하는 프로그램을 하시오. (단, ϕ10홀은 ϕ5 드릴로 예비가공하였음)

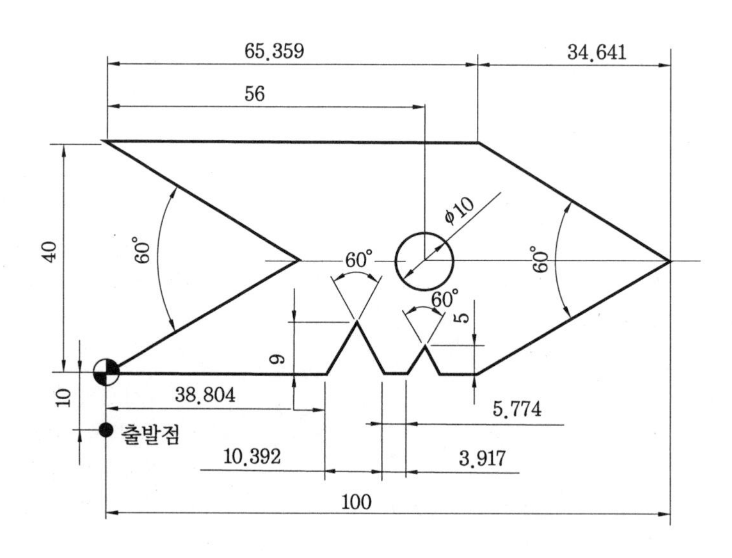

해설
```
G92     G90     X0.0    Y-10.0  U0.0    V0.0 ;
M00 ;
G00     X56.0   Y20.0 ;
G91     G01     G41     X5.0    H001    C776 ;
G03     I-5.0 ;
M00 ;
G00     G40     G90     X0.0    Y-10.0 ;
G01     G42     X0.0    Y0.0    H01 ;
G91     X38.804 G04     X1.5 ;
X5.196  Y9.0    G04     X1.5 ;
X5.196  Y-9.0   G04     X1.5 ;
X-3.917 G04     X1.5 ;
X2.887  Y5.0    G04     X1.5 ;
X2.887  Y-5.0   G04     X1.5 ;
G90     X65.359 G04     X1.5 ;
X100.0  Y20.0   G04     X1.5 ;
X65.359 Y40.0   G04     X1.5 ;
X0.0    G04     X1.5 ;
X34.641 Y20.0   G04     X1.5 ;
X0.0    Y0.0    G04     X1.5;
G4      Y-2.0 ;
M02 ;
```

(3) 다음 도면을 CAM 소프트웨어를 이용하여 와이어 컷 방전가공에서 가공하는 프로그램을 하시오.

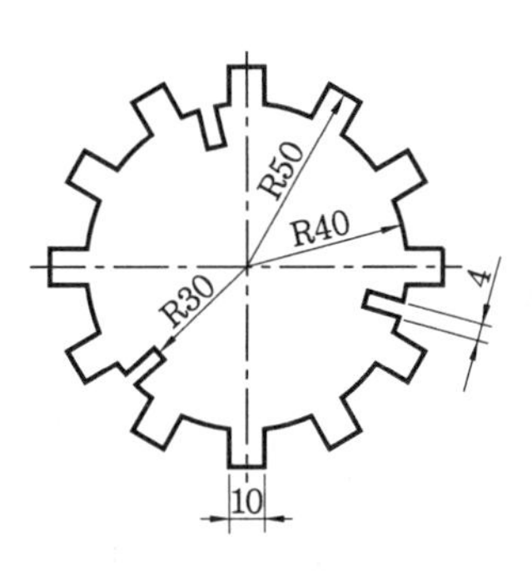

해설
```
%
G21 ;
G90 ;
M80 ;
M82 ;
M84 ;
```

```
G92  X0.        Y0. ;
G41  G01        X29.431    Y-5.815    D1        C776 ;
G02  X28.396    Y-9.679    I-29.431   J5.815 ;
G01  X38.071    Y-12.272 ;
G02  X36.869    Y-15.513   I-38.071   J12.272 ;
G01  X45.584    Y-20.545 ;
G02  X40.584    Y-29.205   I-45.584   J20.545 ;
G01  X31.869    Y-24.173 ;
G02  X24.173    Y-31.869   I-31.869   J24.173 ;
G02  X-31.869   Y-24.173   I29.663    J26.835 ;
G01  X-40.584   Y-29.205 ;
G02  X-40.584   Y-20.545   I40.584    J29.205 ;
G01  X-36.869   Y-15.513 ;
G02  X-39.686   Y-5.       I36.869    H15.153 ;
G01  X-49.749 ;
G02  Y5.        I49.749    J5. ;
G01  X-39.686 ;
G02  X-39.869   Y15.1513   Y39.686    J-5. ;
G01  X-45.584   Y20.545 ;
G01  X-45.584   Y29.205    I45.584    J-20.545 ;
G01  X-31.869   Y24.173 ;
G02  X-24.173   Y31.869    I31.869    J-24.173 ;
G01  X-29.205   Y40.584 ;
G02  X-20.545   Y45.854    I29.205    J-40.584 ;
G01  X-15.153   Y36.869 ;
G02  X-12.272   Y38.071    I15.153    J-36.869 ;
G01  X-9.679    Y28.396 ;
G02  X-5.815    Y29.431    I9.679     J-28.396 ;
G01  X-8.408    Y39.106 ;
G02  X-5.       Y39.686    I8.408     J-39.106 ;
G01  Y49.749 ;
G02  X5.515     J-49.749 ;
G01  Y39.686 ;
G02  X15.513    Y36.869    I-5.       J-39.686 ;
G01  X20.545    Y45.584 ;
G02  X29.205    Y40.584    I-20.545   J-45.584 ;
G01  X24.173    Y31.869 ;
G02  X31.869    Y24.173    I-173      J-31.869 ;
G01  X40.584    Y29.205 ;
G02  X45.584    Y20.545    I-40.584   J-29.205 ;
G01  X20.545    Y-45.583 ;
G02  X-29.205   Y-40.584   I20.545    J45.584 ;
```

```
G01   X-24.173   Y-31.869 ;
G02   X-26.835   Y-29.663   I24.173    J31.869 ;
G01   X-19.752   Y-22.58 ;
G02   X-22.58    Y-19.752   I19.752    J22.58 ;
G01   X-29.663   Y-26.835 ;
G01   X36.869    Y15.1513 ;
G01   X29.205    Y-40.584 ;
G02   X20.545    Y-45.584   I-29.205   J40.584 ;
G01   X15.513    Y-36.869 ;
G02   X5.        Y-39.686   I-15.513   J36.869 ;
G01   Y-49.749 ;
G02   X-5.       I-5.       J49.749 ;
G01   Y-39.686 ;
G02   X-15.513   Y-36.689   I5.        J39.686 ;
G02   X39.686    Y5.        I36.869    J-15.513 ;
G01   X49.749 ;
G02   Y-5. ;
G01   X39.686 ;
G02   X39.106    Y-8.408    I-9.686    J5. ;
G01   X29.431    Y-5.815 ;
M00 ;
G40   X0.        Y0. ;
M02 ;
%
```

부 록

1. FANUC OT/OM Alarm 일람표
2. FANUC OT/OM 조작 일람표
3. 선반용 인서트 규격
4. 선반용 외경 툴 홀더 규격
5. 선반용 내경 툴 홀더 규격
6. 밀링용 인서트 규격
7. 밀링 공구 재종별 절삭자료
8. 선반 기술자료
9. 밀링 기술자료
10. 엔드밀 기술자료
11. 드릴 기술자료

1. FANUC OT/OM Alarm 일람표

(1) Program error (P/S Alarm)

번호	내 용
000	한번 전원을 끊지 않으면 안 되는 parameter가 설정되어 있습니다. 전원을 끊어 주십시오.
001	TH alarm(parity에 맞지 않는 문자가 입력되어 있습니다.) tape를 수정하여 주십시오.
002	TV alarm(한 block 내의 문자 수가 기수로 되어 있습니다.) TV check가 ON일 때만 발생합니다.
003	허용 행수를 넘는 data가 입력되어 있습니다. (최대 지령값의 항 참조)
004	block의 최초에 address가 없고, 갑자기 숫자 또는 부호(-)가 입력되어 있습니다.
005	address의 뒤에 data가 없고, 갑자기 다음 address 또는 EOB code가 와 있습니다.
006	부호 "-" 입력 error(부호 "-"가 허용되지 않은 address에 입력되어 있습니다. 또는 부호 "-"가 2회 이상 입력되어 있습니다.)
007	소수점 "." 입력 error(소수점 "."이 허용되지 않은 address에 입력되어 있습니다. 또는 소수점 "."이 2개 이상 입력되어 있습니다.)
009	유의 정보 구간에 사용되지 않는 address가 입력되어 있습니다.
010	사용할 수 없는 G code를 지령하고 있습니다.
011	절삭이송에서 이송속도가 지령되어 있지 않습니다. 또는 이송속도의 지령이 부적당합니다.
014	가변 lead 나사절삭에 있어서 address K에서 지령된 lead 증감값이 최대 지령값을 넘고 있습니다. 또는 lead가 부(-)의 값으로 지령되어 있습니다.(T 경우만) 나사절삭/동기이송의 option이 없는데 동기이송을 지령하고 있습니다.(M 경우만) ㈜ 표에서 [T]는 OT-C, OOT-C, [M]은 OM-C, OOM-C의 명칭임
015	동시 제어 축수를 넘어선 축수를 이동시키고 있습니다.(M 경우)
021	보간에 있어서 평면지정(G17, G18, G19) 이외의 축을 지령하고 있습니다.(M 경우)
023	원호의 반지름 R 지정에서 R에 (-)를 지령했습니다.(M 경우)
027	공구길이 보정 type C에서 G43, G44의 block 축지정이 없습니다. 공구길이 보정 type C에서 offset이 cancel되지 않고 다른 축에 offset이 걸려 있습니다.
028	평면선택 지령에 대하여 같은 방향의 축을 2축 이상 지령하고 있습니다.

번호	내 용
029	H code로 선택된 offset량의 값이 너무 큽니다.(M 경우) T code에서 선택된 offset량의 값이 너무 큽니다.(T 경우)
030	공구경 보정, 공구길이 보정의 H code로 지령한 offset 번호가 크기를 넘었습니다.(M 경우) T기능에 있어서 공구위치 offset 번호가 크기를 넘었습니다.(T 경우)
031	offset량 program 입력(G10)에 있어서 offset 번호를 지정하는 P의 값이 크기를 넘었습니다. 또는 P가 지령되지 않았습니다.
032	offset량 program 입력(G10)에 있어서 offset량의 지정이 크기를 넘었습니다.
033	공구경 보정 C의 계산에서 교점이 구해지지 않았습니다.(M 경우) 인선 R보정의 교점 계산에서 교점이 구해지지 않았습니다.(T 경우)
034	공구경 보정 C에 있어서 G02/G03 mode 중에 start up 또는 cancel을 행하도록 하고 있습니다.(M 경우) 인선 R 보정에서 G02/G03 mode 중에 start up 또는 cancel을 행하도록 하고 있습니다.(T 경우)
035	공구경 보정 B cancel mode 또는 offset 평면 외에서 G39를 지령하고 있습니다.(M 경우) 인선 R 보정 mode 중에 skip 절삭(G31)을 지령하고 있습니다.(T 경우)
036	공구경 보정 mode 중에 skip 절삭(G31)을 지령하고 있습니다.(M 경우)
037	공구경 보정 C 중에 보정평면(G17, G18, G19)이 절환되어 있습니다. 또는 공구경 보정 B에 있어서 offset 평면 외에서 G40을 지령하고 있습니다.(M 경우) 인선 R 보정 중에 보정평면이 절환되었습니다.(T 경우)
038	공구경 보정 C에 있어서 원호의 시점 또는 종점이 반지름 0이므로 절입 과다를 발생할 우려가 있습니다.(M 경우) 인선 R 보정에 있어서 원호의 시점 또는 종점이 중심이므로 절입 과다를 발생할 우려가 있습니다.(T 경우)
039	인선 R 보정에 있어서 start up, cancel, G41 / G42 절환과 champering, corner R을 지령하고 있습니다. 또는 champering, corner R에서 절입 과다를 발생할 우려가 있습니다.(T 경우)
040	단일형 고정 cycle G90 / G94에 있어서, 인선 R 보정에서 절입 과다를 발생할 우려가 있습니다.(T 경우)
041	공구경 보정 C에 있어서 절입 과다를 발생할 우려가 있습니다.(M 경우) 인선 R 보정에 있어서 절입 과다를 발생할 우려가 있습니다.(T 경우)
042	고정 cycle mode 중에 G27~G29를 지령하고 있습니다.(M 경우)
044	고정 cycle mode 중에 G27~G30을 지령하고 있습니다.(M 경우)
046	제 2, 3, 4 원점복귀의 지령으로 P2, P3, P4 이외의 지령을 하고 있습니다.
050	스크루(screw) 절삭의 블록에서 champering, corner R을 지령하고 있습니다.
051	champering, corner R을 지령한 block 이동 또는 이동량이 부적당합니다.

번호	내 용
052	champering, corner R을 지령한 block의 다음 block에 G01이 없습니다. 이동방향 또는 이동량이 부적당합니다.
053	champering, corner R 지령에서 I, K, R의 방향에서 2가지 이상을 지령하고 있습니다. 또는 도면 치수 직접입력에서 comma(,) 후가 C 또는 R이 아닙니다.
054	champering, corner R을 지령한 block이 테이프(tape) 지령으로 되어 있습니다.
055	champering, corner R을 지령한 block에서 이동량이 champering, corner R량보다 적게 지령을 하고 있습니다.
056	각도 지정(A_)만의 block 다음의 block 지령에서 종점지정과 각도지정 모두 들어 있지 않습니다. champer 지정에서 X축(Z축)에 I(K)를 지령하고 있습니다.
057	도면 치수 직접입력에서 block의 종점이 바르게 계산되어 있지 않습니다.
058	도면 치수 직접입력에서 block의 종점이 보이지 않습니다.
059	외부 program 번호 선택에 있어서 선택된 부호의 program이 보이지 않습니다.
060	sequence 번호 search에 있어서 지정된 sequence 번호가 보이지 않습니다.
061	G70, G71, G72, G73이 지령된 block에 있어서 address P, Q 어느 것도 지정되어 있지 않습니다.(T 경우)
062	• G71, G72에 있어서 절입량이 "0" 또는 (-)로 되어 있습니다.(T 경우) • G73에 있어서 반복횟수가 0 또는 (-)로 되어 있습니다. • G74, G75에 있어서 Δi, Δk에서 (-)값을 지정하고 있습니다. • G74, G75에 있어서 Δi 또는 Δk가 0이라도 관계없지만, u 또는 w가 0이 아닙니다. • G74, G75에 있어서 도피하고자 하는 방향이 정해져 있지 않아도 관계없지만 Δd에 (-)를 지정하고 있습니다. • G74, G75에 있어서 도피하고자 하는 방향이 정해져 있지 않아도 관계없지만 Δd에 (-)를 지정하고 있습니다. • G76에 있어서 screw산의 높이 및 1회째의 절입량에 0 또는 (-)의 값을 지정하고 있습니다. • G76에 있어서 최소 절입량이 screw산의 높이보다 큰 값으로 되어 있습니다. • G76에 있어서 인선의 각도가 사용되지 않은 값으로 되어 있습니다.
063	G70, G71, G72, G73에 있어서 P에 지정된 sequence 번호가 보이지 않습니다.(T 경우)
065	• G71, G72, G73에 있어서 P로 지정된 sequence 번호의 block에 G00 또는 G01이 지령되어 있지 않습니다.(T 경우) • G71, G72에 있어서 P에 지정된 block에 Z(w)가 지령되어 있습니다.
066	G71, G72, G73의 P, Q에 지령된 block 사이에 있어서 허용되지 않은 G code를 지령하고 있습니다.(T 경우)
067	MDI code에 P, Q를 포함한 G70, G71, G72, G73을 지령하고 있습니다.(T 경우)
069	G70, G71, G72, G73의 P, Q에 지령된 block의 최후 이동 지령이 champer 또는 corner R에서 끝나 있습니다.(T 경우)

번호	내 용
070	memory의 기억영역이 부족합니다.
071	search하는 address가 보이지 않습니다. 또는 program 번호 search에 있어서 지정된 번호의 program이 보이지 않습니다.
072	등록한 program의 수가 63 또는 125(option)를 넘었습니다.
073	미리 등록된 program 번호와 같은 program 번호를 등록하고 있습니다.
074	program 번호가 1~9999 이외로 되어 있습니다.
076	M98, G66의 block에 P가 설정되어 있지 않습니다.
077	sub program을 3중 또는 5중으로 호출하고 있습니다.
078	M98, M99, G65, G66의 block에서 address P에 의해 지정된 program 번호 또는 sequence가 보이지 않습니다.
079	memory에 기억된 program과 tape의 내용이 일치하지 않습니다.
080	parameter에 지정된 영역 내에서 측정위치 도달 신호가 ON으로 되지 않습니다.(자동공구 보정기능)(T 경우)
081	T code가 지령되지 않고 자동공구 보정이 지령되어 있습니다.(자동공구 보정기능)(T 경우)
082	T code와 자동공구 보정이 동일한 block에서 지령되어 있습니다. (자동공구 보정기능)(T 경우)
083	자동공구 보정에 있어서 축지령이 다르게 지령되어 있습니다. 또는 지령이 incremental 지령으로 되어 있습니다. (자동공구 보정기능)(T 경우)
085	ARS 또는 reader / puncher interface에 의해 read 도중, overrun, parity 또는 frame error가 발생했습니다. 입력된 data의 bit 수가 맞지 않거나, baud rate의 설정이 바르지 않습니다.
086	reader, puncher interface에 의한 입출에서, I/O기구의 동작준비 신호(DR)는 OFF입니다.
087	RS 232C interface에 의한 read에서 read 정지를 지정하고 있는데 10 character를 넘어도 입력이 멈추지 않습니다.
090	원점복귀에 있어서 개시점이 기준점에 너무 가까이 있든지, 속도가 너무 늦기 때문에 원점복귀가 정상으로 실행되지 않습니다.
092	원점복귀 check(G27)에 있어서 지령된 축이 원점으로 돌아가지 않았습니다.
094	program 재개에서 P type는 지령할 수 없습니다.(program 중단 후 좌표계 설정의 조작이 되었습니다.)
095	program 재개에서 P type는 지령할 수 없습니다.(program 중단 후 외부 work offset량이 변하였습니다.)

번호	내 용
096	program 재개에서 P type는 지령할 수 없습니다.(program 중단 후 work offset량이 변하였습니다.)
097	program 재개에서 P type는 지령할 수 없습니다.(전원 투입 후 비상정지 후 혹은 P/S 94~97 reset 후에 한번도 자동운전을 행하지 않았습니다.)
098	전원투입, 비상정지 후 원점복귀를 한번도 행하지 않아 program 재개를 해 찾던 중 G28이 보입니다.
099	program 재개에서 search 종료 후 MDI에서 이동지령을 하고 있습니다.
100	setting data PWE가 1로 되어 있습니다. OFF하고 나서 reset하여 주십시오.
101	program 편집조작에서 memory의 변경 중에 전원이 OFF되었습니다. 이 alarm이 발생한 때는 delete를 누르면서 전원을 재투입하여 주십시오. memory 영역을 clear할 필요가 있습니다.
110	고정 소수점 좌표 data의 절대치가 허용범위를 넘었습니다.
111	macro 명령의 연산결과가 허용범위(-2^{32}~$2^{32}-1$)를 넘고 있습니다.
112	제수가 "0"으로 되어 있습니다.(tan 90°도 포함합니다.)
114	G65의 block에서 미정의 H code를 지정하고 있습니다.
	〈식〉 이외의 format에 잘못이 있습니다. custom macro B용
115	변수번호로써 정의되어 있지 않은 값을 지정하고 있습니다. header 내용이 부적당합니다. 이 alarm이 되는 것은 아래의 경우입니다. ① 지령된 호출가공 cycle 번호에 대응하는 head가 없습니다. ② cycle 접속정보의 값이 허용범위(0~999) 밖입니다. ③ head 중의 data 수가 허용범위(1~32767) 밖입니다. ④ 실행형식의 격납개시 data 변수번호가 허용범위(#20000~85535) 밖입니다. ⑤ 실행형식 data의 격납개시 data 변수번호가 허용범위(#85535)를 넘고 있습니다. ⑥ 실행형식 data의 격납개시 data 변수번호와 head에서 사용하고 있는 변수번호가 중복되어 있습니다.
116	P로 지정한 변수번호는 대입이 금지되어 있는 변수입니다.
	대입문의 좌변이 대입을 금지시키는 변수로 되어 있습니다. custom macro B용
118	괄호의 다중도가 상한(5종)을 넘었습니다.
119	SQRT 또는 BCD의 인수가 부의 값으로 되어 있습니다.
	SQRT의 인수가 부의 값으로 되어 있습니다. 또는 BCD의 인수가 부의 값이거나 BIN의 인수 각행에 0~9 이외의 값입니다. custom macro B용
122	MACRO modal 호출이 2종으로 지정되어 있습니다.(M 경우만)

번호	내 용
123	DNC 운전에서 macro 제어지령을 사용하고 있습니다.
124	DO-END가 1대 1로 대응되어 있지 않습니다.
125	G65의 block에서 사용할 수 없는 address를 지령하고 있습니다.
	〈식〉의 형식에 잘못이 있습니다. custom macro B용
126	DOn에서 1 ≦ n ≦ 3으로 되어 있지 않습니다.
127	NC 지령과 macro 지령이 혼재하고 있습니다.
128	분기지령으로 분기할 곳의 sequence 번호가 0~9999로 되어 있지 않습니다. 또는 분기할 곳의 sequence번호가 발견되지 않습니다.
129	〈인수지정〉에 사용할 수 없는 address를 사용하고 있습니다.
130	PMC로 제어하고 있는 축을, CNC측으로 제어 중에, PMC에 의한 축제어지령이 되었습니다. 또 역으로, PMC에서의 축제어 중에, CNC측에서 지령되었습니다.
131	외부 alarm message에 있어서 5개 이상의 alarm이 발생했습니다.
132	외부 alarm message의 clear에 있어서 응하는 alarm 번호가 없습니다.
133	외부 alarm message 및 외부 operator message에 대한 구분 data에 잘못이 있습니다.
135	한번도 주축 orientation을 하지 않고 주축 index를 사용하였습니다.(T 경우)
136	주축 index의 address C, H와 동일한 block에 다른 이동지령을 하였습니다.(T 경우)
137	주축 index에 관한 M code와 동일한 block에 다른 축의 이동지령을 하였습니다.(T 경우)
139	PMC 축제어에서 지령 중에 축 선택을 했습니다.
141	공구보정 mode 중에 G51(scaling ON)을 지령하고 있습니다.(M 경우)
142	scaling 배율을 1~999999 이외의 지령을 하고 있습니다.(M 경우)
143	scaling을 한 결과 이동량, 좌표량, 원호의 반지름 등이 최대 지령값을 넘었습니다.(M 경우)
144	좌표, 회전평면과 반지름 또는 공구경 보정 C의 평면이 틀립니다.
145	극좌표 보관개시 또는 cancel 시의 조건이 바르지 않습니다. • G40 이외의 mode에서 G112/G113 지령되었습니다. • 평면선택에 잘못이 있습니다. (parameter 설정이 잘못)
146	극좌표 보관 mode 중에 지령할 수 없는 G code가 지령되었습니다.
148	자동 corner override의 감속비 및 판정각도가 설정가능 범위 밖의 값으로 되어 있습니다.(M 경우)
150	공구 group 번호가 허용하는 최대값을 넘었습니다.(M 경우)

번호	내 용
151	가공 program 중에 지정된 공구 group의 설정이 되어 있지 않습니다. (M 경우)
152	1 group 내의 공구 개수가 등록가능한 최대값을 넘었습니다.(M 경우)
153	T code를 격납해야 되는 block에 T code가 들어 있지 않습니다.(M경우)
154	group 지령이 되어 있지 않은데 H99 또는 D99가 지령되었습니다.(M 경우)
155	가공 program 중에 M06과 동일 block의 T code가 사용 중의 group과 대응하지 않습니다.(M 경우)
156	공구 group을 설정하는 program의 선두 P. L 지령이 빠져 있습니다.(M 경우)
157	설정하려고 하는 공구 group 수가 허용 최대값을 넘었습니다.(M 경우)
158	설정하려고 하는 수명값이 너무 큽니다.(M 경우)
159	설정용 program 실행 중에 전원이 OFF되어 있습니다.(M 경우)
160	대기용 M code인 HEAD 1과 HEAD 2에 다른 M code를 지령하였습니다. (OTT 경우)
165	HEAD 1에 우수, HEAD 2에 기수의 program을 실행하였습니다. (OTT 경우)
178	G41/G42 mode 중에 지령하였습니다.
179	파라미터 597에 지정된 제어축수가 최대 제어수를 넘었습니다.
190	주속 일정제어에 있어서 축지정이 틀립니다.(program miss)(M 경우)
197	COFF 신호가 ON시에 program에서 CF축에 대한 이동지령을 하고 있습니다.(T 경우)
200	rigid tap에서 S의 값이 범위 밖이거나 지령되지 않았습니다.(program miss)
201	rigid tap에서 F가 지령되지 않았습니다.(program miss)
202	rigid tap에게 주축의 분배량이 너무 많습니다.(system error)
203	rigid tap에서 M29 또는 S의 지령위치가 부정확합니다.(program miss)
204	rigid tap에서 M29와 G48(G74) block 사이에 축이동이 지령되어 있습니다. (program miss)
205	rigid tap에서 M29가 지령되어 있는 곳에 G84(G74)의 block 실행 시에 rigid mode DI 신호가 ON되지 않았습니다.(PMC 이상)
210	schedule 운전에서 M198, M099를 실행했습니다. DNC 운전 중에 M198을 실행했습니다.
211	고속 skip option이 있는 경우에 매회전 지령에서 G31을 지령했습니다.

번호	내 용
212	부가축을 포함한 평면에 도면치수 직접입력 지령을 행하였습니다. M계 Z-X 평면 이외에서 도면치수 직접입력 지령을 행하였습니다.(T 경우)
213	동기제어되는 축에 이동이 있습니다.(T 경우)
214	동기제어 중에 좌표계 설정 또는 shift type의 공구보정이 실행되었습니다. (T 경우)
217	G251 mode 중에 다시 한번 G251이 지령되었습니다.(T 경우)
218	G251의 block에 P 또는 Q가 지명되어 있지 않았거나, 지령값이 범위 밖입니다.(T 경우)
219	G251, G250이 단독 block이 아닙니다.(T 경우)
220	동기운전 중에 NC program 또는 PMC 축제어 interface에 의해 동기축에 대하여 이동지령을 하였습니다.(T 경우)
221	다각형 가공 동기운전과 G축 제어 또는 balance cut을 동시에 행하고 있습니다.
222	back ground 편집 중에 입출력 동시운전을 실행하고 있습니다.(M 경우)

(2) Absolute pulse code (APC) alarm

번호	내 용
310	X축에 있어서 수동 reference점 복귀가 필요합니다.
311	X축, APC communication error data 전송 이상
312	X축, APC over time error data 전송 이상
313	X축, APC framing error data 전송 이상
314	X축, APC parity error data 전송 이상
315	X축, APC pulse miss alarm APC alarm
316	X축, APC용 battery 전압이 data를 보지(保持)할 수 없는 level까지 저하되어 있습니다. APC alarm
317	X축, APC용 battery 전압이 현재 battery 교환이 필요한 전압 level로 되어 있습니다. APC alarm
318	X축, APC battery 전압 저하 alarm(LATCH), APC alarm
320	X축(M) 또는 Z축(T)에 있어서 수동 reference점 복귀가 필요합니다.
321	Y축(M) 또는 Z축(T) APC communication error data 전송 이상
322	Y축(M) 또는 Z축(T) APC over time error data 전송 이상

번호	내 용
323	Y축(M) 또는 Z축(T) APC framing error data 전송 이상
324	Y축(M) 또는 Z축(T) APC parity error data 전송 이상
325	Y축(M) 또는 Z축(T) APC pulse miss alarm APC alarm
326	Y축(OM) 또는 Z축(T) APC battery 전압 zero alarm APC alarm
327	Y축, APC용 battery 전압이 현재 battery 교환이 필요한 전압 level로 되어 있습니다. APC alarm
328	X축, APC용 battery 전압이 과실 (전원 OFF 시도 포함) battery 교환이 필요한 전압 level로 되어 있습니다. APC alarm
330	Z축에 있어서 주동 reference점 복귀가 필요합니다.(M 경우)
331	Z축, APC communication error data 전송 이상
332	Z축 APE over time error data 전송 이상
333	Z축, APC framing error data 전송 이상
334	Z축, APC용 battery error data 전송 이상
335	Z축, APC pulse miss error data alarm(M 경우)
336	Z축, APC용 battery 전압이 data를 보수할 수 없는 level까지 저하되어 있습니다. APC alarm(M 경우)
337	Z축, APC용 battery 전압이 현재 battery 교환이 필요한 전압 level로 되어 있습니다. APC alarm(M 경우)
338	Z축, APC용 battery 전압이 (전원 OFF 시도 포함) battery 교환이 필요한 전압 level로 되어 있습니다. APC alarm(M 경우)
340	제4축에 있어서 주동 reference 복귀가 필요합니다.(M 경우)
341	제4축, APC communication error data 전송 이상(M 경우)
342	제4축, APC over time error data 전송 이상(M 경우)
343	제4축, APC framing error data 전송 이상(M 경우)
344	제4축, APC parity error data 전송 이상(M 경우)
345	제4축, APC pulse miss alarm APC alarm(M 경우)
346	제4축, APC용 battery 전압이 data를 보지(保持)할 수 없는 level까지 저하되어 있습니다.(M 경우)
347	제4축, APC용 battery 전압이 잘못(전원 OFF 시도 포함). battery 교환이 필요한 전압 level로 되어 있습니다. APC alarm(M 경우)
348	제4축, APC용 battery 교환이 필요한 level로 되어 있습니다. APC alarm (M 경우)

(3) Servo alarm

번호	내 용
400	over load 신호가 ON입니다.
401	속도제어의 ready 신호(VRDY)가 OFF되었습니다.
402	제4축의 over load 신호가 ON입니다.
403	제4축 속도제어의 ready(VRDY) 신호가 OFF되어 있습니다.
404	위치제어의 ready 신호(PRDY)가 OFF되어 있는데, 속도제어의 ready 신호(VRDY)가 OFF로 되어 있지 않습니다. 또는 전원 투입 시 READY 신호(prdy)는 아직 ON되어 있지 않은데 속도제어의 ready 신호(VRDY)가 ON으로 되어 있습니다.
405	위치 제어계의 이상입니다. reference점 복귀에 있어서 CNC 내부 또는 servo계에 이상이 있어 reference점 복귀가 바르게 행해지지 않았을 가능성이 있습니다. 수동 reference점 복귀부터 하여 바르게 하십시오.(T 경우)
410	X축에 있어서 정지 중의 위치 편차량의 값이 설정값보다 큽니다.(M 경우)
411	X축에 있어서 이동 중 또는 정지 중 위치 편차량의 값이 설정값보다 큽니다.
413	X축의 오차 resistor의 내용의 ±32767을 넘었거나, DA 변환기의 속도 지령값이 −8192~+8191의 범위 밖입니다. 이 error로 되면 통상 각종 설정의 miss입니다.
414	X축의 digital servo계의 이상입니다. 내용의 상세는 DGNOS의 720번에 출력됩니다. digital servo계 alarm
415	X축에 있어서 511875 검출단위/s 이상의 속도로 될 가능성이 있습니다. 이 error로 되면 CMR의 설정 miss입니다.
416	X축 pulse coder의 위치 검출계의 이상입니다.(단선 alarm)
417	X축이 이하의 조건 어느 것으로 되면 본 alarm으로 됩니다. digital servo계 alarm ① 파라미터 8120의 모터 형식에 지정 범위 외의 값이 설정되어 있습니다. ② 파라미터 8122의 모터 회전방향에 바른 값(111 또는 −111)이 설정되어 있지 않습니다. ③ 파라미터 8123의 모터 1회전당의 속도 feed back pulse수에 0 이하 등의 틀린 data가 설정되어 있습니다. ④ 파라미터 8124의 모터 1회전당의 위치 feed back pulse수에 0 이하 등의 틀린 data가 설정되어 있습니다.
420	Z축에 있어서 정지 중의 위치 편차량의 값이 설정값보다 큽니다.(T 경우)
	Y축에 있어서 정지 중의 위치 편차량의 값이 설정값보다 큽니다.(M 경우)
421	Y축(M) 또는 Z축(T)에 있어서 이동 중의 위치 편차량의 값이 설정값보다 큽니다.
423	Y축(M) 또는 Z축(T)의 위치 편치량의 값이 ±32767을 넘었든지, DA 변환기의 속도지령값이 −8192~±8191의 범위 밖의 값입니다. 이 error가 되면 통상 각종 설정의 miss입니다.
424	Y축(M) 또는 Z축(T)의 digital servo계의 이상입니다. 내용의 상세는 DGNOS의 721번에 출력됩니다. digital servo계 alarm

번호	내 용
425	Y축(M) 또는 Z축(T)에 있어서 511875 검출단위/s 이상의 속도로 될 가능성이 있습니다. 이 error로 되면 CMR의 설정 miss입니다.
426	Y축(M) 또는 Z축(T)에 있어서 pulse coder의 위치 검출계의 이상입니다.(단선 alarm)
427	Y축(OM) 또는 Z축(OT)이 이하의 조건 어느 것으로 되면 본 alarm으로 됩니다. digital servo계 alarm ① 파라미터 8220의 모터 형식에 지정 범위 외의 값이 설정되어 있습니다. ② 파라미터 8222의 모터 회전방식에 바른 값(111 또는 -111)이 설정되어 있지 않습니다. ③ 파라미터 8223의 모터 1회전당의 속도 feedback pulse수에 0 이하 등의 틀린 data가 설정되어 있습니다. ④ 파라미터 8224의 모터 1회전당의 위치 feedback수에 0 이하 등의 틀린 data가 설정되어 있습니다.
430	제3축에 있어서 정지 중의 위치 편차량의 값이 설정값보다 큽니다.(T 경우)
	Z축에 있어서 정지 중의 위치 편차량의 값이 설정값보다 큽니다.(M 경우)
431	Z축에 있어서 이동 중 또는 정지 중의 값이 설정값보다 큽니다.(M 경우)
433	Z축의 위치 편차량의 값이 ±32767을 넘었거나 DA 변환기의 속도 지령값이 -8192~+8191의 범위 밖입니다. M 경우, 이 error로 되면 통상 각종 설정의 miss입니다.
434	Z축(OM) 또는 제3축(OT)의 digital servo계의 이상입니다. 내용의 상세는 DGN-OS의 722번에 출력됩니다. digital servo계 alarm
435	Z축에 있어서 511875 검출단위/s 이상의 속도가 지령되도록 했습니다. 이 error가 되면 통상 CMR 설정의 miss입니다.(M 경우)
436	Z축의 pulse coder의 위치 검출계의 이상입니다.(단선 alarm)(M 경우)
437	Y축(OM) 또는 제3축(OT)이 이하의 조건 어느 것으로 되면 본 alarm으로 됩니다. digital servo계 alarm ① 파라미터 8320의 모터 형식에 지정 범위 밖의 값이 설정되어 있습니다. ② 파라미터 8322의 모터 회전방향에 바른 값(111 또는 -111)이 설정되어 있지 않습니다. ③ 파라미터 8323의 모터 1회전당의 속도 feedback pulse수에 0 이하 등의 틀린 data가 설정되어 있습니다. ④ 파라미터 8324의 모터 1회전당의 위치 feedback pulse수에 0 이하 등의 틀린 data가 설정되어 있습니다.
440	제4축에 있어서 정지 중의 위치 편차량의 값이 설정값보다 큽니다.(T 경우)
	제4축에 있어서 정지 중의 위치 편차량의 값이 설정값보다 큽니다.(M 경우)
441	제4축에 있어서 이동 중의 위치 편차량의 값이 설정값보다 큽니다.(M 경우)
443	제4축위 위치 편차량의 값이 ±32767을 넘든지, DA 변환기의 속도 지령값이 -8192~+8191의 범위 밖입니다. 이 error가 되면 통상 각종 설정의 miss입니다.(M 경우)

번호	내 용
444	제4축의 digital servo계의 이상입니다. 내용의 상세는 DGNOS의 723번에 출력됩니다. digital servo계 alarm
445	제4축에 있어서 511875 검출단위 / sec 이상의 속도가 지령되도록 했습니다. 이 error가 되면 CMR의 설정 miss입니다. (M 경우)
446	제4축의 pulse coder 위치 검출계의 이상입니다.(단선 alarm)(M 경우)
447	제4축이 이하의 조건 어느 것으로 되면 본 alarm으로 됩니다. digital servo계 alarm ① 파라미터 8420의 모터 형식에 지정 범위 밖의 값이 설정되어 있습니다. ② 파라미터 8422의 모터 회전방향에 바른 값(111 또는 −111)이 설정되어 있지 않습니다. ③ 파라미터 8423의 모터 1회전당의 속도 feedback pulse수에 0 이하 등의 틀린 data가 설정되어 있습니다. ④ 파라미터 8424의 모터 1회전당의 위치 feedback pulse수에 0 이하 등의 틀린 data가 설정되어 있습니다.

digital servo계 alarm의 No.4□4의 자세한 내용은 X축, Y(Z)축, Z(C, PMC)축, 제4(Y, PMC)축의 순서로 DGN 번호의 720, 721, 722, 723에 표시됩니다.

DGNOS No.

721−723							
OVL	LV	OVC	HCAL	HVAL	DCAL	FBAL	CFAL
7	6	5	4	3	2	1	0

OFAL : overflow alarm이 발생되고 있습니다.
FBAL : 단선 alarm이 발생되고 있습니다.
DCAL : 회생 방전회로 alarm이 발생되고 있습니다.
HVAL : 과전압 alarm이 발생되고 있습니다.
HCAL : 이상 전류 alarm이 발생되고 있습니다.
OVC : 과전류 alarm이 발생되고 있습니다.
LV : 전압 부족 alarm이 발생되고 있습니다.
OVL : over load alarm이 발생되고 있습니다.

(4) Over travel alarm

번호	내 용
510	X축의 +측 stroke limit를 넘었습니다.
511	X축의 −측 stroke limit를 넘었습니다.
512	X축의 +측 제2 stroke limit를 넘었습니다.
513	X축의 −측 제2 stroke limit를 넘었습니다.
514	X축의 +측 hard OT를 넘었습니다.(M 경우)
515	X축의 −측 hard OT를 넘었습니다.(M 경우)
520	Y축(M) 또는 Z축(T)의 +측 stroke limit를 넘었습니다.
521	Y축(M) 또는 Z축(T)의 −측 stroke limit를 넘었습니다.
522	Y축(M) 또는 Z축(T)의 +측 제2 stroke limit를 넘었습니다.
523	Y축(M) 또는 Z축(T)의 −측 제2 stroke limit를 넘었습니다.
524	Y축의 +측 hard OT를 넘었습니다.(M 경우)
525	Y축의 −측 hard OT를 넘었습니다.(M 경우)
530	Z축의 +측 stroke limit를 넘었습니다.(M 경우)
531	Z축의 −측 stroke limit를 넘었습니다.(M 경우)
532	Z축의 +측 제2 stroke limit를 넘었습니다.(M 경우)
533	Z축의 −측 제2 stroke limit를 넘었습니다.(M 경우)
534	Z축의 +측 hard OT를 넘었습니다.(M 경우)
535	Z축의 −측 hard OT를 넘었습니다.(M 경우)
540	제4축의 +측 stroke limit를 넘었습니다.(M 경우)
541	제4축의 −측 stroke limit를 넘었습니다.(M 경우)
570	제7축의 +측 stroke limit를 넘었습니다.
571	제7축의 −측 stroke limit를 넘었습니다.
580	제8축의 +측 stroke limit를 넘었습니다.
581	제8축의 −측 stroke limit를 넘었습니다.

(5) PMC alarm

번호	내 용
600	PMC 내에서 위험 명령에 의한 interrupt가 발생하였습니다.
601	PMC의 RAM parity error가 발생하였습니다.
602	PMC의 serial 전송 error가 발생하였습니다.
603	PMC의 watch dog error가 발생하였습니다.
604	PMC의 ROM parity error가 발생하였습니다.
605	PMC의 내에 격납할 수 있는 ladder의 용량을 초과하였습니다.

(6) Over heat alarm

번호	내 용
700	master PCB판의 over heat입니다.
701	주축 변동검출에 의한 spindle의 over heat입니다.

(7) System alarm

번호	내 용
910	RAM parity error(low byte)입니다. master print 판을 교환하여 주십시오.
911	RAM parity error(high byte)입니다. master print 판을 교환하여 주십시오.
912	digital servo와의 공유 RAM parity(low)
913	digital servo와의 공유 RAM parity(high)
914	digital servo의 local RAM parity
920	watch dog alarm입니다. master print 판을 교환하여 주십시오.
940	이하의 조건 중 하나만 만족해도 본 alarm으로 됩니다. ① digital servo계의 print 판의 불량입니다. ② 제어축이 3축 이상인 경우, 제3축(제3/4축) 제어 print 판이 붙어 있지 않습니다.(예 OM의 Z축이 3축째로 됩니다.) ③ analog servo용의 master PCB판이 사용되고 있습니다.

번호	내 용
950	fuse 단선 alarm입니다. +24E ; FX14의 fuse를 교환하여 주십시오.
998	ROM parity error입니다.

(8) Back ground 편집 alarm(BP/S)

번호	내 용
070~074 085~087	통상의 program 편집에서 발생하는 P/S alarm과 같은 번호로 BP/S alarm이 발생합니다. TM(070, 071, 072, 074 등)
140	fore ground에서 선택 중의 program을 back ground에서 선택 또는 제거하려고 합니다.

㊟ back ground 편집에서의 alarm은 통상의 alarm 화면이 아니라 back ground 편집화면의 key 입력행에 표시되고, MDI softkey 조작으로 reset 할 수가 있습니다.

2. FANUC OT/OM 조작 일람표

분 류	기 능	Key SW	SETING PWE=1	MODE	기 능 BUTTON	조 작
clear	memory all clear			power ON 시		「RESET」 AND 「DELET」
	파라미터 & offset		○	power ON 시		「RESET」
	program의 clear		○	power ON 시		「DELET」
reset	RUN 시간의 reset					「R/3」 → 「CAN」
	parts 수의 reset					「P/Q」 → 「CAN」
	OT alarm reset			power ON 시		「P/Q」 AND 「CAN」
MID에 의한 등록	파라미터의 입력			MDI mode	PRGRM	「PQ」 → 파라미터 번호 → 「INPUT」 → data → 「INPUT」→PWE=0→ 「RESET」
	offset의 입력		○		OFSET	「PQ」 → offset 번호 → 「INPUT」 → offset량 → 「INPUT」

분 류	기 능	Key SW	SETING PWE=1	MODE	기 능 BUTTON	조 작
MID에 의한 등록	setting data의 입력			MDI mode	PARAM	「P/Q」→0→「INPUT」→data→「INPUT」
	PC 파라미터의 입력	○			DGNOS	「P/Q」→diagnous 번호→「INPUT」→data→「INPUT」
	공구 길이 측정			JOG mode	POS→OFSET	「POS」(상대좌표의 표시)[Z]→「CAN」→「OFFSET」→공구를 측정위치로 「P/Q」→offset번호→「EOB」AND[Z]→78「INPUT」
tape에 의한 등록	파라미터의 입력 (tape→memory)		○	EDIT mode	PARAM	「INPUT」
	offset의 입력	○		EDIT mode	OFSET	「INPUT」
	program의 등록			EDIT/AUTO mode	PRGRM	「INPUT」
punch out	파라미터의 punch out			EDIT mode	PARAM	「START」
	offset의 punch out			EDIT mode	OFSET	「START」
	모든 program punch out			EDIT mode	PRGRM	0→9999→「START」
	1 program punch out			EDIT mode	PRGRM	0→program번호→「START」
search	program 번호 search			EDIT/AUTO mode	PRGRM	0→program번호→「↓」(cursor)
	sequence 번호 search			EDIT mode	PRGRM	program번호 search 후 N→sequence번호→「↓」(cursor)
	address word search			EDIT mode	PRGRM	search할 address→「↓」(cursor)
	address만 search			EDIT mode	PRGRM	search할 address→「↓」(cursor)
	offset번호의 search				OFSET	「P/Q」→offset번호→「INPUT」

분 류	기 능	Key SW	SETING PWE=1	MODE	기 능 BUTTON	조 작
편집	memory 사용량의 표시			EDIT mode	PRGRM	「P」→「INPUT」
	전 program의 삭제	○		EDIT mode	PRGRM	0→9999→「DELET」
	1 program의 삭제	○		EDIT mode	PRGRM	0→program번호→「DELET」
	수 block의 삭제	○		EDIT mode	PRGRM	N→sequence번호→「DELET」
	1 block의 삭제	○		EDIT mode	PRGRM	EOB→「DELET」
	word의 삭제	○		EDIT mode	PRGRM	삭제하려는 word search 후 「DELET」
	word의 변경	○		EDIT mode	PRGRM	변경하려는 word search 후 새로운 data→「ALTER」
	word의 삽입	○		EDIT mode	PRGRM	삽입하려는 직전의 word search 후 새로운 data →「INSRT」
비교	memory 비교			EDIT mode	PRGRM	「INPUT」
FANUC cassette로 입출력	program의 등록			EDIT mode	PRGRM	N→file번호→「INPUT」→「INPUT」
	전 program의 출력			EDIT mode	PRGRM	O→-9999→「START」
	1 program의 출력			EDIT mode	PRGRM	O→program번호→「START」
	file의 선두찾기			EDIT/AUTO mode	PRGRM	N→file번호 또는 -9999 또는 -9998→「INPUT」
	file의 삭제	○		EDIT mode	PRGRM	N→file번호→「START」
	program의 비교			EDIT mode	PRGRM	N→file번호→「INPUT」→「INPUT」
play back	program의 비교			TEACH-IN JOG/HANDLE mode	PRGRM	기계를 이동→「X」「Y」 or「Z」→「INSRT」→(NC data)「INPUT」→EOB→「INSRT」

3. 선반용 인서트 규격

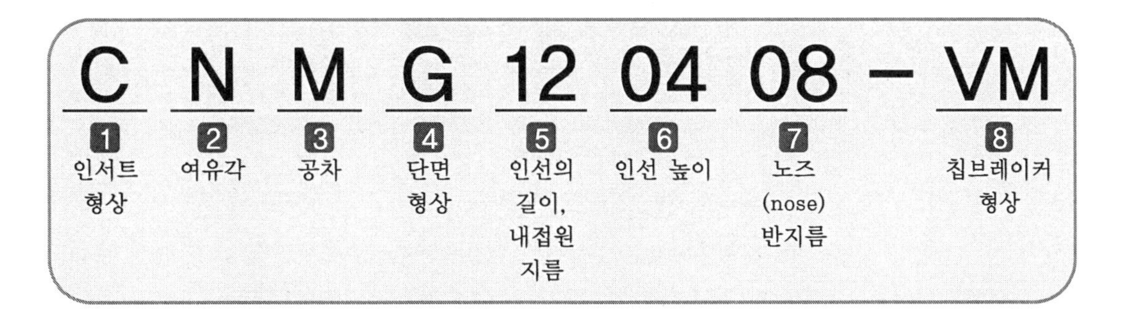

1 CNMG 12 04 08–VM

인서트 형상

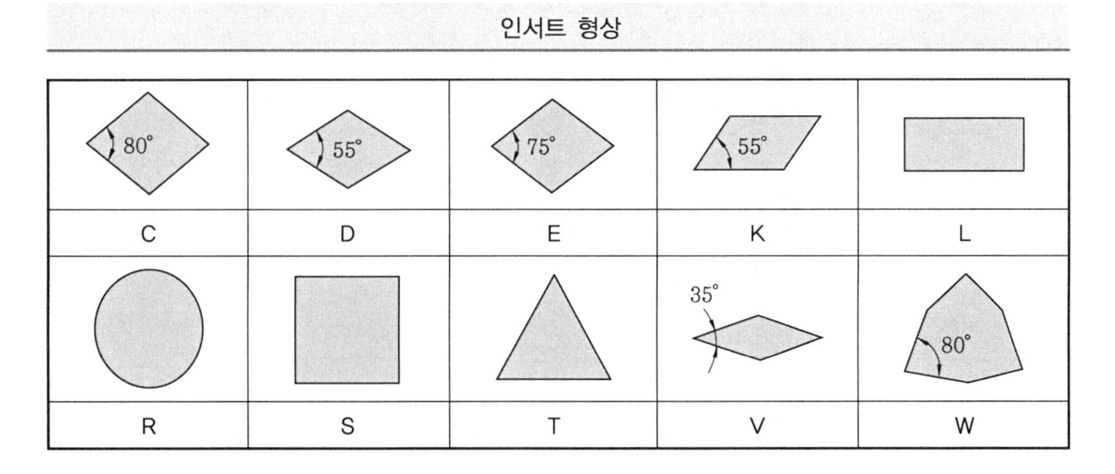

2 CNMG 12 04 08–VM

여유각

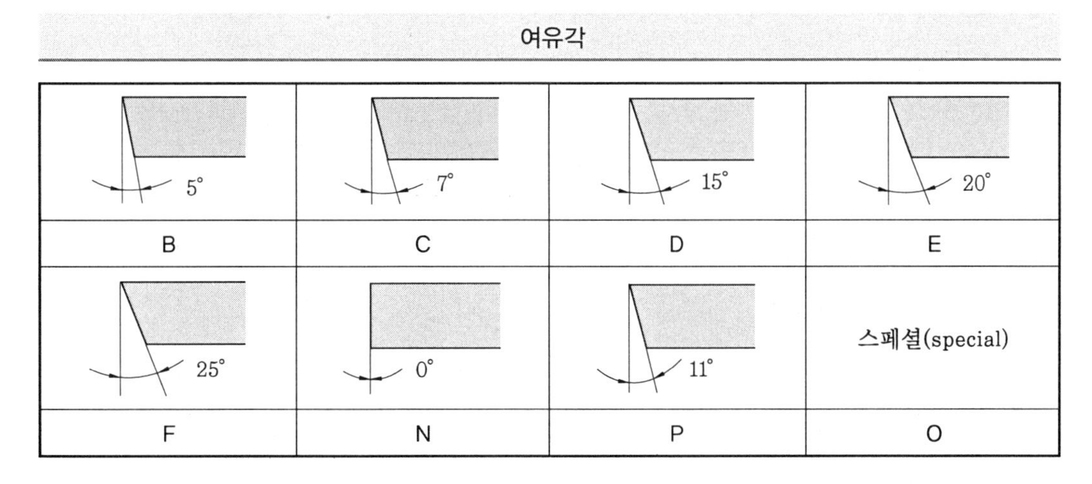

3 C N M G 12 04 08-VM

공 차

d : 내접원 지름
t : 인서트 두께
m : 그림 참조

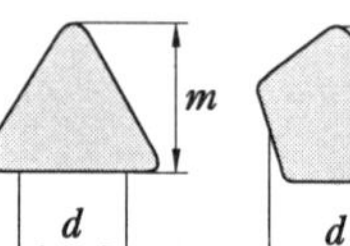

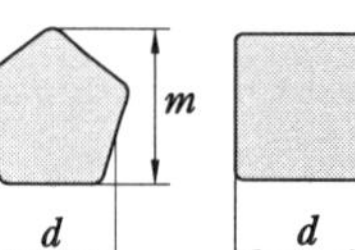

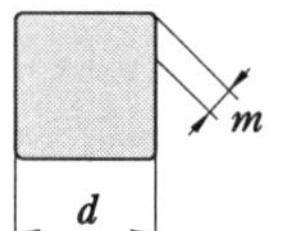

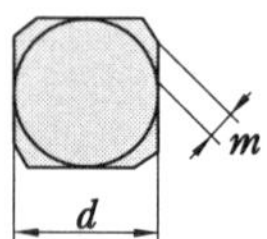

(mm)

급	*d*	*m*	*t*
A	±0.025	±0.005	±0.025
C	±0.025	±0.013	±0.025
H	±0.013	±0.013	±0.025
E	±0.025	±0.025	±0.025
G	±0.025	±0.025	±0.13
J*	±0.05~±0.15	±0.005	±0.025
K*	±0.05~±0.15	±0.013	±0.025
L*	±0.05~±0.15	±0.025	±0.025
M*	±0.05~±0.15	±0.08~±0.20	±0.13
N*	±0.05~±0.15	±0.08~±0.18	±0.025
U*	±0.08~±0.25	±0.13~±0.38	±0.13

* 측면은 소결체 기준임.

- 내접원 C, H, R, T, W형의 공차 정의(예외항목)

d	*d*의 공차		*m*의 공차	
	J, K, L, M, N	U	M, N	U
6.35	±0.05	±0.08	±0.08	±0.13
9.525	±0.05	±0.08	±0.08	±0.13
12.7	±0.08	±0.13	±0.13	±0.20
15.875	±0.10	±0.18	±0.15	±0.27
19.05	±0.10	±0.18	±0.15	±0.27
25.4	±0.13	±0.25	±0.18	±0.38

- 내접원 D형의 공차의 정의(예외항목)

d	*d*의 공차	*m*의 공차
6.35	±0.05	±0.11
9.525	±0.05	±0.11
12.7	±0.8	±0.15
15.875	±0.10	±0.18
19.05	±0.10	±0.18

4 C N M G 12 04 08–VM

단면 형상		
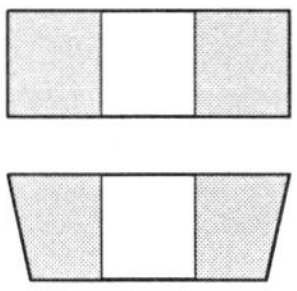	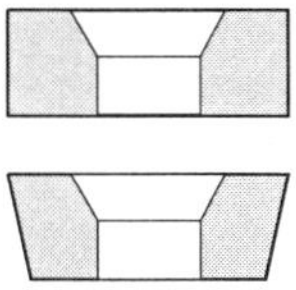 C' Sink 70° ~ 90°	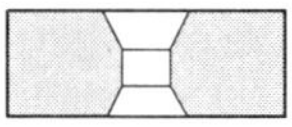 C' Sink 70° ~ 90°
A	B	C
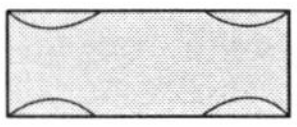	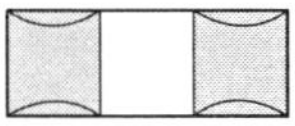	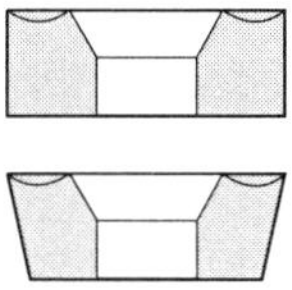 C' Sink 70° ~ 90°
F	G	H
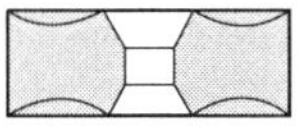 C' Sink 70° ~ 90°	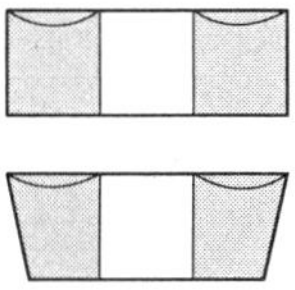	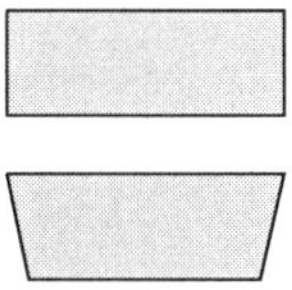
J	M	N
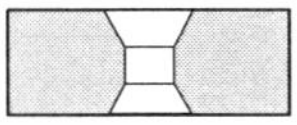 C' Sink 40° ~ 60°	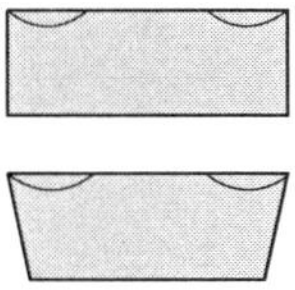	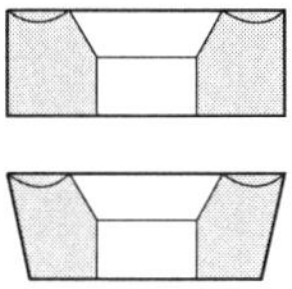 C' Sink 40° ~ 60°
Q	R	T
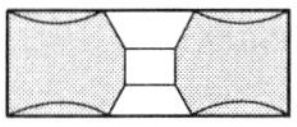 C' Sink 40° ~ 60°	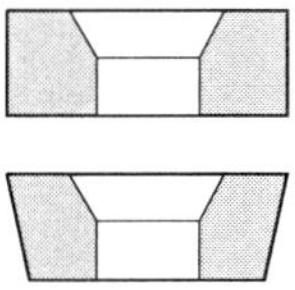 C' Sink 40° ~ 60°	특수설계 및 비대칭형의 인서트
U	W	X

5 C N M G 12 04 08–VM

인선의 길이, 내접원지름

기 호								IC
C	D	S	T	R	V	W		
			메트릭				인치	d[mm]
03	04	03	06	03	–	02	1.2(5)	3.97
04	05	04	08	04	08	S3	1.5(6)	4.76
05	06	05	09	05	09	03	1.8(7)	5.56
–	–	–	–	06	–	–	–	6.00
06	07	06	11	06	11	04	2	6.35
08	09	07	13	07	13	05	2.5	7.94
–	–	–	–	08	–	–	–	8.00
09	11	09	16	09	16	06	3	9.525
–	–	–	–	10	–	–	–	10.00
11	13	11	19	11	19	07	3.5	11.11
–	–	–	–	12	–	–	–	12.00
12	15	12	22	12	22	08	4	12.70
14	17	14	24	14	24	09	4.5	14.29
16	19	15	27	15	27	10	5	15.875
–	–	–	–	16	–	–	–	16.00
17	21	17	30	17	30	11	5.5	17.46
19	23	19	33	19	33	13	6	19.05
–	–	–	–	20	–	–	–	20.00
22	27	22	38	22	38	15	7	22.225
–	–	–	–	25	–	–	–	25.00
25	31	25	44	25	44	17	8	25.40
32	38	31	54	31	54	21	10	31.75
–	–	–	–	32	–	–	–	32.00

* ( ) 소형기호

6 C N M G 12 04 08-VM

인선 높이

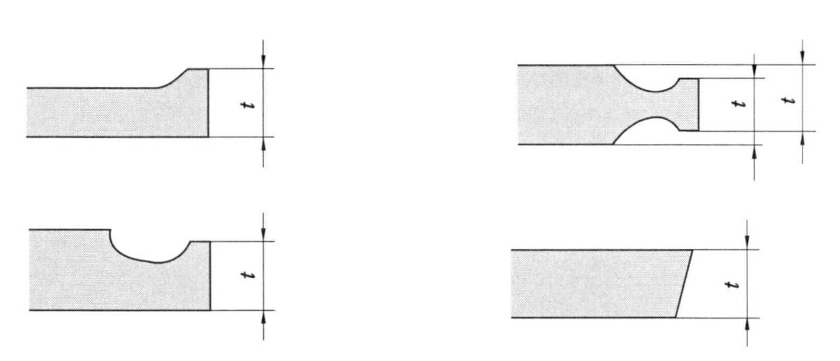

기 호		인선 높이(t)	
메트릭	인치	mm	인치
01	1(2)	1.59	$\frac{1}{16}$
T0	1.125	1.79	$\frac{9}{128}$
T1	1.2	1.98	$\frac{5}{64}$
02	1.5(3)	2.38	$\frac{3}{32}$
T2	1.75	2.78	$\frac{7}{64}$
03	2	3.18	$\frac{1}{8}$
T3	2.5	3.97	$\frac{5}{32}$
04	3	4.76	$\frac{3}{16}$
05	3.5	5.56	$\frac{7}{32}$
06	4	6.35	$\frac{1}{4}$
07	5	7.94	$\frac{5}{16}$
09	6	9.52	$\frac{3}{8}$
11	7	11.11	$\frac{7}{16}$
12	8	12.70	$\frac{1}{2}$

* ( ) 소형기호

7 C N M G 12 04 08–VM

노즈(nose) 반지름

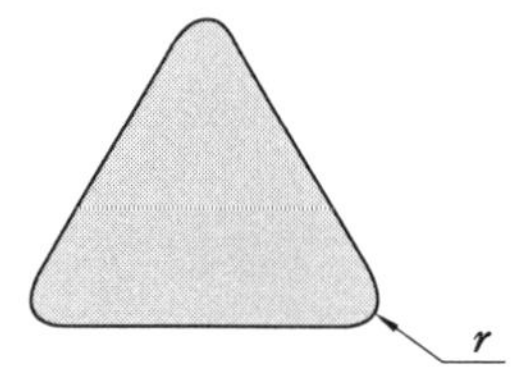

기 호		노즈 "r"	
메트릭	인 치	메트릭	인 치
01	0	0.1	0.004
02	0.5	0.2	0.008
04	1	0.4	$\frac{1}{64}$
08	2	0.8	$\frac{1}{32}$
12	3	1.2	$\frac{3}{64}$
16	4	1.6	$\frac{1}{16}$
20	5	2.0	$\frac{5}{64}$
24	6	2.4	$\frac{3}{32}$
28	7	2.8	$\frac{7}{64}$
32	8	3.2	$\frac{1}{8}$
00	–	원형 인서트(inch 계열)	
M0	–	원형 인서트(metric 계열)	

8 C N M G 12 04 08–VM

칩브레이커 형상

		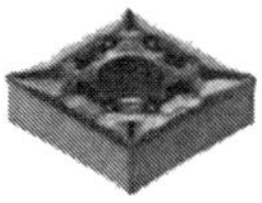	
VG	VF	VQ	VW

VT	HU	HC	HA

GS	GM	GR	GH

HMP	C25	AK	AR

VM	VH	HS	HR

B25	HFP		

4. 선반용 외경 툴 홀더 규격

P	S	K	N	R	25	25 –	M	12
1	2	3	4	5	6	7	8	9
클램핑 방식	인서트 형상	홀더 형상	인서트 여유각	승수	생크 높이	생크 폭	홀더 길이	절삭날 길이

1 P S K N R 25 25–M 12

클램핑 방식

상면 고정	상면 및 구멍 고정	상면 및 구멍 고정
C	D	M
구멍 고정	나사 고정	상면 및 구멍 고정
P	S	W

2 P S K N R 25 25–M 12

인서트 형상

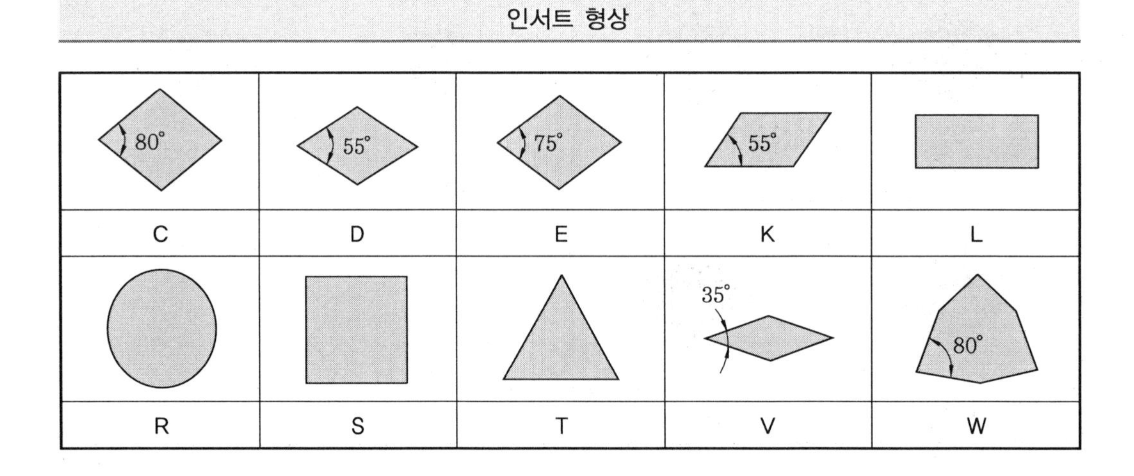

C	D	E	K	L
R	S	T	V	W

3 PSKNR 25 25-M 12

홀더 형상

75°	45°	60°	90°	90°	93°	75°
B	D	E	F	G	J	K
95° 95°	63°	75°	45°	60°	72.5°	85°
L	N	R	S	T	V	Y

4 PSKNR 25 25-M 12

인서트 여유각

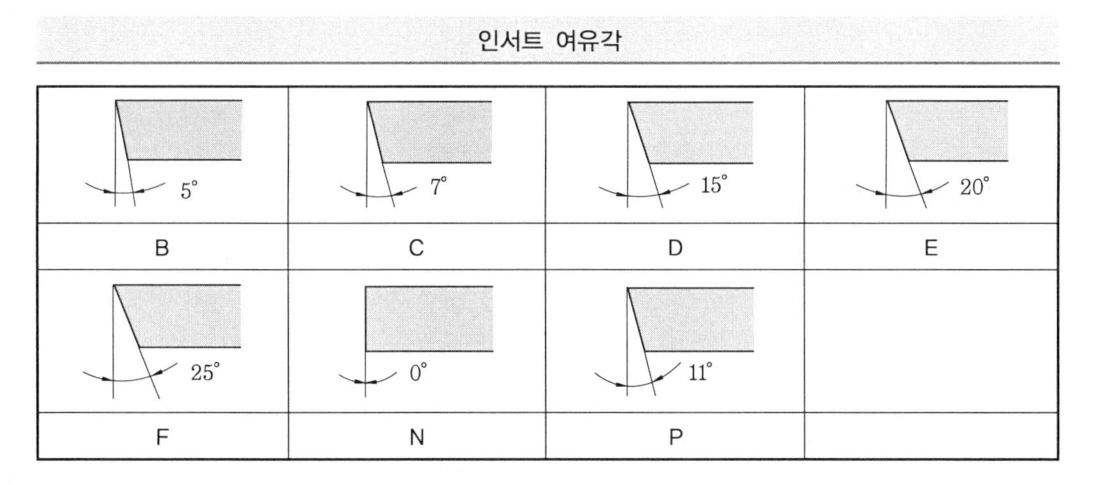

5 PSKNR 25 25-M 12

승 수

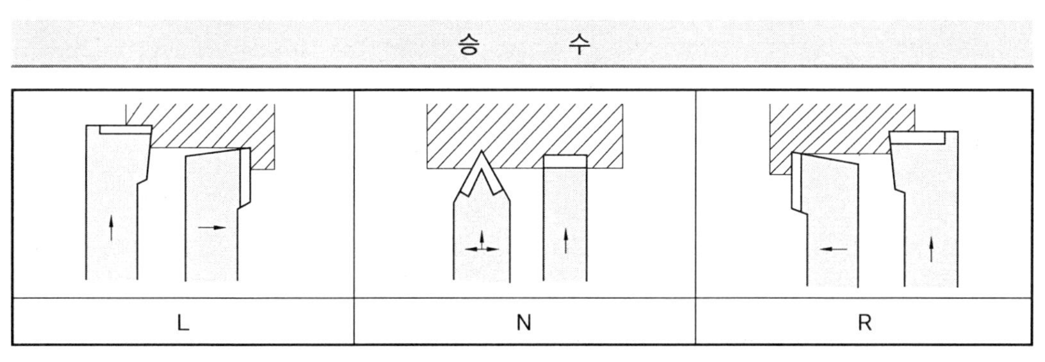

6 PSKNR 25 25-M 12

섕크 높이

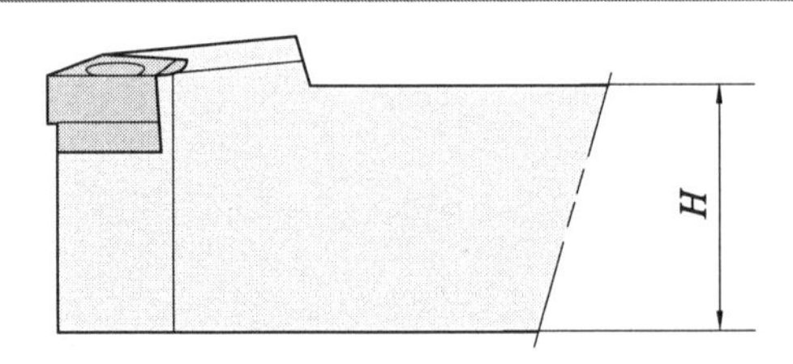

7 PSKNR 25 25-M 12

섕크 폭

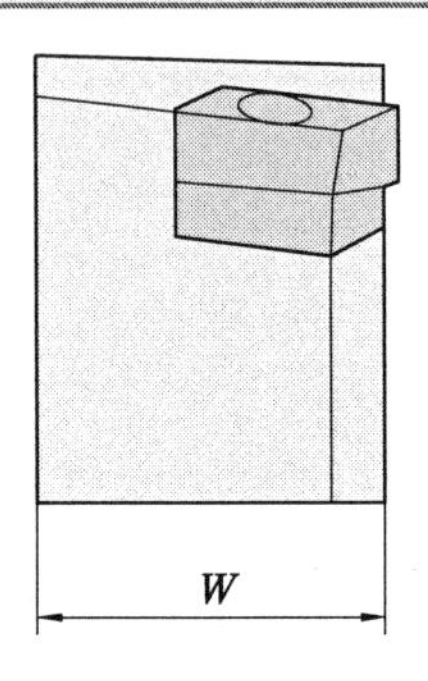

8 PSKNR 25 25-M 12

홀더 길이

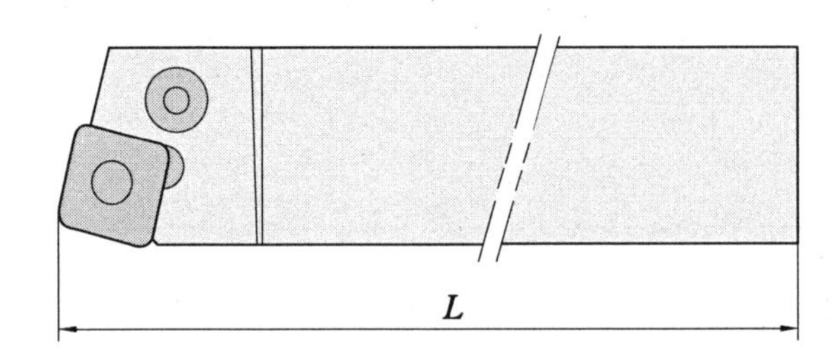

A-32	H-100	Q-180	X-특수품
B-40	J-110	R-200	
C-50	K-125	S-250	
D-60	L-140	T-300	
E-70	M-150	U-350	
F-80	N-160	V-400	
G-90	P-170	W-450	

9 P S K N R 25 25–M 12

절삭날 길이

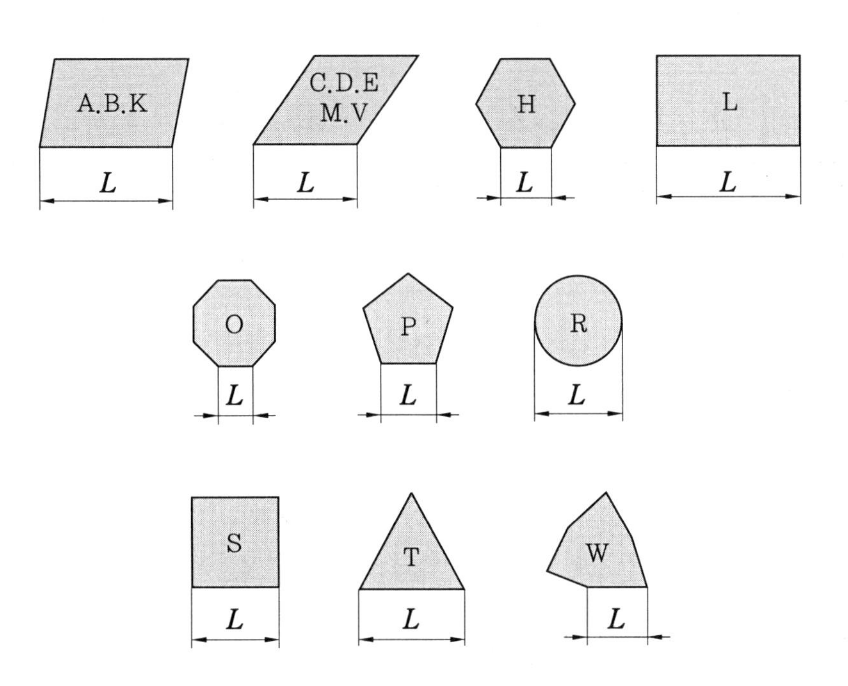

5. 선반용 내경 툴 홀더 규격

S	12	M	–	S	T	F	P	R	–	11
1	2	3		4	5	6	7	8		9
섕크의 재종	섕크의 지름	공구의 길이		클램핑 방식	인서트 형상	공구의 형상	인서트 여유각	승수		절삭날 길이

1 S 12 M–S T F P R–11

섕크의 재종
"A" 스틸 섕크+오일홀
"E" 초경 섕크+오일홀
"C" 초경 섕크
"S" 스틸 섕크
"X" 특수형

2 S 12 M–S T F P R–11

섕크의 지름

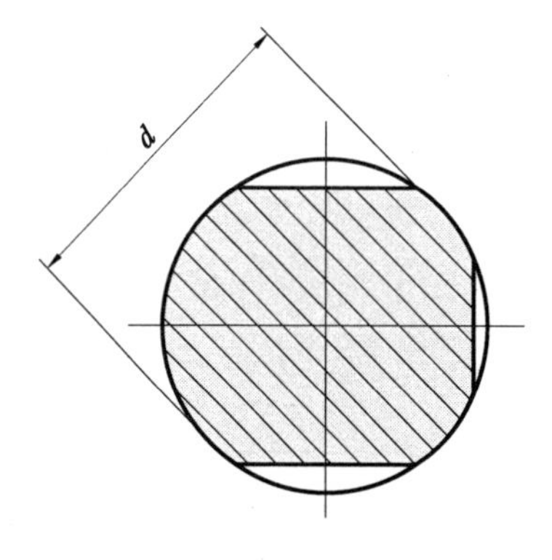

3 S 12 M–S T F P R–11

공구의 길이

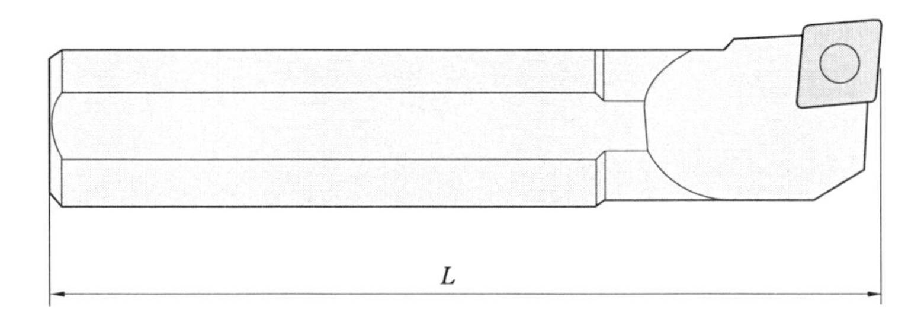

길이(L)	(mm)	길이(L)	(mm)
H	100	S	250
J	110	T	300
K	125	U	350
M	150	V	400
N	160	W	450
Q	180	T	500
R	200		

4 S 12 M–S T F P R–11

클램핑 방식

상면 고정	상면 및 구멍 고정	상면 및 구멍 고정
C	D	M
구멍 고정	나사 고정	
P	S	

5 S 12 M–S T F P R–11

인서트 형상

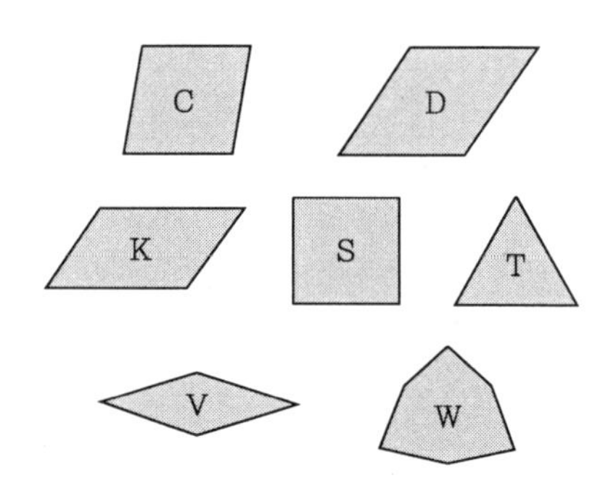

6 S 12 M–S T F P R–11

공구의 형상

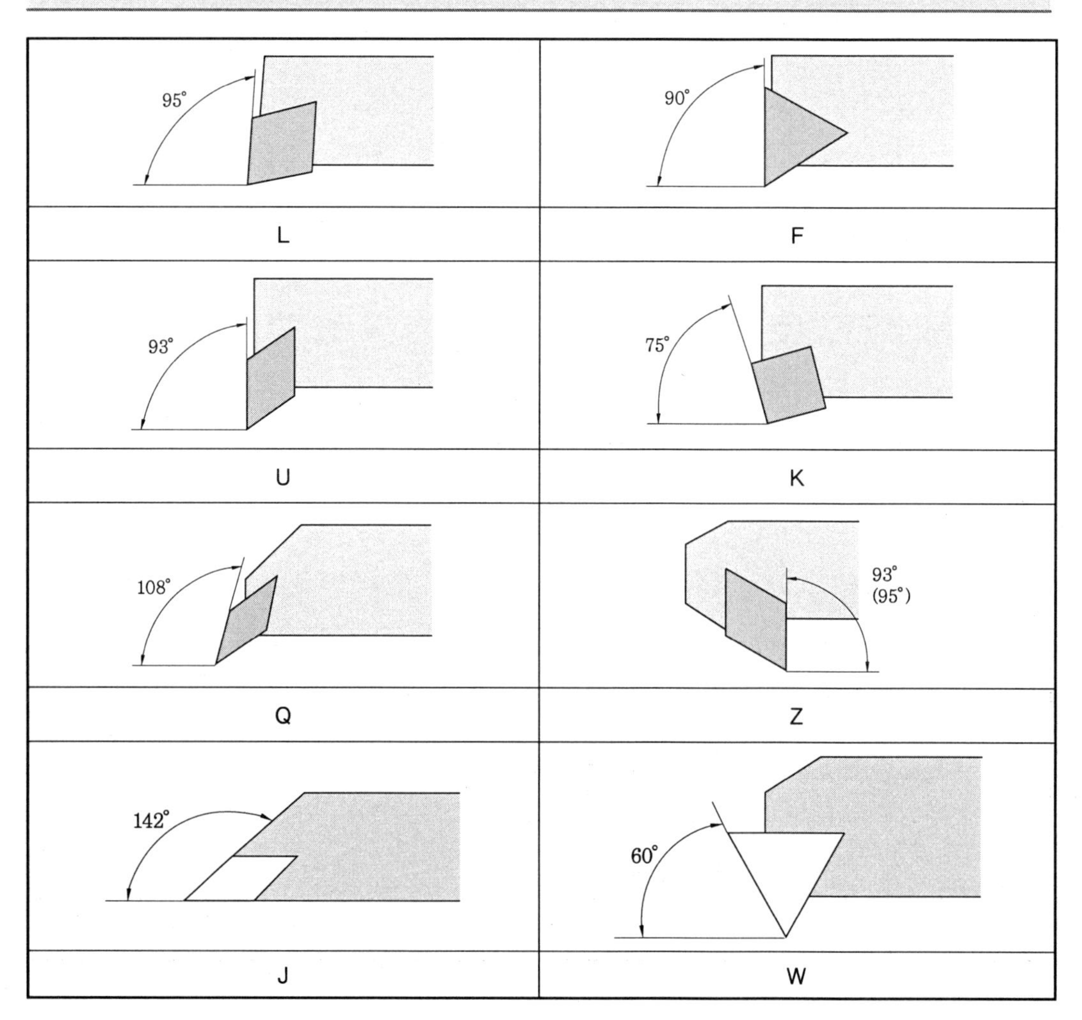

7 S 12 M–S T F P R–11

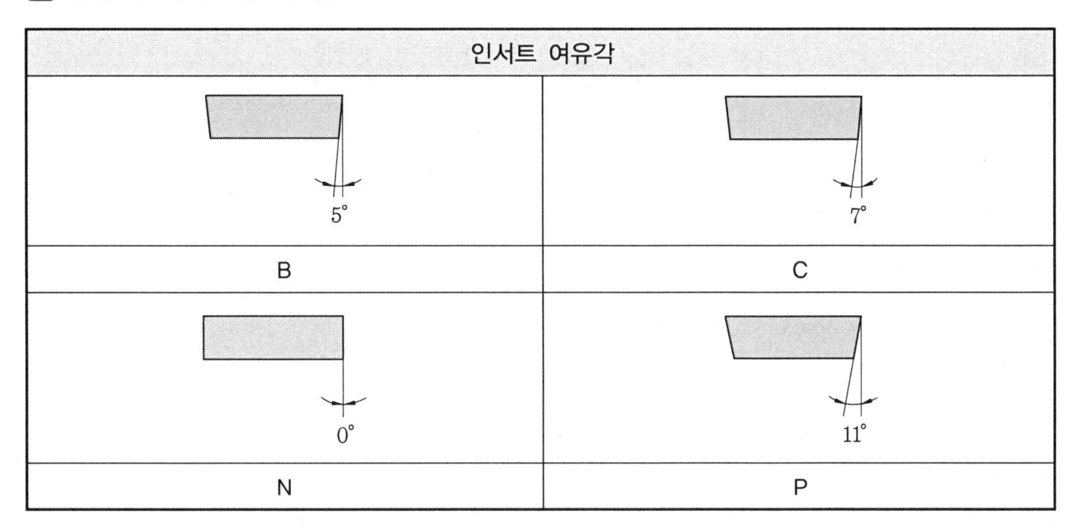

8 S 12 M–S T F P R–11

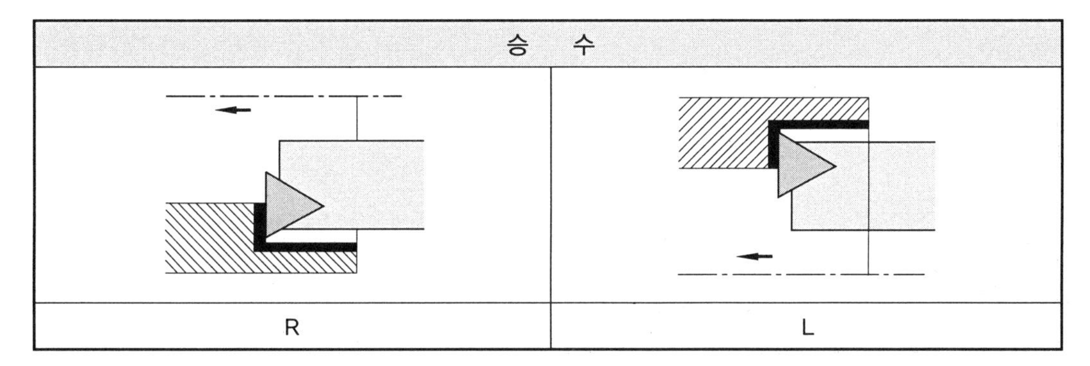

9 S 12 M–S T F P R–11

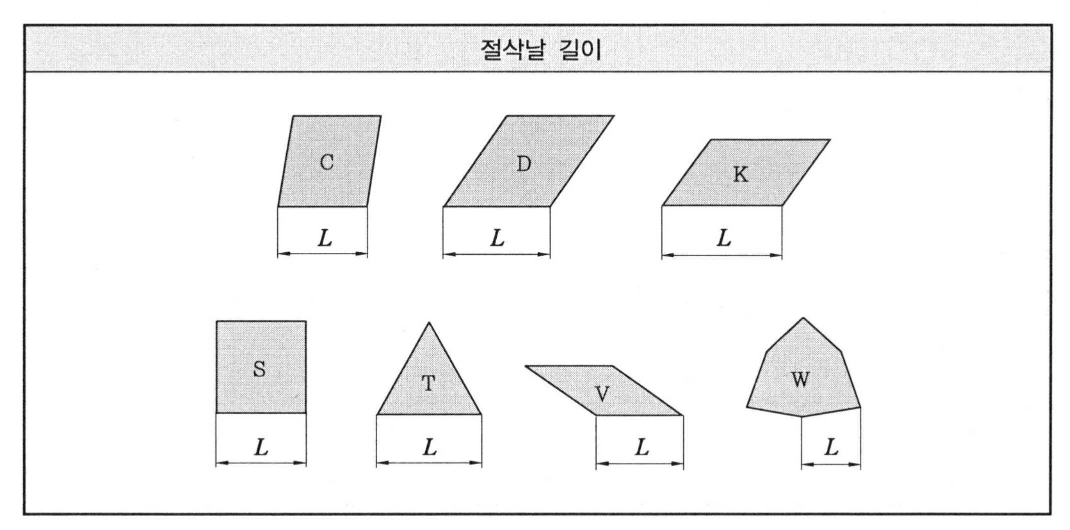

6. 밀링용 인서트 규격

S	P	K	R	12	03	ED 08	S	R	–MX
1	2	3	4	5	6	7	8	9	10
인서트 형상	주 절삭날 여유각	공차	단면 형상	절삭날 길이	인선 높이	노즈(nose) 반지름	인선 처리	승수	칩브레이커 형상

1 SPKR1203 ED/08 SR–MX

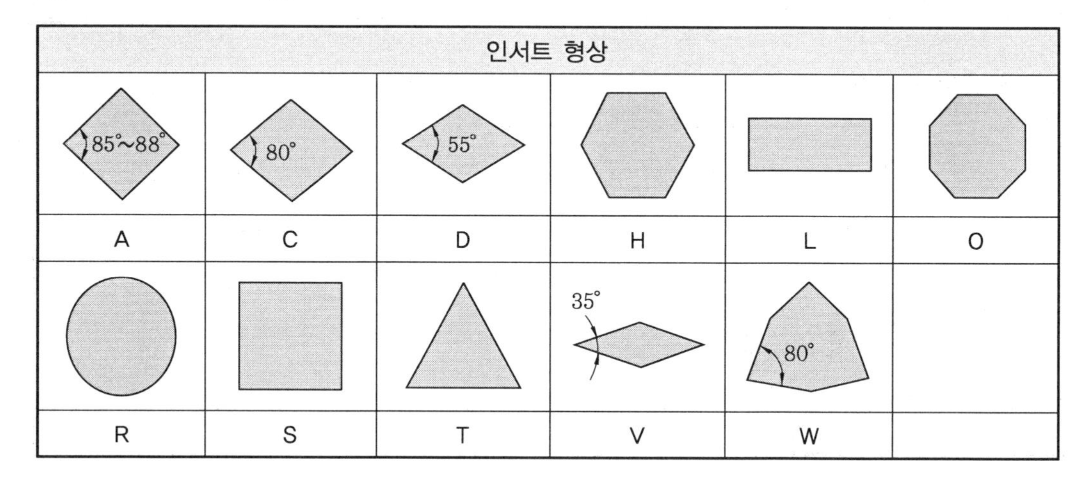

2 SPKR1203 ED/08 SR–MX

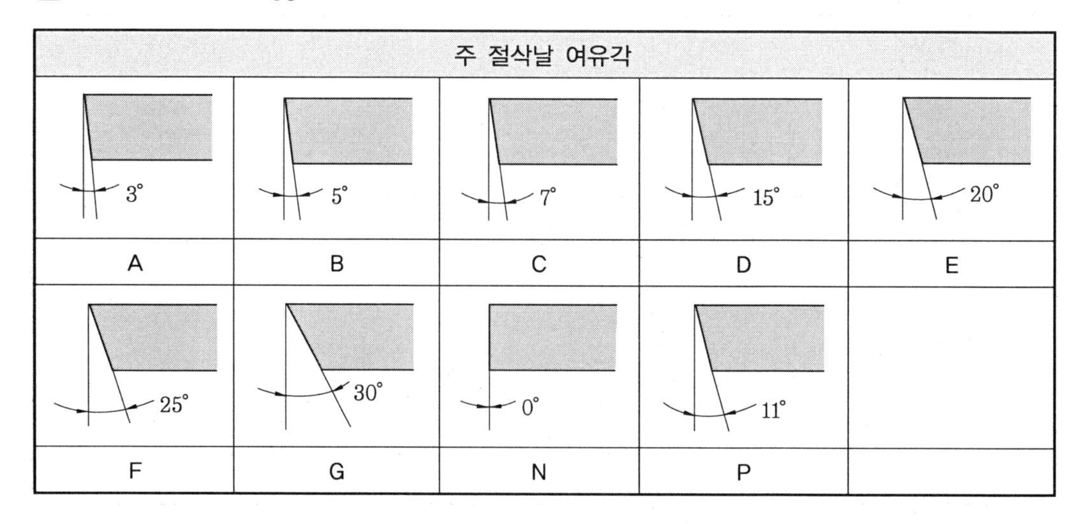

3 SPKR 12 03 $\overset{ED}{08}$ SR-MX

공 차

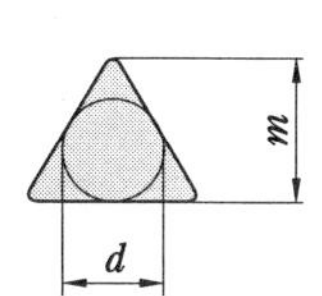

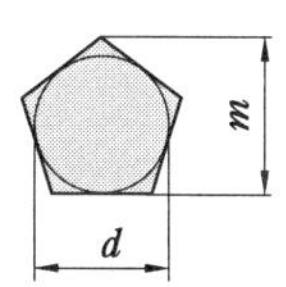

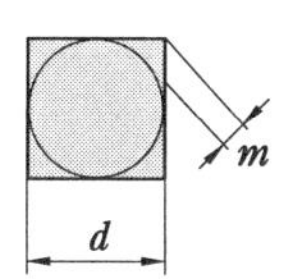

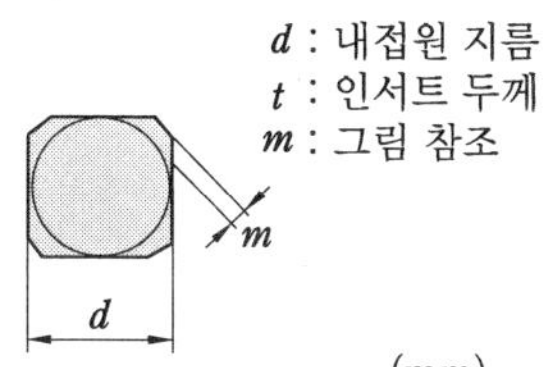

(mm)

급	d	m	t
A	±0.025	±0.005	±0.025
C	±0.025	±0.013	±0.025
H	±0.013	±0.013	±0.025
E	±0.025	±0.025	±0.025
G	±0.025	±0.025	±0.13
J	±0.05~±0.15	±0.005	±0.025
K	±0.05~±0.15	±0.013	±0.025
L	±0.05~±0.15	±0.025	±0.025
M	±0.05~±0.15	±0.08~±0.20	±0.13
U	±0.08~±0.25	±0.13~±0.38	±0.13

- C, H, R, T, W형의 공차 정의(예외항목)

d	d의 공차		m의 공차	
	J, K, L, M, N	U	M, N	U
6.35	±0.05	±0.08	±0.08	±0.13
9.525	±0.05	±0.08	±0.08	±0.13
12.7	±0.08	±0.13	±0.13	±0.20
15.875	±0.10	±0.18	±0.15	±0.27
19.05	±0.10	±0.18	±0.15	±0.27
25.4	±0.13	±0.25	±0.18	±0.38

- D형의 공차 정의(예외항목)

d	d의 공차	m의 공차
6.35	±0.05	±0.11
9.525	±0.05	±0.11
12.7	±0.8	±0.15
15.875	±0.10	±0.18
19.05	±0.10	±0.18

4 S P K R 12 03 ED/08 S R–MX

단면 형상		
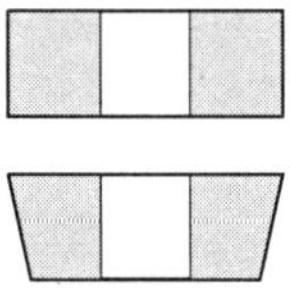	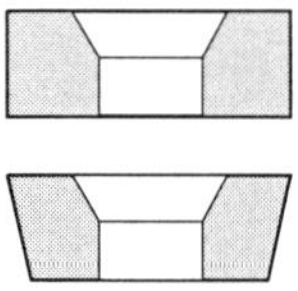 C' Sink 70° ~ 90°	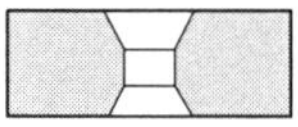 C' Sink 70° ~ 90°
A	B	C
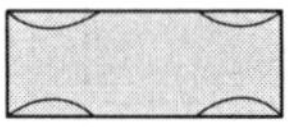	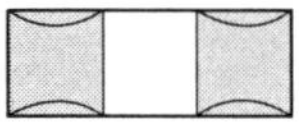	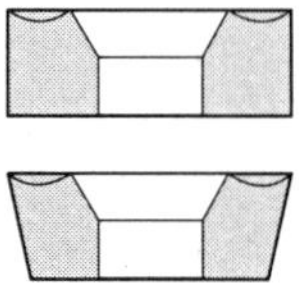 C' Sink 70° ~ 90°
F	G	H
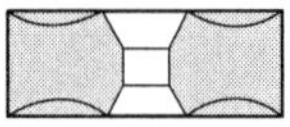 C' Sink 70° ~ 90°	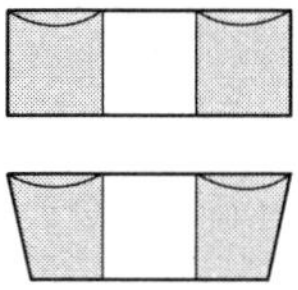	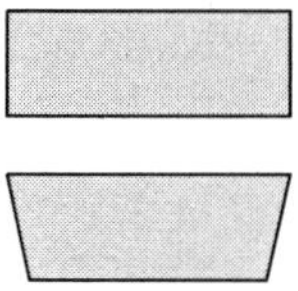
J	M	N
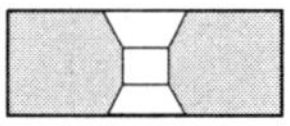 C' Sink 40° ~ 60°	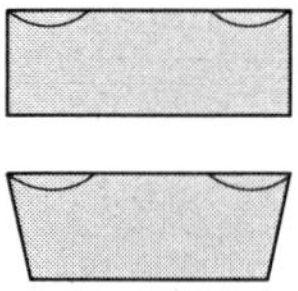	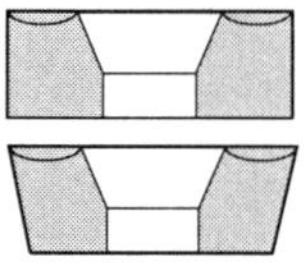 C' Sink 40° ~ 60°
Q	R	T
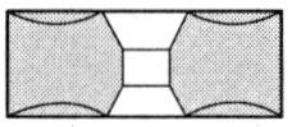 C' Sink 40° ~ 60°	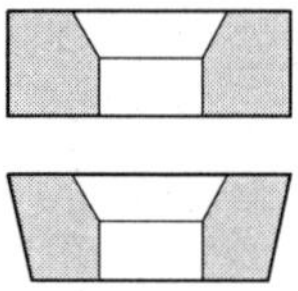 C' Sink 40° ~ 60°	특수설계 및 비대칭형의 인서트
U	W	X

5 S P K R 12 03 ED/08 S R–MX

절삭날 길이

• 메트릭(mm) 표기방식

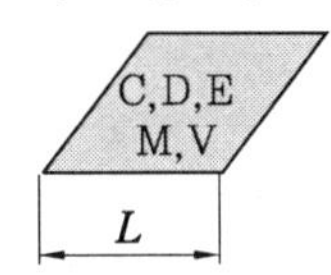

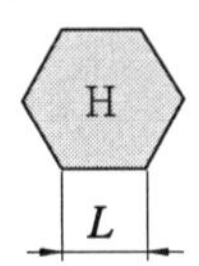

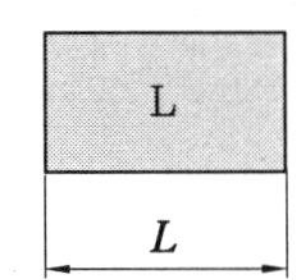

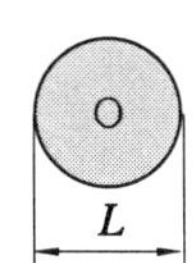

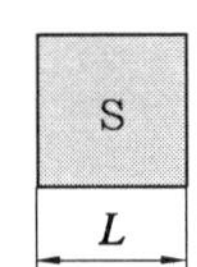

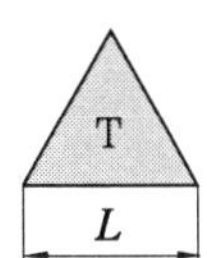

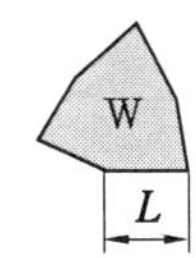

*소수점 이하는 정수만 표기

• 인치 표기방식

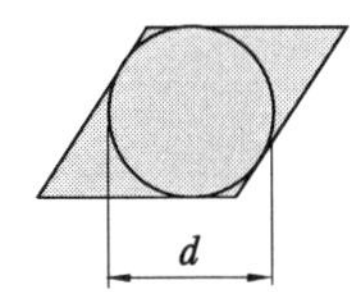

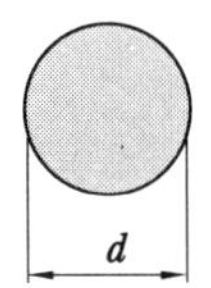

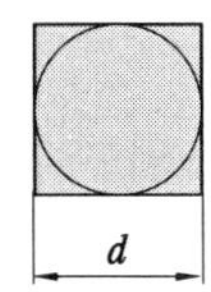

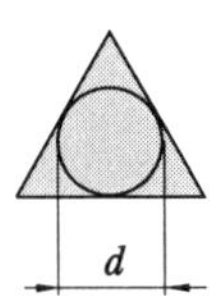

내접원 $<\frac{1}{4}''$ 일 경우는 $\frac{1}{32}''$ 단위로 표기함.
($d<\frac{1}{4}'' \rightarrow \frac{1}{32}''$ unit)
내접원 $\geq \frac{1}{4}''$ 일 경우는 $\frac{1}{8}''$ 단위로 표기함.
($d\geq\frac{1}{4}'' \rightarrow \frac{1}{8}''$ unit)

*사각형 및 마름모꼴의 경우는 내접원 대신 인선(刃先)의 길이를 표시함.

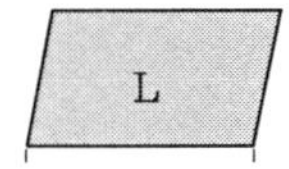

A, B, K

• 주절인의 mm 표기방식과 내접원의 inch 표기방식의 대비표

(삼각형)	06	09	11	16	22	27	33	44
(원, 정사각형)	03	05	06	09	12	15	19	25
55°	04	06	07	11	15	19	23	31
80°	03	05	06	09	12	16	19	25
내접원(IC)	$\frac{5}{32}''$	$\frac{7}{32}''$	$\frac{1}{4}''$	$\frac{3}{8}''$	$\frac{1}{2}''$	$\frac{5}{8}''$	$\frac{3}{4}''$	$1''$
인치 표기방식	5	7	2(8)	3	4	5	6	8

6 SPKR12 03 $^{ED}_{08}$ SR–MX

인선 높이

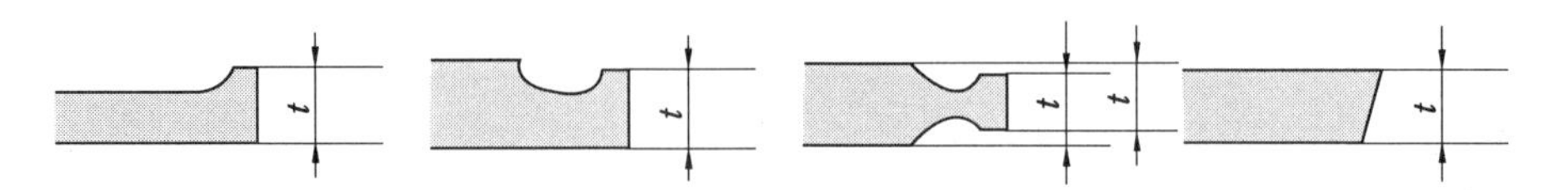

기호		인선 높이(t)	
메트릭	인치	메트릭	인치
01	1(2)	1.59	$\frac{1}{16}$
T0	1.125	1.79	$\frac{9}{128}$
T1	1.2	1.98	$\frac{5}{64}$
02	1.5(3)	2.38	$\frac{3}{32}$
T2	1.75	2.78	$\frac{7}{64}$
03	2	3.18	$\frac{1}{8}$
T3	2.5	3.97	$\frac{5}{32}$
04	3	4.76	$\frac{3}{16}$
05	3.5	5.56	$\frac{7}{32}$
06	4	6.35	$\frac{1}{4}$
07	5	7.94	$\frac{5}{16}$
09	6	9.52	$\frac{3}{8}$
11	7	11.11	$\frac{7}{16}$
12	8(16)	12.70	$\frac{1}{2}$

* ( ) 소형기호

7 S P K R 12 03 ED/08 S R–MX

노즈 (nose) 반지름

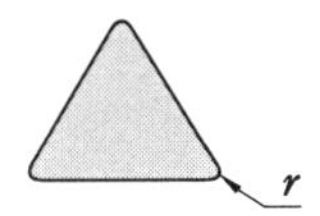

r		기 호		r		기 호	
메트릭	인치	메트릭	인치	메트릭	인치	메트릭	인치
00	0	0.0		12	3	1.2	$\frac{3}{64}$
02		0.2		15		1.5	
04	1	0.4	$\frac{1}{64}$	16	4	1.6	$\frac{4}{64}$
05		0.5		24	6	2.4	$\frac{6}{64}$
08	2	0.8	$\frac{2}{64}$	32	8	3.2	$\frac{8}{64}$
10		1.0		40		4.0	

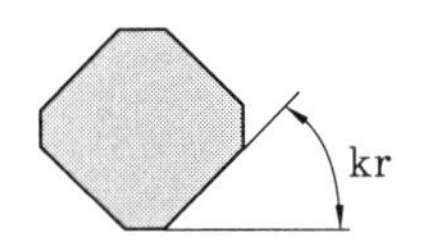

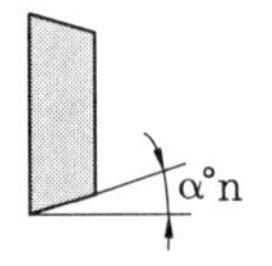

Parallel Land	Relief Angle	
kr	$\alpha°$	
A–45°	A–3°	F–25°
D–60°	B–5°	G–30°
E–75°	C–7°	N–0°
F–85°	D–15°	P–11°
P–90°	E–20°	
Z–스페셜		

8 SPKR 12 03 ED/08 S R–MX

인선 처리

F E

T S

9 SPKR 12 03 ED/08 S R–MX

승 수

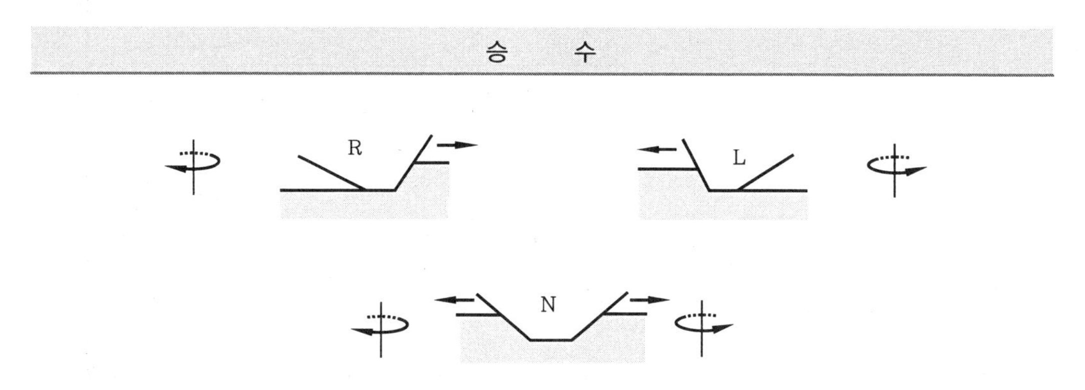

10 SPKR 12 03 ED/08 S R–MX

칩브레이커 형상

MA	MF	MM	MX
MF	MM	MR	MA

7. 밀링 공구 재종별 절삭자료

(1) 공구 재종별 절삭자료

공 구	피삭재 (H_B 경도)	절삭속도(m/min)			이 송 (mm/rev)	비 고
		고속도강	초경	코팅		
드릴	주철	30~36	30~60	–	0.05~0.4	
	보통강, 합금강	22~27	22~35	–	0.05~0.25	
	특수강	10~14	16~20	–	0.05~0.25	
	알루미늄	70~90	100~150	–	0.05~0.15	
	동합금, 강화플라스틱	40~100	60~150	–	0.05~0.1	
엔드밀	주철	25~35	45~65	–	0.04~0.25	이송값은 1날당 이송량
	보통강, 합금강	20~25	30~35	–	0.05~0.2	
	공구강, 스테인리스강	10~15	18~25	–	0.05~0.15	
	동, 알루미늄, 플라스틱	60~100	80~150	–	0.1~0.28	
페이스 밀	주철	–	80~150	80~200	0.1~0.5	이송값은 1날당 이송량
	보통강, 합금강	–	100~180	120~200	0.1~0.4	
	주강, 공구강	–	50~90	70~120	0.1~0.35	
	특수강	–	20~60	40~80	0.1~0.25	
	등, 알루미늄, 플라스틱	–	150~500	150~500	0.1~0.55	
보링	구상흑연주철	–	60~140	100~160	0.08~1.0	
	보통강	–	100~180	150~250	0.08~1.0	
	공구강, 스테인리스강	–	80~120	110~160	0.08~1.0	
	알루미늄	–	120~280	200~300	0.08~1.0	
리머	주철	5~10	10~15	–	0.3~1.4	
	보통강	3~6	6~12	–	0.3~0.55	
	동, 알루미늄	10~15	13~18	–	0.2~1.4	
탭	주철	7~9	–	–	피치×회전수	
	보통강	4~9	–	–		
	알루미늄	15~20	–	–		

※ 본 자료는 참고치에 불과하며, 절삭속도와 이송속도는 공작물과 공구의 고정상태, 공구 및 공작물의 재질 등에 따라 사용자가 적절하게 조정한다.

(2) 페이스 밀 절삭조건표

① 강(SM45C), 구조용 압연강(SS400) 소재를 가공하는 경우

(분당 이송=날당 이송×회전수) (회전당 이송=날당 이송×날수)

공구 지름	날수	황삭가공				정삭가공					
		절삭속도 (m/min)	회전수 (rpm)	이송속도(▽)		절삭속도 (m/min)	회전수 (rpm)	이송속도(▽)		이송속도(▽▽▽)	
				날당 이송	분당 이송			날당 이송	분당 이송	날당 이송	분당 이송
80	6	90	360	0.18	380	150	600	0.14	500	0.12	430
100	8	90	290	0.2	460	150	480	0.16	610	0.13	500
125	8	90	230	0.25	460	150	380	0.2	610	0.14	420
160	10	90	180	0.25	450	150	300	0.23	690	0.15	450
200	12	90	140	0.27	520	150	240	0.2	580	0.15	430

② 주철(GC) 소재를 가공하는 경우

공구 지름	날수	황삭가공				정삭가공					
		절삭속도 (m/min)	회전수 (rpm)	이송속도(▽)		절삭속도 (m/min)	회전수 (rpm)	이송속도(▽)		이송속도(▽▽▽)	
				날당 이송	분당 이송			날당 이송	분당 이송	날당 이송	분당 이송
80	6	80	315	0.2	380	110	440	0.15	390	0.12	310
100	8	80	250	0.25	500	110	350	0.16	440	0.13	360
125	8	80	200	0.25	400	110	280	0.18	400	0.14	310
160	10	80	160	0.27	430	110	220	0.18	400	0.15	330
200	12	80	125	0.27	410	110	180	0.18	390	0.15	320

③ 알루미늄 소재를 가공하는 경우

공구 지름	날수	황삭가공				정삭가공					
		절삭속도 (m/min)	회전수 (rpm)	이송속도(▽)		절삭속도 (m/min)	회전수 (rpm)	이송속도(▽)		이송속도(▽▽▽)	
				날당 이송	분당 이송			날당 이송	분당 이송	날당 이송	분당 이송
80	6	160	640	0.2	770	210	840	0.15	760	0.12	600
100	8	160	510	0.25	1020	210	670	0.16	860	0.13	700
125	8	160	410	0.25	820	210	530	0.18	760	0.14	590
160	10	160	320	0.27	860	210	420	0.18	760	0.15	630
200	12	160	250	0.27	810	210	330	0.18	710	0.15	590

(3) Tin-코팅 황삭용 엔드밀(End Mill) 절삭조건표

① 강(SM45C), 주철(GC250) 저탄소강, 연강(SM15C, SS400) 소재를 가공하는 경우

공구 지름	탄소강(SM45C), 주철(GC250)					연강(SM15C), 구조용 압연강(SS400)				
	날수	절삭속도 (m/min)	회전수 (rpm)	이송속도		날수	절삭속도 (m/min)	회전수 (rpm)	이송속도	
				날당 이송	분당 이송				날당 이송	분당 이송
6	4	35	1860	0.03	223	4	44	2330	0.04	372
8	4	35	1390	0.04	222	4	44	1750	0.05	350
10	4	35	1110	0.05	222	4	44	1400	0.06	336
12	4	35	930	0.06	223	4	44	1170	0.07	327
14	4	35	800	0.06	192	4	44	1000	0.07	280
16	4	35	700	0.07	196	4	44	880	0.07	246
20	4	35	560	0.07	156	4	44	700	0.08	224
24	5	35	460	0.07	161	5	44	580	0.08	232
30	6	35	370	0.07	155	6	44	470	0.08	225

② 알루미늄, 특수강 소재를 가공하는 경우

공구 지름	알루미늄					특수강				
	날수	절삭속도 (m/min)	회전수 (rpm)	이송속도		날수	절삭속도 (m/min)	회전수 (rpm)	이송속도	
				날당 이송	분당 이송				날당 이송	분당 이송
6	4	82	4350	0.04	696	4	15	800	0.03	96
8	4	82	3260	0.05	652	4	15	600	0.03	72
10	4	82	2610	0.06	626	4	15	480	0.04	76
12	4	82	2180	0.07	610	4	15	400	0.04	64
14	4	82	1860	0.08	595	4	15	340	0.04	54
16	4	82	1630	0.09	586	4	15	300	0.05	60
20	4	82	1310	0.1	524	4	15	240	0.05	48
24	5	82	1090	0.1	545	5	15	200	0.05	50
30	6	82	870	0.1	522	6	15	160	0.06	57

(4) 고속도강 엔드밀(End Mill) 절삭조건표

① 강(SM45C) 소재를 가공하는 경우

공구 지름	황삭가공					정삭가공				
	날수	절삭속도 (m/min)	회전수 (rpm)	이송속도		날수	절삭속도 (m/min)	회전수 (rpm)	이송속도	
				날당 이송	분당 이송				날당 이송	분당 이송
4	2	23	1830	0.03	110	4	25	1990	0.02	159
6	2	23	1220	0.04	98	4	25	1330	0.03	160
8	2	23	920	0.05	92	4	25	990	0.04	158
10	2	23	730	0.06	88	4	25	800	0.04	128
12	2	23	610	0.06	73	4	25	660	0.05	132
14	2	23	520	0.07	73	4	25	570	0.05	114
16	2	23	460	0.07	64	4	25	500	0.05	100
20	2	23	370	0.07	52	4	25	400	0.06	96
24	2	23	310	0.07	43	4	25	330	0.06	79
30	2	23	240	0.07	34	4	25	270	0.06	65

② 주철(GC) 소재를 가공하는 경우

공구 지름	황삭가공					정삭가공				
	날수	절삭속도 (m/min)	회전수 (rpm)	이송속도		날수	절삭속도 (m/min)	회전수 (rpm)	이송속도	
				날당 이송	분당 이송				날당 이송	분당 이송
4	2	30	2390	0.05	239	4	34	2710	0.02	216
6	2	30	1590	0.06	190	4	34	1800	0.03	216
8	2	30	1190	0.07	166	4	34	1350	0.04	216
10	2	30	950	0.08	152	4	34	1080	0.05	216
12	2	30	800	0.09	144	4	34	900	0.05	180
14	2	30	680	0.1	136	4	34	770	0.05	154
16	2	30	600	0.1	120	4	34	680	0.05	136
20	2	30	480	0.1	96	4	34	540	0.06	130
24	2	30	400	0.1	80	4	34	450	0.06	108
30	2	30	320	0.1	64	4	34	360	0.06	86

③ 알루미늄 소재를 가공하는 경우

공구 지름	황삭가공					정삭가공				
	날수	절삭속도 (m/min)	회전수 (rpm)	이송속도		날수	절삭속도 (m/min)	회전수 (rpm)	이송속도	
				날당 이송	분당 이송				날당 이송	분당 이송
4	2	70	5570	0.04	445	4	90	7160	0.03	859
6	2	70	3710	0.05	371	4	90	4770	0.03	572
8	2	70	2790	0.06	334	4	90	3580	0.03	429
10	2	70	2230	0.07	312	4	90	2860	0.03	343
12	2	70	1860	0.08	297	4	90	2390	0.04	382
14	2	70	1590	0.09	286	4	90	2050	0.04	328
16	2	70	1390	0.1	278	4	90	1790	0.04	286
20	2	70	1110	0.1	220	4	90	1430	0.05	286
24	2	70	930	0.1	186	4	90	1190	0.05	238
30	2	70	740	0.1	148	4	90	950	0.05	190

(5) 초경 엔드밀(End Mill) 절삭조건표

① 강(SM45C) 소재를 가공하는 경우

공구 지름	황삭가공					정삭가공				
	날수	절삭속도 (m/min)	회전수 (rpm)	이송속도		날수	절삭속도 (m/min)	회전수 (rpm)	이송속도	
				날당 이송	분당 이송				날당 이송	분당 이송
4	2	30	2390	0.04	191	4	34	2710	0.03	325
6	2	30	1590	0.05	159	4	34	1800	0.03	216
8	2	30	1190	0.06	142	4	34	1350	0.04	216
10	2	30	950	0.06	114	4	34	1080	0.04	172
12	2	30	800	0.06	96	4	34	900	0.04	144
14	2	30	680	0.06	81	4	34	770	0.05	154
16	2	30	600	0.07	84	4	34	680	0.05	136
20	2	30	480	0.07	67	4	34	540	0.05	108
24	2	30	400	0.07	56	4	34	450	0.05	90
30	2	30	320	0.08	51	4	34	360	0.06	86

② 주철(GC) 소재를 가공하는 경우

공구 지름	황삭가공					정삭가공				
	날수	절삭속도 (m/min)	회전수 (rpm)	이송속도		날수	절삭속도 (m/min)	회전수 (rpm)	이송속도	
				날당 이송	분당 이송				날당 이송	분당 이송
4	2	45	3580	0.04	286	4	64	5090	0.03	610
6	2	48	2550	0.04	204	4	68	3600	0.03	432
8	2	48	1910	0.05	191	4	68	2700	0.04	432
10	2	50	1590	0.05	159	4	70	2230	0.04	356
12	2	50	1330	0.05	133	4	70	1860	0.05	372
14	2	50	1340	0.06	160	4	70	1590	0.05	318
16	2	50	990	0.06	118	4	70	1390	0.06	333
20	2	50	800	0.07	112	4	70	1110	0.06	266
24	2	50	660	0.07	92	4	70	930	0.06	223
30	2	50	530	0.08	84	4	70	740	0.06	177

③ 알루미늄 소재를 가공하는 경우

공구 지름	황삭가공					정삭가공				
	날수	절삭속도 (m/min)	회전수 (rpm)	이송속도		날수	절삭속도 (m/min)	회전수 (rpm)	이송속도	
				날당 이송	분당 이송				날당 이송	분당 이송
4	2	85	6760	0.04	540	4	92	7320	0.03	878
6	2	86	4560	0.04	364	4	95	5030	0.03	603
8	2	86	3420	0.05	342	4	98	3890	0.04	622
10	2	88	2800	0.05	280	4	99	3150	0.04	504
12	2	88	2330	0.05	233	4	100	2650	0.05	530
14	2	86	1950	0.06	234	4	120	2720	0.05	544
16	2	90	1790	0.06	214	4	130	2580	0.06	619
20	2	88	1400	0.07	196	4	140	2230	0.06	535
24	2	88	1160	0.07	162	4	140	1850	0.06	444
30	2	87	920	0.08	147	4	145	1540	0.06	369

(6) 고속도강(SKH) 드릴 절삭조건표

① 강, 주철, 알루미늄 소재를 가공하는 경우

지름	강				주철 (H_B350)				알루미늄			
	절삭 속도	회전수 (rpm)	이송속도		절삭 속도	회전수 (rpm)	이송속도		절삭 속도	회전수 (rpm)	이송속도	
			회전당	분당			회전당	분당			회전당	분당
2	20	3180	0.04	127	23	3660	0.06	219	25	3980	0.06	238
3	24	2550	0.05	127	26	2760	0.08	220	30	3180	0.08	254
4	25	1990	0.06	119	28	2230	0.08	178	40	3180	0.10	318
5	25	1590	0.08	127	28	1780	0.10	178	50	3180	0.10	318
6	25	1330	0.10	133	28	1490	0.12	178	60	3180	0.12	381
7	25	1140	0.10	114	28	1270	0.14	177	65	2950	0.14	413
8	25	990	0.12	118	28	1110	0.16	177	70	2780	0.16	444
9	25	880	0.14	123	28	990	0.20	198	72	2540	0.18	457
10	25	790	0.16	126	28	890	0.24	213	75	2390	0.20	478
12	25	660	0.18	118	28	740	0.24	177	75	1990	0.22	398
14	25	570	0.2	114	28	640	0.26	166	78	1770	0.24	389
16	25	500	0.22	110	28	560	0.30	168	78	1550	0.24	372
18	25	440	0.24	105	28	500	0.34	170	78	1380	0.28	386
20	25	400	0.26	104	28	450	0.40	180	78	1240	0.32	396
22	25	360	0.28	100	28	410	0.40	164	78	1130	0.36	406
24	25	330	0.30	99	28	370	0.40	148	78	1030	0.40	412
26	25	310	0.30	93	28	340	0.40	136	78	950	0.40	380
28	25	280	0.30	84	28	318	0.40	127	78	890	0.40	356
30	25	270	0.30	81	28	300	0.40	120	78	830	0.40	332

(7) 초경 드릴 절삭조건표

① 강, 주철, 알루미늄 소재를 가공하는 경우

지름	강				주철(HB350)				알루미늄			
	절삭속도	회전수(rpm)	이송속도		절삭속도	회전수(rpm)	이송속도		절삭속도	회전수(rpm)	이송속도	
			회전당	분당			회전당	분당			회전당	분당
4	28	2230	0.06	134	28	2230	0.06	134	180	14320	0.08	1146
5	30	1910	0.06	115	28	1780	0.08	142	200	12730	0.10	1273
6	32	1700	0.08	136	30	1590	0.08	127	200	10610	0.10	1061
7	34	1550	0.08	124	32	1460	0.10	146	250	11370	0.12	1364
8	36	1430	0.10	143	34	1350	0.10	135	250	9950	0.12	1194
9	40	1410	0.10	141	36	1270	0.12	152	250	8840	0.14	1238
10	40	1270	0.12	152	40	1270	0.15	191	300	9550	0.14	1337
12	44	1170	0.12	140	40	1060	0.15	159	300	7960	0.16	1274
14	44	1000	0.14	140	46	1050	0.18	189	300	6820	0.16	1091
16	48	950	0.14	133	50	990	0.18	178	300	5970	0.16	955
18	48	850	0.18	153	50	880	0.18	158	300	5310	0.16	850
20	50	800	0.20	160	50	800	0.20	160	300	4770	0.18	859

※ 드릴 구멍 깊이에 따른 절삭조건 감소율

순	구멍 깊이	절삭속도 감소율	이송속도 감소율
1	3×드릴 지름	10 %	10 %
2	5×드릴 지름	30 %	15 %
3	8×드릴 지름	40 %	20 %
4	10×드릴 지름	45 %	30 %

㊟ 깊은구멍 가공은 G73, G83 기능을 사용하여 칩(chip) 배출을 원활하게 해야 한다. 일반적으로 깊은구멍이라 함은 드릴 지름의 3배 이상을 말한다.

(8) 보링(Boring) 절삭조건표(초경 Insert Tip 사용)

① 강(SM45C) 소재를 가공하는 경우

지름	황삭, 중삭가공				정삭가공			
	절삭속도 (m/min)	회전수 (rpm)	이송속도		절삭속도 (m/min)	회전수 (rpm)	이송속도	
			날당이송	분당이송			날당이송	분당이송
15	75	1590	0.1	159	100	2120	0.06	127
20	75	1190	0.1	119	100	1590	0.06	95
30	75	800	0.13	104	100	1060	0.07	74
40	75	600	0.13	78	100	800	0.07	56
50	75	480	0.13	62	100	640	0.07	44
60	75	400	0.16	64	100	530	0.08	42
80	75	300	0.16	48	100	400	0.08	32
100	75	240	0.2	48	100	320	0.08	25
120	75	200	0.2	40	100	270	0.1	27
150	75	160	0.2	32	100	210	0.1	21

② 주철(GC) 소재를 가공하는 경우

지름	황삭, 중삭가공				정삭가공			
	절삭속도 (m/min)	회전수 (rpm)	이송속도		절삭속도 (m/min)	회전수 (rpm)	이송속도	
			날당이송	분당이송			날당이송	분당이송
15	86	1820	0.1	182	115	2440	0.06	146
20	86	1370	0.1	137	115	1830	0.06	109
30	86	910	0.12	109	115	1220	0.06	73
40	86	680	0.12	81	115	920	0.06	55
50	86	550	0.14	77	115	730	0.06	43
60	86	460	0.14	64	115	610	0.07	42
80	86	340	0.16	54	115	460	0.07	32
100	86	270	0.16	43	115	370	0.08	29
120	86	230	0.18	41	115	310	0.08	24
150	86	180	0.18	32	115	240	0.08	19

③ 알루미늄 소재를 가공하는 경우

지름	황삭, 중삭가공				정삭가공			
	절삭속도 (m/min)	회전수 (rpm)	이송속도		절삭속도 (m/min)	회전수 (rpm)	이송속도	
			날당이송	분당이송			날당이송	분당이송
15	148	3140	0.1	314	175	3710	0.06	222
20	148	2360	0.1	236	175	2790	0.06	167
30	148	1570	0.12	188	175	1860	0.06	111
40	148	1180	0.12	141	175	1390	0.06	83
50	148	940	0.14	131	175	1110	0.06	66
60	148	790	0.14	110	175	930	0.07	65
80	148	590	0.16	94	175	700	0.07	49
100	148	470	0.16	75	175	560	0.07	39
120	148	390	0.18	70	175	470	0.08	37
150	148	310	0.18	55	175	370	0.08	29

(9) 탭 (Tap) 가공 절삭조건표(탄소공구강 탭)

① 강, 주철, 알루미늄 소재를 가공하는 경우

규격	피치	드릴 지름	강			주철(GC)			알루미늄		
			절삭속도 (m/mim)	회전속도 (rpm)	이송속도 (mm/min)	절삭속도 (m/mim)	회전속도 (rpm)	이송속도 (mm/min)	절삭속도 (m/mim)	회전속도 (rpm)	이송속도 (mm/min)
M3	0.5	2.5	4.7	500	250	6.7	710	355	16	1700	850
M4	0.7	3.3	5	400	280	7	560	392	17	1350	945
M5	0.8	4.2	5	320	256	7	450	360	18	1150	920
M6	1	5	4.7	250	250	6.9	360	360	18	955	955
M8	1.25	6.8	5	200	250	7	280	350	18	720	900
M10	1.5	8.5	5	160	240	6.9	220	330	18	570	855
M12	1.75	10.2	5	132	231	6.8	180	315	18	480	840
M14	2	12	4.8	110	220	7	160	320	18	410	820
M16	2	14	5	100	200	7	140	280	18	360	720
M18	2.5	15.5	5	90	225	6.8	120	300	18	320	800
M20	2.5	17.5	5	80	200	6.9	110	275	18	290	725
M22	2.5	19.5	4.8	70	175	6.9	100	250	18	260	650

규격	피치	드릴 지름	강			주철(GC)			알루미늄		
			절삭속도 (m/mim)	회전속도 (rpm)	이송속도 (mm/min)	절삭속도 (m/mim)	회전속도 (rpm)	이송속도 (mm/min)	절삭속도 (m/mim)	회전속도 (rpm)	이송속도 (mm/min)
M24	3	21	4.9	65	195	6.8	90	270	18	240	720
M27	3	24	5	60	180	6.8	80	240	18	210	630
M30	3.5	26.4	4.7	50	175	6.6	70	245	18	190	665

㈜ ① 머신 탭을 사용할 것
② 알루미늄 소재 탭 가공은 드릴 구멍을 약간 크게 하며, 깊이가 탭 지름의 2배 이상인 경우 절삭성이 크게 나빠진다.
③ 주철용 전용 탭(특수재종)을 사용하여 절삭속도를 14m/min으로 향상할 수 있다.

(10) 고속도강 리머(Reamer) 절삭조건표

① 강, 주철, 알루미늄 소재를 가공하는 경우

지름	강				주철(GC)				알루미늄			
	절삭 속도	회전수 (rpm)	이송속도		절삭 속도	회전수 (rpm)	이송속도		절삭 속도	회전수 (rpm)	이송속도	
			회전당	분당			회전당	분당			회전당	분당
3	4	420	0.2	84	5.7	600	0.3	180	12.5	1230	0.3	366
4	4	320	0.25	80	5.7	450	0.4	180	12.5	990	0.4	396
5	4	250	0.3	75	5.7	360	0.5	180	12.5	800	0.5	400
6	4	210	0.3	63	5.7	300	0.5	150	12.5	660	0.5	330
8	4	160	0.3	48	5.7	230	0.55	126	12.5	500	0.55	275
10	4	130	0.3	39	5.7	180	0.6	108	12.5	400	0.6	240
12	4	110	0.35	38	5.7	150	0.7	105	12.5	330	0.7	231
14	4	90	0.35	31	5.7	130	0.8	104	12.5	280	0.8	224
16	4	80	0.35	28	5.7	110	0.9	99	12.5	250	0.9	225
18	4	70	0.35	24	5.7	100	0.9	90	12.5	220	0.9	198
20	4	60	0.4	24	5.7	90	1	90	12.5	200	1	200
25	4	50	0.4	20	5.7	70	1	70	12.5	160	1	160
30	4	40	0.5	20	5.7	60	1.1	66	12.5	130	1.1	143

※ 리머 가공의 주의사항
① 리머 가공 시 충분한 절삭유를 주입하여 칩 배출이 원활하게 한다.
② 리머를 뺄 때 정회전 상태에서 절입 시와 같은 이송속도로 뺀다.
③ 좋은 가공면을 얻기 위하여 낮은 절삭속도로 이송을 빠르게 한다.
④ 기계 리머를 사용한다.(헬리컬 5°~45° 리머를 사용하는 것이 좋다.)
⑤ 지름(ϕ)이 작은 것은 절삭속도(V)를 $\frac{1}{2}$로 낮추어 적용한다.
⑥ 구멍 공차가 0.05 mm 이하인 경우 리머 가공을 하는 것이 안전하다.(드릴 가공은 0.05 mm 이하의 정밀 가공에 부적합하다.)

8. 선반 기술자료

(1) 바이트 형상 및 명칭

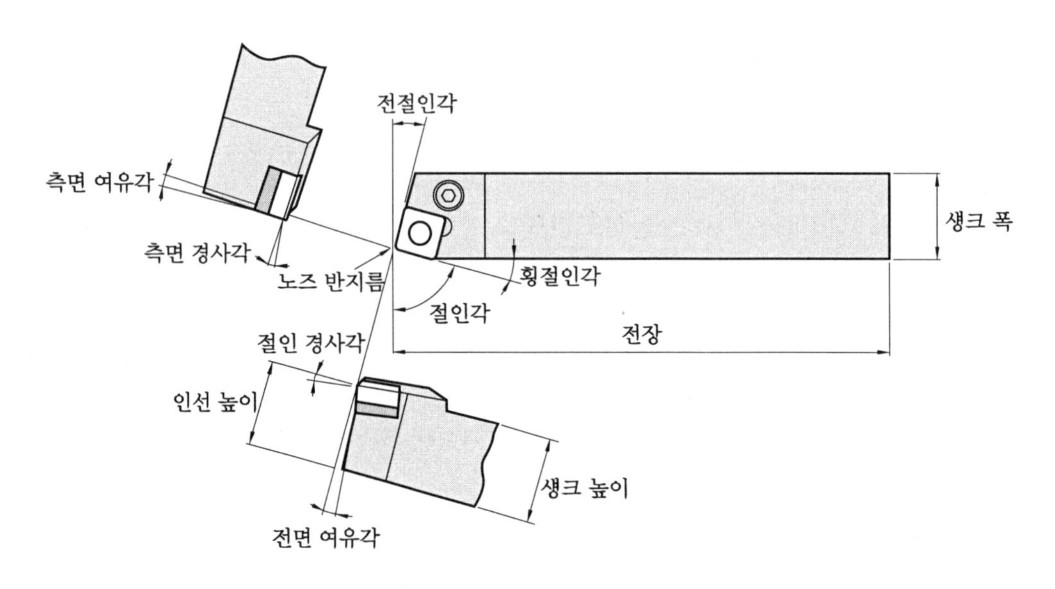

• 인선각도의 역할

인선각도	명 칭	기 능	효 과
경사각	측면 경사각 절인 경사각	절삭저항, 절삭열, 칩 배출, 공구 수명에 영향	• (+)로 하면 절삭성이 우수해짐(절삭저항 감소, 인선강도는 떨어짐) • 피삭성이 우수한 재료나 가는 피삭재 가공 시에는 (+)로 함 • 흑피 · 단속절삭에서 인선강도를 요구할 경우에는 작게 또는 (−)로 함
여유각	전면 여유각 측면 여유각	절삭날 이외의 부분과 정삭면과의 접촉을 없게 한다.	• 작게 하면 인선강도가 강하게 되지만 여유면 마모가 단시간에 커지게 되고 공구 수명이 짧아짐
절인각	절인각	칩 처리성능과 절삭력 방향에 영향	• 크게 하면 칩 두께는 두꺼워져 칩 처리성능이 향상
	횡절인각	칩 처리성능과 절삭력 방향에 영향	• 크게 하면 칩 두께가 얇아져 칩 처리능력은 나빠지지만 절삭력이 분산되어 인선강도가 향상 • 작게 하면 칩 처리능력이 향상
	전절인각	인선과 절삭면의 마찰을 방지	• 작게 하면 인선강도가 강하게 되지만 여유면 마모가 단시간에 커지게 되고 공구 수명이 짧아짐

(2) 주요 절삭 공식

① 절삭속도

$$v_c = \frac{\pi \times D \times n}{1000}\ \text{[m/min]}$$

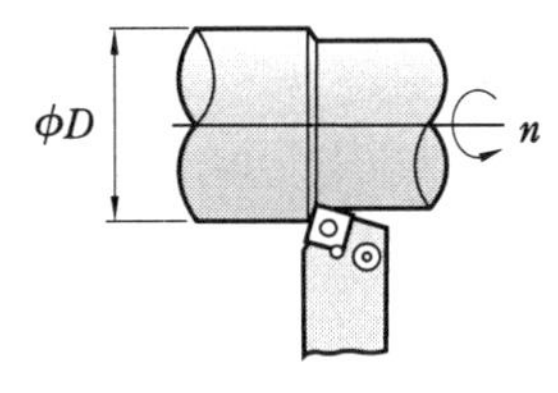

여기서, v_c : 절삭속도(m/min)
n : 주축 회전수(min^{-1})
D : 피삭재 외경(mm)
π : 원주율(3.14)

② 이송

$$f_n = \frac{v_f}{n}\ \text{[mm/rev]}$$

여기서, f_n : 1회전당 이송 (mm/rev)
n : 주축 회전수 (min^{-1})
v_f : 1분당 이송 (mm/min)

③ 사상면조도

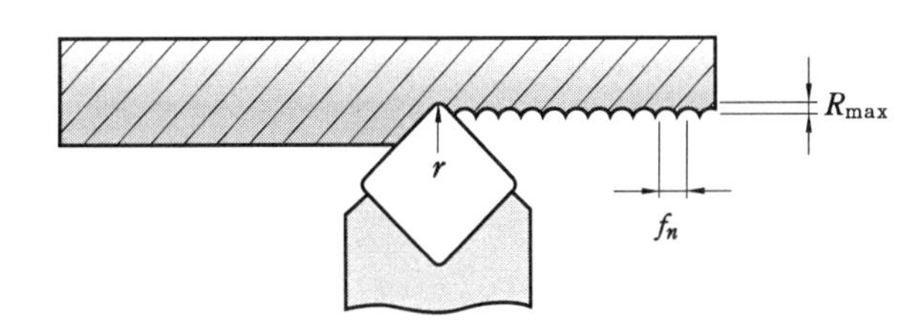

- 이론조도 $R_{max} = \frac{{f_n}^2}{8r}\ 1000\ \mu\text{m}$
- 실제조도

강 : R_{max} × (1.5~3)   주철 : R_{max} × (3~5)

여기서, R_{max} : 최대조도높이(μm) f_n : 이송(mm/rev) r : 노즈 반지름

④ 소요동력

$$P_{kW} = \frac{Q \times k_c}{60 \times 102 \times \eta},\quad P_{HP} = \frac{P_{kw}}{0.75},\quad Q = \frac{v_c \times f_n \times a_p}{1000}$$

여기서, P_{kW} : 소요동력(kW) v_c : 절삭속도(m/min)
k_c : 비절삭 저항(kg/mm²) P_{HP} : 소요동력(마력)[HP]
f_n : 1회전당 이송(mm/rev) η : 기계효율(0.7~0.8)
a_p : 절입량(mm)

k_c의 대략치		k_c의 대략치	
연강	190	고합금강	245
중탄소강	210	주철	93
고탄소강	240	가단주철	120
저합금강	190	청동 · 황동	70

⑤ 칩 배출량

$$Q=\frac{v_c\times f_n\times a_p}{1000}$$

여기서, Q : 칩 배출량(cm^3/min)
a_p : 절입량(mm)
v_c : 절삭속도(m/min)
f_n : 1회전당 이송(mm/rev)

⑥ 가공시간

(가) 외경가공 1

㉠ 회전수 일정의 경우

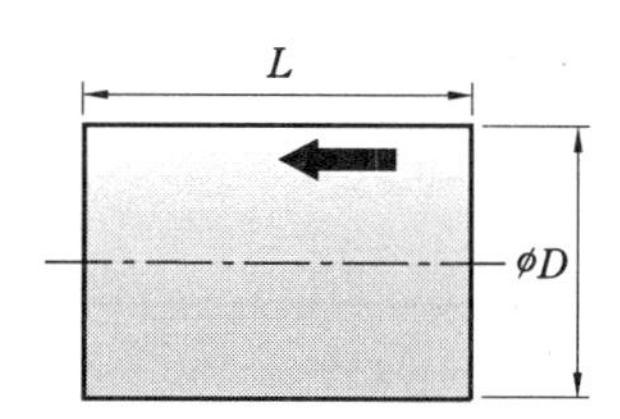

$$T=\frac{60\times L}{f_n\times n}$$

㉡ 절삭속도 일정의 경우

$$T=\frac{60\times\pi\times L\times D}{1000\times f_n\times n}$$

여기서, T : 가공시간(초)
L : 가공길이(mm)
f_n : 회전당 이송(mm/rev)
n : 주축 회전수(min^{-1})
D : 피삭재 지름(mm)
v_c : 절삭속도(m/min)

(나) 외경가공 2

㉠ 회전수 일정의 경우

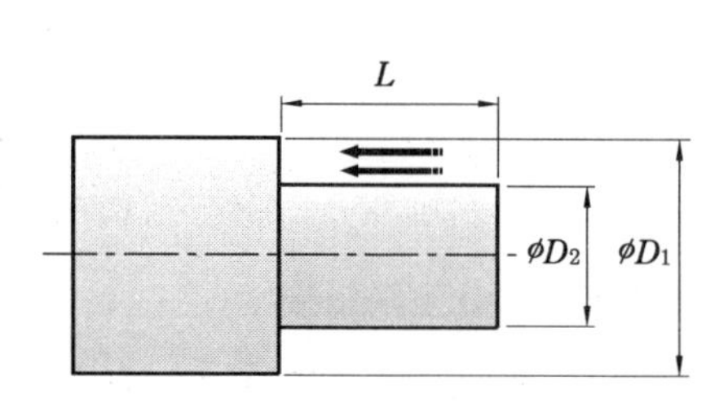

$$T=\frac{60\times L}{f_n\times n}\times N$$

㉡ 절삭속도 일정의 경우

$$T=\frac{60\times\pi\times L\times(D_1+D_2)}{2\times 1000\times f_n\times n}$$

여기서, T : 가공시간(초)

L : 가공길이(mm)

f_n : 1회전당 이송(mm/rev)

n : 주축 회전수(min^{-1})

D_1 : 피삭재 최대 지름(mm)

D_2 : 피삭재 최소 지름(mm)

v_c : 절삭속도(m/min)

N : 패스 수 $= \dfrac{(D_1 - D_2)}{\dfrac{d}{2}}$

(다) 단면가공

㉠ 회전수 일정의 경우

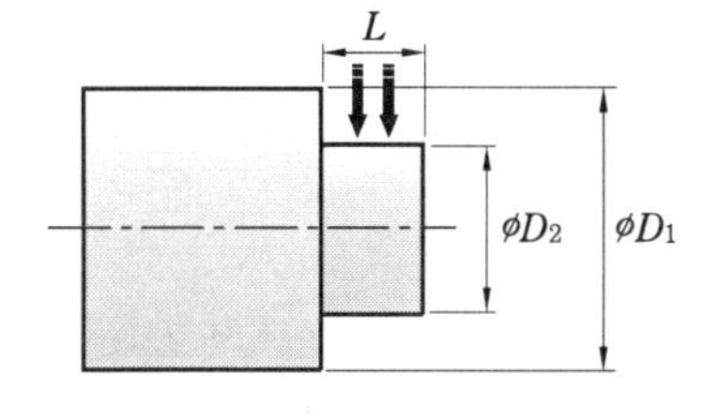

$$T = \frac{60 \times (D_1 - D_2)}{2 \times f_n \times n} \times N$$

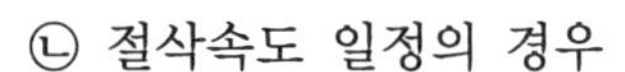

㉡ 절삭속도 일정의 경우

$$T_1 = \frac{60 \times \pi \times (D_1 + D_2) \times (D_1 - D_2)}{4000 \times f_n \times v_c} \times N$$

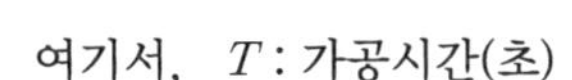

여기서, T : 가공시간(초)

T_1 : 최고 회전수까지 도달하지 않았을 때의 가공시간(초)

L : 가공폭(mm)

f_n : 1회전당 이송(mm/rev)

n : 주축 회전수(min^{-1})

D_1 : 피삭재 최대 지름(mm)

D_2 : 피삭재 최소 지름(mm)

v_c : 절삭속도(m/min)

N : 패스 수 $= \dfrac{(D_1 - D_2)}{\dfrac{d}{2}}$

⑦ 홈가공

(가) 회전수 일정의 경우

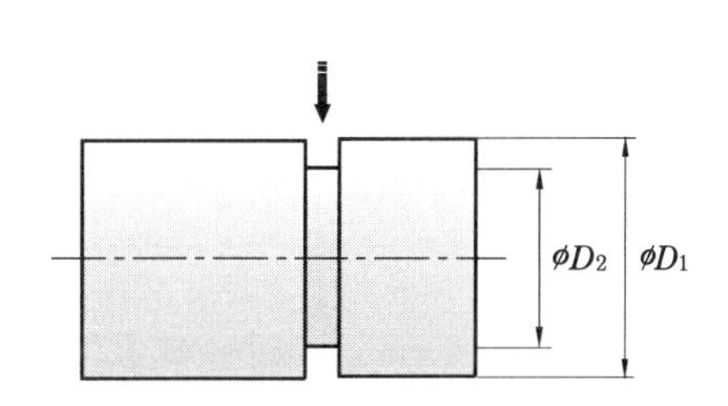

$$T = \frac{60 \times (D_1 - D_2)}{2 \times f_n \times n}$$

(나) 절삭속도 일정의 경우

$$T_1 = \frac{60 \times \pi \times (D_1 + D_2) \times (D_1 - D_2)}{4000 \times f_n \times v_c}$$

여기서, T : 가공시간(초)

T_1 : 최고 회전수까지 도달하지 않았을 때의 가공시간(초)

L : 가공폭(mm)

f_n : 1회전당 이송(mm/rev)

n : 주축 회전수(min^{-1})

D_1 : 피삭재 최대 지름(mm)

D_2 : 피삭재 최소 지름(mm)

v_c : 절삭속도(m/min)

⑧ 절단가공

(가) 회전수 일정의 경우

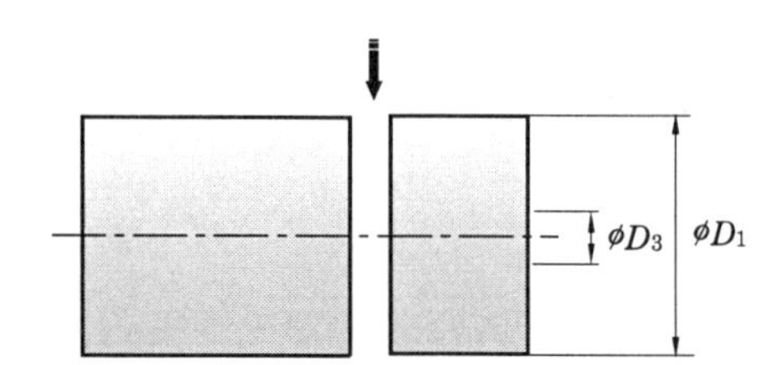

$$T = \frac{60 \times D_1}{2 \times f_n \times n}$$

(나) 절삭속도 일정의 경우

$$T_1 = \frac{60 \times \pi \times (D_1 + D_2)(D_1 - D_2)}{4000 \times f_n \times v_c}$$

$$T_3 = T_1 + \frac{60 \times D_3}{2 \times f_n \times n_{\max}}$$

여기서, T : 가공시간(초)

T_1 : 최고 회전수까지 도달하지 않았을 때의 가공시간(초)

T_3 : 최고 회전수까지 도달했을 때의 가공시간(초)

f_n : 회전당 이송(mm/rev)

n : 주축 회전수(min^{-1})

$n_{\max}$: 주축 최고 회전수(min^{-2})

D_1 : 피삭재 최대 지름(mm)

D_3 : 최고 회전수에 도달했을 때의 지름(mm)

v_c : 절삭속도(m/min)

(3) 트러블 원인과 대책

트러블 내용	원인	대책															
		절삭조건				공구 재종의 선정			공구형상						기계 장착		
		절삭속도	이송량	절입량	절삭유	보다 단단한 재종으로 변경	인성이 있는 재종으로 변경	내용착성이 좋은 재종으로 변경	칩브레이커 검토	경사각	인선 노즈 반지름	절인강도·호닝	팁 정도 향상 M급→G급	홀더 강성	가공물·공구의 장착	홀더의 오버행	동력·기계의 떨림
치수 정도의 악화 가공치수의 불안정	팁 정도의 부적절												●				
	가공물, 공구의 이탈								●	↑	↓			●	●	●	●
인선 후퇴량이 크다 절삭 중 가공정도가 오버하여 그때마다 조정이 필요하다.	여유면 마모의 증대					●					↑						
	절삭조건의 부적절	↓	↑														
정삭면조도의 악화 공구수명의 중요한 판정기준이 된다.	공구 마모의 증대로 절삭력 약화	↓			습식	●		●	●	↑	↑	↓	●				
	절인 치핑		↓	↓			●		●		↑	↑			●	●	●
	용착 구성인선	↑	↑		습식			●	●	↑		↓	●				
	절삭조건의 부적절	↑	↓	↓	습식												
	공구, 절인 형상의 부적절								●		↑	↓	●				
	진동, 떨림	↓	↓	↓	습식		●		●	↑	↓	↓		●	●	●	●
발열 절삭열에 의해 가공정도 약화, 공구 수명 저하	절삭조건의 부적절	↓	↓	↓													
	공구, 절인 형상의 부적절					●			●	↑		↓					
버, 치핑 보풀 강, 알루미늄 (버 발생)	절삭조건의 부적절	↓	↑		습식												
	공구 마모, 절인 형상의 부적절					●		◉	●	↑	↓	↓					
주철(워크치핑)	절삭조건의 부적절		↓	↓													
	공구 마모, 절인 형상의 부적절					●			●	↑	↑	↓		●	●	●	●
연강(보풀이 생김)	절삭조건의 부적절	↑			습식												
	공구 마모, 절인 형상의 부적절					●		◉	●	↑		↓					

↑ : 증가 ↓ : 감소 ● : 사용 ◉ : 올바르게 사용

9. 밀링 기술자료

(1) 밀링 커터 형상 및 명칭

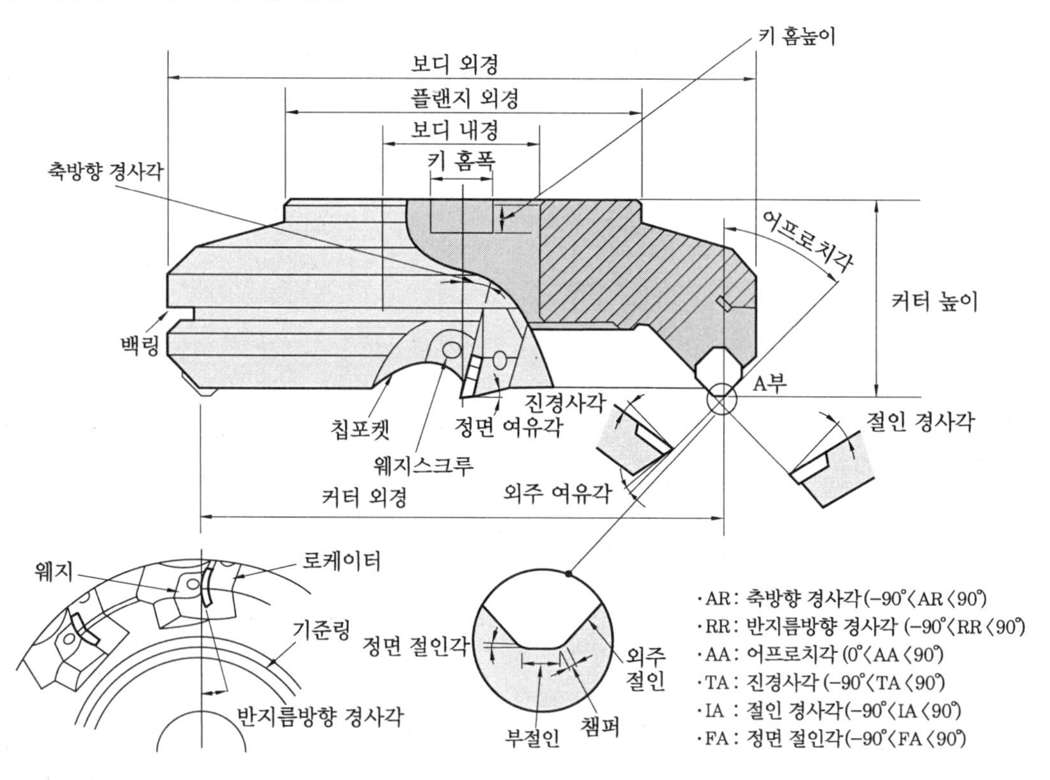

인선각도의 호칭과 기능은 다음과 같다.

	공구 손상	기 호	기 능	효 과
1	축방향 경사각	A.R	칩 배출방향, 용착	-
2	반지름방향 경사각	R.R	스러스트(thrust)에 영향을 미친다.	-
3	외주 절인각	A.A	칩 두께, 배출방향을 결정한다.	클 경우-칩 두께 감소시키고 절삭부하 줄어듦
4	진(眞)경사각	T.A	실유효 경사각	• 클 경우-절삭성을 양호하게 함, 용착 방지, 인선의 강도를 약하게 함 • 작을 경우-인선의 강도 증가, 용착이 용이함
5	절인 경사각	I.A	칩 배출방향을 결정한다.	클 경우-칩 배출 양호, 절삭저항 감소, 코너부 강도 저하
6	정면 절인각	F.A	사상면의 조도 지배	작을 경우-면조도 향상
7	여유각	R.A	인선강도, 공구수명 떨림(chattering) 등을 지배	

(2) 주요 절삭 공식

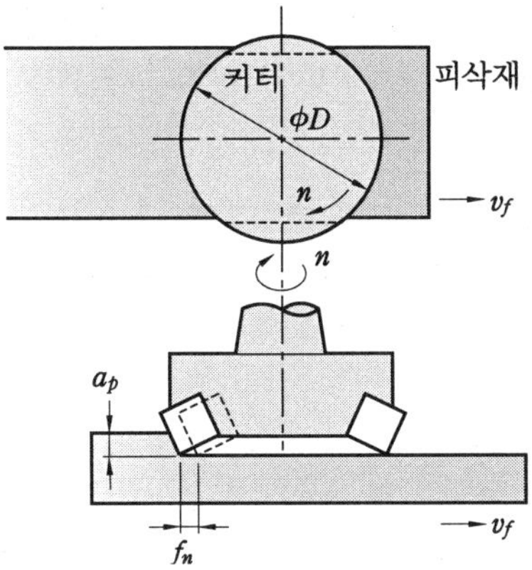

① 절삭속도

$$v_c = \frac{\pi \cdot D \cdot n}{1000} \text{[m/min]}$$

여기서, v_c : 절삭속도(m/min)
D : 공구 외경(mm)
n : 주축 회전수(min^{-1})
π : 원주율(3.14)

② 이송

$$f_z = \frac{v_f}{z \cdot n} \text{[mm/t]}$$

여기서, f_z : 날당 이송(mm/t)
n : 주축 회전수(min^{-1})
v_f : 테이블 이송속도(mm/min)
z : 커터 날수

③ 칩 배출량

$$Q = \frac{L \times v_f \times a_p}{1000} [\text{cm}^3\text{/min}]$$

여기서, Q : 칩 배출량(cm^3/min)
v_f : 테이블 이송속도(mm/min)
L : 절삭 폭(mm)
a_p : 절삭깊이(mm)

④ 소요동력

$$P_{kW} = \frac{Q \times kc}{60 \times 102 \times \eta}, \qquad P_{HP} = \frac{P_{kW}}{0.75}$$

여기서, P_{kW} : 소요동력(kW)
Q : 칩 배출량(cm^3/min)
η : 기계효율(0.5~0.8)
P_{HP} : 소요마력(HP)(mm/min)
k_c : 비절삭저항(kgf/mm^2)

⑤ 가공시간

$$T = \frac{60 \times L_t}{v_f} \text{[s]}$$

여기서, T : 가공시간(s)
L_w : 피삭재 길이(mm)
v_f : 테이블 이송속도
L_t : 테이블 이송 총길이(mm)($= L_w + D + 2R$)
D : 커터 지름(mm)
R : 여유길이

⑥ 진경사각/절인 경사각

진경사각 : $\tan(T) = \tan(R) \times \cos(AA) + \tan(A) \times \sin(C)$

절인 경사각 : $\tan(l) = \tan(A) \times \cos(AA) - \tan(R) \times \sin(C)$

(3) 밀링 가공의 트러블 대책

트러블 내용	원 인	대 책										
		절삭조건				공구 형상					인서트 재종	
		절삭 속도	절입 량	이송 량	절삭 유	경사 각	여유 각	절입 각	인선 부 떨림	노즈 반지 름	인성	경도
플랭크 마모 (여유면 마모)	• 공구재종 부적합 • 절삭조건 부적합 • 진동발생	⬇		⬆			⬆	⬇		⬆		⬆
크레이터 마모 (경사면 마모)	• 절삭조건 부적합 • 공구재종 부적합	⬇	⬇	⬇	●	⬆				⬇		⬆
치핑	• 팁 인성 부족 • 이송 과다 • 절삭 부하 과다			⬇		⬇	⬇	⬇		⬆	⬆	
구성인선	• 절삭조건 부적합 • 절인 형상 부적합 • 공구재종 부적합	⬆	⬇	⬆		⬆				⬇		
떨림 발생	• 절삭조건 부적합 • 동시 절삭 날수 부족 • 절인 형상 부적합 • 칩 배출 불량 • 피삭재 고정 불확실		⬇	⬇	●	⬆		⬆	⬇	⬇		
가공면 불량	• 구성인선 발생 • 절삭조건 부적합 • 진동 발생 • 칩 배출 불량	⬆	⬇	⬇	●	⬆			⬇	⬆		
열균열	• 절삭조건 부적합 • 공구재종 부적합	⬇	⬇	⬇	◉	⬆				⬆	⬆	
결손	• 공구재종 부적합 • 절삭부하 과다 • 칩 배출 불량 • 진동 발생 • 팁의 오버행 과대		⬇	⬇	●						⬆	

⬆ : 증가 ⬇ : 감소 ● : 사용 ◉ : 올바르게 사용

10. 엔드밀 기술자료

(1) 엔드밀의 형상 및 명칭

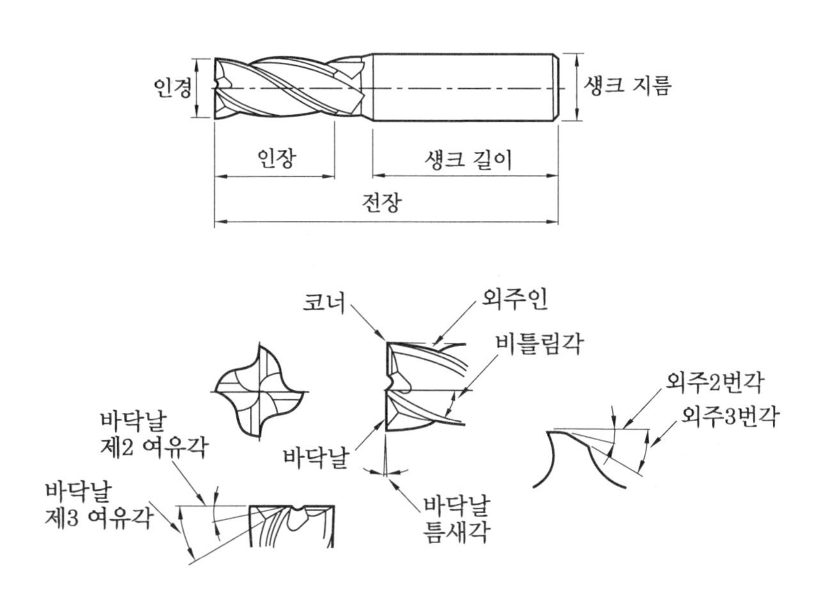

(2) 엔드밀 날수에 따른 비교

항 목	주요 특징	2날	4날
공구 강성	비틀림강성	○	◎
	굽힘강성	○	◎
가공면조도	면조도	○	◎
	가공면정도	○	◎
칩 처리성	칩 막힘	◎	○
	칩 배출성	◎	○
홈가공	칩 배출성	◎	○
	키 홈가공	◎	○
측면가공	가공면조도	○	◎
	진동	◎	○

◎ : 우수 ○ : 보통

(3) 절삭조건의 계산법

① 절삭속도의 계산법

$$v_c = \frac{\pi \times D \times n}{1000}, \quad n = \frac{1000 \times v_c}{\pi \times D}$$

② 이송속도 계산법

$$v_f = n \times f_n \text{ or } n \times f_z \times z$$

$$f_n = \frac{vf}{n}, \quad f_z = \frac{f_n}{z} \text{ or } \frac{v_f}{n \times z}$$

여기서, v_c : 절삭속도(m/min)
π : 원주율(3.14)
D : 엔드밀 외경(mm)
n : 회전속도(rpm, min^{-1})
v_f : 테이블 이송속도(mm/min)
f_n : 회전량 이송(mm/rev)
f_z : 날당 이송(mm/t)
z : 날수

(4) 볼엔드밀 절삭속도 산출식

회전속도	$n = \frac{v_c \times 1000}{D \times \pi}$
절삭속도	$v_c = \frac{D \times \pi \times n}{1000}$
인(刃)당 이송	$f_z = \frac{v_f}{z \times n}$
회전당 이송	$f_n = f_z \times z$
테이블 이송	$v_f = f_z \times z \times n$
칩 제거율	$Q = a_e \times a_p \times v_f$
유효지름 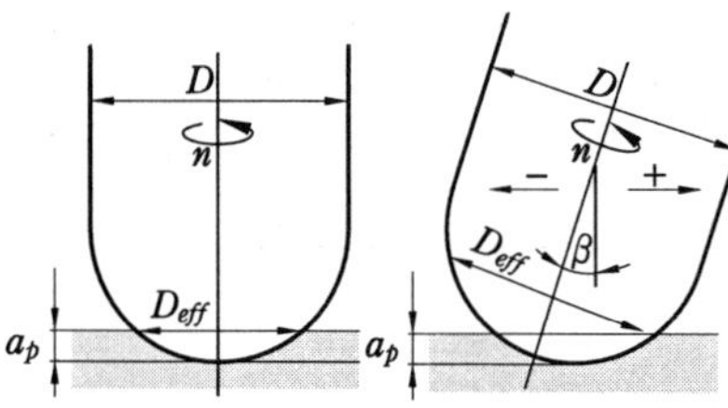	$D_{eff} = 2 \times \sqrt{D \times a_p - a_p^2}$ 계산 테이블 별첨 참조 $D_{eff} = D \times \sin\left[B \pm \text{arc}\cos\left(\frac{D - 2a_p}{D}\right)\right]$

(5) 트러블의 원인과 대책

트러블 내용		원인	대책																
			절삭조건					공구 형상						재종		기타			
			절삭속도	이송량	절입량	절삭유	상·하향절삭	여유각	리드각	인장	날수	호닝	칩포켓	인성	경도	기계 강성	기계 떨림	가공물 고정	오버행
절인의 손상	외주인의 심한 마모	적삭조건 부적합	⬇	⬆		◉											⬆		
	치핑	절삭조건 부적합 구성인선 발생 공구재종 부적합 공구재종 부적합		⬇			⬇	⬇				◉		⬆			⬇	⬆	⬇
	절삭 중 파손	절삭조건 부적합 절삭부하 과대 오버행 과대		⬇	⬇					⬇			⬆			⬆		⬆	⬇
가공면 불량		구성인선 발생	⬆	⬆		◉			⬆			◉							
		떨림 발생	⬇				⬇			⬇						⬆	⬇	⬆	⬇
		진직도 불량		⬇	⬇		⬆		⬆	⬇									⬇
형상 정밀도 불량 (가공치수, 직각도)		절삭조건 부적합 공구 형상 부적합	⬆	⬇			⬇			⬇	⬆					⬆	⬇		⬇
칩 배출 불량		절삭량 과대 칩포켓 부적합 절삭조건 부적합		⬇	⬇						⬇		⬆						

⬆ : 증가 ⬇ : 감소 ● : 사용 ◉ : 올바르게 사용

11. 드릴 기술자료

(1) 드릴의 형상 및 명칭

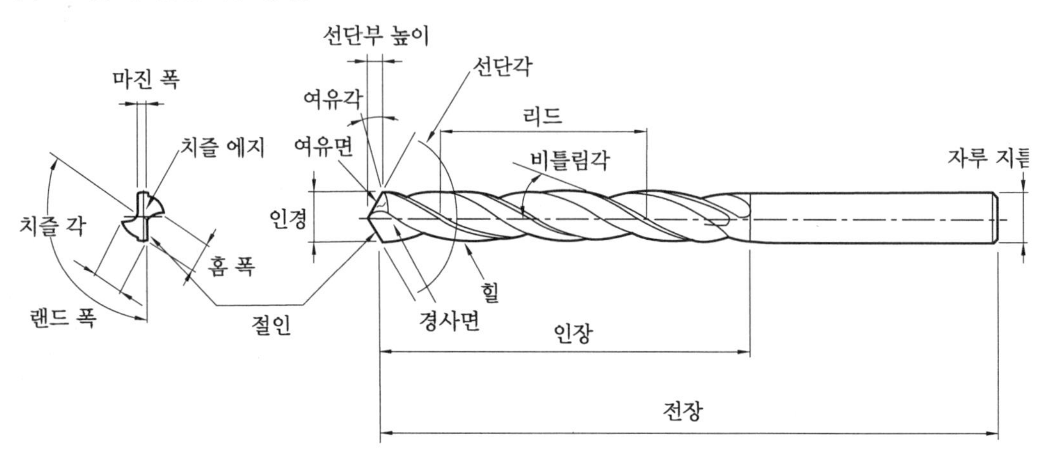

(2) 주요 절삭 공식

절삭속도, 이송속도, 비틀림각, 드릴 가공시간을 구하는 공식은 각각 다음과 같다.

① 절삭속도

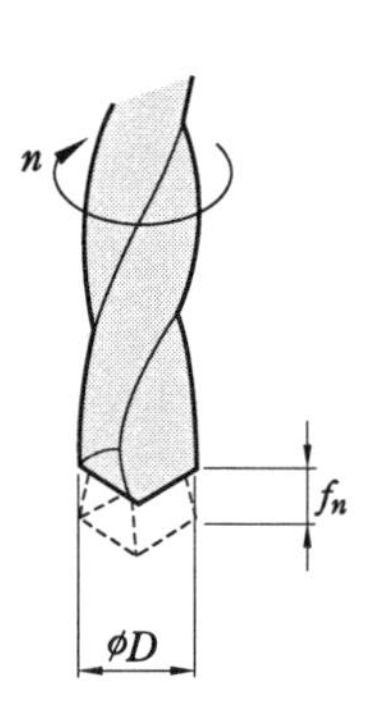

$$v_c = \frac{\pi \cdot D \cdot n}{1000} \text{[m/min]}$$

여기서, v_c : 절삭속도(m/min)
D : 드릴 지름(mm)
n : 회전수(min^{-1})
π : 원주율(3.14)

② 이송속도

$$f_n = \frac{v_f}{n} \text{[mm/rev]}$$

여기서, f_n : 이송(mm/rev), v_f : 1분당 가공 깊이(mm/min), n : 회전수(min^{-1})

③ 비틀림각

$$\delta = \tan^{-1}\left(\frac{\pi D}{L}\right)$$

여기서, δ : 비틀림각, D : 드릴 지름(mm), L : 리드(mm), π : 원주율(3.14)

④ 드릴 가공시간

$$t_c = \frac{I_d}{n \cdot f_n} [\text{min}]$$

여기서, t_c : 가공시간(min), n : 회전수(min^{-1}), I_d : 드릴 가공 길이(mm), f_n : 이송(mm/rev)

(3) 트러블의 원인과 대책

트러블 내용	원 인	대 책																
		절삭조건					공구 형상						재종		기 타			
		절삭속도	이송량	스텝이송	초기이송	절삭유	여유각	선단각	시닝각	호닝	구폭비	시닝	인성	경도	기계 강성	기계 떨림	가이드부시	가공물 고정
치핑	• 인선이 너무 날카로움 (여유각이 너무 크다) (시닝날이 너무 날카로움)						↓		↓	↑			↑					
	• 절삭속도 과대	↓				●												
	• 구성인선 발생					●	↓		↓	↑			↑					
	• 진동과 떨림 발생	↓													↑	↓		●
마모	• 절삭속도 과대 (마진부 이상 마모)	↓				●												
	• 절삭속도 부족 (중심부 이상 마모)	↑				●												
칩	• 롱칩 발생	↑	↑			●				↓								
	• 접철 발생	↑	↑															
	• 칩이 탄다	↑				●												
구멍정도 버 발생 가공면 불량	• 공구 장착 정도				↓			↓		↓					↑	↓		●
	• 과대이송, 선단각의 날카로움		↓					↑		↓								
	• 절삭속도 과대 (공구재종대비)	↑				●	↓	◉						↑				
절손 - 가공시작 시점에서 파손	• 가공물의 표면상태가 불량			●	↓												●	
	• 기계 강성이 부족														↑			●
	• 절삭조건 부적당	↑	↓															
절손 - 가공도중 파손	• 구멍이 굴곡짐	↑						↑				●				↓	●	
	• 칩이 막힘		↓	●							↑							

↑ : 증가 ↓ : 감소 ● : 사용 ◉ : 올바르게 사용

(4) 나사 기초 구멍

① 미터 보통 나사

규 격	드릴 지름
M3×0.6	2.4
M3×0.5	2.5
M3.5×0.6	2.9
M4×0.75	3.25
M4×0.7	3.3
M4.5×0.75	3.8
M5×0.9	4.1
M5×0.8	4.2
M5.5×0.9	4.6
M6×1	5
M7×1	6
M8×1.25	6.8
M9×1.25	7.8
M10×1.5	8.5
M11×1.5	9.5
M12×1.75	10.3
M14×2	12
M16×2	14
M18×2.5	15.5
M20×2.5	17.5
M22×2.5	19.5
M24×3	21
M27×3	24
M30×3.5	26.5

② 미터 가는 나사

규 격	드릴 지름
M10×1.25	8.8
M10×1	9
M10×0.75	9.3
M11×1	10
M11×0.75	10.3
M12×1.5	10.5
M12×1.25	10.8
M12×1	11
M14×1.5	12.5
M14×1	13
M15×1.5	13.5
M15×1	14
M16×1.5	14.5
M16×1	15
M17×1.5	15.5
M17×1	16
M18×2	16
M18×1.5	16.5
M18×1	17
M20×2	18
M20×1.5	18.5
M20×1	19
M22×2	20
M22×1.5	20.5
M22×1	21
M24×2	22
M24×1.5	22.5
M24×1	23
M25×2	23
M25×1.5	23.5
M25×1	24

찾아보기

CNC 프로그래밍과 가공

2013년 2월 20일 1판1쇄
2023년 3월 20일 1판9쇄

저 자 : 하종국
펴낸이 : 이정일

펴낸곳 : 도서출판 **일진사**
www.iljinsa.com
(우) 04317 서울시 용산구 효창원로 64길 6
전 화 : 704-1616 / 팩스 : 715-3536
이메일 : webmaster@iljinsa.com
등 록 : 제1979-000009호 (1979.4.2)

값 20,000 원

ISBN : 978-89-429-1346-6